DIANQI KAIGUAN SHEBEI JIANXIU ZHISHI TUJIE

电气开关设备检修知识图解

蔡 敏 主 编

中国电力出版社
CHINA ELECTRIC POWER PRESS

内 容 提 要

为规范变电运检专业电气开关设备检修流程，全面提升变电检修人员变电检修现场工作能力，切实保障电网设备的安全可靠运行，国网湖北省电力有限公司设备部组织编写了本书。

全书共分为六章，第一章为开关类设备基础知识，第二章为断路器检修，第三章为GIS设备检修，第四章为隔离开关检修，第五章为开关柜检修，第六章为开关类设备二次回路缺陷处理。本书以漫画形式介绍了变电检修工作的作业流程、标准要求和安全注意事项。全书从现场实际出发，指导变电检修人员快速掌握电气开关设备检修工作的基本方法和基本技能。

本书可作为各供电公司、检修公司变电检修人员岗位技能培训教材，也可作为高校师生、电力系统变电专业新员工和转岗人员的技能培训参考书。

图书在版编目（CIP）数据

电气开关设备检修知识图解 / 蔡敏主编 . — 北京：中国电力出版社，2022.1（2023.7 重印）
ISBN 978-7-5198-6328-9

Ⅰ . ①电…　Ⅱ . ①蔡…　Ⅲ . ①开关－设备检修－图解　Ⅳ . ① TM560.7-64

中国版本图书馆 CIP 数据核字（2021）第 267555 号

出版发行：中国电力出版社
地　　址：北京市东城区北京站西街 19 号（邮政编码 100005）
网　　址：http://www.cepp.sgcc.com.cn
责任编辑：陈　倩（010-63412512）
责任校对：黄　蓓　朱丽芳
装帧设计：张俊霞　赵姗姗
责任印制：石　雷

印　　刷：三河市万龙印装有限公司
版　　次：2022 年 1 月第一版
印　　次：2023 年 7 月北京第二次印刷
开　　本：710 毫米 ×980 毫米　16 开本
印　　张：19.25
字　　数：334 千字
印　　数：3001—4000 册
定　　价：128.00 元

编委会

主　　编　蔡　敏

副 主 编　李进扬

参编人员　鄂士平　吴　刚　付贤东　潘　阅

廖自强　杨国波　刘子阳　曾宪鸿

吕　波　刘南波　文　刚　徐　政

前言

Preface

高压开关设备是电力系统中装备最多的设备之一，是接通和切断回路、切除和隔离故障的重要控制和保护设备，其性能好坏直接影响电网的安全运行。为保障设备健康运行，变电检修人员应按照规范、标准进行设备检修。

国网湖北省电力有限公司在开展运检“双基”（基础知识与基本技能）培训工作的过程中，遇到了培训材料匮乏和培训内容过于单调的问题：现行培训教材重点讲述变电检修规程、理论和原理，缺乏对工作实际操作技能的图文讲解。为此，国网湖北省电力有限公司设备部组织一线技术专家编写了本书。

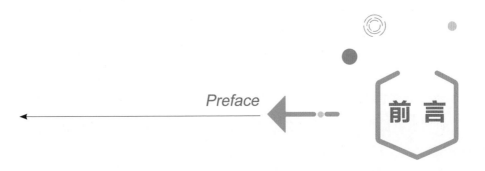

本书以图文形式直观呈现变电检修工作主要操作知识和关键技能。全书分为开关类设备基础知识、断路器检修、气体绝缘金属封闭开关设备（GIS）检修、隔离开关检修、开关柜检修和开关类设备二次回路缺陷处理六章。第一章简要介绍了断路器、GIS、隔离开关、高压开关柜设备的结构、组成及工作原理；第二章重点介绍了 SF_6 断路器整体更换、灭弧室检修、液压操动机构整体更换和解体检修以及修后试验、检查的流程、步骤、工艺要求和注意事项；第三章介绍了 GIS 检修准备、气体回收、母线气室及出线套管、绝缘子、辅助元件检查等检修方法、规范要求；第四章选取水平开启式和垂直伸缩式两种典型隔离开关，讲解了隔离开关整体更换、分解检修、调试的工作要求和流程；第五章从安全措施、工艺要点方面介绍了开关柜整体更换流程，对两类主流型号的开关柜检修及其部件检查、“五防”检查等进行了重点讲解；第六章以断路器和隔离开关为例，介绍了二次元件故障原因以及二次回路缺陷处理的思路

和方法。

本书在编写原则上突出以岗位能力为核心；在内容定位上突出操作实用性，涵盖了电力行业最新的规程和相关技术；在写作方式上，采用以图为主、文字为辅，注重实际动手操作能力，避免了烦琐的理论介绍和论证；在编写模式上，针对变电检修核心工作任务进行阐述，并突出重点工作中的安全要求及注意事项，便于指导一线运行维护人员现场操作。

本书为电网企业生产技能人才队伍教育培训的创新性培训资料，推进培训工作由理论灌输向操作能力转型，有助于全面提升一线人员的现场操作水平。本书可以作为提升电力行业变电运检专业变电检修人员工作技能的参考用书。

本书的编写得到了国网荆州供电公司、国网湖北检修公司、国网孝感供电公司、国网湖北技培中心、国网荆门供电公司、国网随州供电公司等单位的大力支持，在此表示感谢！

由于编者水平有限，本书的部分内容存在不足之处，敬请各使用单位和读者及时提出宝贵意见。

编　者

2021 年 11 月

目 录

Contents

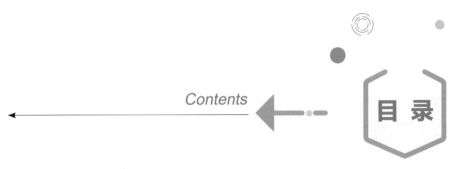

第一章

开关类设备基础知识

开关类设备分为断路器、隔离开关、组合电器、开关柜四大类，是变电设备的重要组成部分。开关类设备结构复杂，种类繁多，具有较强的专业性。

本章介绍了断路器结构原理，操动机构部件分解、动作原理，二次回路元件组成及回路图讲解；隔离开关类型及功能、部件分解，二次回路元件组成及回路图讲解；组合电器结构特点，部件组成；开关柜部件分解及防止误分、合断路器，防止带负荷分、合断路器，防止带电挂（合）接地线（接地开关），防止带地线送电，防止误入带电间隔（以下简称“五防”）讲解。选取LW10B-252、BLK-222、GW-4、GW-16、ZHW-220、KYN28等主流设备型号，通过实物图结合理论，使读者对开关类设备基础知识有系统的认识。

第一节　断路器基础知识

一、断路器作用及分类

1. 断路器作用

控制作用：
控制电力设备或线路投入与退出运行

保护作用：
在电力设备或线路发生故障时通过继电保护装置作用于断路器，将故障部分从电力系统中迅速切除

2. 断路器分类

断路器按灭弧介质可分为 SF_6、真空、油断路器；按操动机构分为弹簧、液压、液压弹簧机构等；按相别分为单相操作、三相联动

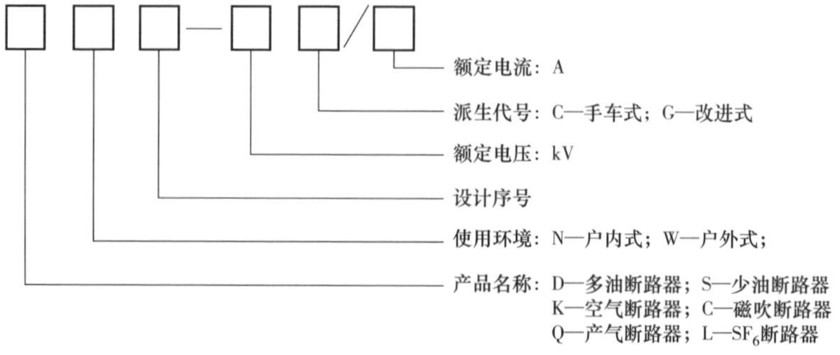

二、断路器结构

1. SF_6 断路器整体结构

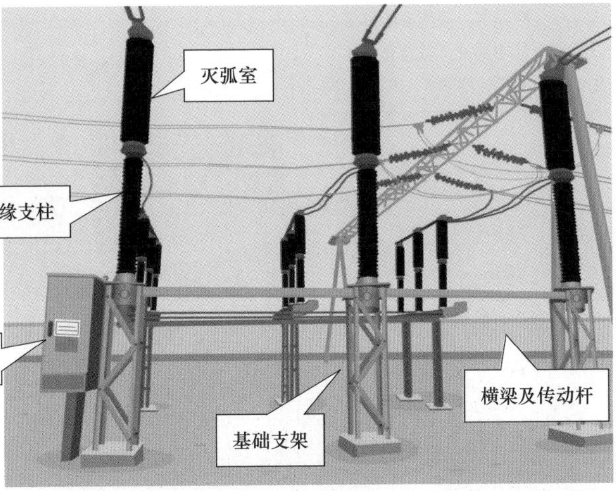

灭弧室主要由动、静触头及灭弧介质组成

合闸原理：断路器合闸时，绝缘拉杆向上运动，带动动触头座及动触指、动弧触头等向上移动，运动到一定位置时动弧触头先与静弧触头接触合闸，紧接着主触头插入静触指中，直到完成合闸动作

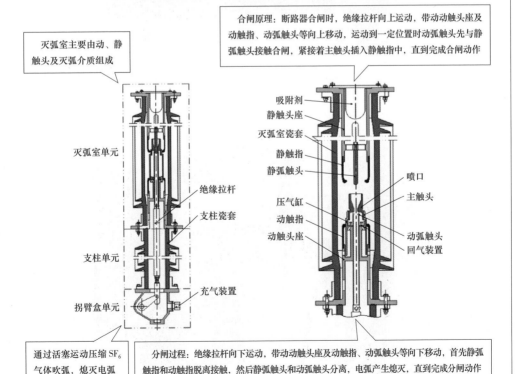

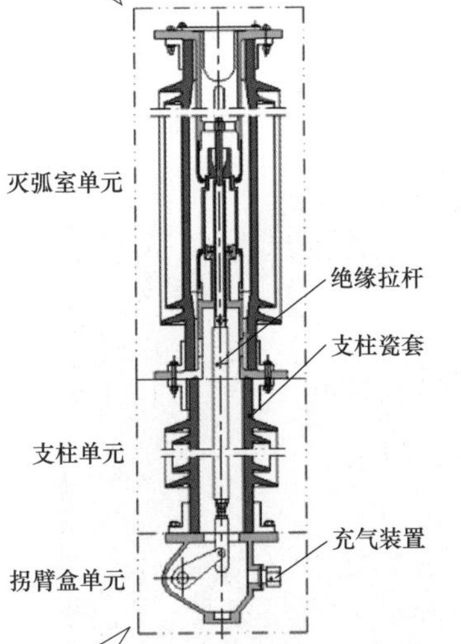

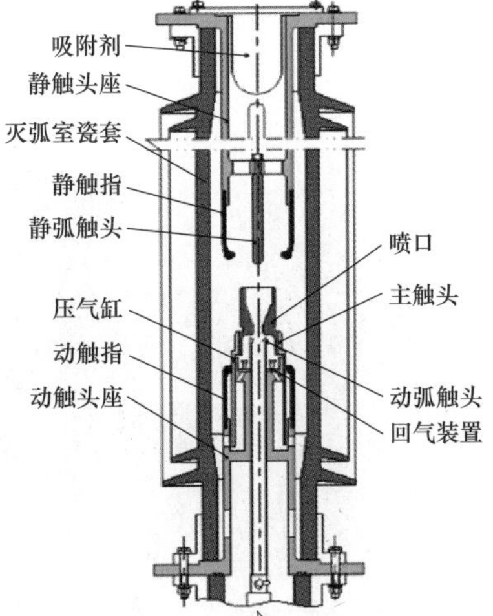

通过活塞运动压缩 SF_6 气体吹弧，熄灭电弧

分闸过程：绝缘拉杆向下运动，带动动触头座及动触指、动弧触头等向下移动，首先静弧触指和动触指脱离接触，然后静弧触头和动弧触头分离，电弧产生熄灭，直到完成分闸动作

2. 断路器操动机构

（1）弹簧操动机构。

弹簧操动机构是一种以弹簧作为动力元件的机械式操动机构，由驱动系统（分合闸弹簧、储能电动机等）、电磁系统（分合闸电磁系统、辅助开关、微动开关等）、机械系统（拐臂、齿轮盘、分闸缓冲器等）三部分组成

转换开关连杆

分闸拐臂

分闸电磁系统

合闸电磁系统

与断路器的拉杆连接

分闸缓冲器，用于吸收分闸时产生的多余应力，降低分闸弹跳

储能电动机

合闸弹簧（卷簧）

辅助开关

齿轮盘

微动开关，用于储能完成时切断储能电动机电源

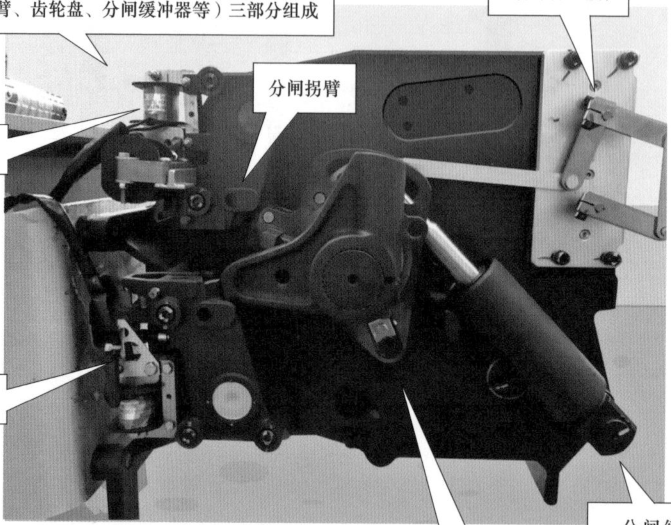

储能电动机用于合闸弹簧储能，合闸弹簧泄能时通过合闸拐臂带动分闸拐臂，使分闸弹簧储能

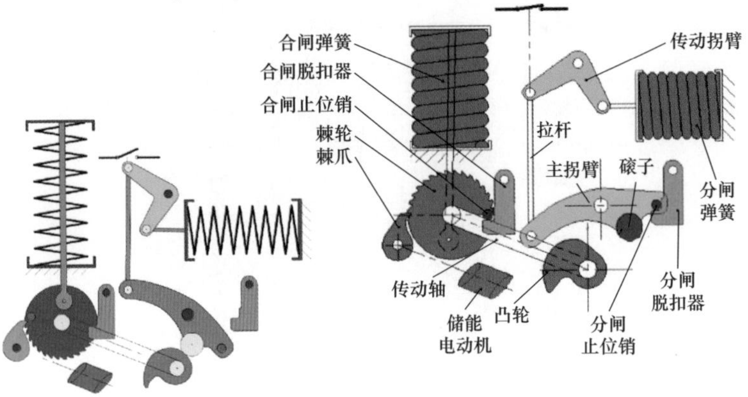

（2）液压操动机构。

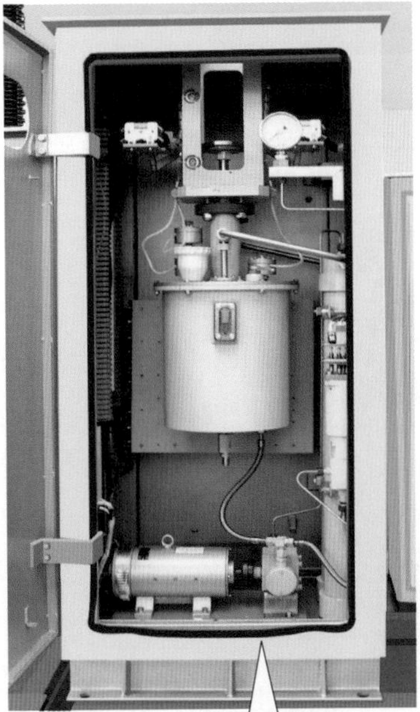

LW10B 型断路器液压操动机构，液压阀及工作杠等元件采用集成式设计

CYT 型液压操动机构，是 LW10B 型断路器操动机构的改进型

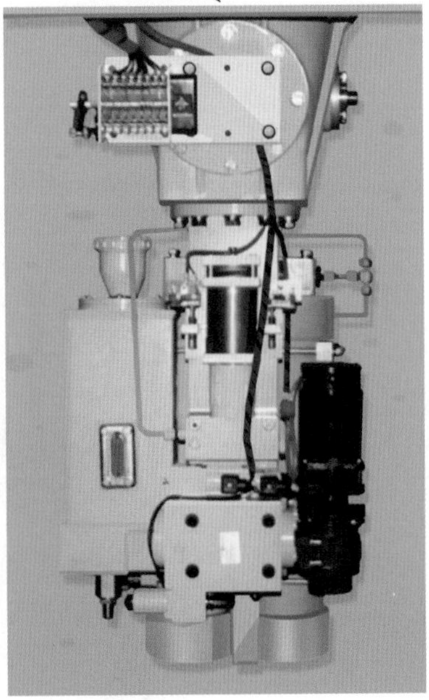

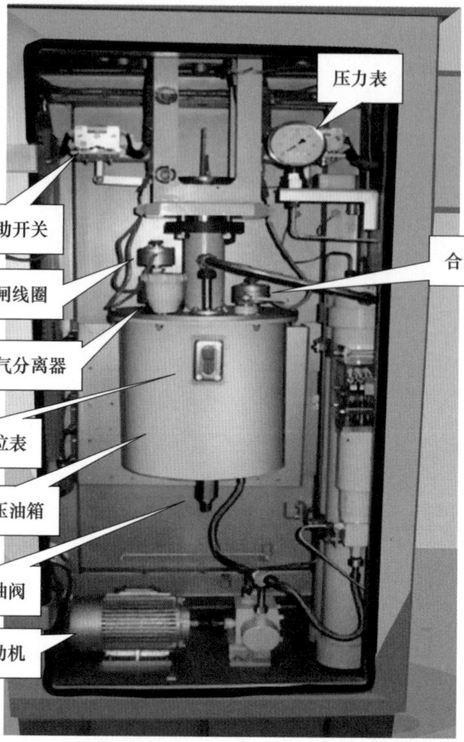
LW10B 液压操动机构分解图
压力表
辅助开关
合闸线圈
分闸线圈
油气分离器
油位表
低压油箱
放油阀
电动机

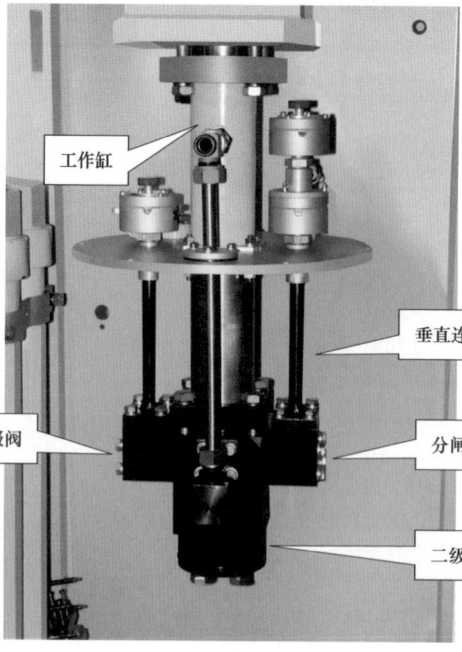
工作缸
垂直连杆
合闸一级阀
分闸一级阀
二级阀

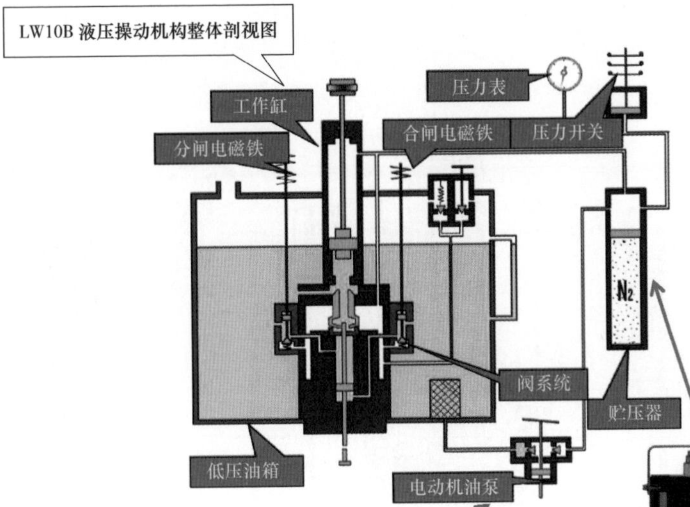

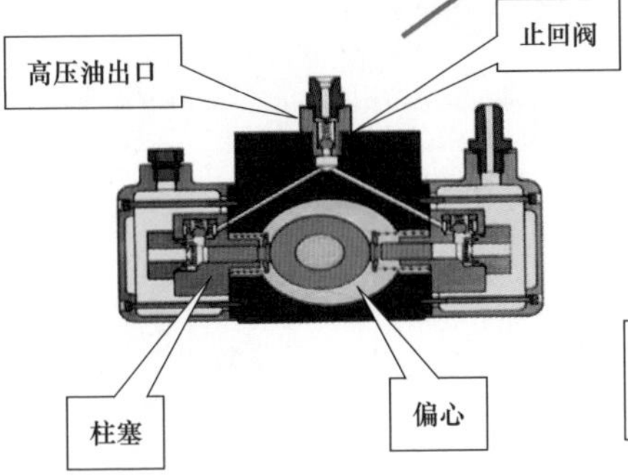

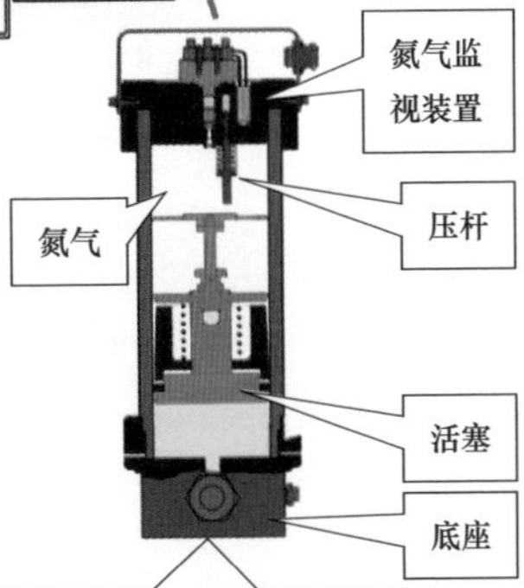

贮压器用来储存能量，液压油无法被压缩，只是能量传递介质

储能动作：收到储能命令后，电动机运转，带动油泵储能，由油泵出来的高压油沿高压管路进入贮压器，并分别进入工作缸分闸腔、压力缸、分合闸阀下腔、压力表内

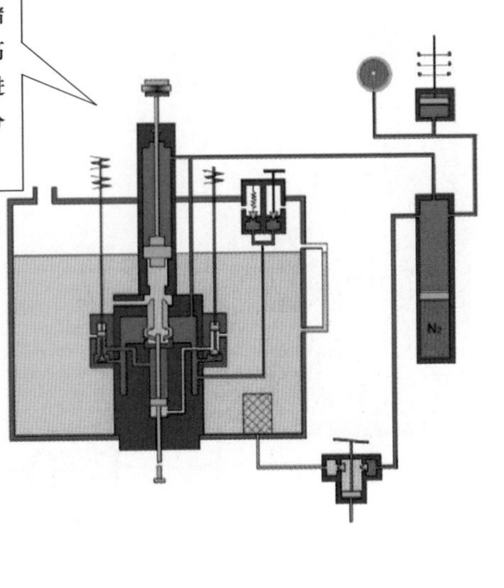

合闸操作：合闸线圈励磁，带动合闸铁芯动作，通过合闸顶杆打开合闸一级阀钢球，高压油沿高压管路进入二级阀下腔，二级阀向上运动，将工作缸合闸腔泄压孔堵死，高压油通过二级阀内腔进入到工作缸合闸腔内，活塞向上运动，完成合闸动作

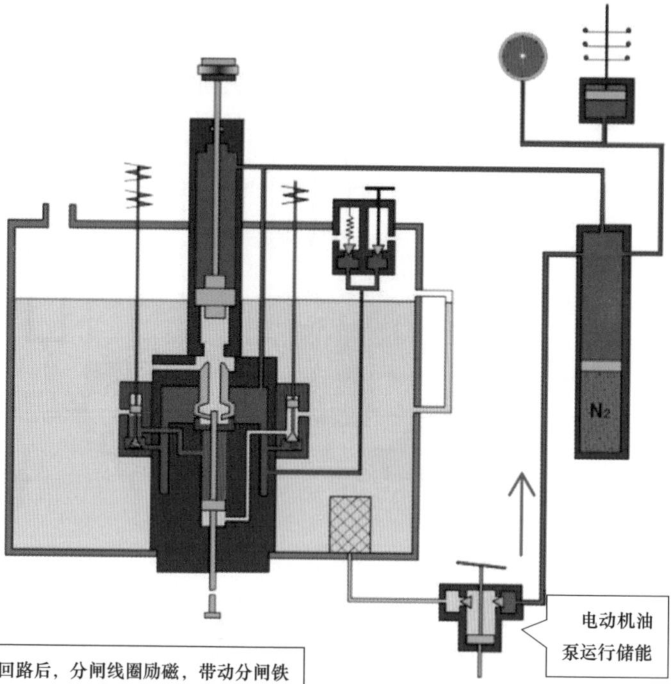

分闸操作：分闸信号进入控制回路后，分闸线圈励磁，带动分闸铁芯动作，通过分闸顶杆打开分闸一级阀钢球，高压油沿高压管路进入二级阀上腔，二级阀向下运动，打开工作缸合闸腔泄压孔，高压油通过泄压孔进入到低压油箱内内，活塞向下运动，完成分闸动作

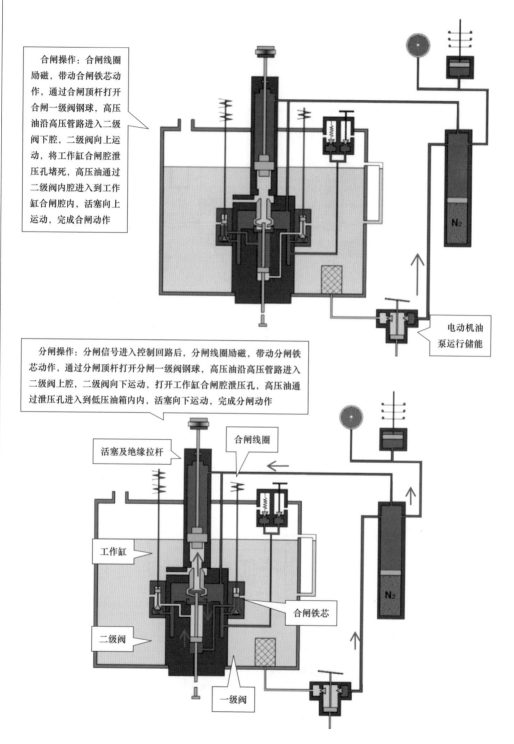

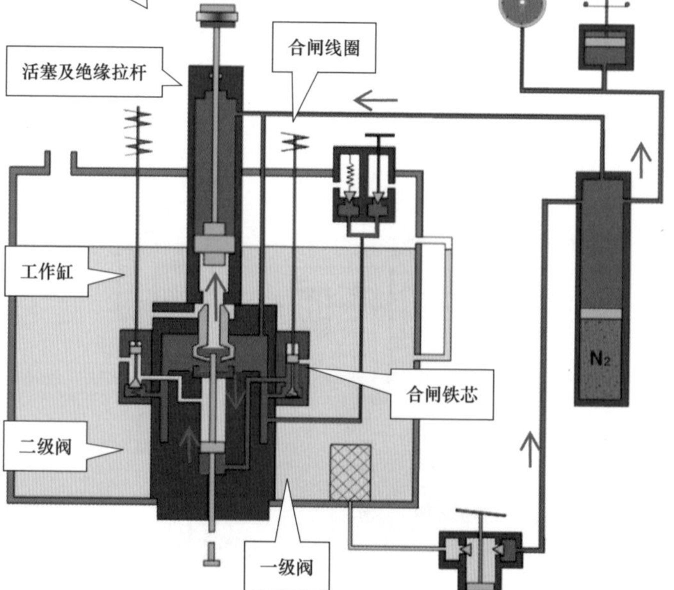

三、断路器二次回路

1. 二次回路组成

控制回路包含合闸回路、主分闸回路、副分闸回路、非全相保护回路、防跳回路

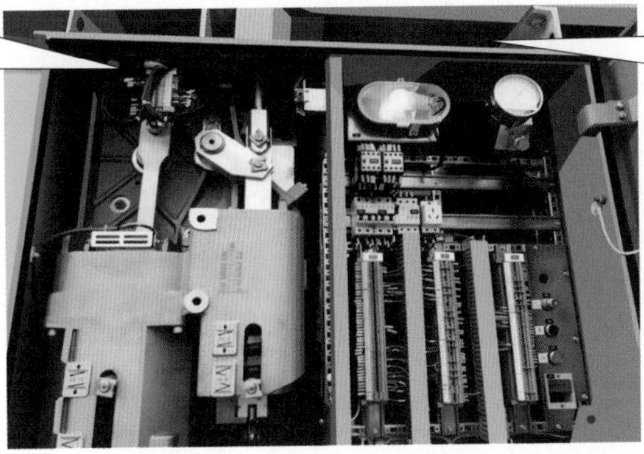

断路器二次回路包括控制回路、信号回路、储能回路、辅助回路

信号回路可对控制回路及断路器各种信号进行监测

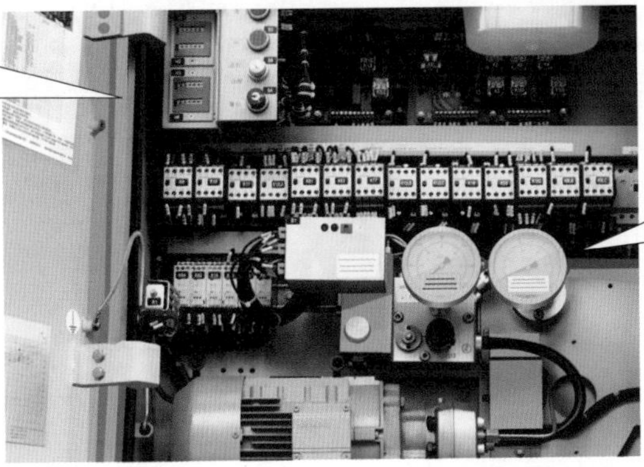

信号包含：油泵打压、打压超时、就地 / 远方、分 / 合闸、SF_6低气压闭锁 / 告警、分 / 合闸闭锁、重合闸闭锁信号

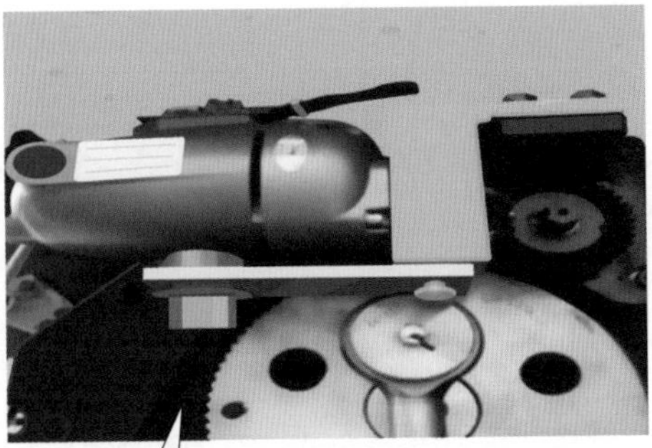

储能回路指断路器电动机电源及控制回路

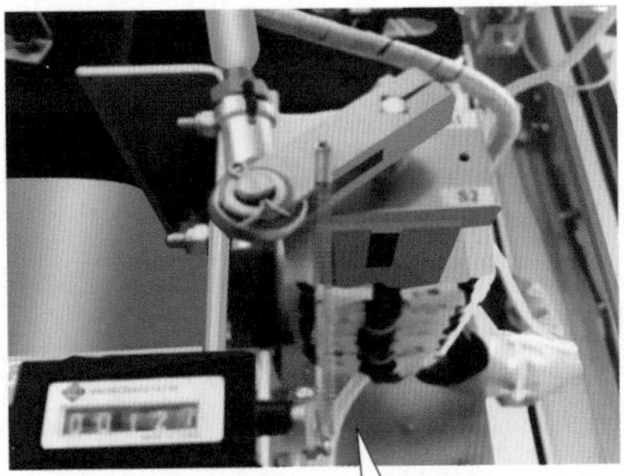

辅助回路包含照明回路、计数器、驱潮回路

2. 二次回路识图

（1）基本元件图标及名称。

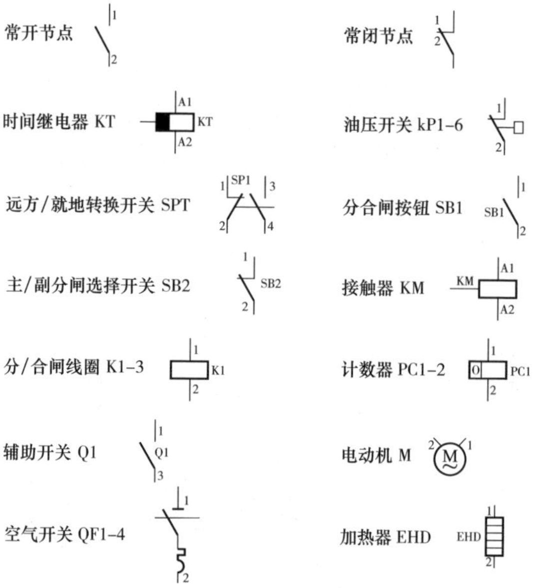
常开节点
常闭节点
时间继电器 KT
油压开关 kP1-6
远方/就地转换开关 SPT
分合闸按钮 SB1
主/副分闸选择开关 SB2
接触器 KM
分/合闸线圈 K1-3
计数器 PC1-2
辅助开关 Q1
电动机 M
空气开关 QF1-4
加热器 EHD

（2）控制回路。

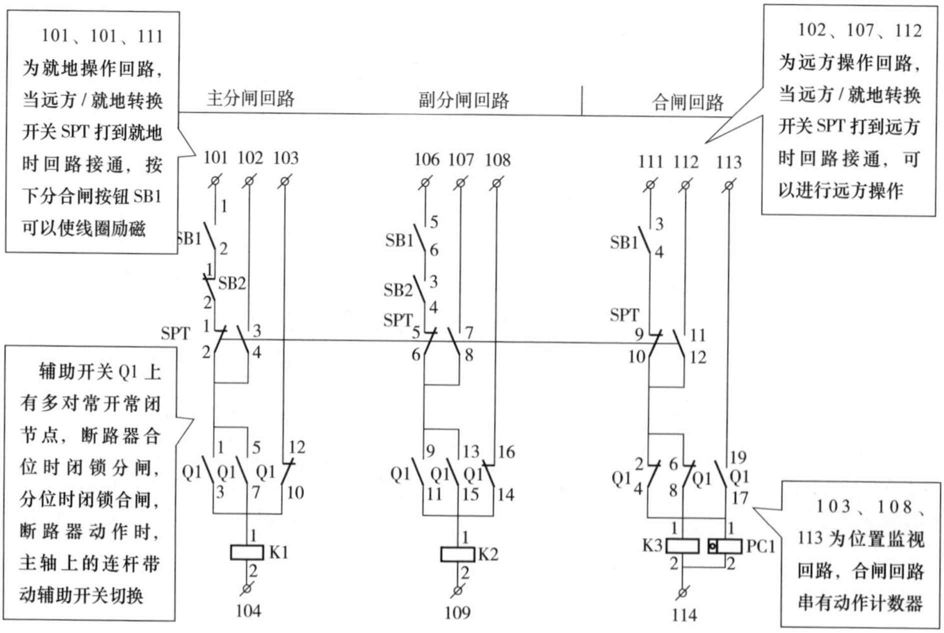
101、101、111为就地操作回路，当远方/就地转换开关SPT打到就地时回路接通，按下分合闸按钮SB1可以使线圈励磁
主分闸回路
副分闸回路
合闸回路
102、107、112为远方操作回路，当远方/就地转换开关SPT打到远方时回路接通，可以进行远方操作
101 102 103
106 107 108
111 112 113
辅助开关Q1上有多对常开常闭节点，断路器合位时闭锁分闸，分位时闭锁合闸，断路器动作时，主轴上的连杆带动辅助开关切换
103、108、113为位置监视回路，合闸回路串有动作计数器
104
109
114

（3）信号回路。

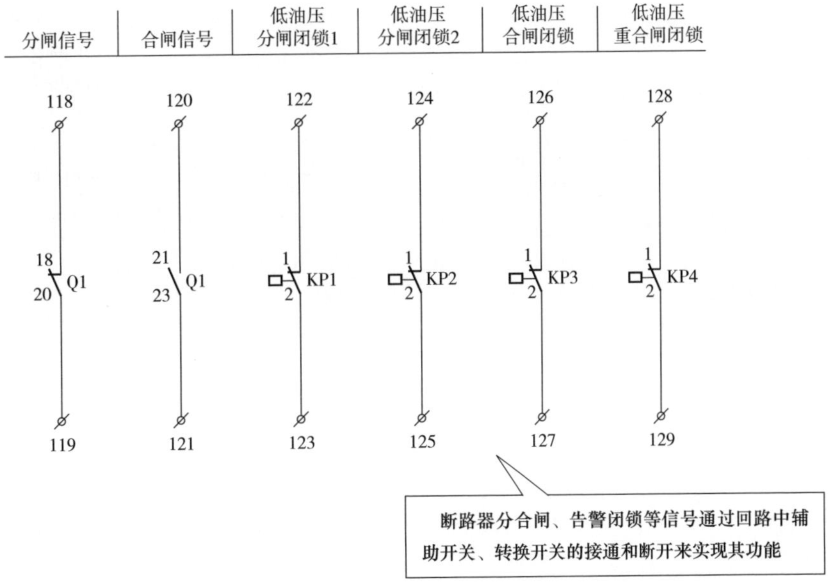
分闸信号
合闸信号
低油压
分闸闭锁1
低油压
分闸闭锁2
低油压
合闸闭锁
低油压
重合闸闭锁
118
120
122
124
126
128
18
20
Q1
21
23
Q1
KP1
KP2
KP3
KP4
119
121
123
125
127
129
断路器分合闸、告警闭锁等信号通过回路中辅助开关、转换开关的接通和断开来实现其功能

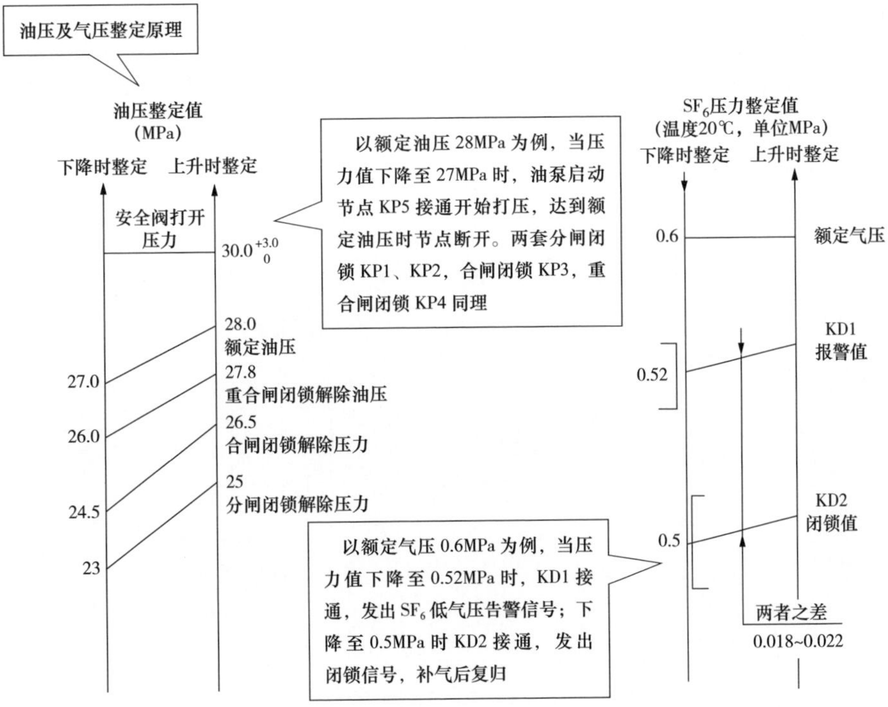
油压及气压整定原理
油压整定值
(MPa)
下降时整定
上升时整定
安全阀打开
压力
30.0
28.0
额定油压
27.8
重合闸闭锁解除油压
26.5
合闸闭锁解除压力
25
分闸闭锁解除压力
27.0
26.0
24.5
23
以额定油压28MPa为例，当压力值下降至27MPa时，油泵启动节点KP5接通开始打压，达到额定油压时节点断开。两套分闸闭锁KP1、KP2，合闸闭锁KP3，重合闸闭锁KP4同理
SF6压力整定值
(温度20℃，单位MPa)
下降时整定
上升时整定
0.6
额定气压
KD1
报警值
0.52
KD2
闭锁值
0.5
两者之差
0.018~0.022
以额定气压0.6MPa为例，当压力值下降至0.52MPa时，KD1接通，发出SF6低气压告警信号；下降至0.5MPa时KD2接通，发出闭锁信号，补气后复归

（4）储能回路。

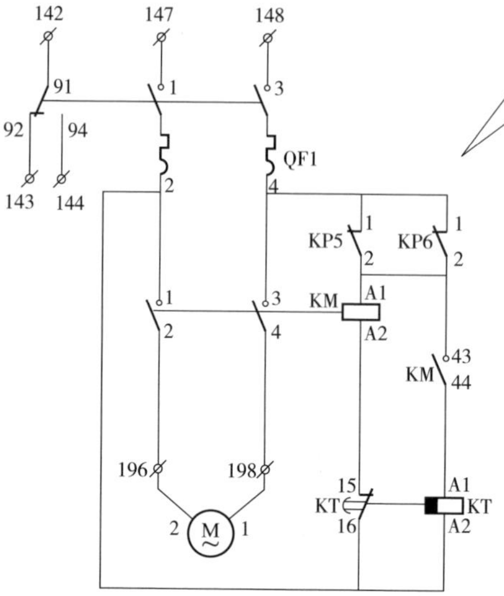

KP6 为备用节点，当 KP5 接通时 KM 励磁，电机打压回路接通，同时 KM “43、44” 接通，时间继电器 KT 开始计时。当因故障打压时间超过 180s 后 KT “15、16” 断开，KM 失磁，电动机打压回路断开

（5）辅助回路。

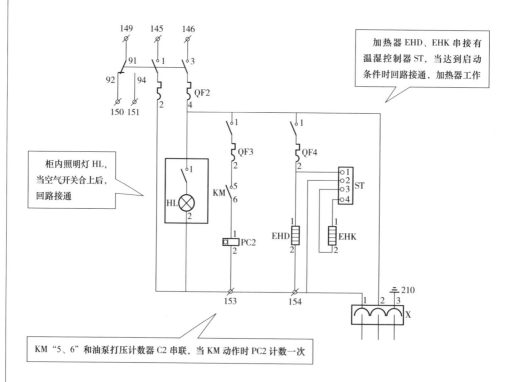

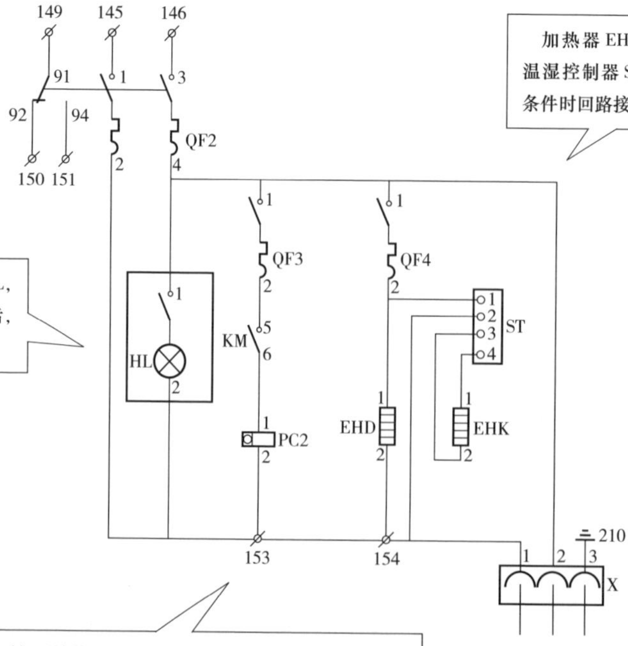

加热器 EHD、EHK 串接有温湿控制器 ST，当达到启动条件时回路接通，加热器工作

柜内照明灯 HL，当空气开关合上后，回路接通

KM “5、6” 和油泵打压计数器 C2 串联，当 KM 动作时 PC2 计数一次

第二节　隔离开关基础知识

一、隔离开关的作用及分类

1. 隔离开关的作用

2. 隔离开关的分类

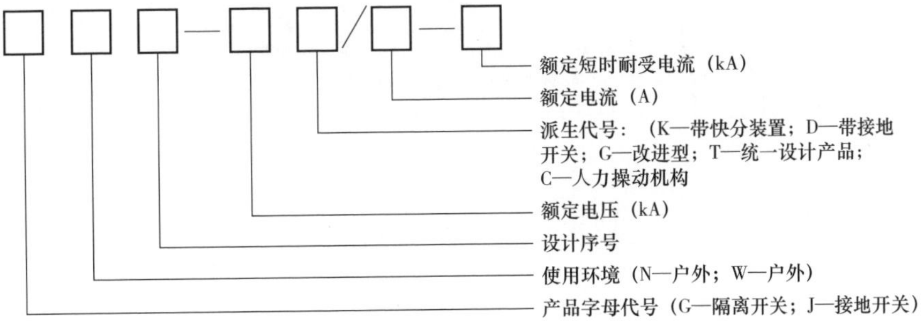

分类方式	类别
装设地点不同	户外式、户内式
支撑绝缘数目	单柱式、双柱式、三柱式
隔离开关运动方式	水平开启式、垂直伸缩式、摆动式、剪刀式
接地开关的数量	不接地、单接地、双接地
极数	单极、三极
操动机构	电动式、手动式

二、隔离开关结构

1. 双柱水平开启式

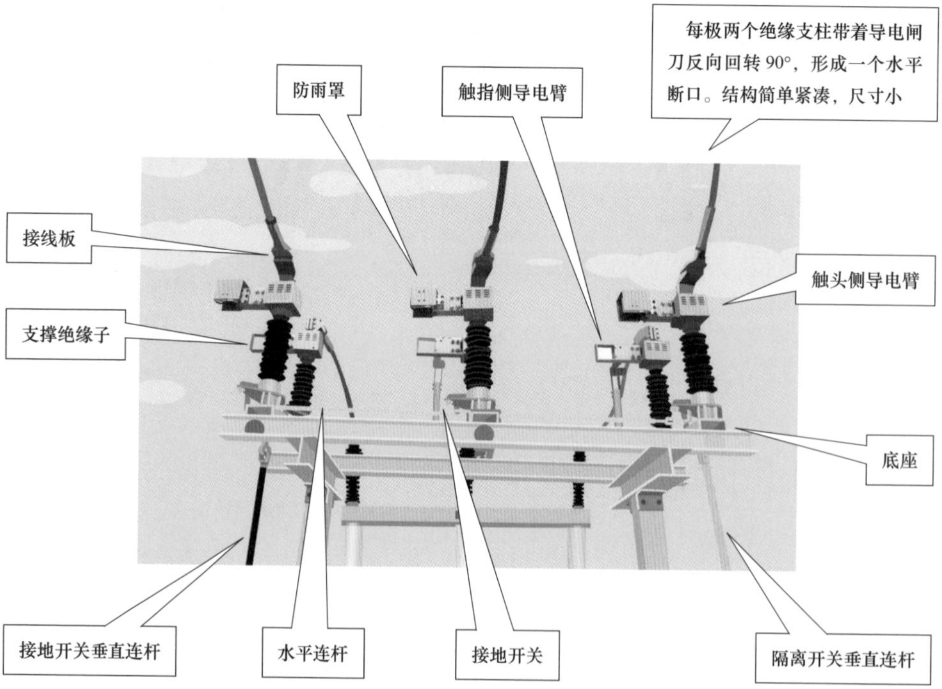

2. 三柱水平开启式

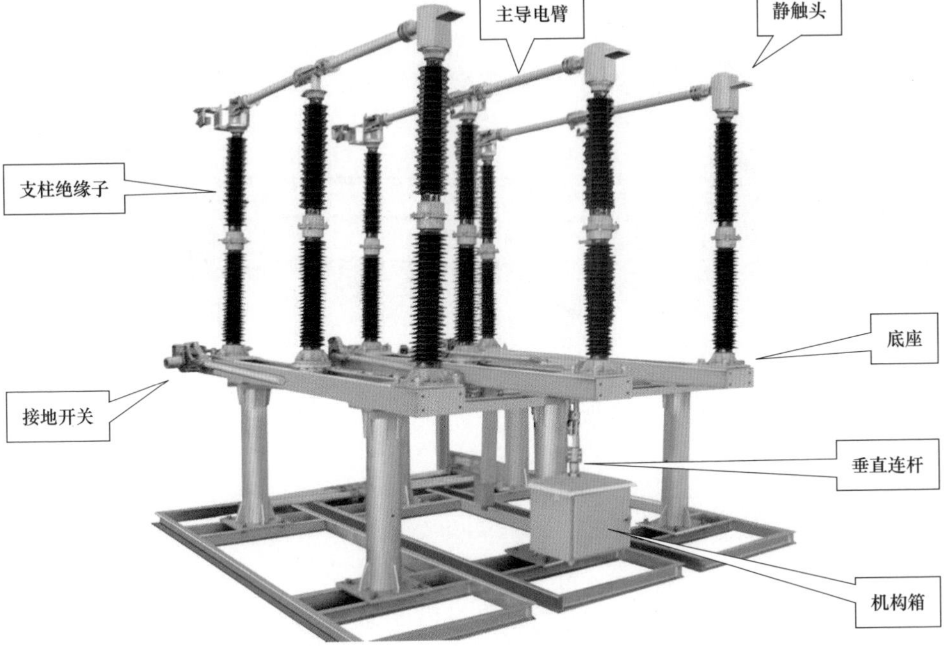
主导电臂
静触头
支柱绝缘子
底座
接地开关
垂直连杆
机构箱

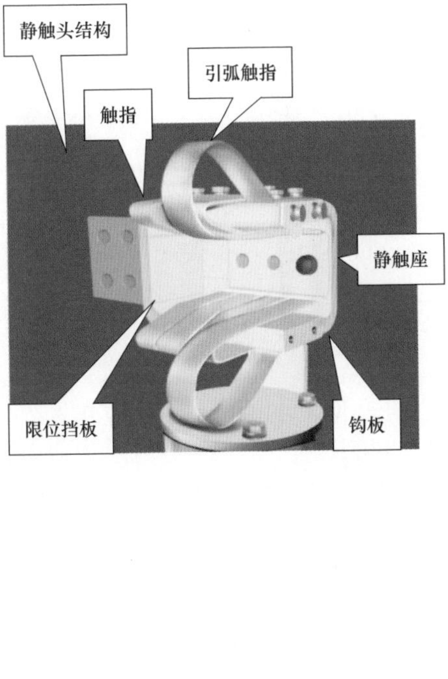
静触头结构
触指
引弧触指
静触座
限位挡板
钩板

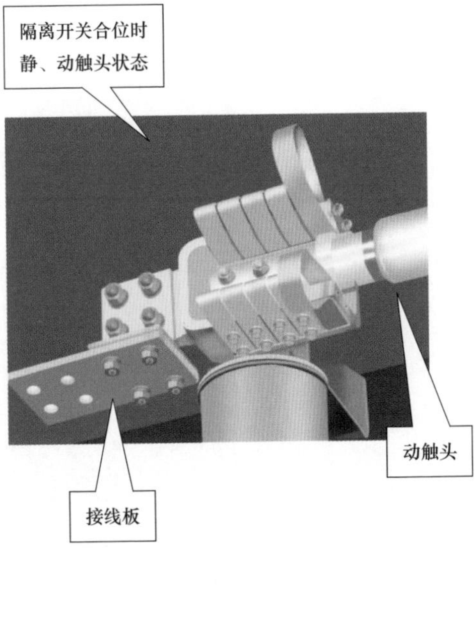
隔离开关合位时
静、动触头状态
动触头
接线板

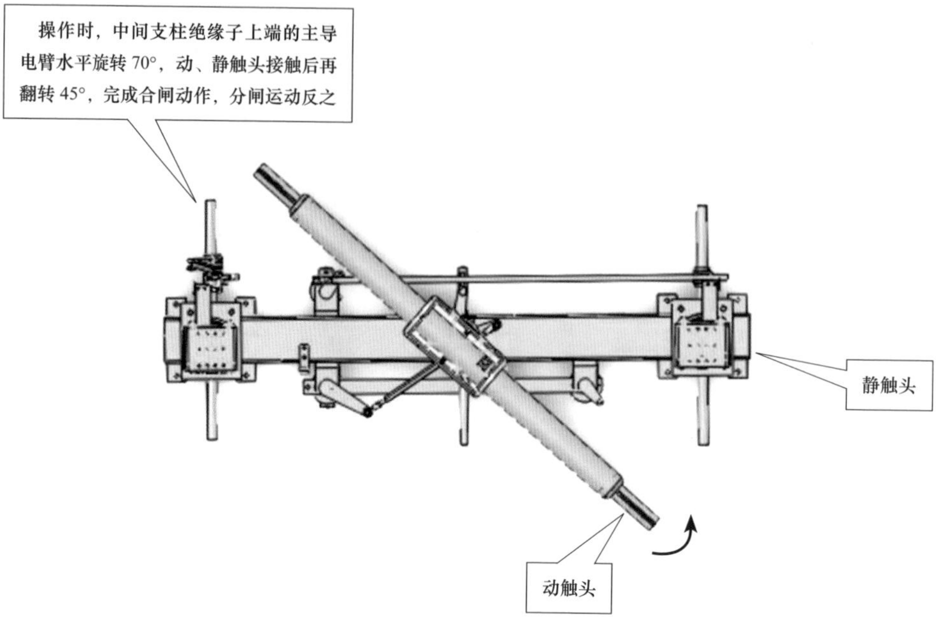
操作时，中间支柱绝缘子上端的主导电臂水平旋转 70°，动、静触头接触后再翻转 45°，完成合闸动作，分闸运动反之
静触头
动触头

3. 双柱垂直伸缩式

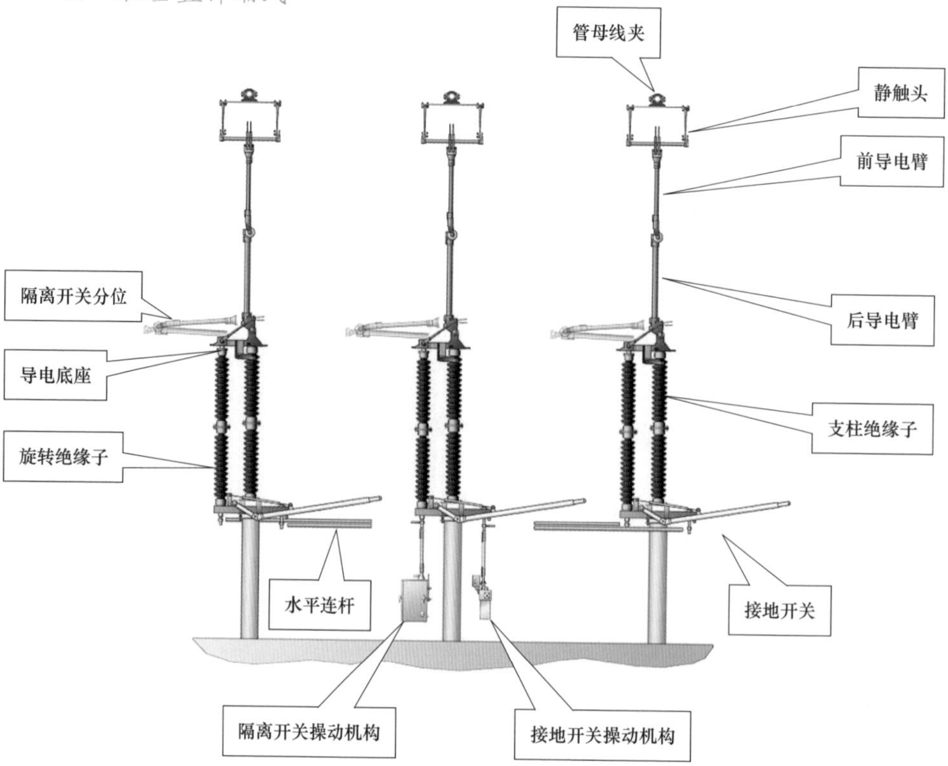
管母线夹
静触头
前导电臂
隔离开关分位
后导电臂
导电底座
支柱绝缘子
旋转绝缘子
水平连杆
接地开关
隔离开关操动机构
接地开关操动机构

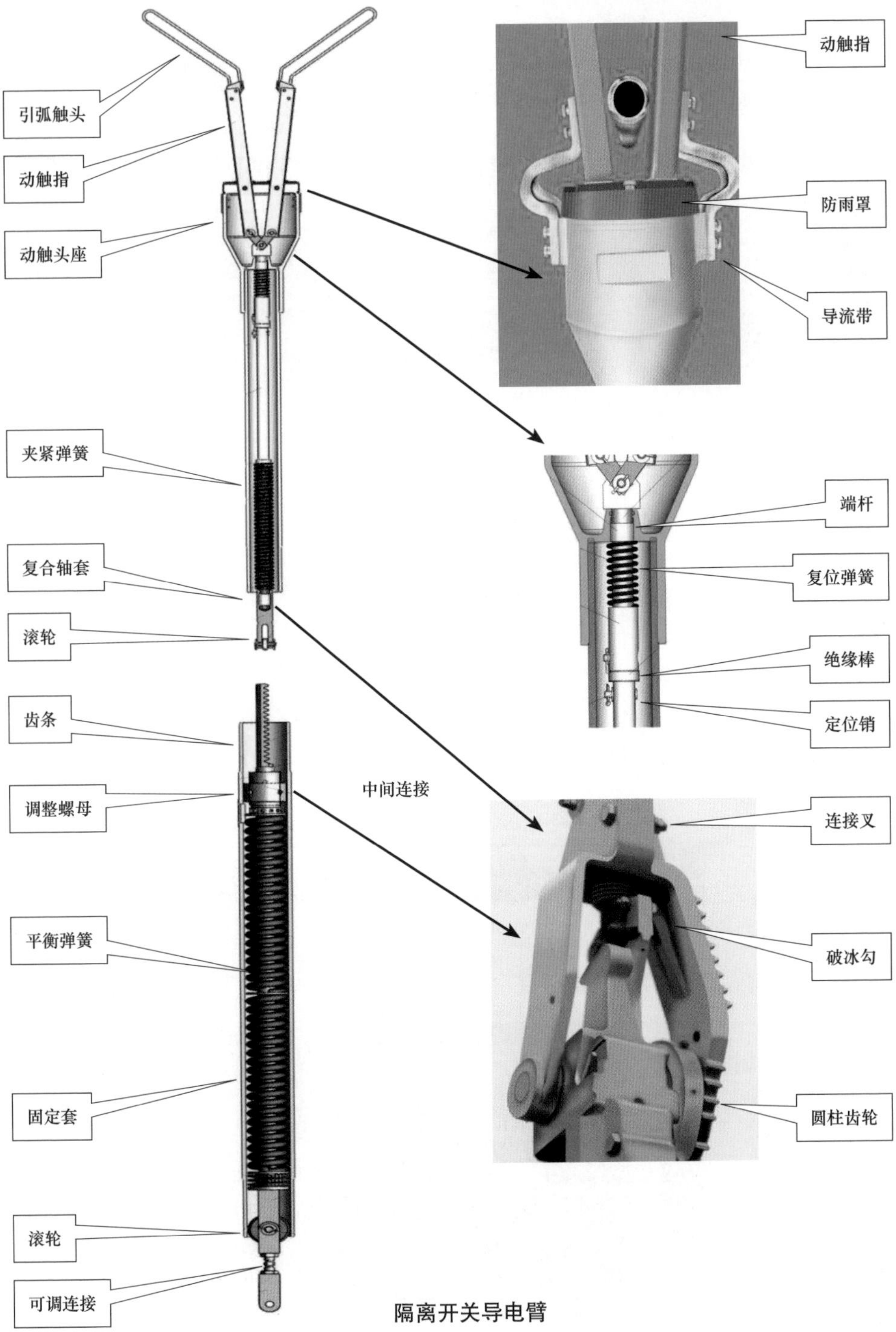
引弧触头
动触指
动触头座
夹紧弹簧
复合轴套
滚轮
齿条
调整螺母
平衡弹簧
固定套
滚轮
可调连接
动触指
防雨罩
导流带
端杆
复位弹簧
绝缘棒
定位销
中间连接
连接叉
破冰勾
圆柱齿轮

隔离开关导电臂

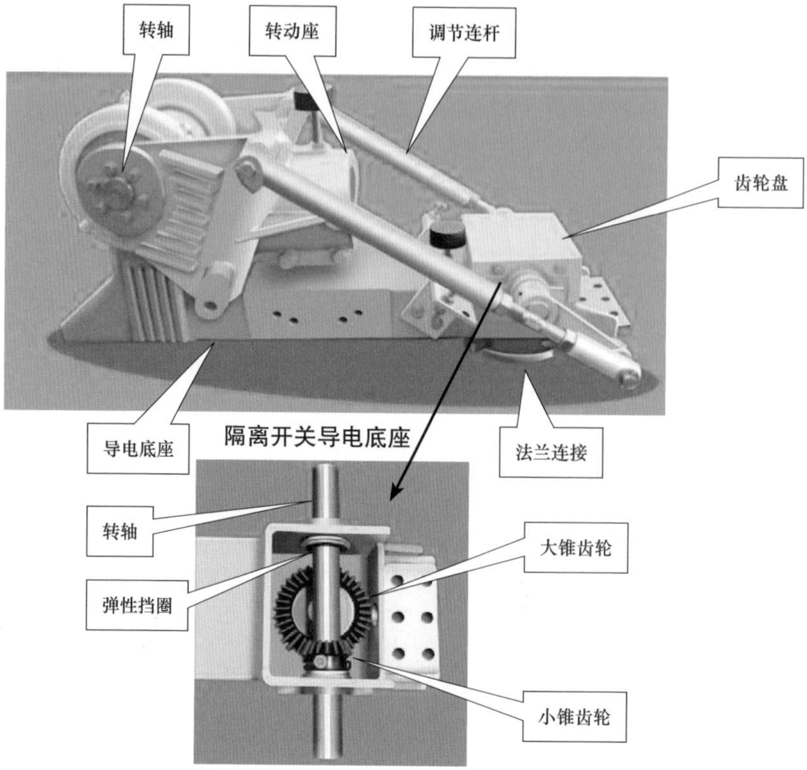
转轴
转动座
调节连杆
齿轮盘
导电底座
隔离开关导电底座
法兰连接
转轴
大锥齿轮
弹性挡圈
小锥齿轮

三、操动机构箱

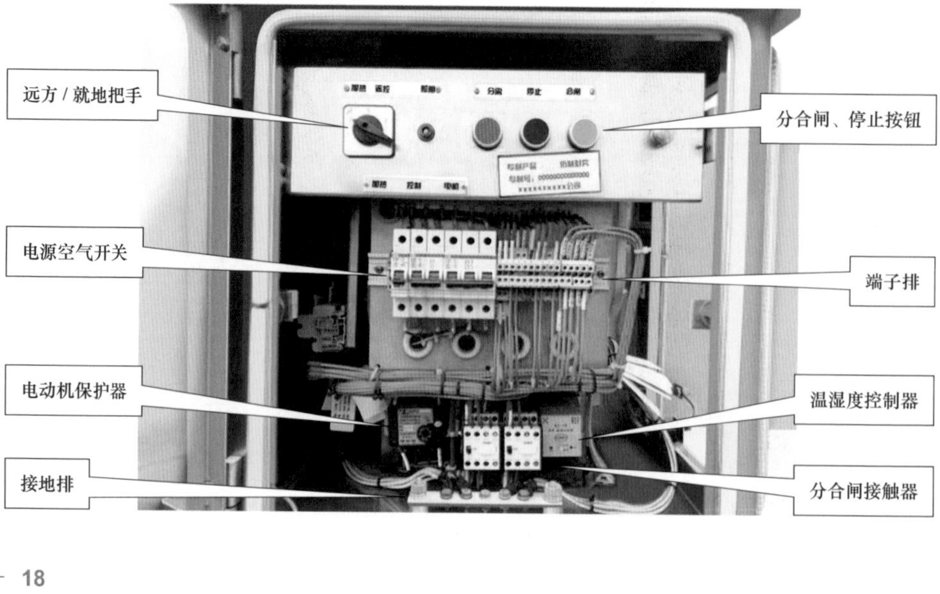
远方 / 就地把手
分合闸、停止按钮
电源空气开关
端子排
电动机保护器
温湿度控制器
接地排
分合闸接触器

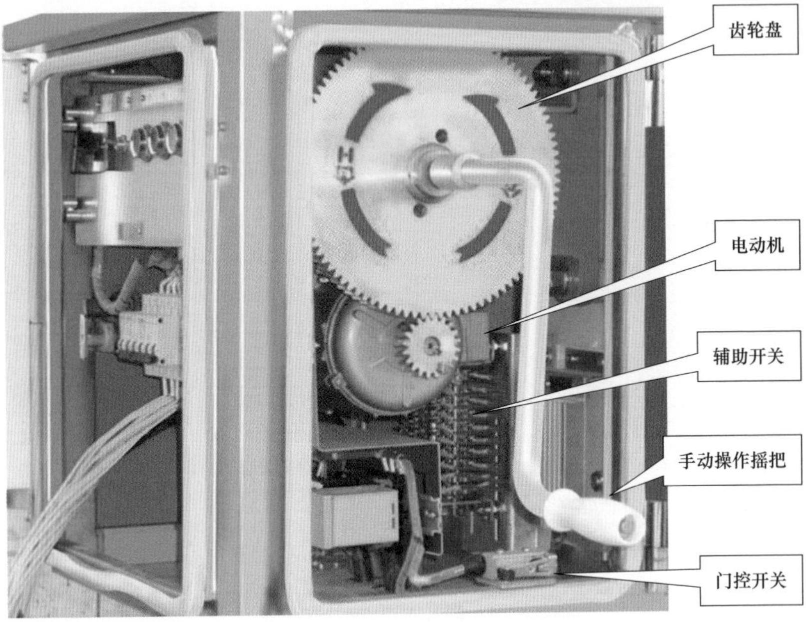

四、隔离开关二次回路图识图

1. 基本元件代号及名称

代号	名称	代号	名称
SBT2	远方 / 就地转换开关	KM1	分闸接触器
SBT1	辅助开关	KM2	合闸接触器
SB3	停止按钮（黑色）	KT	热继电器（热偶）
SB2	合闸按钮（绿色）	XJ	电动机保护器
SB1	分闸按钮（红色）	SP1	分闸停止节点
M	电动机	SP2	合闸停止节点
ZMD	照明灯	SP3	门控开关
EHD	加热器	WSK	温湿度控制器

2. 电动机回路

电动机电源空气开关

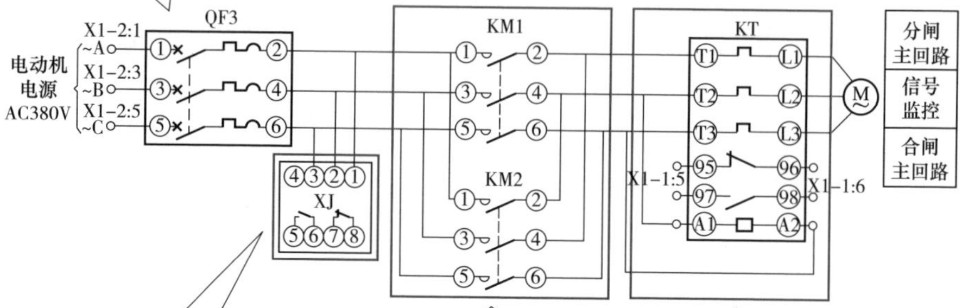

电动机回路并有电动机保护器 XJ

接触器 KM1、KM2 接通时电动机 M 正转和反转，实现隔离开关的分合

当回路中电流过大时热继电器 KT 会断开电动机回路，保护电动机 M

3. 控制回路

公共回路，是分合闸操作都要经过的回路，接于控制回路末端，串有停止按钮 SB3、电动机保护器 XJ、热继电器 KT、门控开关 SP3

控制回路空气开关

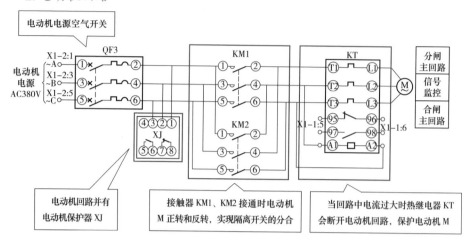

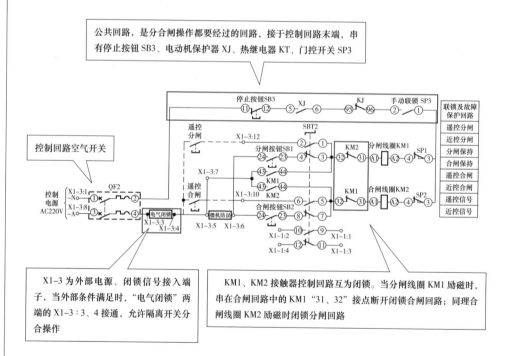

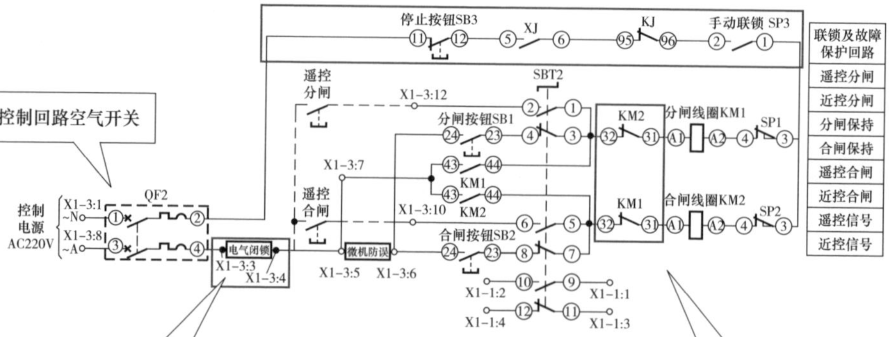

X1-3 为外部电源、闭锁信号接入端子，当外部条件满足时，“电气闭锁”两端的 X1-3：3、4 接通，允许隔离开关分合操作

KM1、KM2 接触器控制回路互为闭锁。当分闸线圈 KM1 励磁时，串在合闸回路中的 KM1 “31、32” 接点断开闭锁合闸回路；同理合闸线圈 KM2 励磁时闭锁分闸回路

遥控合闸回路：SBT2 打到远方位置，SBT2 “5、6” 接通，按下遥控合闸按钮后，控制电源 X1-3：8→电气闭锁→遥控合闸按钮→SBT2 “5、6” →KM1 “31、32” →KM2 “A1、A2” →合闸停止接点 SP2→公共端→X1-3：1。当 KM2 励磁时 “43、44” 接通，合闸自保持回路接通；当合闸一次行程到位时 SP2 断开，切断合闸回路。就地合闸及分闸回路可参照遥控合闸回路同理分析。

4. 照明及加热回路

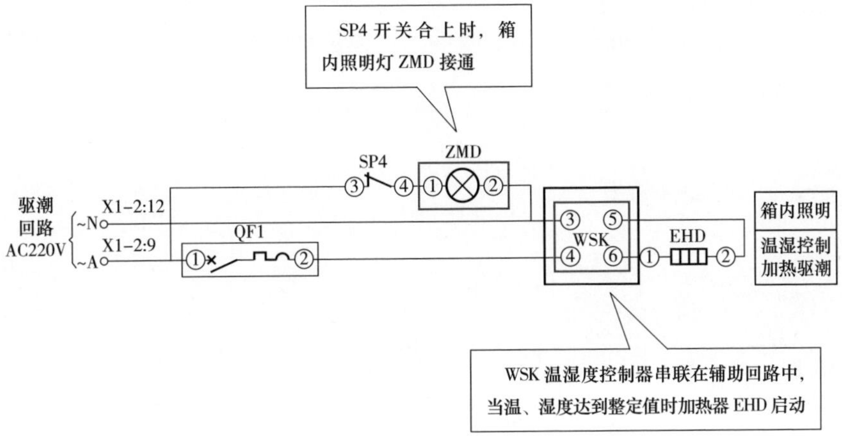
SP4 开关合上时，箱内照明灯 ZMD 接通
SP4
ZMD
驱潮
回路
AC220V
X1–2:12
~N
X1–2:9
~A
QF1
WSK
EHD
箱内照明
温湿控制
加热驱潮
WSK 温湿度控制器串联在辅助回路中，当温、湿度达到整定值时加热器 EHD 启动

第三节　气体绝缘金属封闭开关设备（GIS）基础知识

一、组合电器的分类

1. GIS

将断路器、隔离开关、接地开关、电流互感器、电压互感器、避雷器、母线等组装在封闭的金属壳体内，充有一定量的 SF_6 气体，并通过盆式绝缘子分成若干个独立气室

2. 复合式气体绝缘组合电器（HGIS）

HGIS 的结构与 GIS 基本相同，但不包括母线设备

3. AIS（敞开式常规开关电器）、GIS、HGIS 比较分析

比较项目	AIS	GIS	HGIS
设备一次性投入成本	成本较低	成本较高	成本较高，但比GIS 造价低 40%
占地面积	较大	较小	较小
维护成本	维护频繁，时间成本较高	维护量较少，但故障处理难度较大	同 GIS
产品运行可靠性	设备直接暴露在大气中，运行可靠性较低	各电器元件均密封在充满 SF_6 气体的金属壳内，不受大气环境影响，绝缘不易老化	同 GIS

二、组合电器结构

1. 整体结构

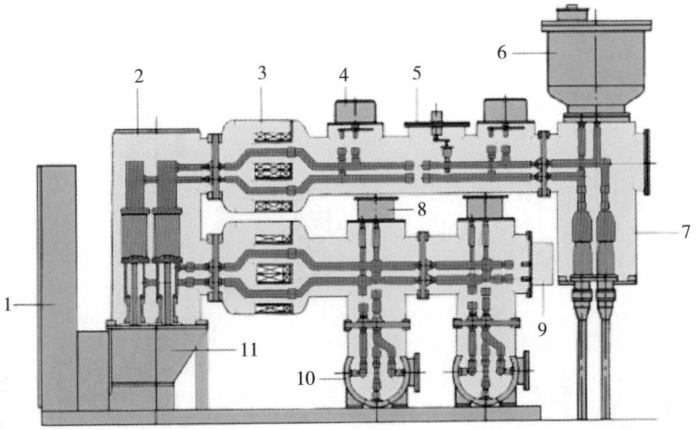

1—汇控柜；2—断路器；3—电流互感器；4—接地开关；5—出线隔离开关；6—电压互感器；
7—电缆终端；8—母线隔离开关；9—接地开关；10—母线；11—操动机构

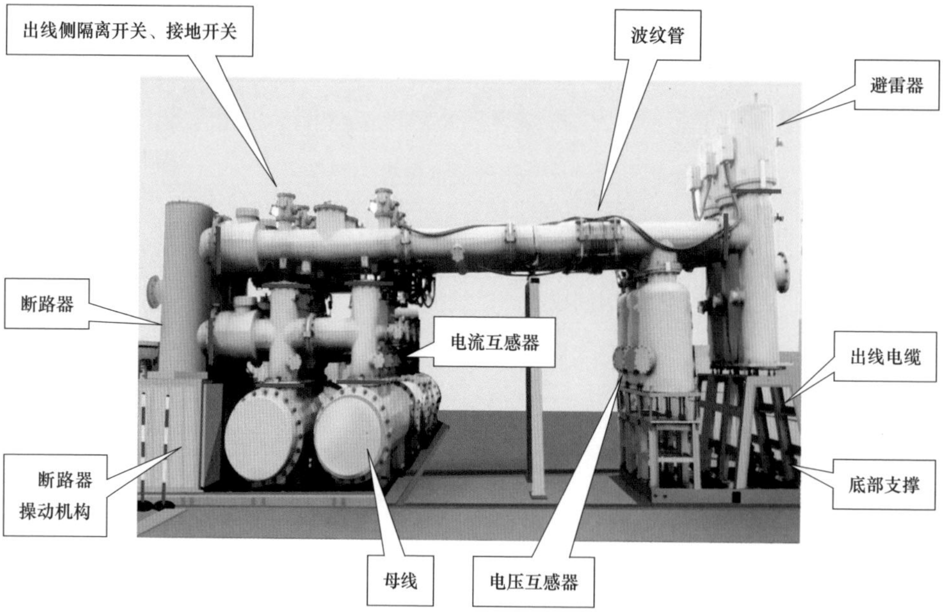
出线侧隔离开关、接地开关
波纹管
避雷器
断路器
电流互感器
出线电缆
断路器
操动机构
底部支撑
母线
电压互感器

2. 盆式绝缘子

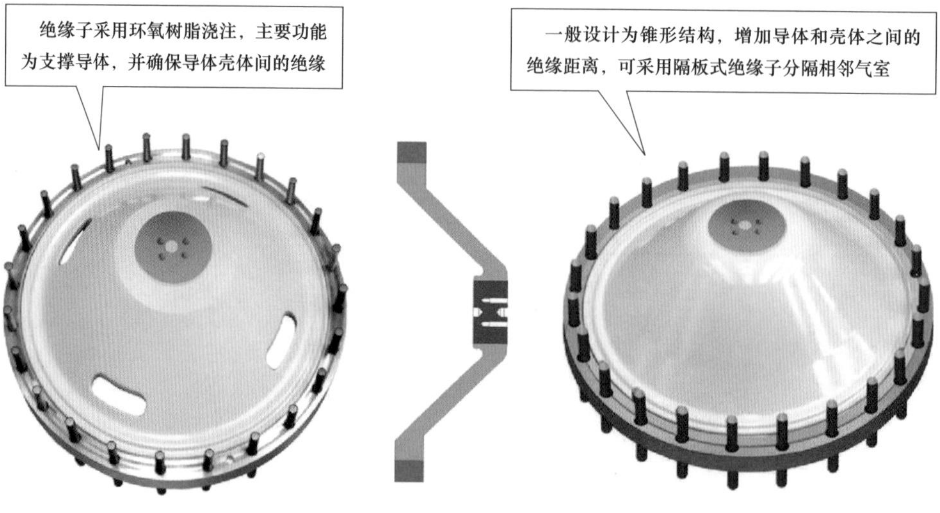
绝缘子采用环氧树脂浇注，主要功能为支撑导体，并确保导体壳体间的绝缘
一般设计为锥形结构，增加导体和壳体之间的绝缘距离，可采用隔板式绝缘子分隔相邻气室

通气式盆式绝缘子

隔板式盆式绝缘子

3. 断路器

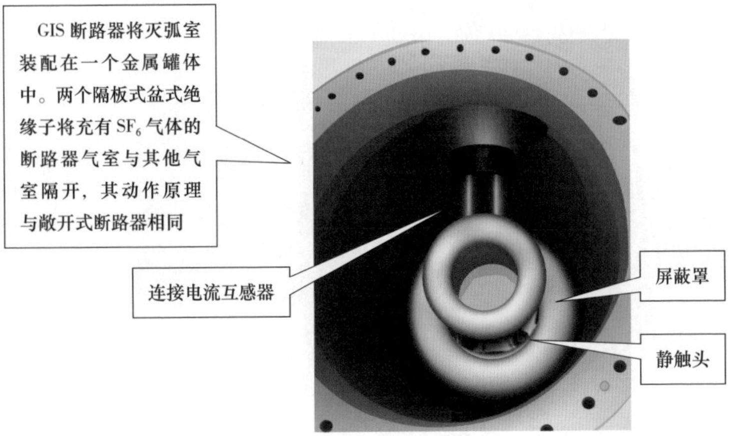
GIS 断路器将灭弧室装配在一个金属罐体中。两个隔板式盆式绝缘子将充有 SF_6 气体的断路器气室与其他气室隔开，其动作原理与敞开式断路器相同
连接电流互感器
屏蔽罩
静触头

4. 隔离开关及接地开关

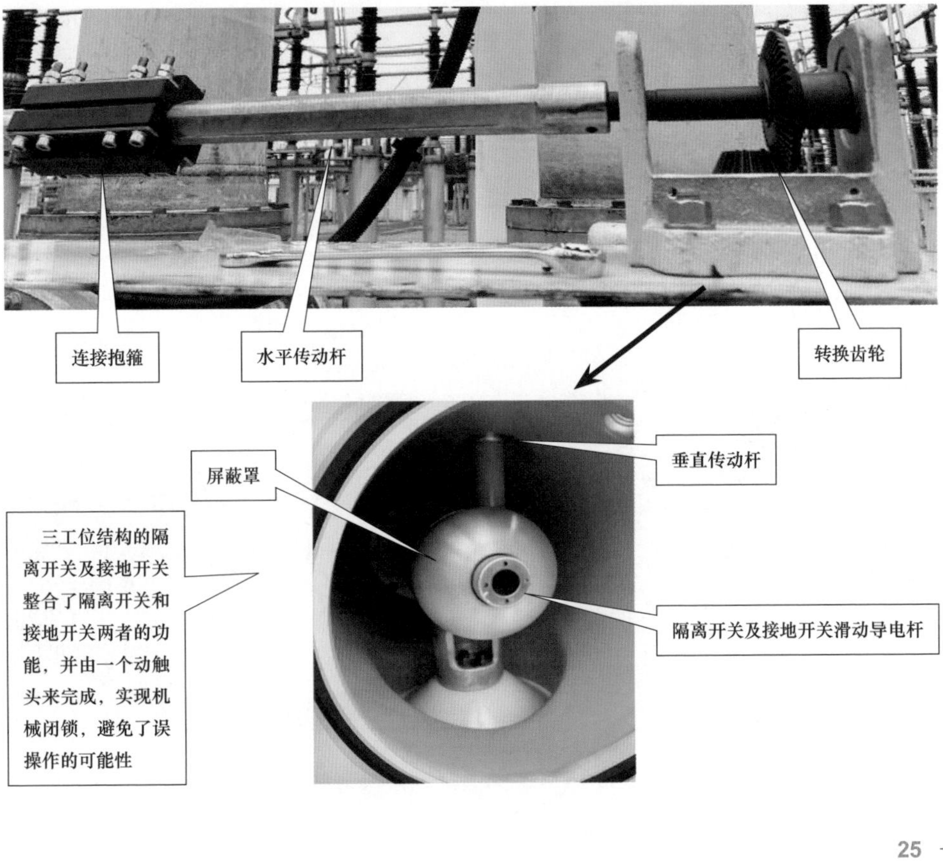
连接抱箍
水平传动杆
转换齿轮
垂直传动杆
屏蔽罩
三工位结构的隔离开关及接地开关整合了隔离开关和接地开关两者的功能，并由一个动触头来完成，实现机械闭锁，避免了误操作的可能性
隔离开关及接地开关滑动导电杆

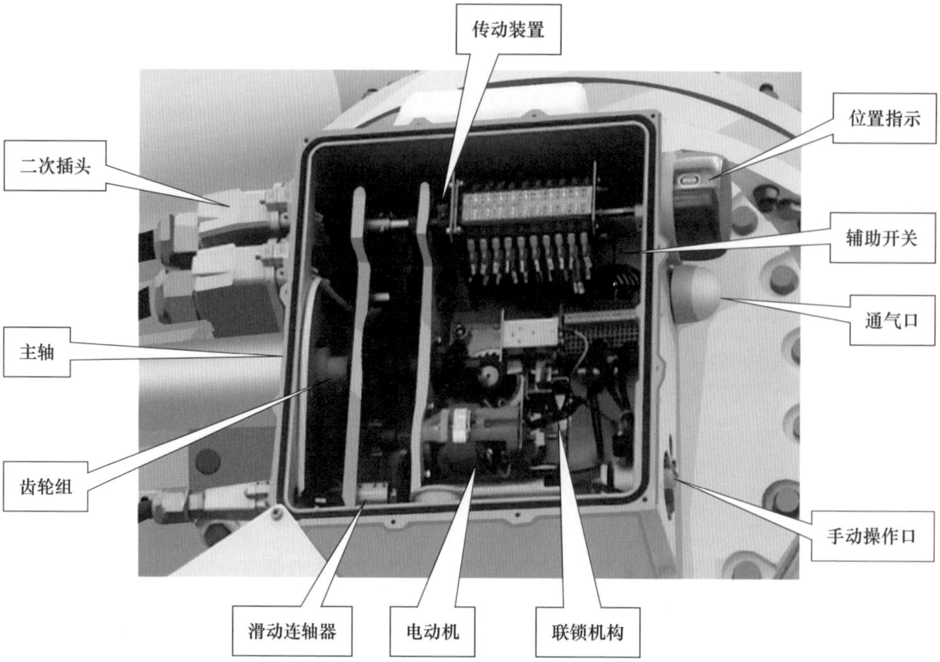

操动机构

5. 电流互感器

电流互感器有内置式和外置式两种，大多数供应商采用内置式。具有测量电流的作用

环形铁芯将一次导体包围在中间，二次绕组感应一次电流并与高电压隔离

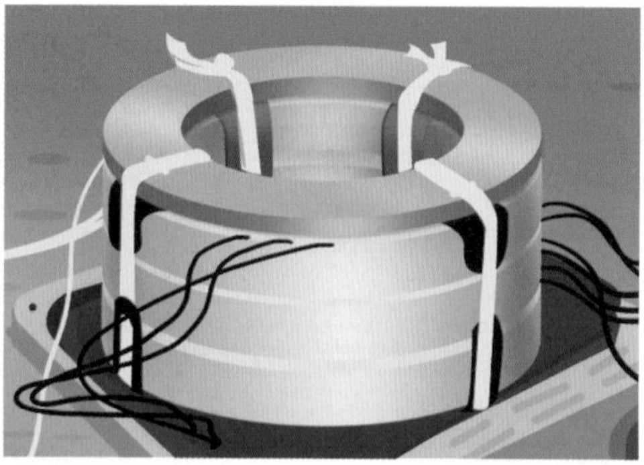

6. 电压互感器

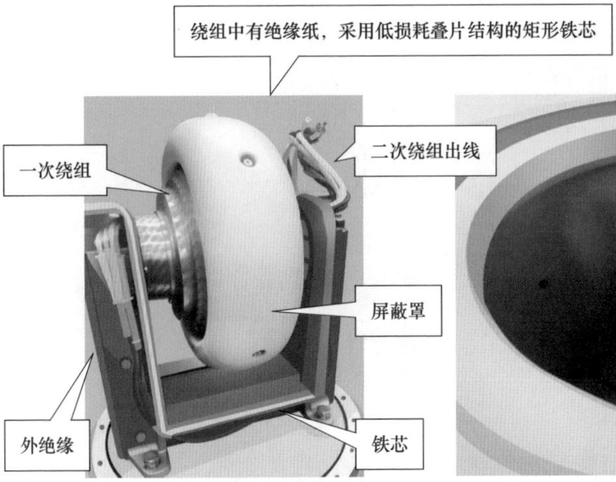

电压互感器

7. 母线

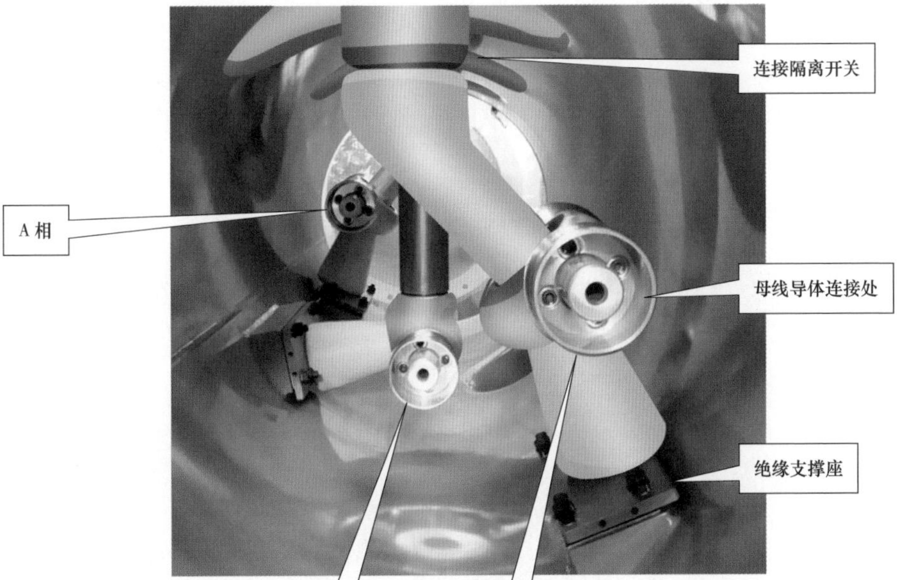

8. 套管

其内绝缘为 SF_6 气体或树脂浸渍卷纸绝缘体。采用电容均压和屏蔽罩使套管的内外部电场均匀

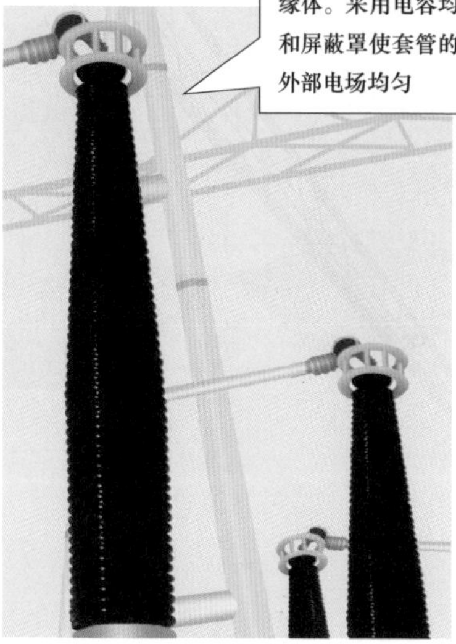

出线套管

电缆终端

GIS 电缆终端一般采用插拔式，应用于 220kV 及以下 GIS 设备

9. 膨胀补偿装置

GIS 设备需要在母线管中间几处安装膨胀补偿装置，在温度变化时消除元件的应力

10. 吸附剂

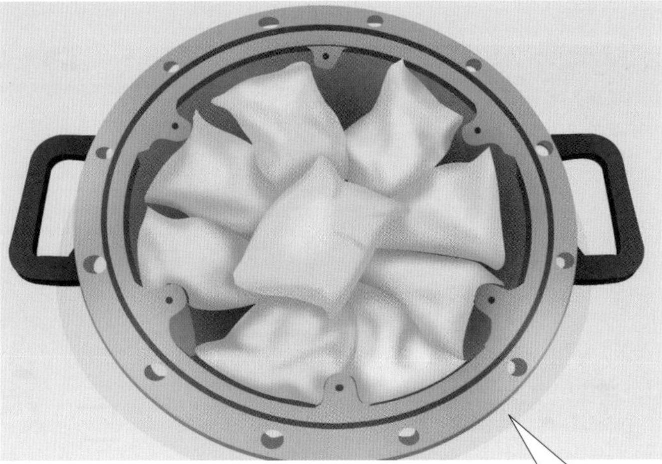

吸附剂装设在 GIS 罐体内部，用于吸收电弧分解物和气室内残留水分

11. 压力释放阀

每个防爆膜均安装有一防爆喷口，喷口不对着巡视通道

每个气室均装有压力释放装置，当故障发生，气体压力异常上升至动作值时，释放多余的压力保护罐体不发生破裂和变形

12. 外壳接地

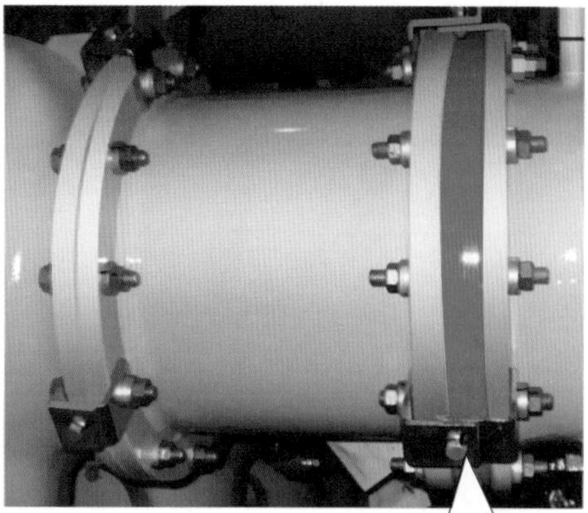
跨接排式接地

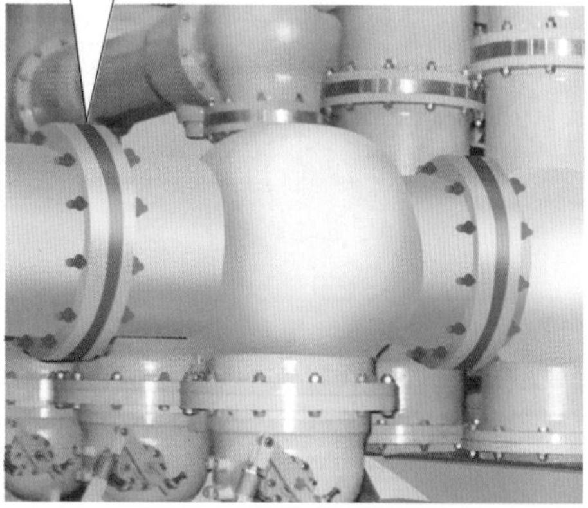
金属环式接地

第四节　开关柜基础知识

一、开关柜结构组成

1. 开关柜概述

开关柜将有关的高低压电器（包括控制电器、保护电器、测量电器）以及母线、载流导体等装配在封闭的或敞开的金属柜体内，作为电力系统中接受和分配电能的装置

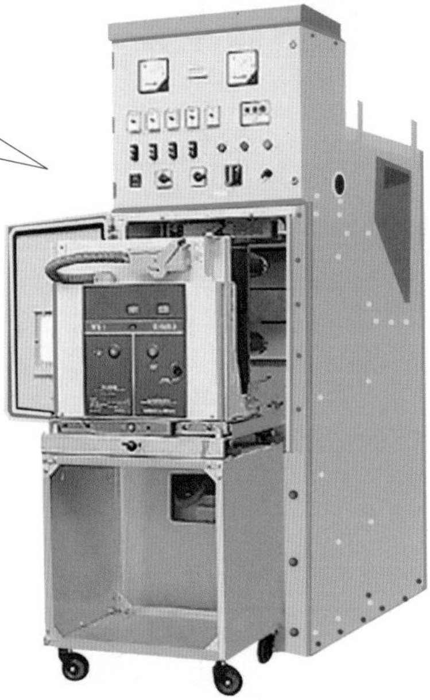

2. 开关柜分类

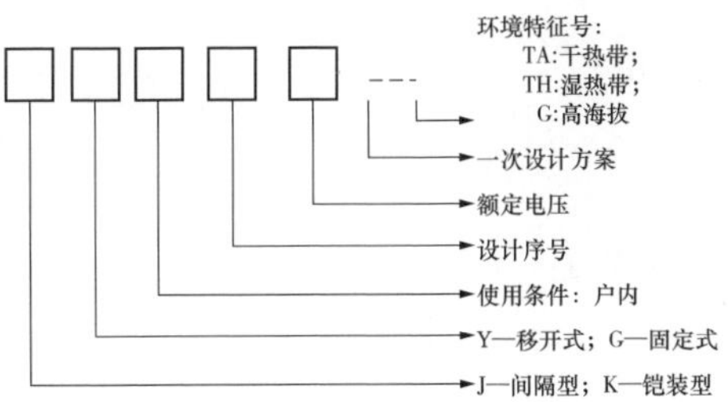

开关柜分类方式	类别
安装方式	移开式（小车式）、固定式
装设地点	户内、户外
柜体结构	金属封闭铠装式、金属封闭间隔式、金属封闭箱式、敞开式

二、移开式（小车式）开关柜（KYN 系列）

1. 总体结构

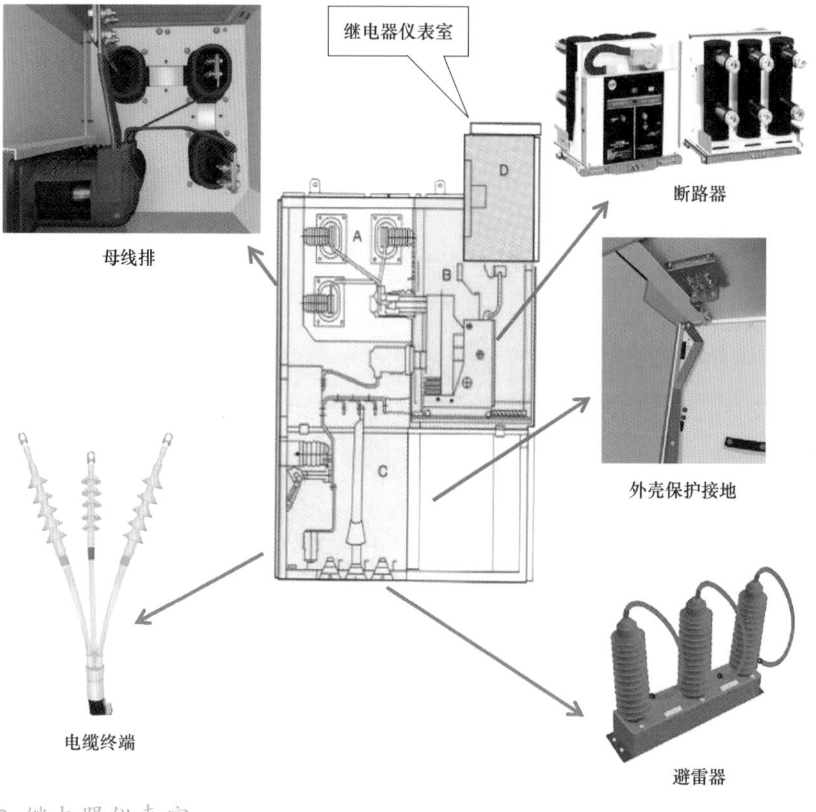
继电器仪表室
A
B
C
D
母线排
断路器
外壳保护接地
电缆终端
避雷器

2. 继电器仪表室

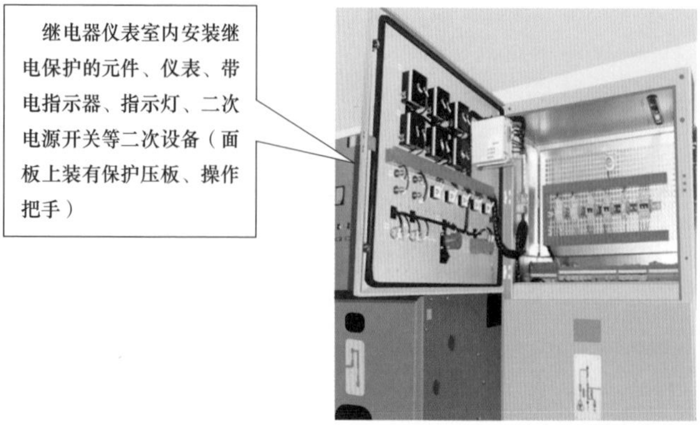
继电器仪表室内安装继电保护的元件、仪表、带电指示器、指示灯、二次电源开关等二次设备（面板上装有保护压板、操作把手）

3. 断路器室

（1）断路器室结构。

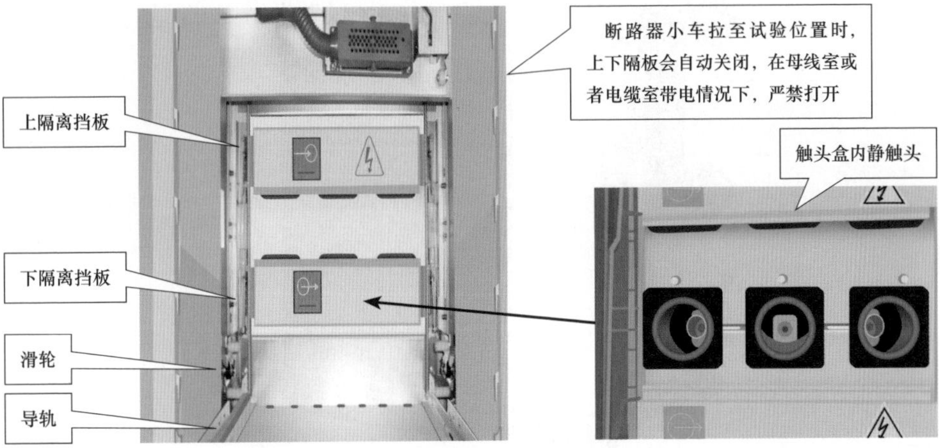

（2）断路器小车结构。

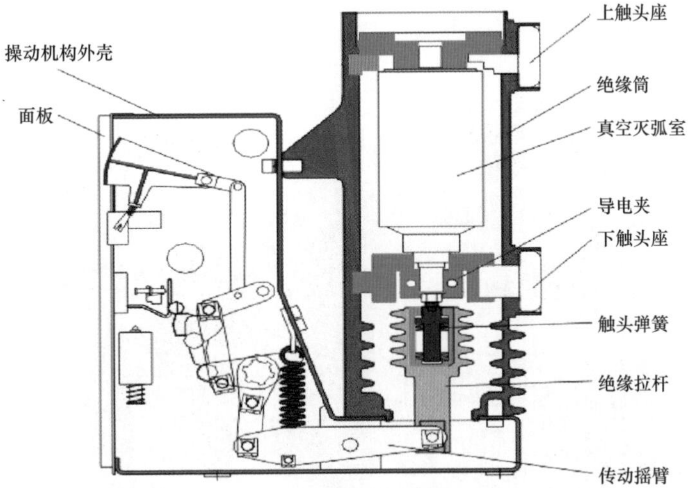

（3）断路器小车面板。

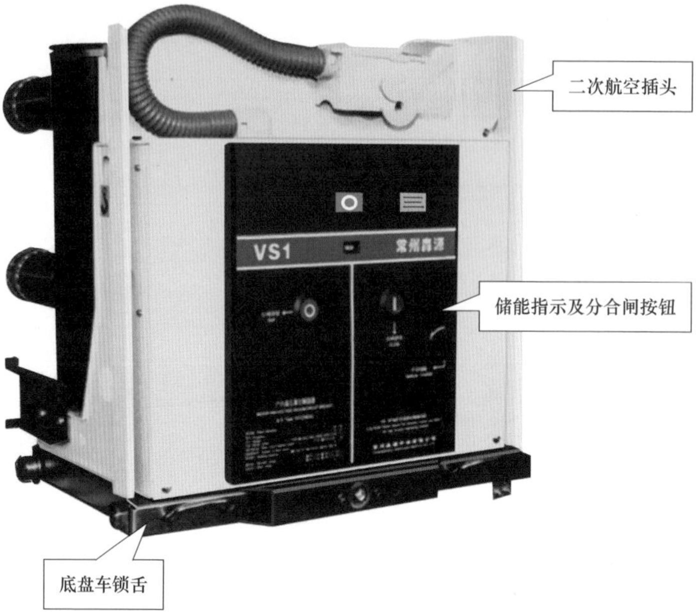

（4）断路器小车操动机构。

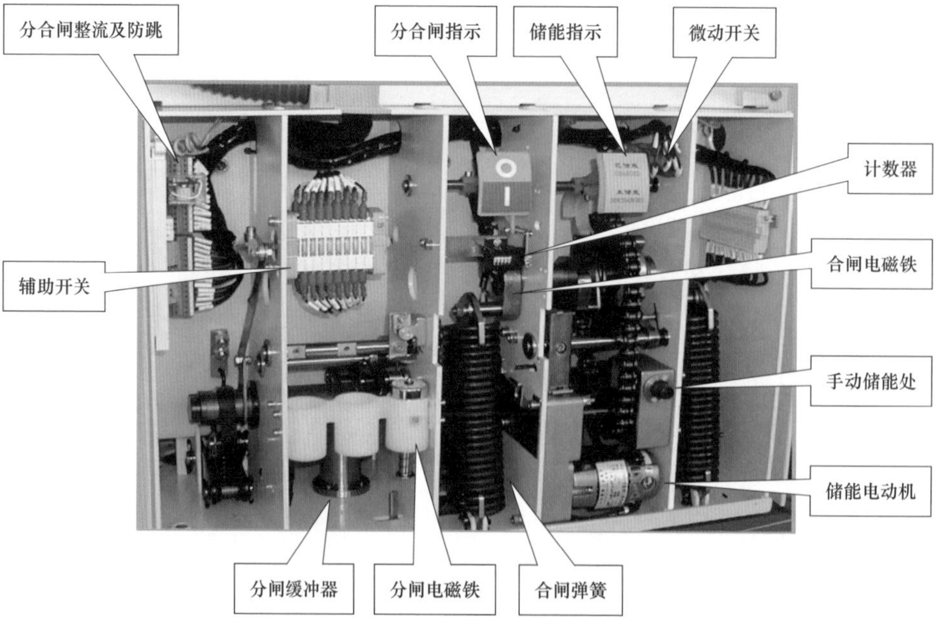

（5）断路器手车的三种位置。

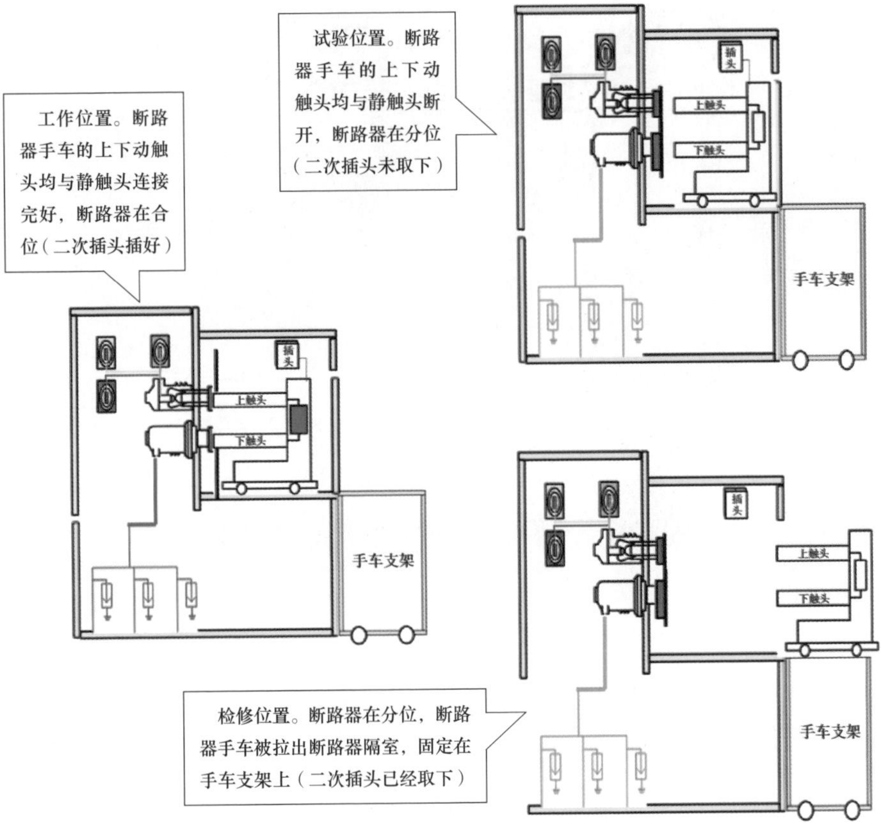
试验位置。断路器手车的上下动触头均与静触头断开，断路器在分位（二次插头未取下）
插头
上触头
下触头
手车支架
工作位置。断路器手车的上下动触头均与静触头连接完好，断路器在合位（二次插头插好）
插头
上触头
下触头
手车支架
插头
上触头
下触头
手车支架
检修位置。断路器在分位，断路器手车被拉出断路器隔室，固定在手车支架上（二次插头已经取下）

4. 母线室

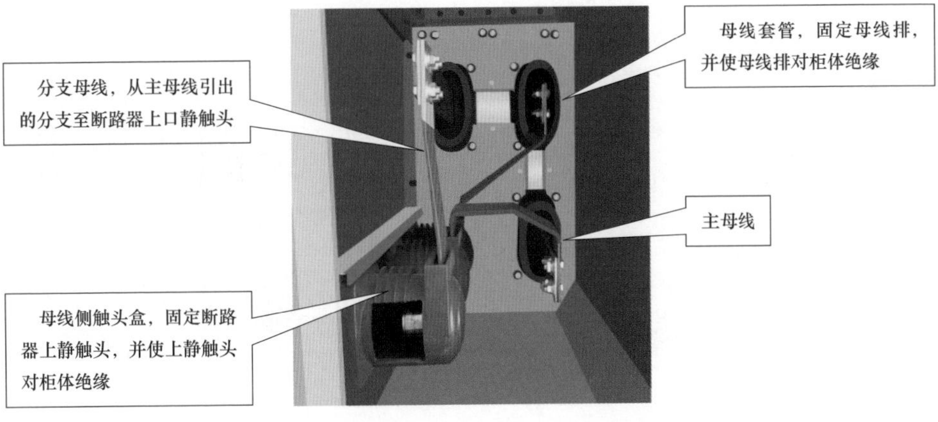
母线套管，固定母线排，并使母线排对柜体绝缘
分支母线，从主母线引出的分支至断路器上口静触头
主母线
母线侧触头盒，固定断路器上静触头，并使上静触头对柜体绝缘

5. 电缆室

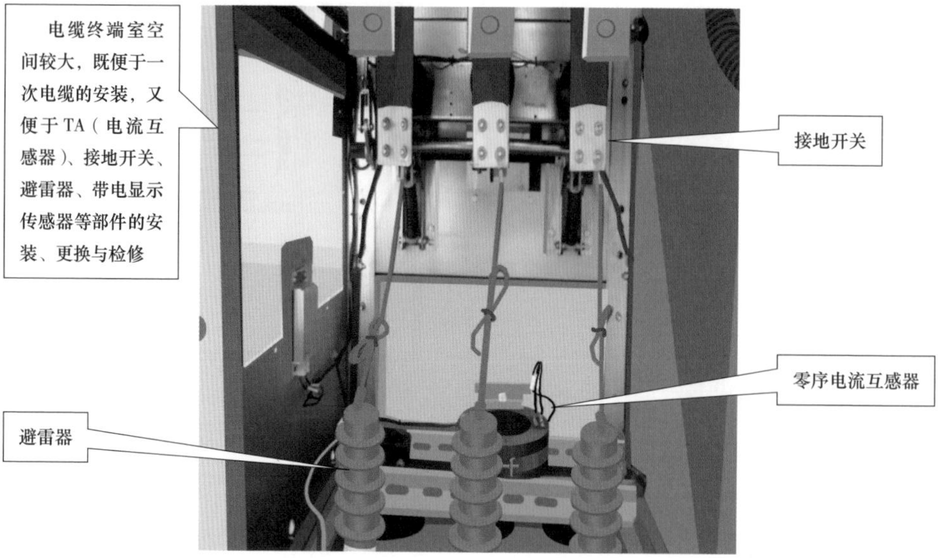
电缆终端室空间较大，既便于一次电缆的安装，又便于TA（电流互感器）、接地开关、避雷器、带电显示传感器等部件的安装、更换与检修
接地开关
零序电流互感器
避雷器

三、固定式开关柜（XGN系列）

1. 总体结构

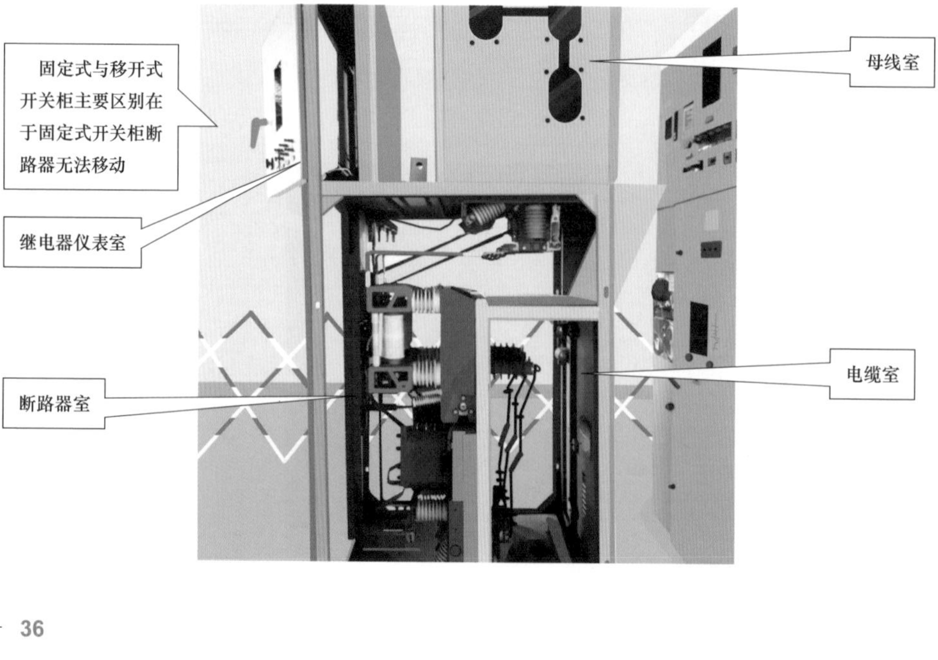
固定式与移开式开关柜主要区别在于固定式开关柜断路器无法移动
继电器仪表室
母线室
电缆室
断路器室

2. 固定式断路器结构（ZN28A−12）

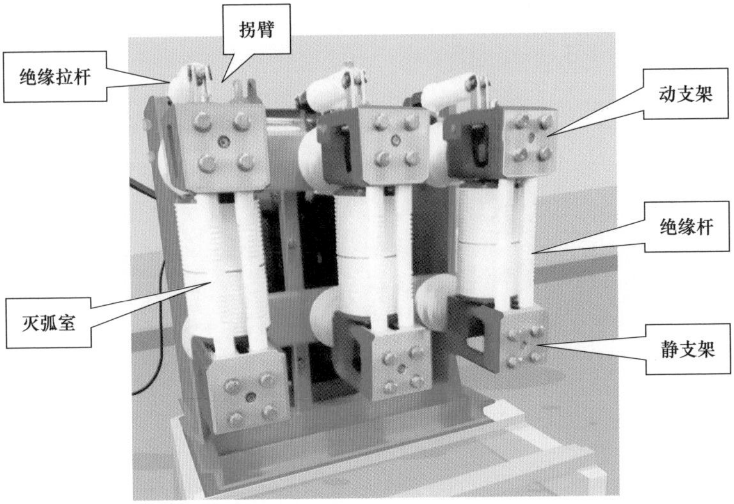

拐臂
绝缘拉杆
动支架
绝缘杆
灭弧室
静支架

四、开关柜“五防”

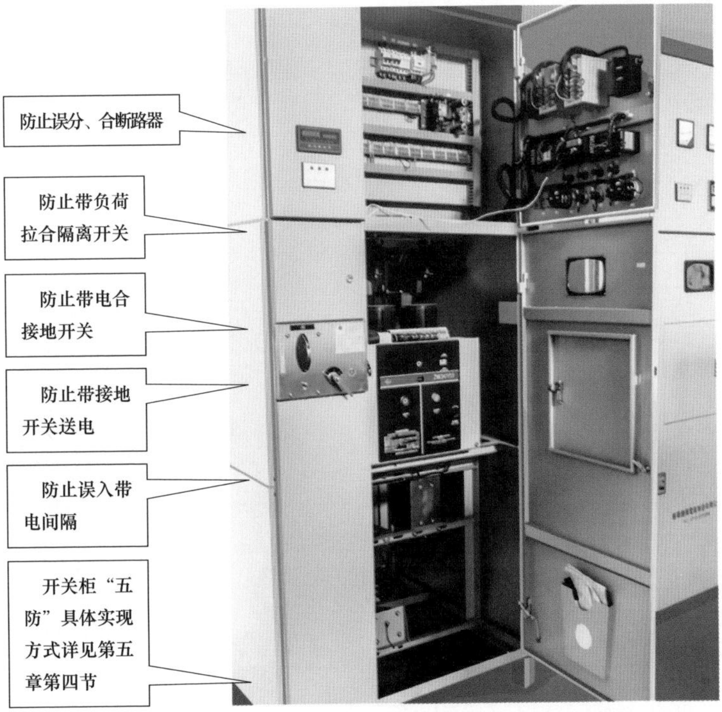

防止误分、合断路器
防止带负荷拉合隔离开关
防止带电合接地开关
防止带接地开关送电
防止误入带电间隔
开关柜“五防”具体实现方式详见第五章第四节

第二章

断路器检修

在各电压等级变电站中，断路器都是不可缺少的站内设备，断路器结构复杂、种类繁多。本章首先从断路器灭弧室入手，讲解灭弧室解体及更换检修工艺及具体步骤；再针对断路器两种主流操动机构（弹簧、液压），完整地展现各零部件分解及组装流程、注意事项；最后介绍断路器修后试验及检查项目。

文中大部分内容均为平日工作中经常遇到的检修项目，其中还包含开关专业技能等级认证评级的考试项目，具有一定的指导意义。文中部分内容，在平日工作中比较少见，比如断路器灭弧室检修、液压机构储压器分解、储能电动机检修等，发生故障后一般采取直接更换的方式，但读者可以通过这些小节详细了解此类部件内部结构及原理。本章断路器液压操动机构选用 LW10B 系列、弹簧操动机构选用 LW46–72.5 系列为例进行介绍。

第一节 SF_6 断路器整体更换

一、检修前准备

1. 机具及资料准备

需要准备 SF_6 空气瓶、SF_6 新气、电源线、绝缘梯、绝缘电阻表、SF_6 检漏仪、机械特性测试仪、回路电阻测试仪、SF_6 微水测试仪、工具箱、SF_6 回收装置、电源线、温湿度计、水平尺、防护用具及起重机、吊绳等起重机具

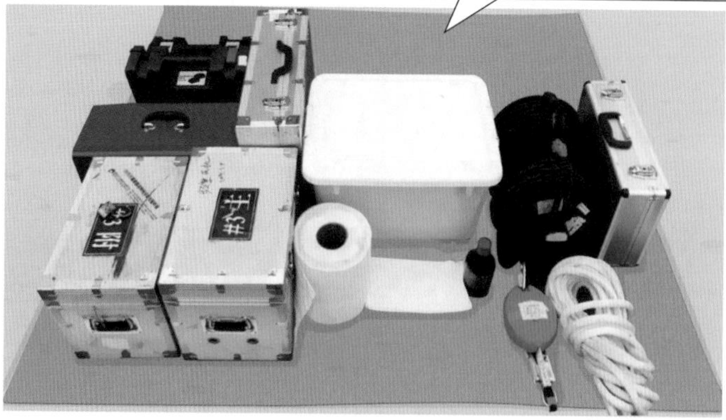

2. 班前会

办理工作票许可手续，召开班前会进行“三交代”“三检查”❶，明确人员分工及检修步骤，监督工作班成员应遵守的相关安全规程。安排专人在起吊时监护并规范呼唱

❶ “三交代”：交代安全措施、工作任务、作业风险。
“三检查”：检查个人劳动防护用具、个人安全工器具、个人精神状况。

二、现场检查

1. 安全措施确认

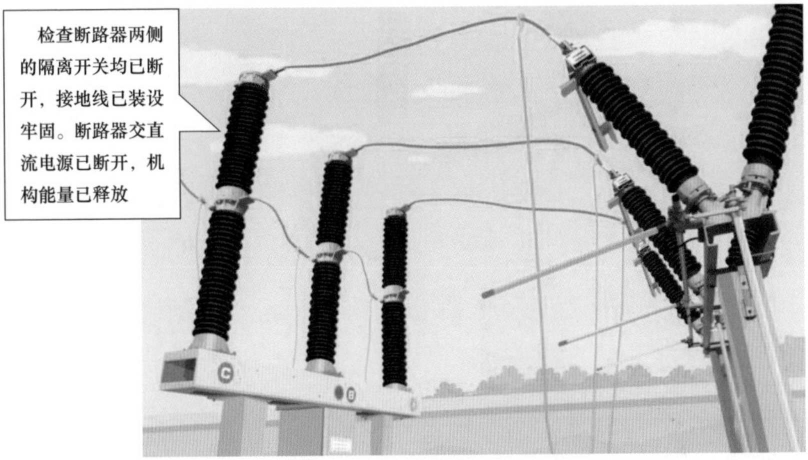
检查断路器两侧的隔离开关均已断开，接地线已装设牢固。断路器交直流电源已断开，机构能量已释放

2. 现场环境确认

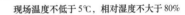

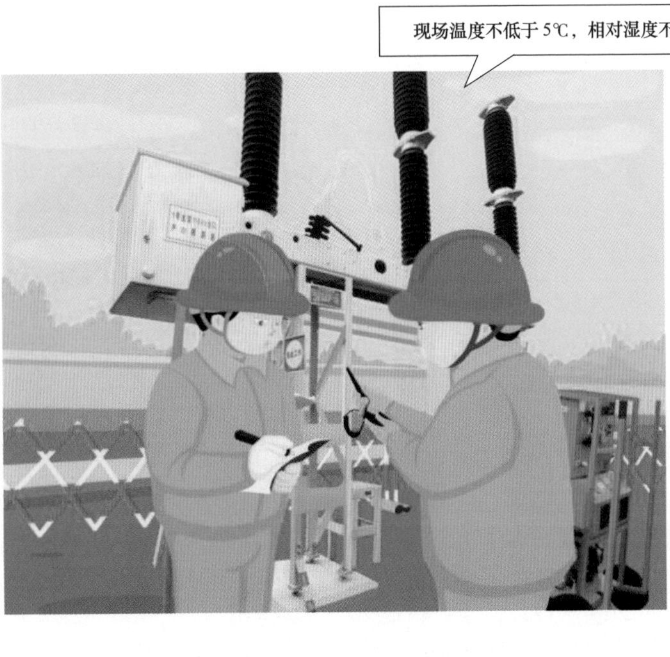
现场温度不低于5℃，相对湿度不大于80%

三、旧设备拆除

1. SF_6 气体回收

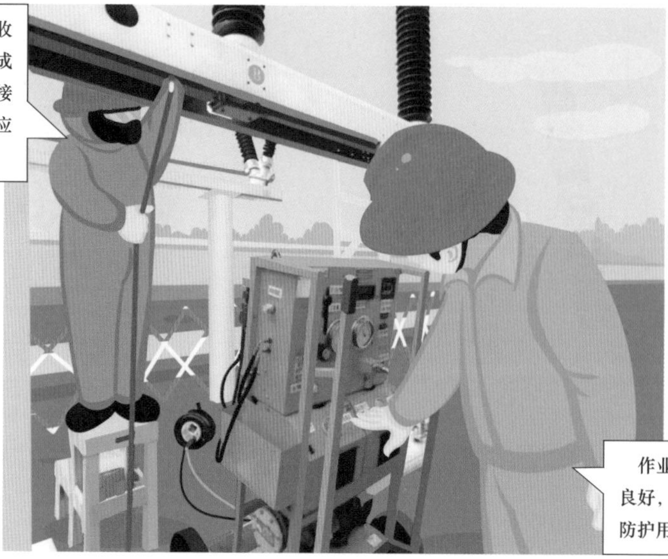
SF_6 气体回收至空瓶内，完成后拆除气体连接管道，灭弧室应保持微正压
作业现场保持通风良好，工作人员应穿防护用具站在上风侧

2. 引线拆除

引线做好相序记号，原拆原装

3. 拆除相间连杆及二次接线

拆除断路器三相传动连杆，二次电缆做好记录后拆除，裸露导线用绝缘套隔离

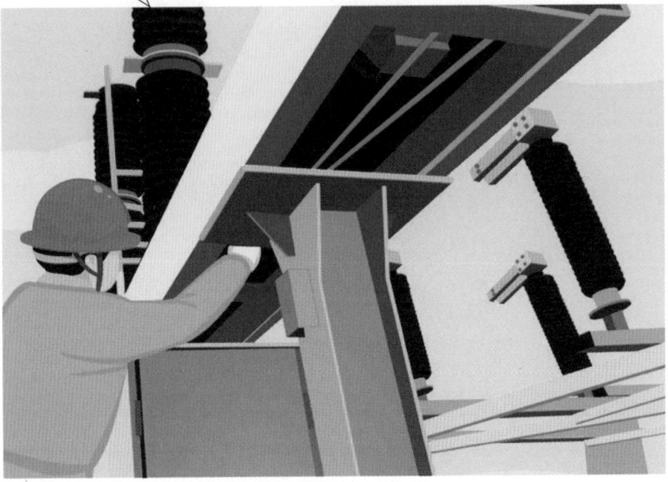

4. 拆除原断路器及机构

检查确认主瓷套与横梁连接部位松动无卡阻，试吊合格后，将主瓷套吊至指定位置

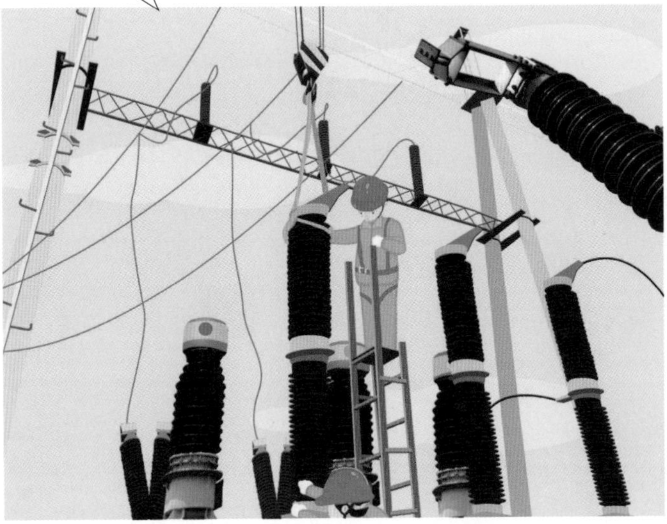

5. 拆除旧支架横梁

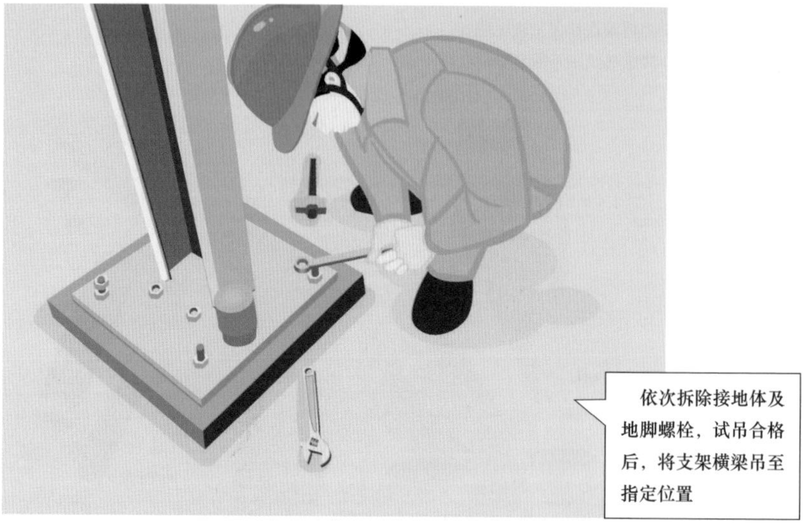
依次拆除接地体及地脚螺栓，试吊合格后，将支架横梁吊至指定位置

四、新设备安装

1. 新基础施工

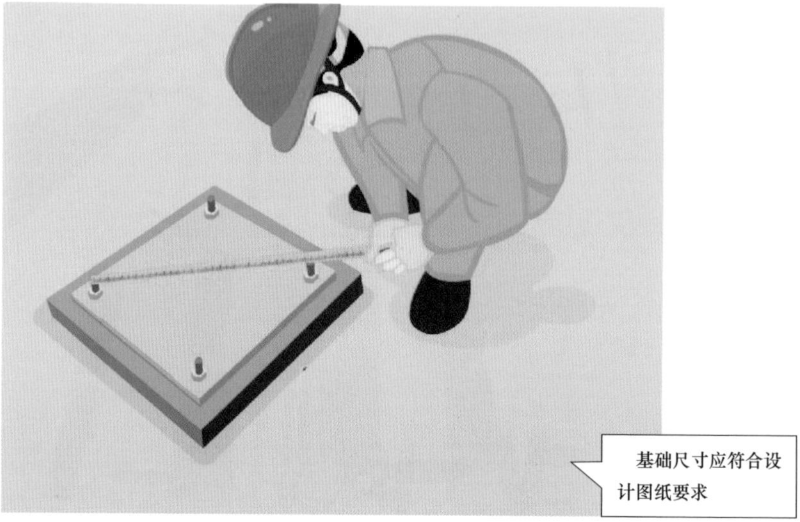
基础尺寸应符合设计图纸要求

2. 断路器开箱

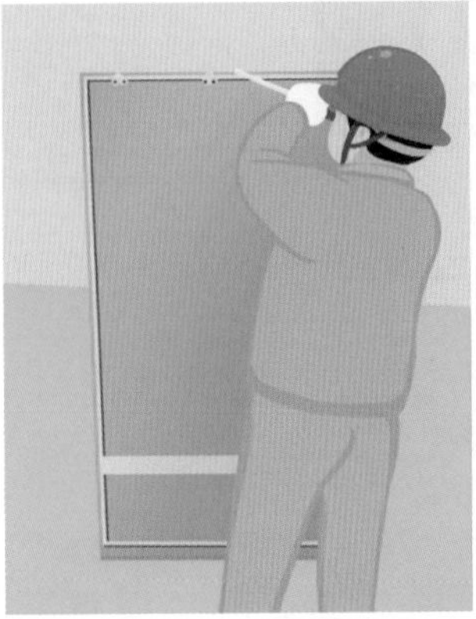

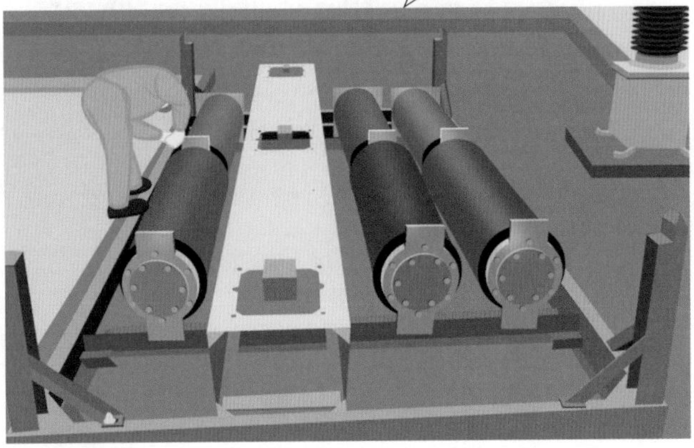
开箱时要避免猛烈撞击，注意不要损伤瓷套，不得打开断路器任何阀门

3. 框架及机构箱安装

组装支架横梁及机构箱
作业过程中，四周设专人监护，吊件上系好牵引绳

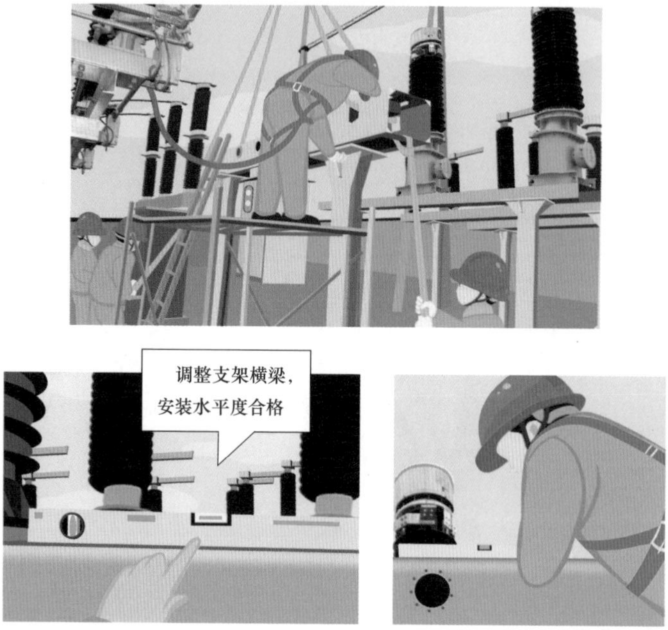
调整支架横梁，
安装水平度合格

4. 灭弧室吊装

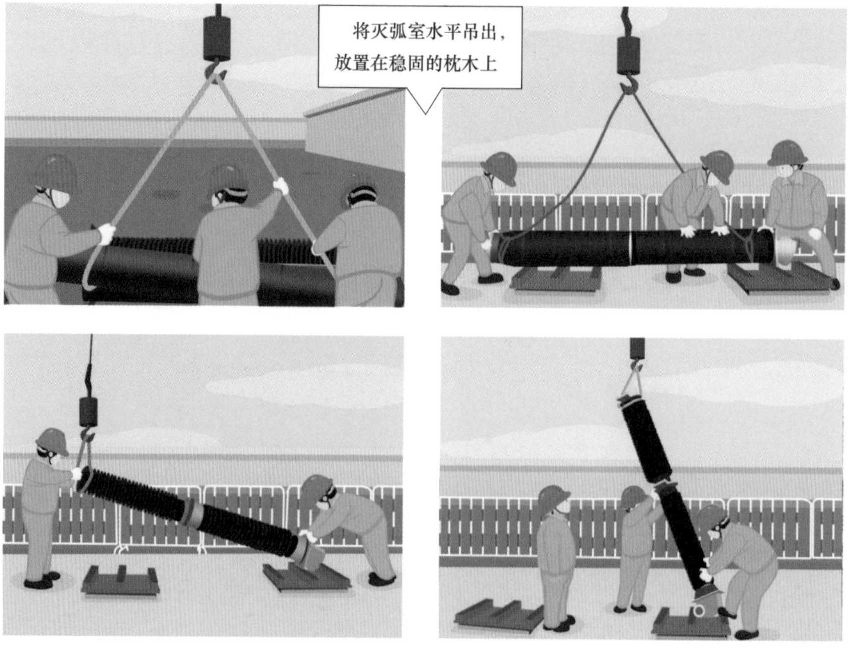
将灭弧室水平吊出，
放置在稳固的枕木上

将极柱平稳落至支架横梁上，先预紧螺母，再松开吊绳

按相序依次完成三相极柱的吊装，对称紧固所有螺栓，密封面的螺栓应涂防水胶

调整极柱安装，使垂直度合格

5. 安装极间连杆拐臂

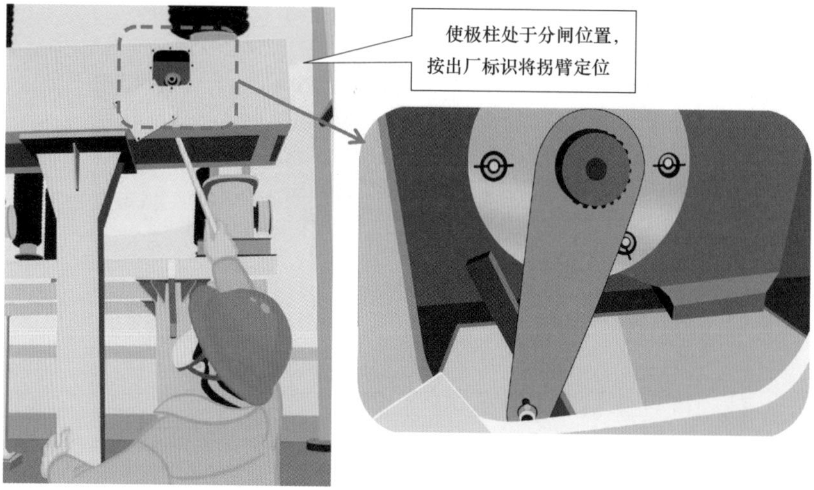
使极柱处于分闸位置，按出厂标识将拐臂定位

6. 连接断路器与操动机构之间的连杆

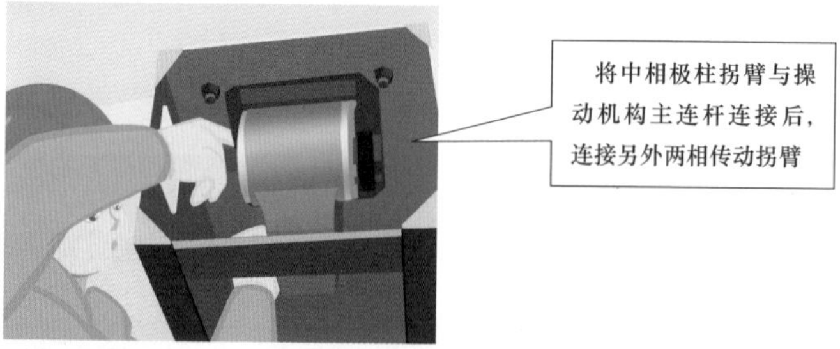
将中相极柱拐臂与操动机构主连杆连接后，连接另外两相传动拐臂

调整水平连杆长度和拐臂角度至合适位置，锁紧压盖及插销

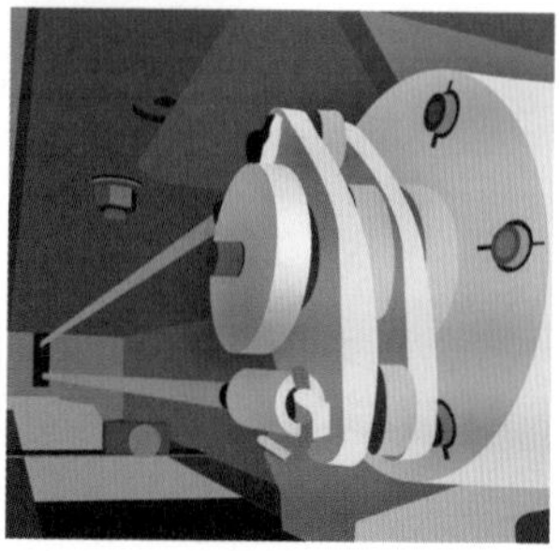

7. 充装 SF_6 气体及恢复二次接线

未充至额定气压的断路器禁止分合闸操作，抽真空、充 SF_6 气体步骤操作详见本章第二节“12. 抽真空”至“14. 检漏”

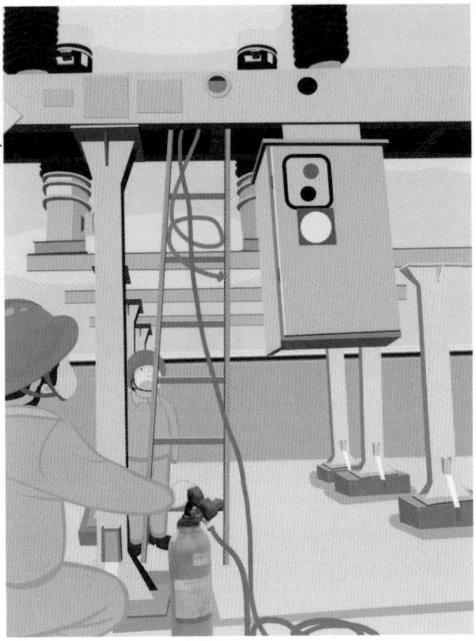

五、修后试验及验收

1. 修后试验

进行机械特性试验，按要求连接地线、断口线、分合闸控制线，正确安装速度传感器

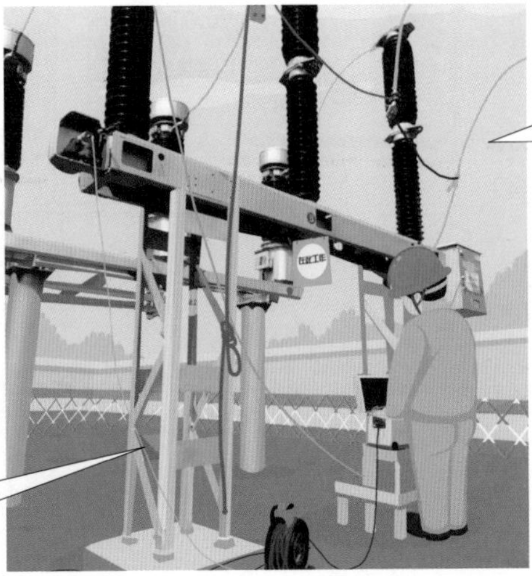

按要求进行回路电阻测量、本体 SF_6 微水测量，详情见《电气油气试验知识图解》第三章第三节

2. 恢复一次引线

按拆前标记恢复一次引线

3. 工作验收

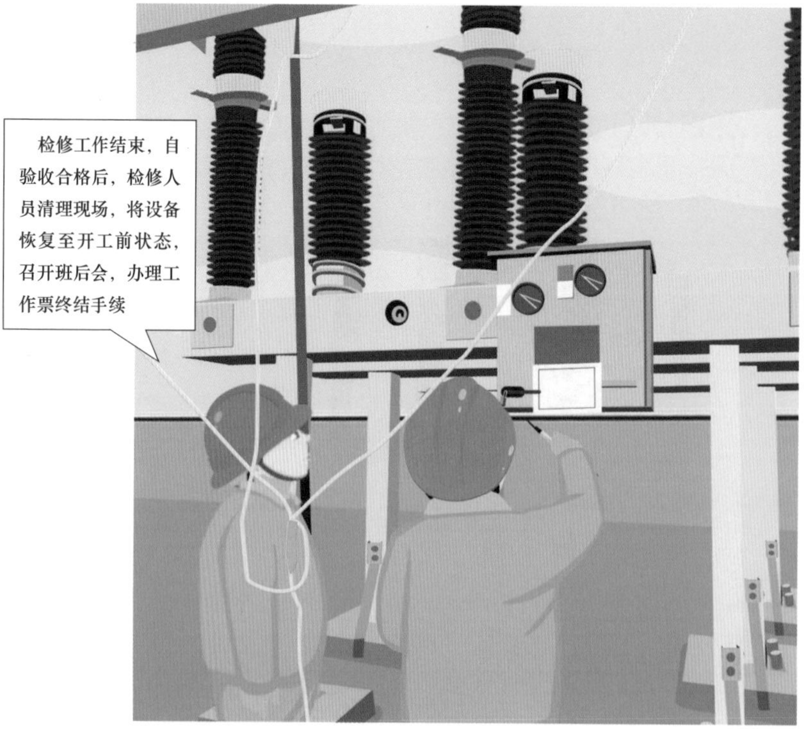
检修工作结束，自验收合格后，检修人员清理现场，将设备恢复至开工前状态，召开班后会，办理工作票终结手续

第二节　断路器灭弧室检修

一、检修前准备

1. 资料及机具准备

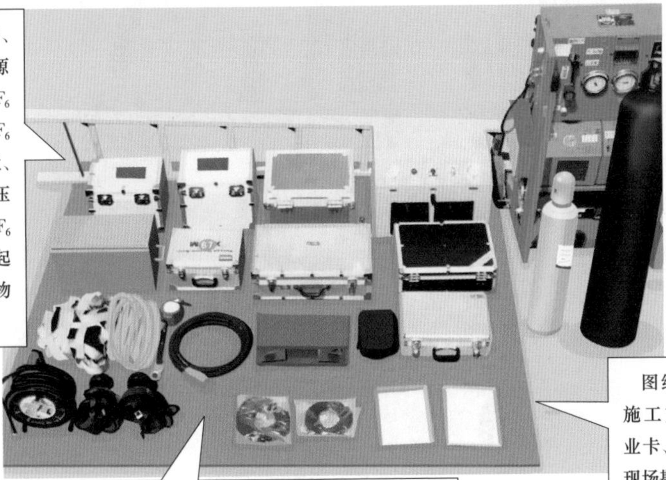

准备活动扳手、套筒扳手、电源线、减压阀、SF_6微水测试仪、SF_6气体回收装置、SF_6检漏仪、正压式防护面具、SF_6气体、氮气、起重机具、废弃物存放容器等

图纸、检修记录、施工方案、标准作业卡、风险辨识卡、现场勘察单齐全

确认仪器附件完整、功能正常，设备和工器具检定合格且处于有效期内

2. 材料准备

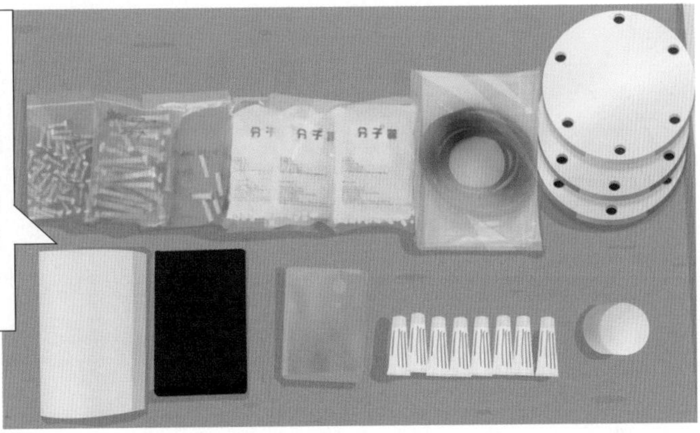

准备密封圈、顶部盖板、分子筛（吸附剂）、螺栓、垫片、波形垫、硅脂、绝缘拉杆连接销、海绵刷、清洗剂、无毛纸、百洁布

二、现场检查

1. 安全措施确认

检查断路器两侧隔离开关均已断开、接地可靠

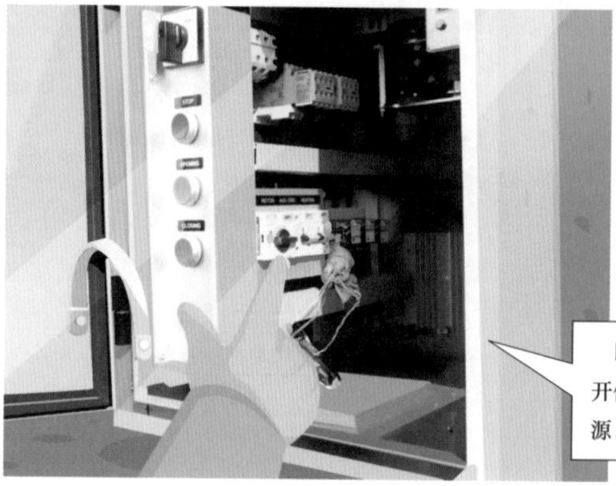

断路器处于分闸状态，断开储能电动机电源及控制电源，并且释放弹簧能量

2. 现场环境确认

施工环境温度不低于5℃，相对湿度不大于80%

三、检修实施阶段

1. 修前检查

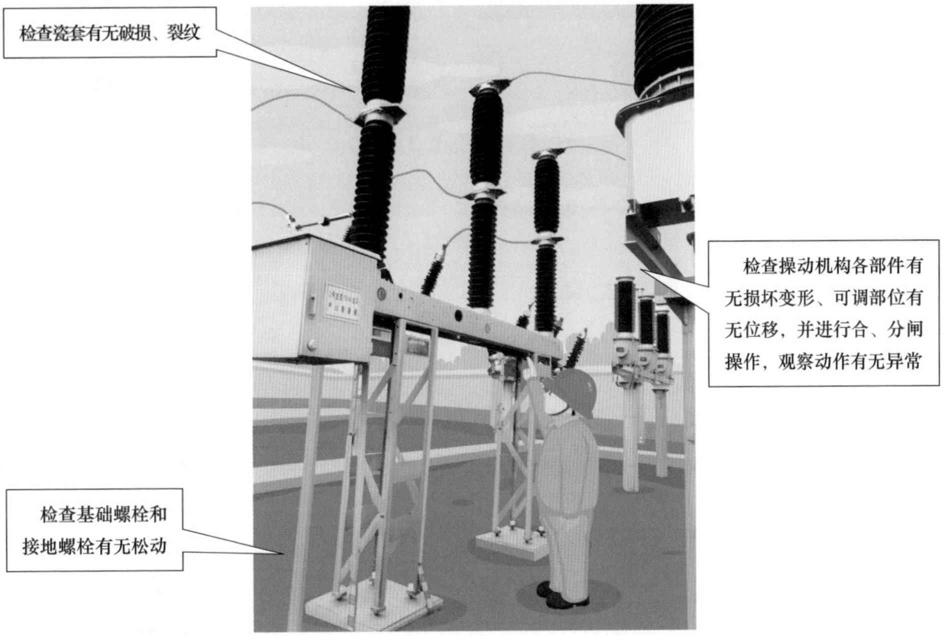
检查瓷套有无破损、裂纹
检查操动机构各部件有无损坏变形、可调部位有无位移，并进行合、分闸操作，观察动作有无异常
检查基础螺栓和接地螺栓有无松动

2. 解引线

引线做好相序标记，原拆原装

3. 回收气体

作业现场保持通风良好，工作人员应穿防护用具站在上风侧

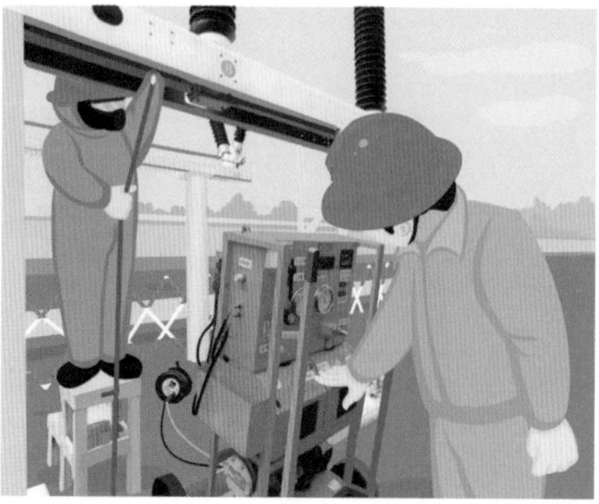

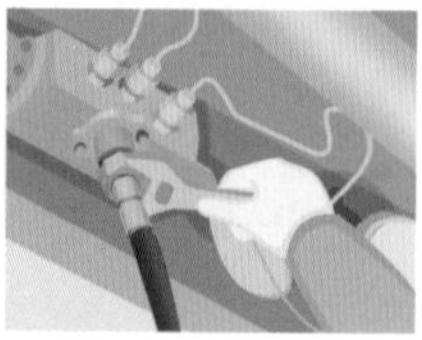

4. 氮气冲洗

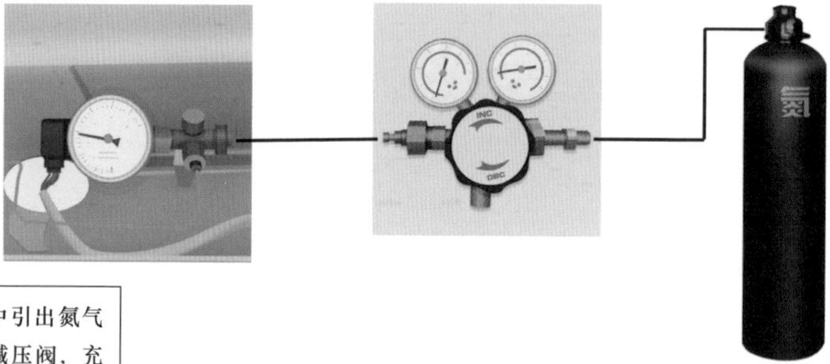

从氮气瓶中引出氮气时，应使用减压阀，充气接头应连接可靠

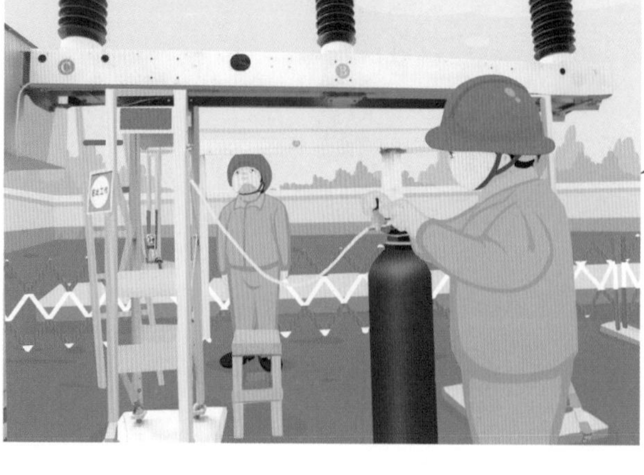

气体回收完毕后，本体抽真空后用高纯氮气冲洗3次

5. 拆卸极柱与机构之间传动连杆

拆除前按相序做好标记

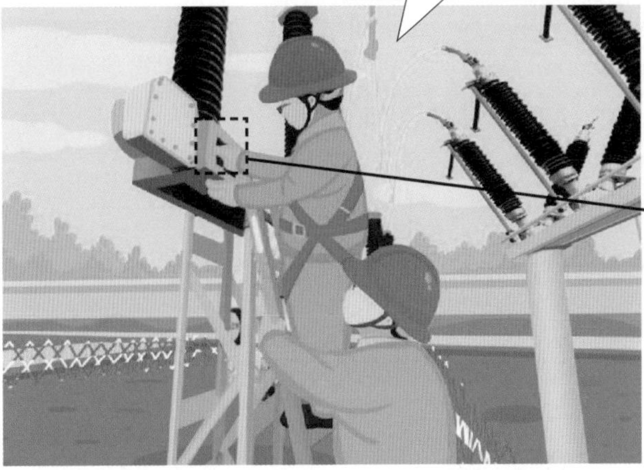

取下销子，使传动杆上关节轴承和极柱传动拐臂分开。手动使极柱处在合闸状态，便于灭弧室拆卸

6. 灭弧室拆除

起吊应设专人指挥，设置缆风绳控制方向，按照厂家规定选择合适吊点和机具施工

对接面打开后，检修人员撤离现场，30min 以后方可进行工作。起吊前确认连接件已拆除，对接密封面已脱胶

取下绝缘拉杆与灭弧室之间的销子，灭弧单元升起75~100mm

7. 灭弧室分解检查

拆卸顶盖，按规定程序回收处理分子筛

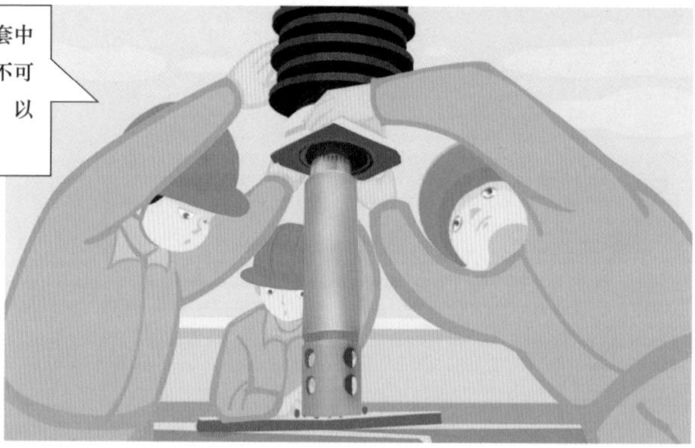
动、静触头从瓷套中取出时保持垂直，不可碰擦喷口、压气缸，以防损坏灭弧喷口

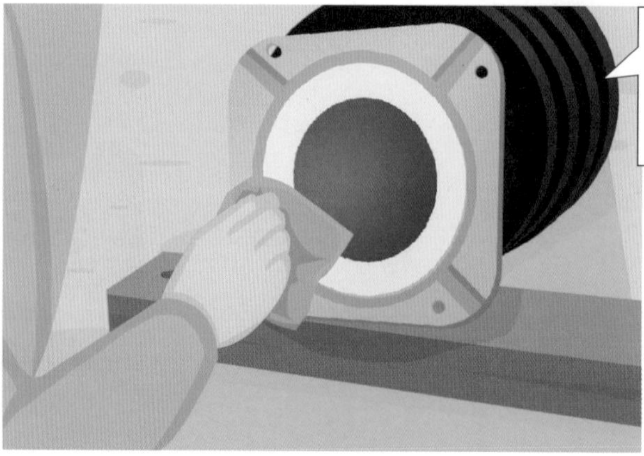
检查瓷套，应无破损裂纹，胶合面应完好，内壁用专用清洗剂清洗干净

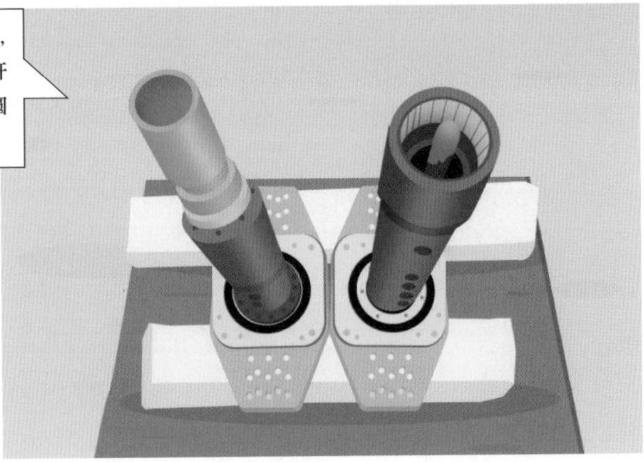
检查喷口、压气缸，如有严重烧蚀、开裂、孔径变大或不圆等现象时应予更换

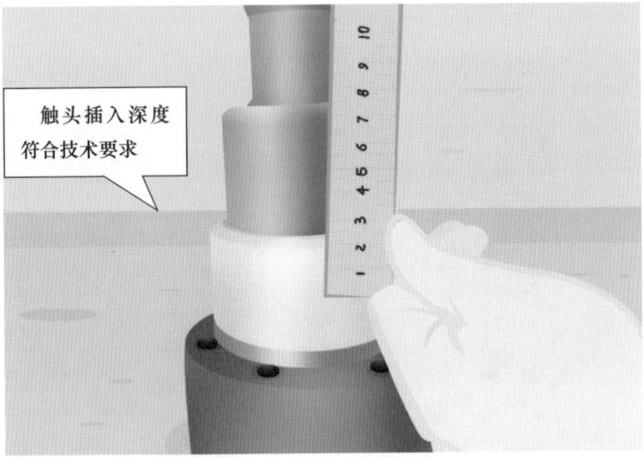
触头插入深度符合技术要求

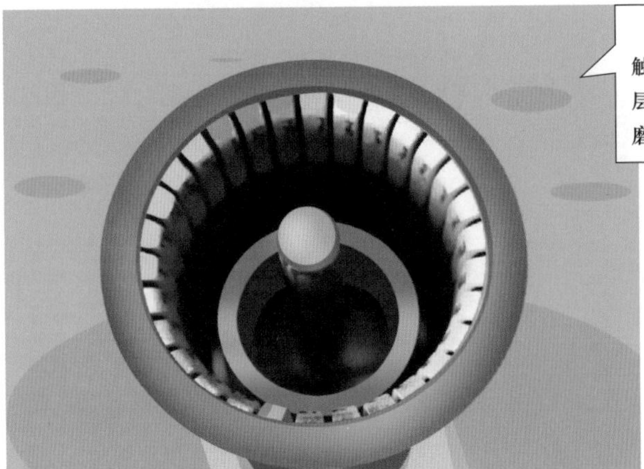
检查动、静触头，触指应无变形，镀银层无脱落，测量触指磨损，严重时应更换

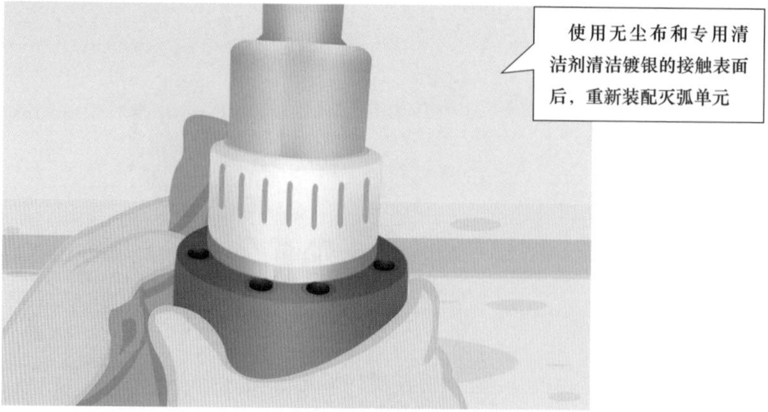
使用无尘布和专用清洁剂清洁镀银的接触表面后，重新装配灭弧单元

8. 更换密封圈

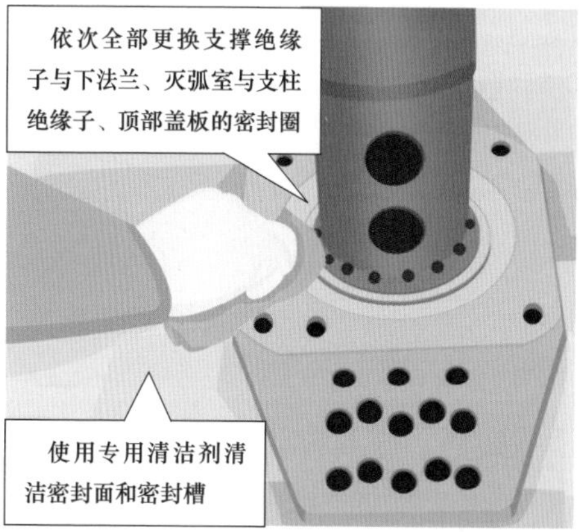
依次全部更换支撑绝缘子与下法兰、灭弧室与支柱绝缘子、顶部盖板的密封圈
使用专用清洁剂清洁密封面和密封槽

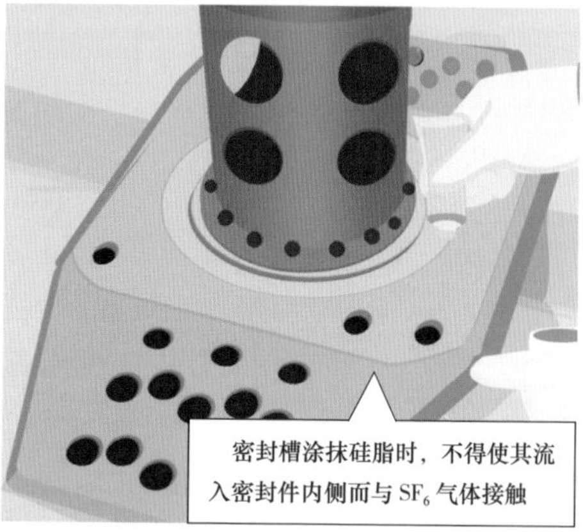
密封槽涂抹硅脂时，不得使其流入密封件内侧而与SF_6气体接触

9. 分子筛更换

检查分子筛包装应完好，分子筛安装罩应使用铜或不锈钢网罩

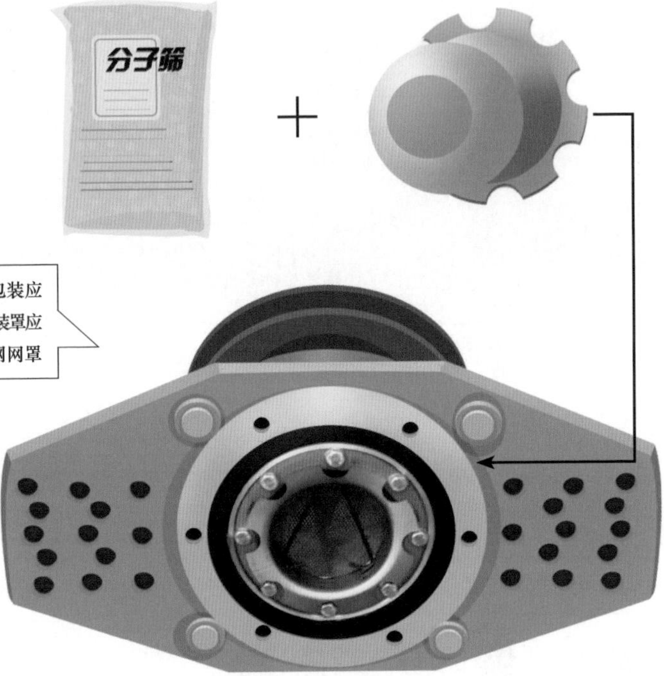

分子筛应在 15min 内装入气室，并尽快抽真空

10. 回装

法兰密封面及紧固螺栓四周应涂防水胶

动、静触头复装时保持垂直，不可碰擦喷口、压气缸，以防损坏灭弧喷口

依次回装支柱绝缘子、灭弧室和顶部盖板，回装时注意密封面清洁和密封圈完好

使用力矩扳手对各部位螺栓进行紧固，力矩大小符合厂家说明书要求

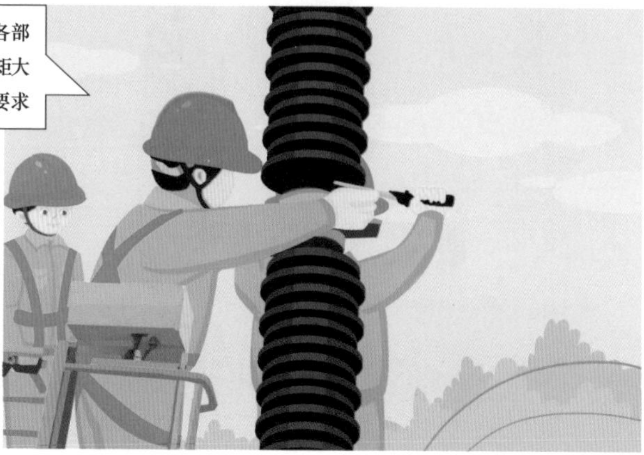

11. 连接断路器与机构之间的连杆

手动检查传动部件动作是否正常，有无卡涩

对齐传动杆的关节轴承孔和断路器极柱的外拐臂孔，穿入销子并用垫片锁紧

12. 抽真空

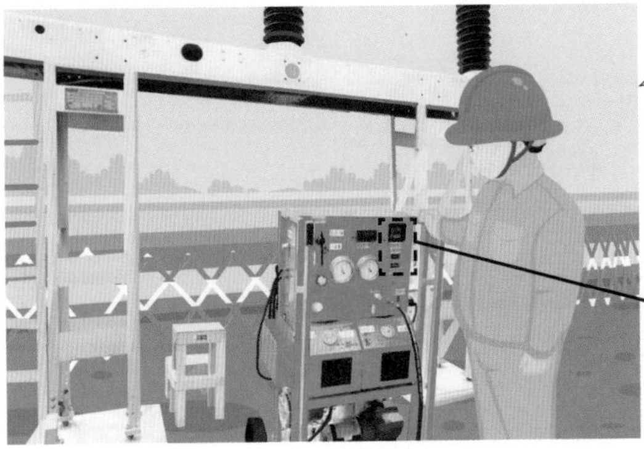

抽真空至 133Pa 以下并继续抽真空 30min，停泵 30min，记录真空度 A，再隔 5h，读真空度 B，若 $B-A<133\text{Pa}$，则可认为合格，否则应重新抽真空至合格为止

13. 充装 SF_6 气体

充装前对充气管路进行排气冲洗

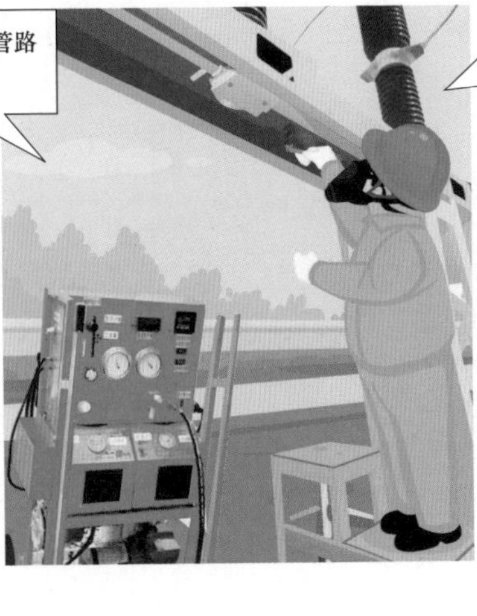

SF_6 气体应经检测合格（含水量≤ 40μL/L、纯度≥ 99.9%），再充装至额定压力

14. 检漏

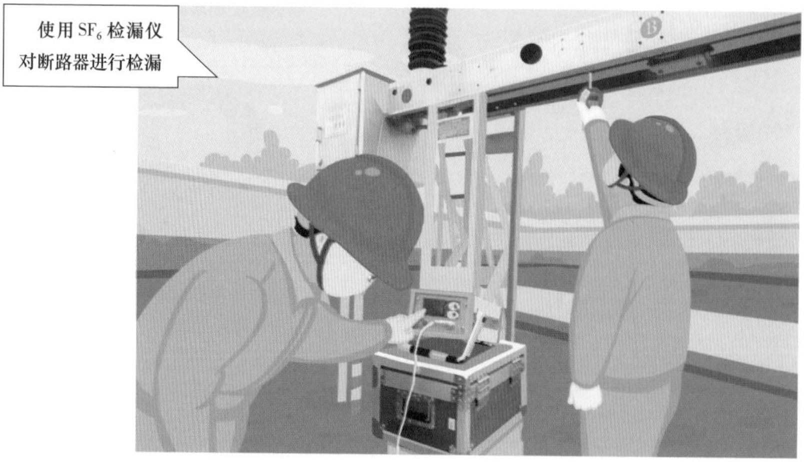
使用 SF_6 检漏仪对断路器进行检漏

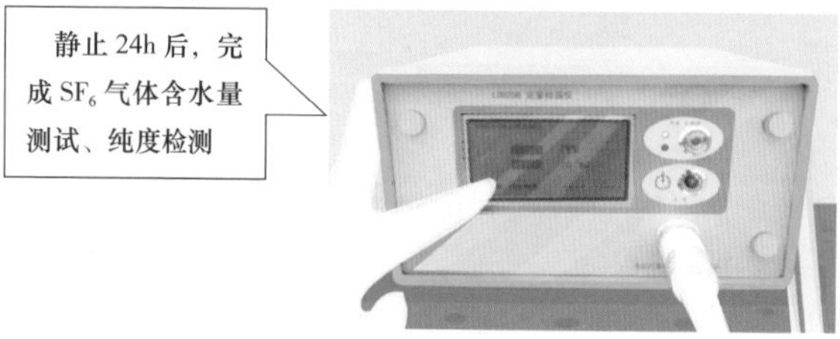
静止 24h 后，完成 SF_6 气体含水量测试、纯度检测

15. 分合闸动作情况检查

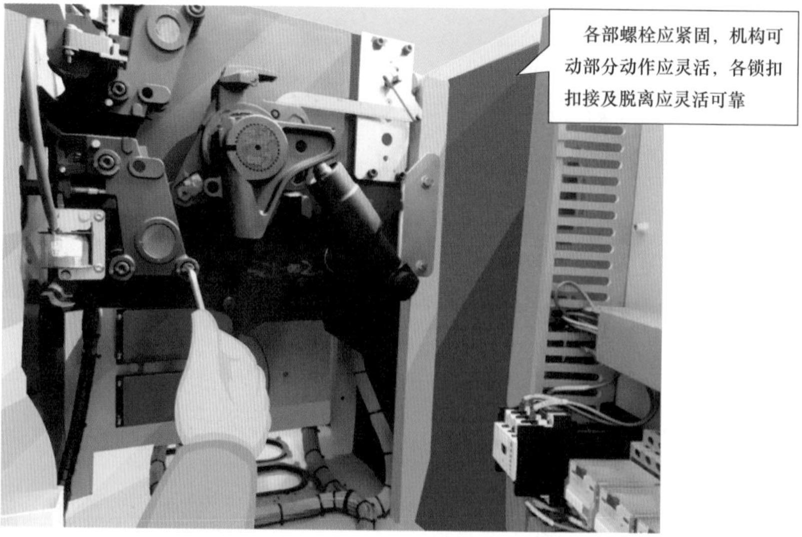
各部螺栓应紧固，机构可动部分动作应灵活，各锁扣扣接及脱离应灵活可靠

16. 修后试验

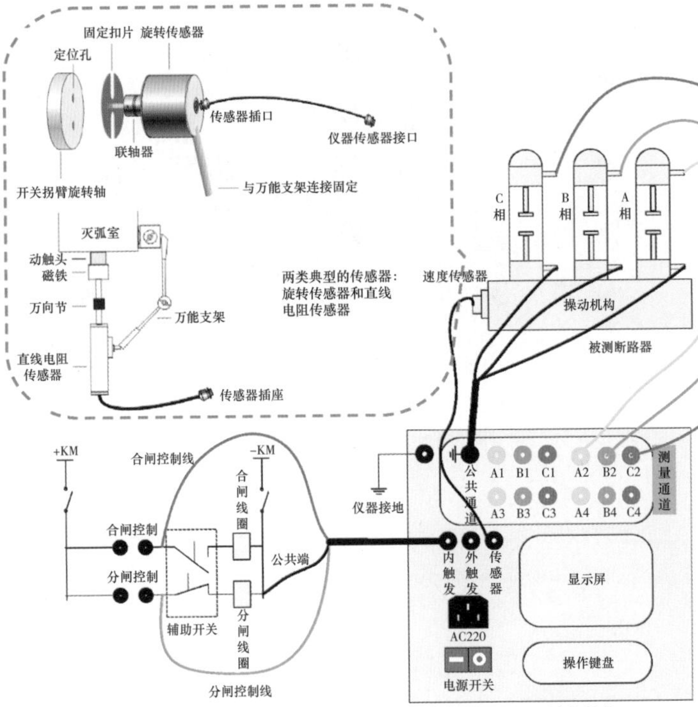

控制电源回路　　机械特性仪

进行机械特性试验，按照要求连接地线与断口线、分合闸控制线，正确安装速度传感器

速度传感器的安装

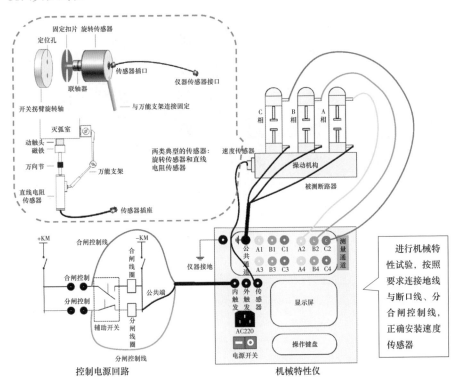

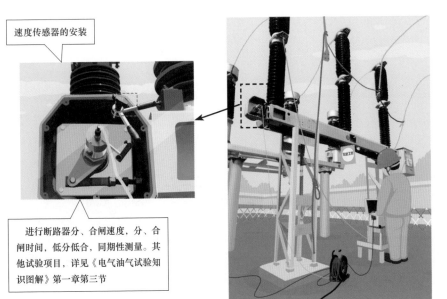

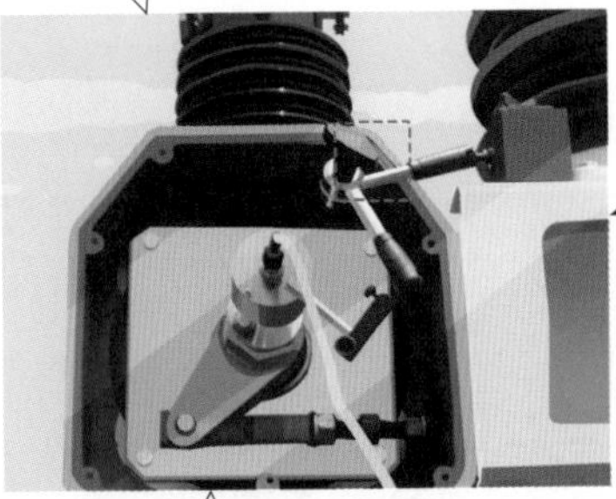

进行断路器分、合闸速度，分、合闸时间，低分低合，同期性测量。其他试验项目，详见《电气油气试验知识图解》第一章第三节

四、工作验收

检修工作结束、自验收合格后，检修人员清理现场，将设备恢复至开工前状态，召开班后会，办理工作票终结手续

第三节　液压操动机构整体更换

一、施工前准备

1. 资料、机具、工器具

准备检修工具箱、万用表、电源线、锦纶吊带、水平尺、压力式滤油机、充氮机、吊车、高空作业车、机械特性测试仪、施工方案等

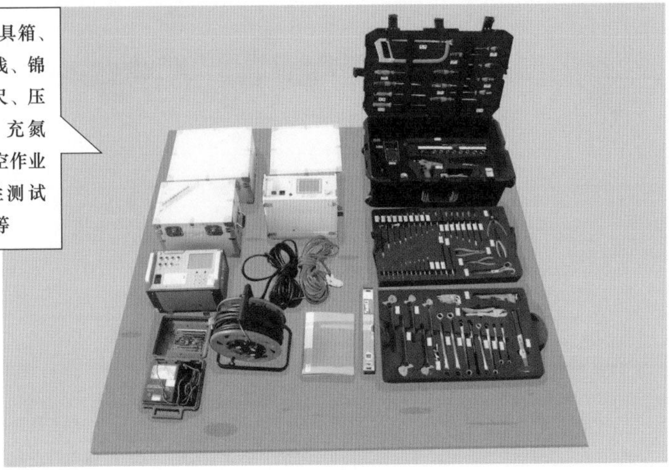

2. 材料备件准备

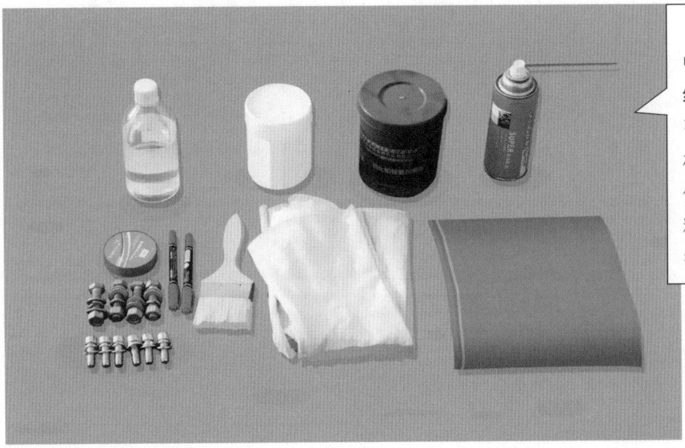

准备无尘布、中性凡士林、绝缘胶带、牵引绳、液压机构专用油、氮气、泡沫、塑料布、热风枪、油盘、硅脂等

3. 班前会

召开班前会进行“三交”“三查”，明确人员分工及工作流程。督促工作班成员遵守相关安全规程

二、现场检查

1. 安全措施确认

用硬质遮拦将检修区域与带电设备隔离，标示牌齐全

确认断路器两侧
隔离开关均已断开

检查接地线
已可靠装设

2. 电源检查

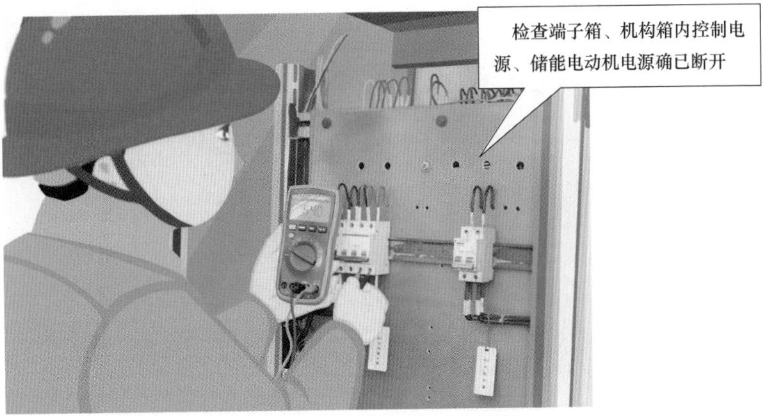
检查端子箱、机构箱内控制电
源、储能电动机电源确已断开

三、检修实施阶段

1. 新设备开箱检查

检查产品铭牌数据及使用说明书，与现场设备一致，核对产品零部件、安装用品及随机专用工具齐全、完好

检查设备外观及连接管道、管接头、螺帽有无裂纹、卡伤变形；拆卸校验压力表、SF_6密度继电器

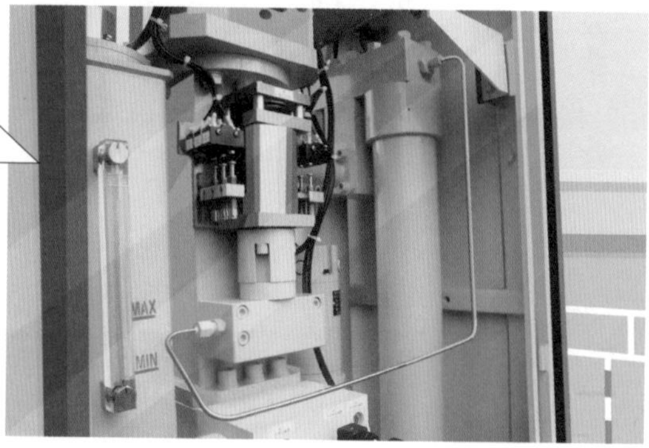

2. 原机构压力释放

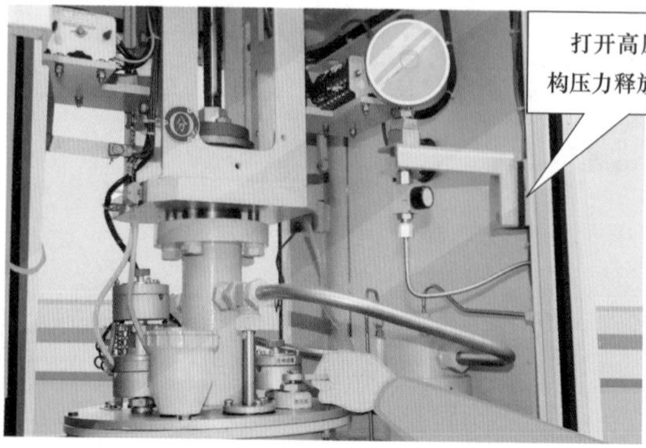

打开高压泄压阀，机构压力释放至零

3. SF_6 气体回收

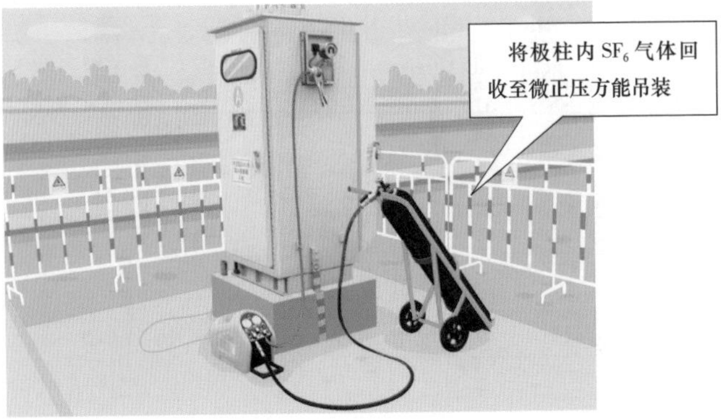
将极柱内 SF_6 气体回收至微正压方能吊装

4. 密度继电器管道拆除

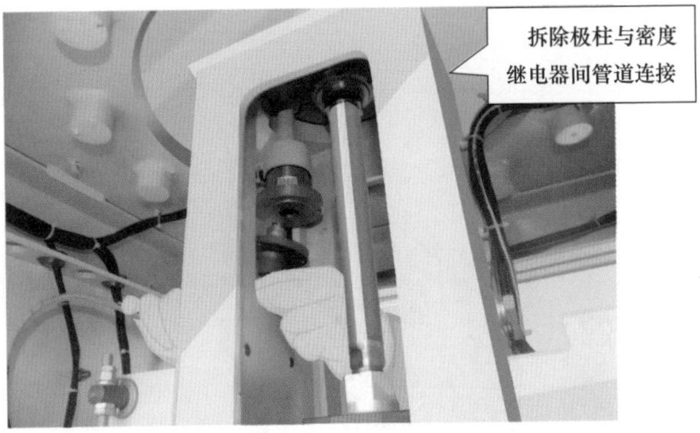
拆除极柱与密度继电器间管道连接

5. 工作缸与本体连接拆除

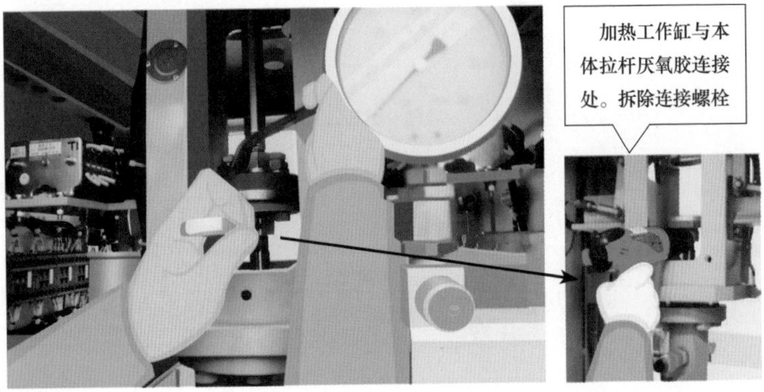
加热工作缸与本体拉杆厌氧胶连接处。拆除连接螺栓

6. 拆除断路器两侧设备连线

将设备连线拆除后用绳索缓慢放至地面

7. 拆除极柱

系好吊绳、牵引绳，吊钩轻微受力，拆除极柱与机构箱固定螺栓后进行试吊

在专人指挥、专人监护下进行起吊，起吊过程中控制好牵引绳避免瓷套损伤

调整吊钩角度将极柱吊离地面后缓慢平置

拆除的极柱用枕木垫好，做好绝缘子防损措施
注意接线板放置方向，不得受力

8. 拆除二次电缆

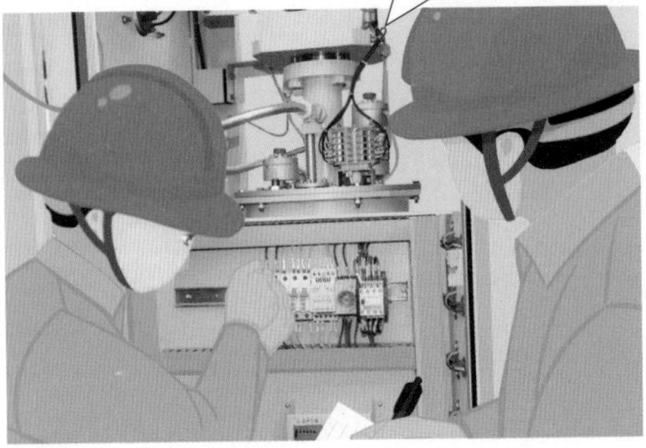
标记后拆除二次电缆，裸露导线用绝缘套隔离，在起吊时将电缆与机构箱脱离

9. 地脚螺栓及接地体拆除

依次拆除地脚螺栓及接地体

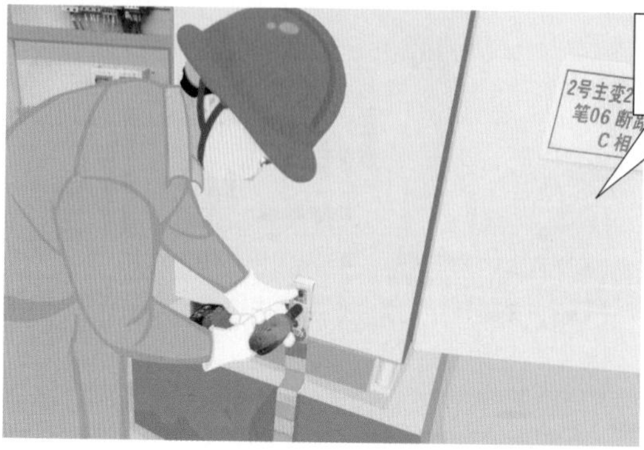

确认机构箱与基础连接部位松动无卡阻，试吊合格后将机构箱吊离至指定位置

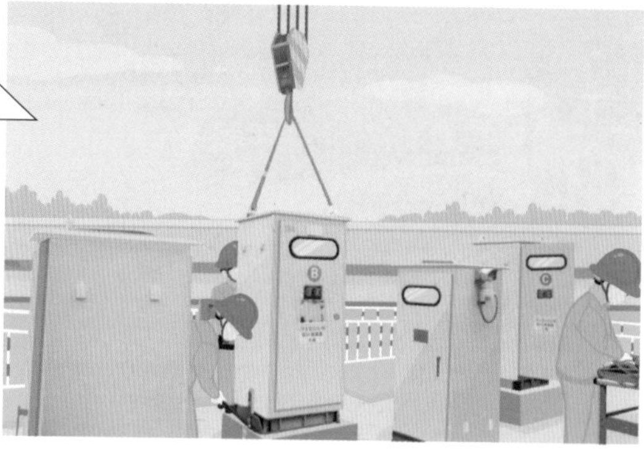

10. 新机构箱吊装

基础表面清理、尺寸复核

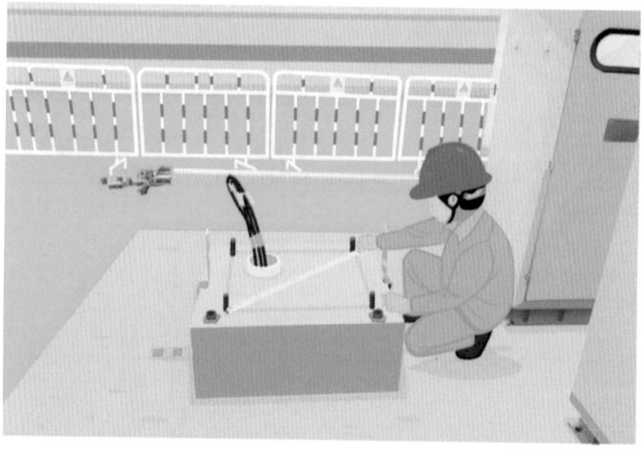

机构箱落位

系好吊绳及牵引绳，在专人指挥及专人监护下，将机构箱安装到位

机构箱落位过程中，将二次电缆引入机构箱内

校核安装箱体垂直度、水平度

11. 接地体安装、制作

紧固地脚螺栓，制作安装接地体

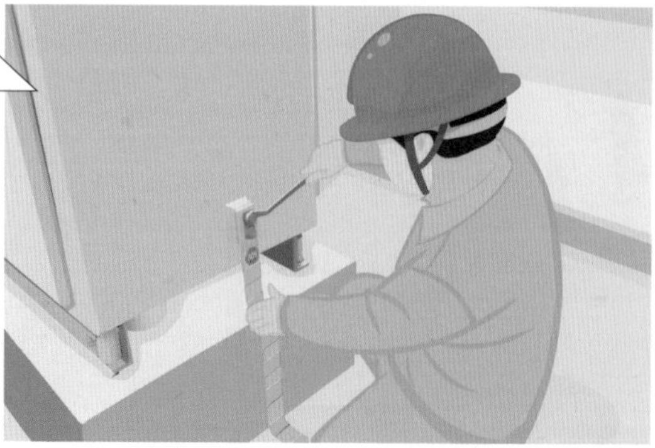

12. 极柱安装

清洁机构箱法兰密封面，涂密封胶，更换密封圈

清洁极柱密封面

复装极柱需系好吊绳、牵引绳，在专人指挥、专人监护下试吊合格后，将极柱吊装至机构箱

调整吊钩角度将极柱由水平调整至垂直位置

极柱落位时注意下落速度和安装方向，防止损坏气体管道

按标准力矩对角紧固极柱固定螺栓

连接工作缸与极柱传动法兰，将带动辅助开关的滑环夹在两法兰中间

工作缸与极柱传动拉杆连接螺栓涂厌氧胶后紧固

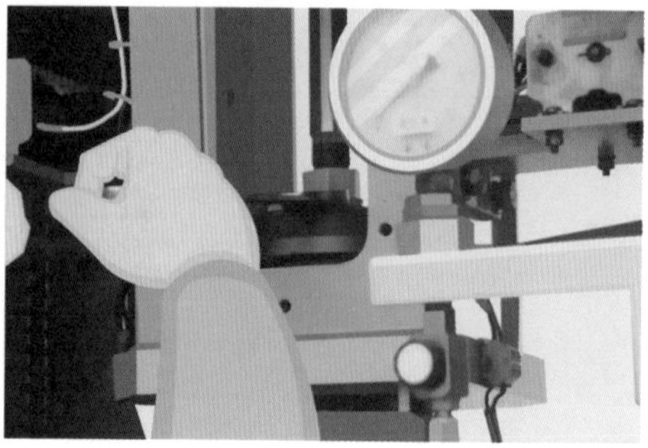

13. 充装 SF_6 气体

密度继电器管道连接

清理密度继电器与极柱接触面，更换密封垫，连接密度继电器与极柱气路

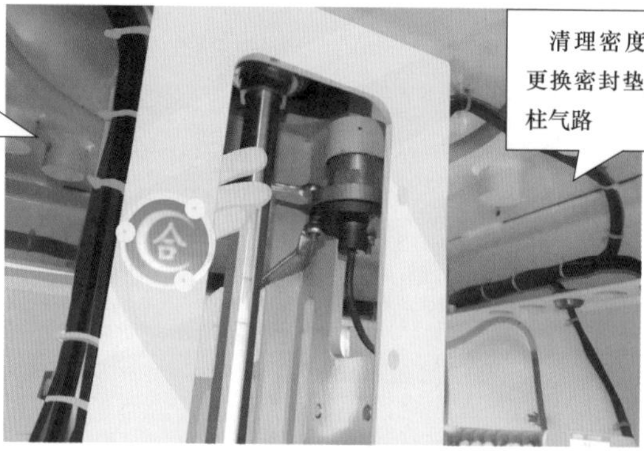

对充气管路进行排气冲洗后将检测合格的 SF_6 气体充至额定压力

极柱注入 SF_6 气体

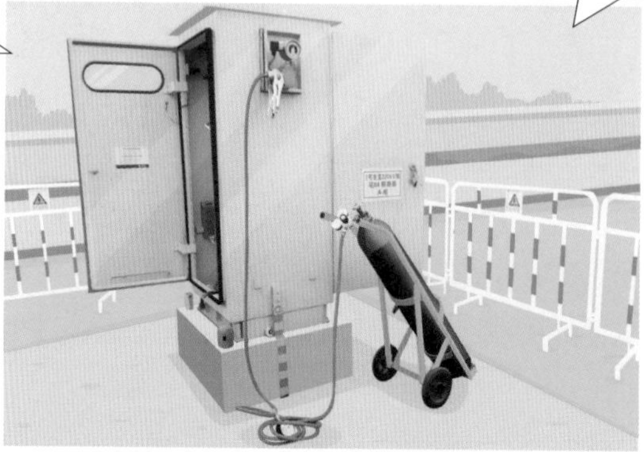

校验密度继电器接点动作及返回值，详情见电气试验部分

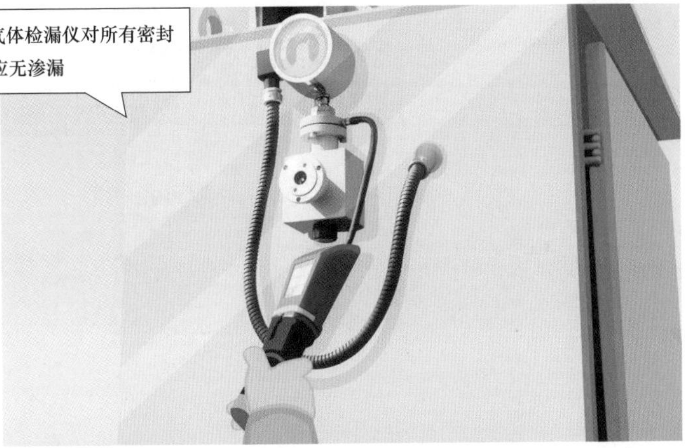
用定性SF_6气体检漏仪对所有密封面进行检漏，应无渗漏

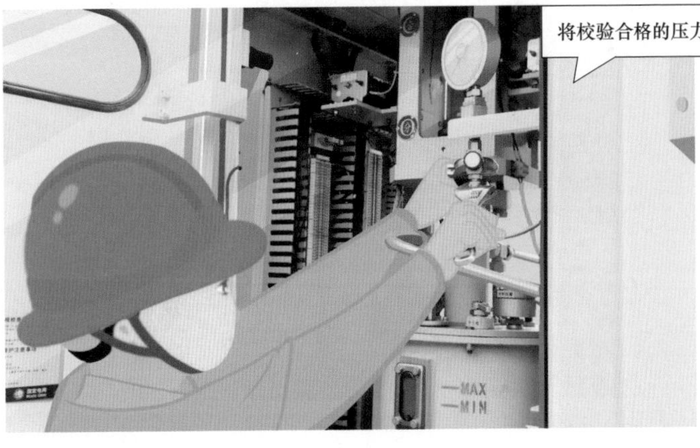
将校验合格的压力表与管路连接
—MAX
—MIN

按审批后的图纸及规范要求恢复相关二次回路。按要求封堵电缆孔洞

14. 液压系统注油、排气

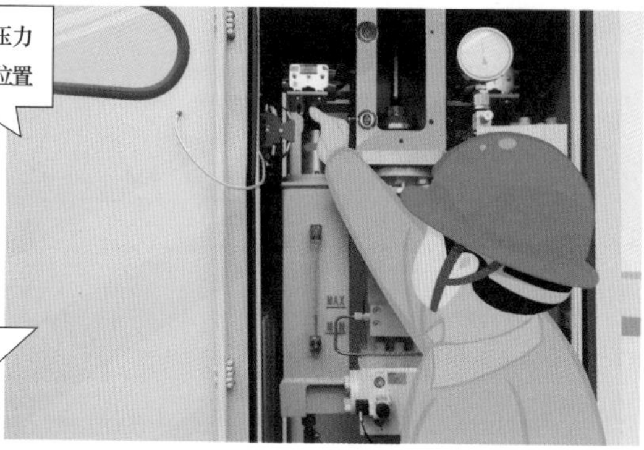
液压系统建压至额定压力后，检查油位是否在合格位置
MAX
重复多次建压、泄压及分合闸操作，排尽液压系统内空气

15. 预压力检查

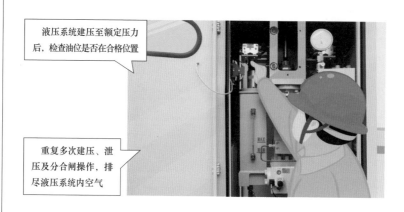

预压力检查值应符合厂家技术规定
合
分

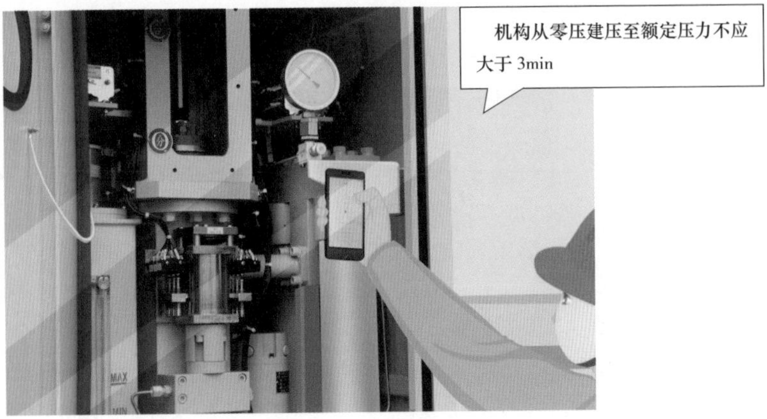
机构从零压建压至额定压力不应大于 3min

16. 压力值调整

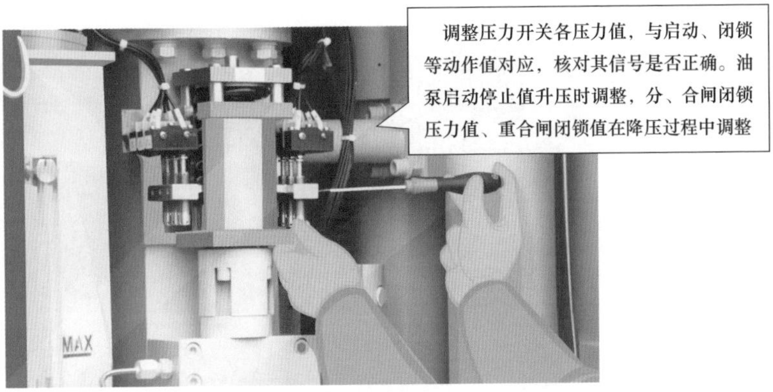
调整压力开关各压力值，与启动、闭锁等动作值对应，核对其信号是否正确。油泵启动停止值升压时调整，分、合闸闭锁压力值、重合闸闭锁值在降压过程中调整

17. 慢分、慢合测试

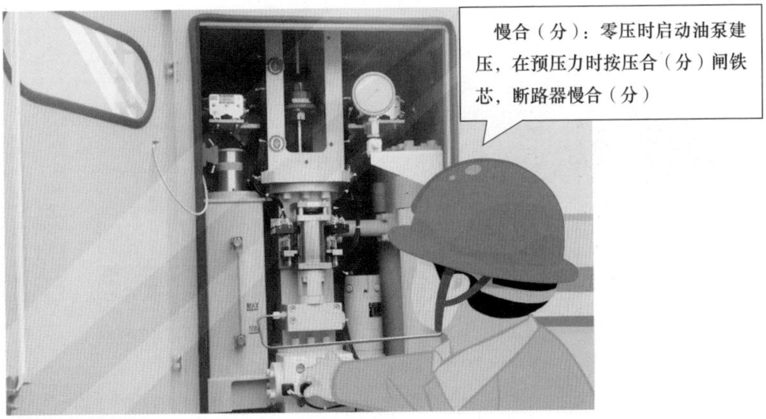
慢合（分）：零压时启动油泵建压，在预压力时按压合（分）闸铁芯，断路器慢合（分）

18. 失压防慢分检查

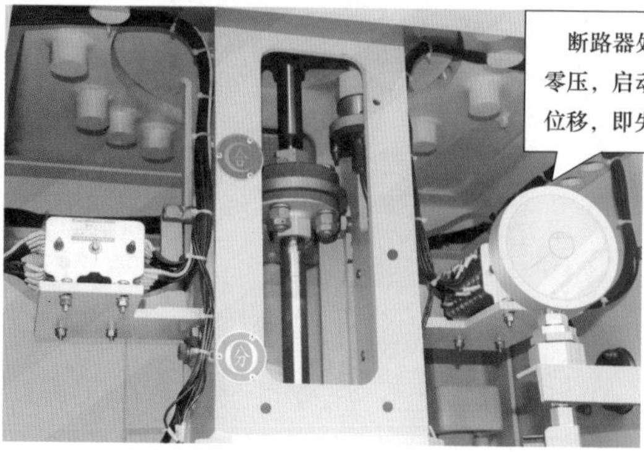
断路器处于合闸位置，压力泄至零压，启动油泵工作缸，活塞杆无位移，即失压防慢分功能可靠
合
分

19. 测量操作油压降

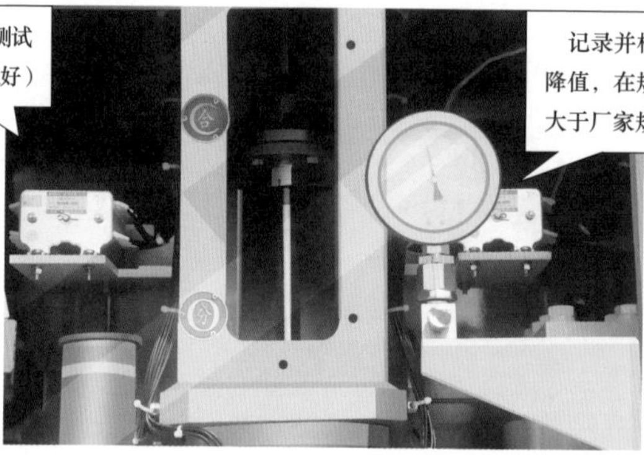
进行重合闸闭锁试验（测试保护装置与其配合是否良好）
记录并核对操作顺序机构压力下降值，在规定油压下操作油压降不大于厂家规定值
合
分

20. 机械尺寸测量

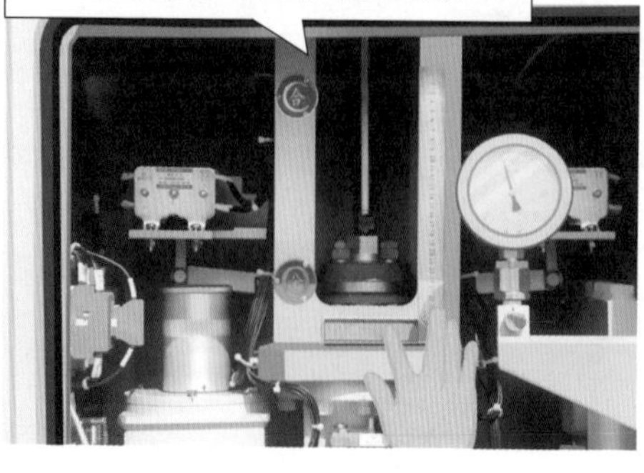
记录并核对导电回路触头行程、超行程、开距等机械尺寸，应符合产品技术规定

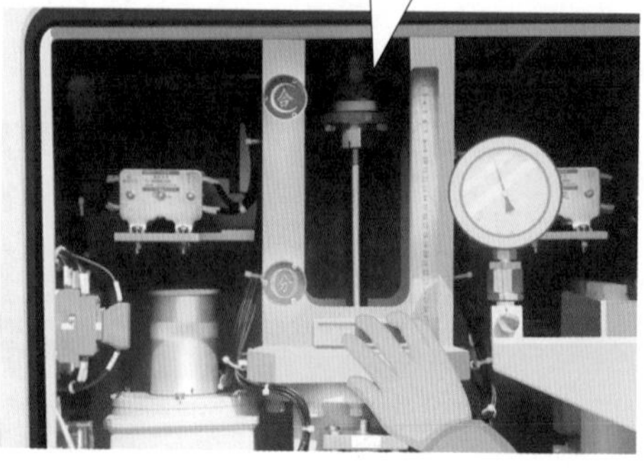
触头行程测量应符合产品技术规定

21. 超行程测量

断路器慢合，用万用表确定刚合点

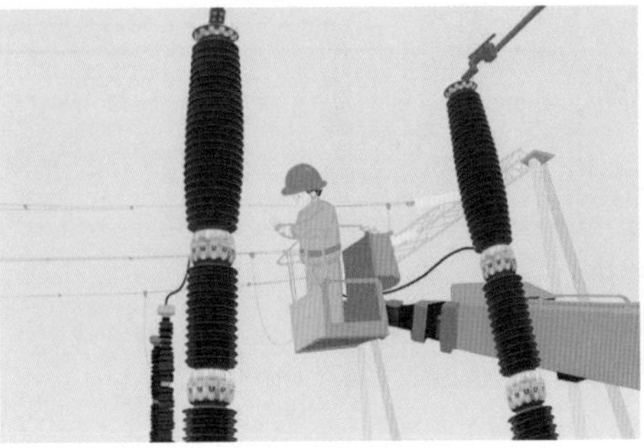

分别测量工作合闸总行程与刚合点行程，触头超行程测量应符合产品技术规定

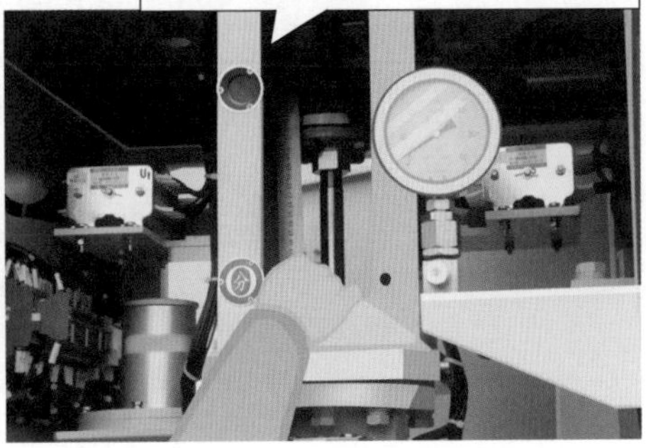

22. 分、合闸线圈测量

测量分、合闸线圈电阻值，符合技术要求且初值差不超过 5%

用电压等级为 1000V 的绝缘电阻表测量，绝缘不得小于 10MΩ

23. 电动机及二次回路数值测量

用 1000V 绝缘电阻表测量电动机绝缘值，绝缘电阻值不应小于 2MΩ

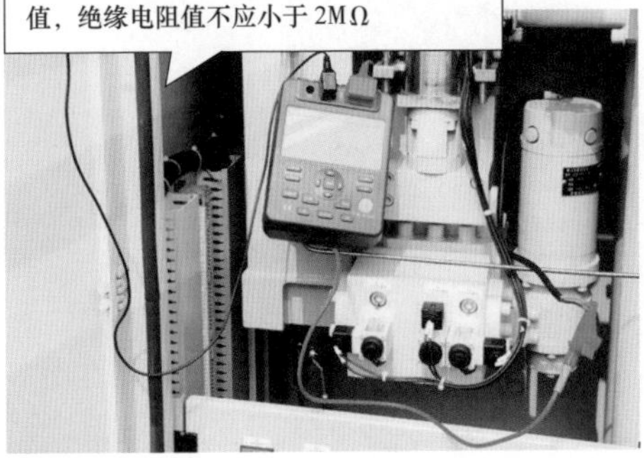

测量电动机绕组电阻，初值差不超过 5%

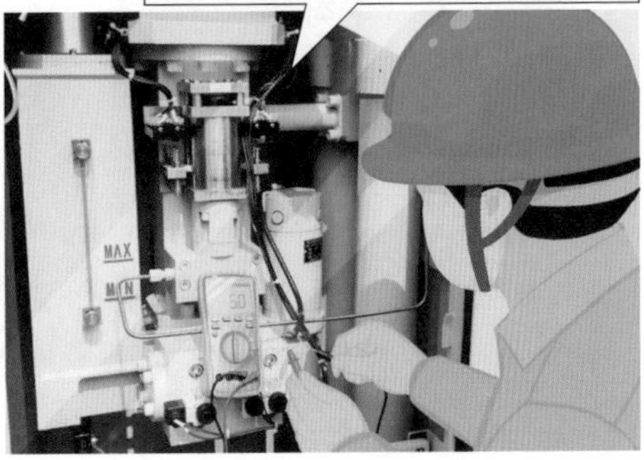

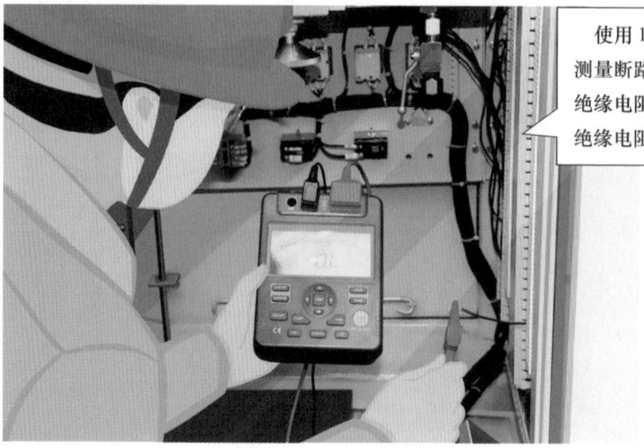

使用1000V绝缘电阻电仪测量断路器辅助和控制回路绝缘电阻。辅助和控制回路绝缘电阻不低于10MΩ

24. 机械特性测试、回路电阻试验

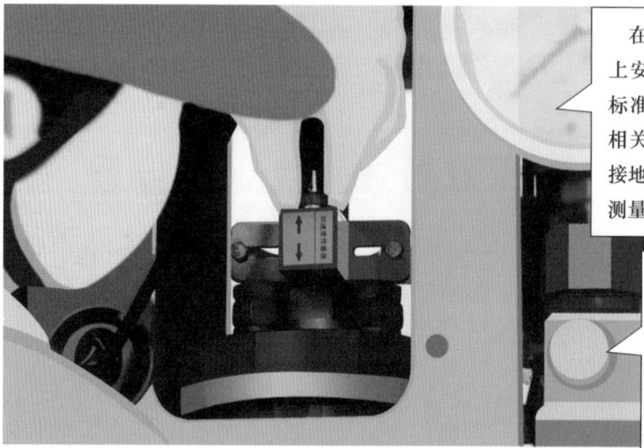

在工作缸与极柱拉杆上安装速度传感器，按标准进行试验接线，按相关安全规程要求取下接地线或断开接地开关，测量断路器机构特性

测量断路器进出线接线板两端的主回路电阻，应符合厂家技术要求，具体规范及测试步骤详见电气试验部分

25. 保压试验及气体成分分析

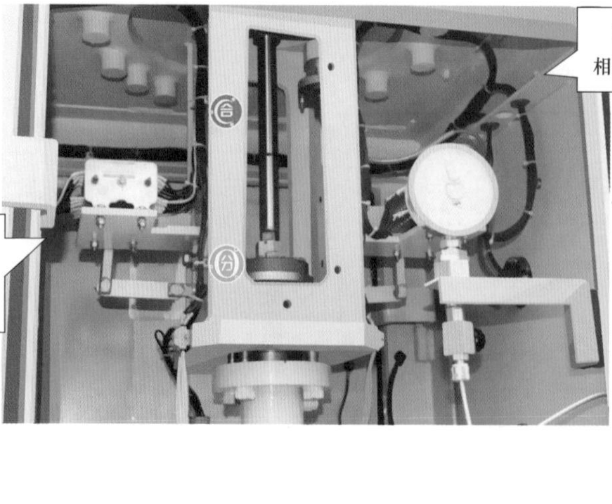

24h补压次数符合相关技术要求

静止24h后，完成SF_6气体含水量测试、纯度检测

26. 引线恢复

恢复设备引线

27. 竣工验收、清理现场

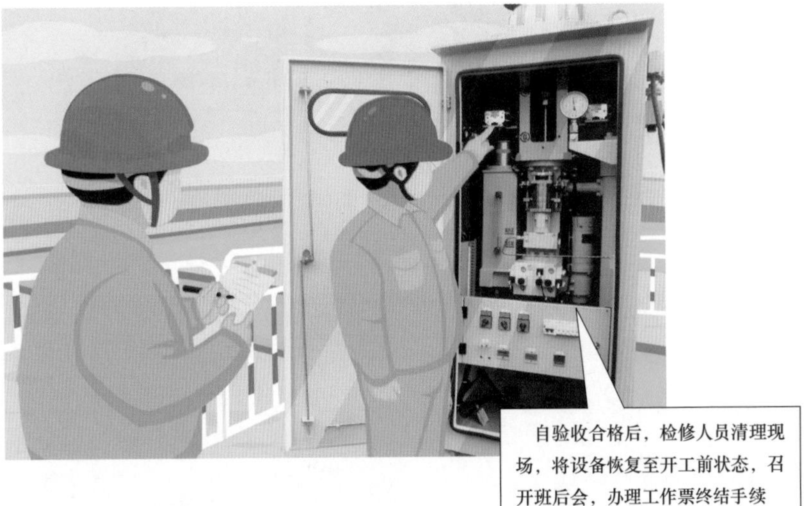
自验收合格后，检修人员清理现场，将设备恢复至开工前状态，召开班后会，办理工作票终结手续

第四节　液压机构解体检修

一、检修前准备阶段

1. 资料、机具、工器具准备

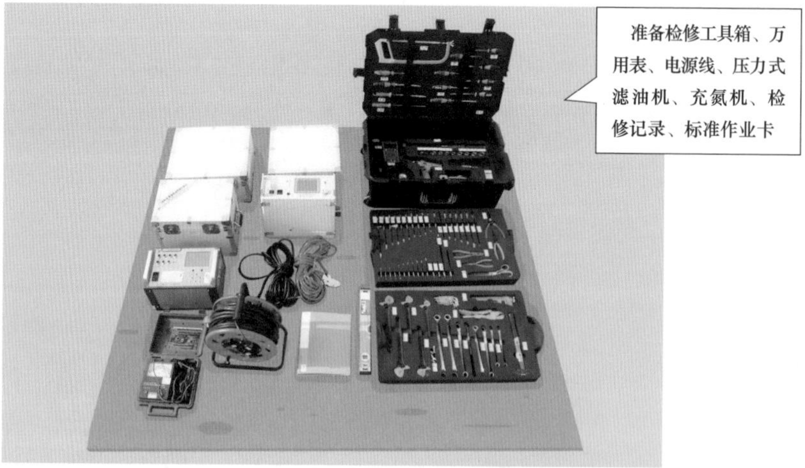
准备检修工具箱、万用表、电源线、压力式滤油机、充氮机、检修记录、标准作业卡

2. 材料备件准备

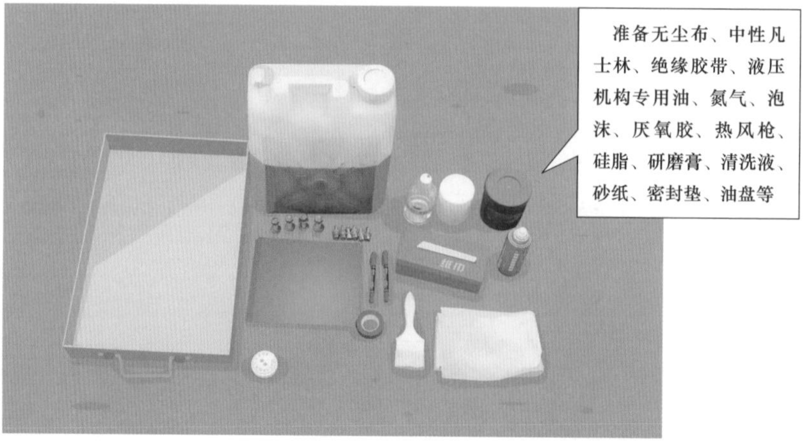
准备无尘布、中性凡士林、绝缘胶带、液压机构专用油、氮气、泡沫、厌氧胶、热风枪、硅脂、研磨膏、清洗液、砂纸、密封垫、油盘等

3. 班前会

召开班前会进行“三交”“三查”，明确人员分工及工作流程。督促工作班成员遵守相关安全规程

二、现场检查

1. 安全措施确认

检查断路器两侧隔离开关均已断开

检查接地线已可靠装设或接地开关已合闸

2. 电源检查

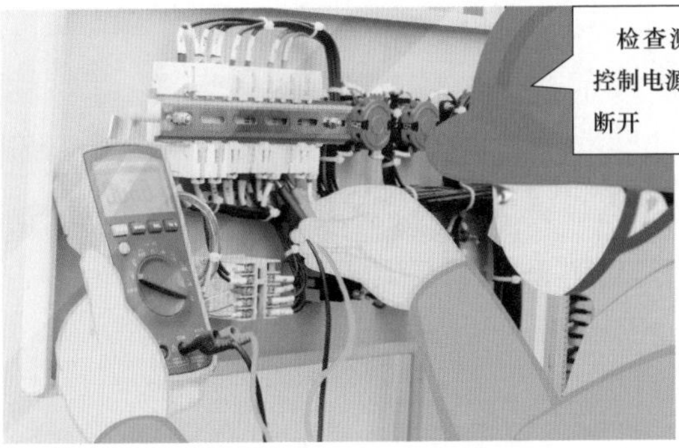

检查测量端子箱、机构箱内控制电源、储能电动机电源确已断开

三、检修实施阶段

1. 机构压力释放至零

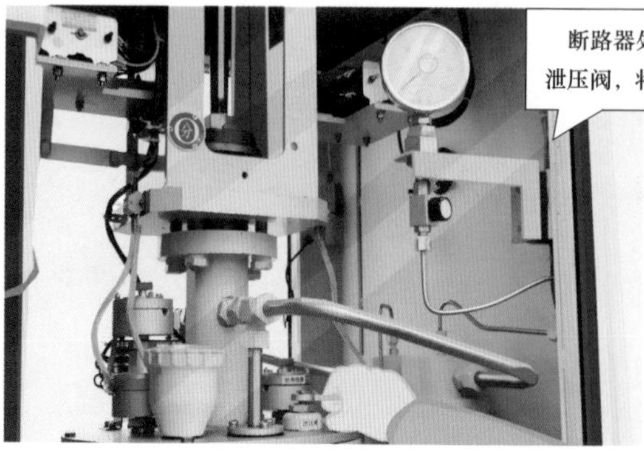

断路器处于分闸位置。打开高压泄压阀，将机构压力释放至零

2. 液压油回收

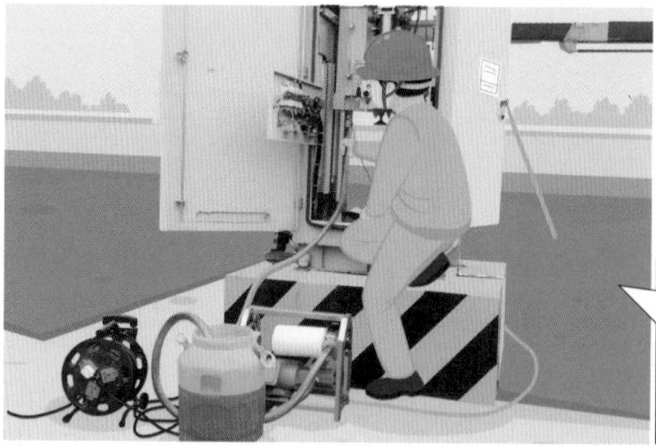

压力式滤油机外壳可靠接地，与低压放油阀连接后，打开低压放油阀回收液压油

3. 油管拆除

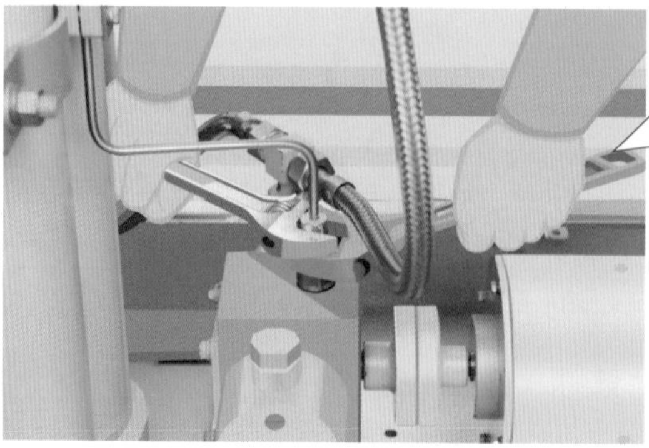

依次拆除油泵、低压油箱、储压器、工作缸各连接管道。拆下的管道排空残油后用塑料布扎好两端接头，转运至检修位置

4. 零部件拆除

（1）油泵及电动机拆除。

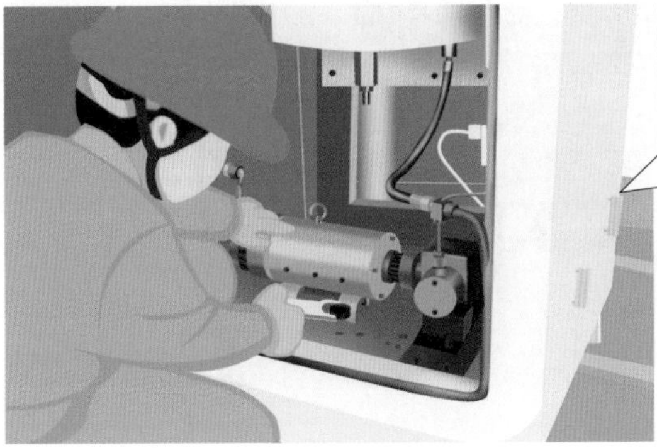

拆除油泵、电动机固定螺栓。拆下部件置于油盘内。拆除电动机接线时应做好记录，裸露线头进行绝缘包扎

（2）拆除低压油箱及一、二级阀。

拆除与储压器连接油管

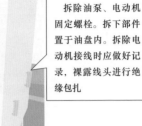

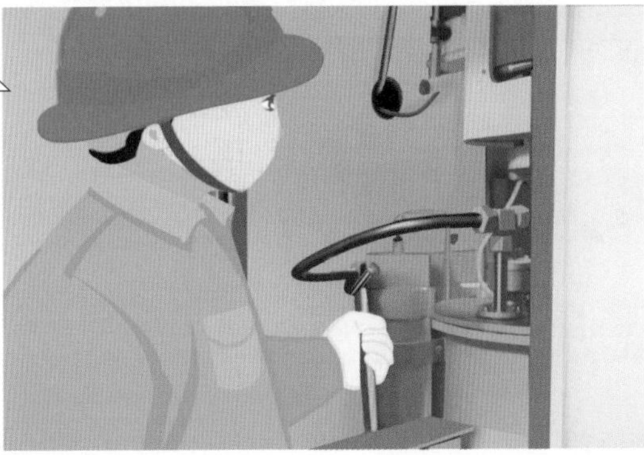

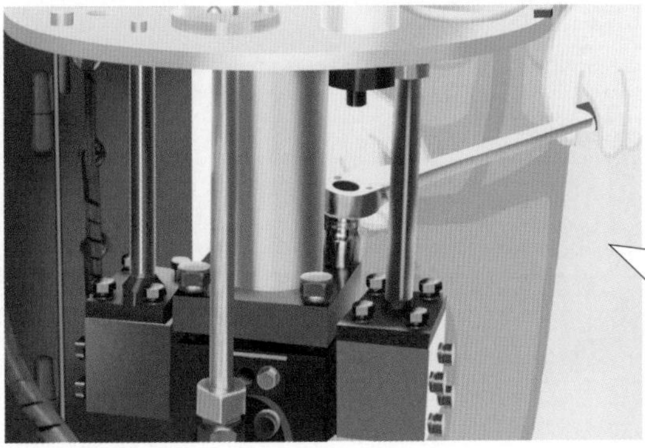

拆除低压油箱，依次拆除一、二级阀各零部件，所有部件用塑料布包扎好后转运至检修位置

（3）拆除压力组件。

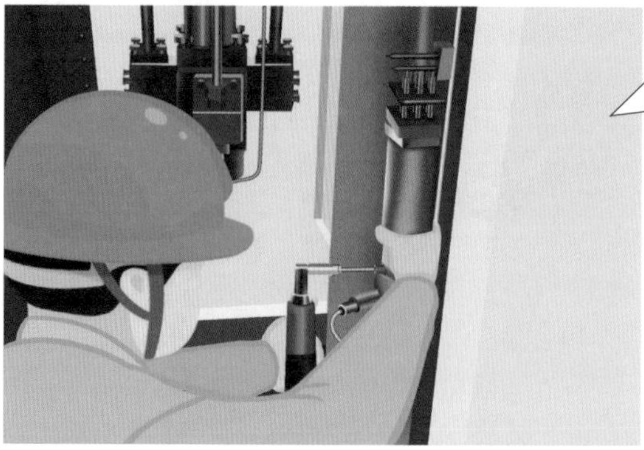
拆除压力组件微动开关二次接线及固定螺栓，取下压力组件

（4）拆除储压器。

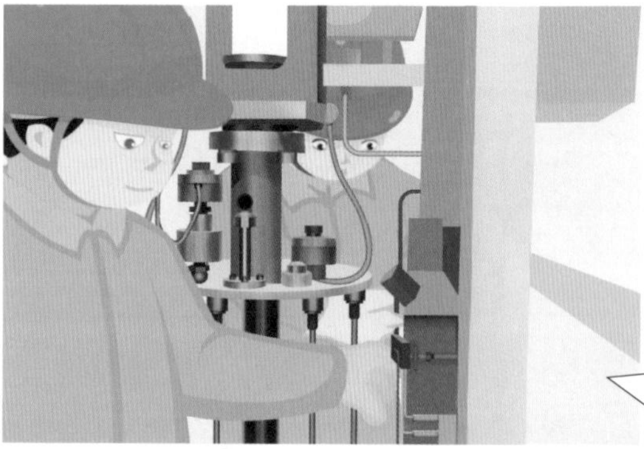
拆除储压器固定抱夹，取出储压器

（5）拆除油箱顶盖。

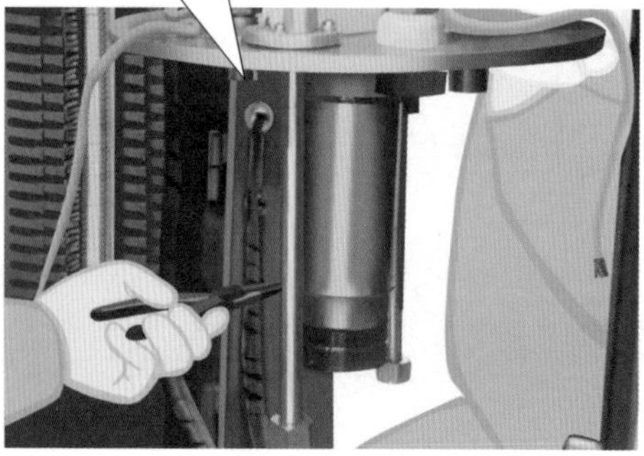
取下工作缸缸体上的弹簧卡圈

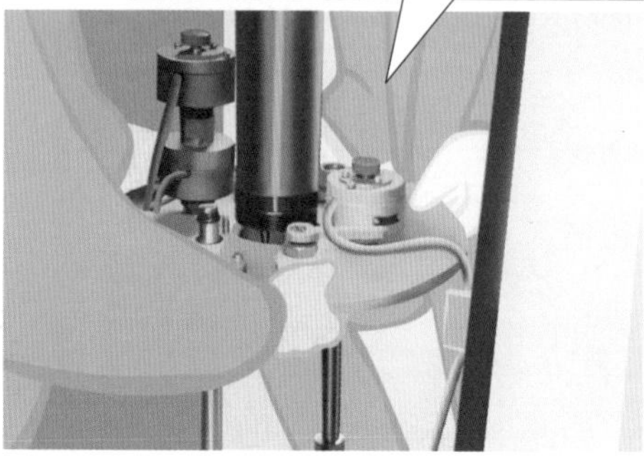
拆除分合闸线圈二次接线，取下油箱顶盖

（6）拆除工作缸。

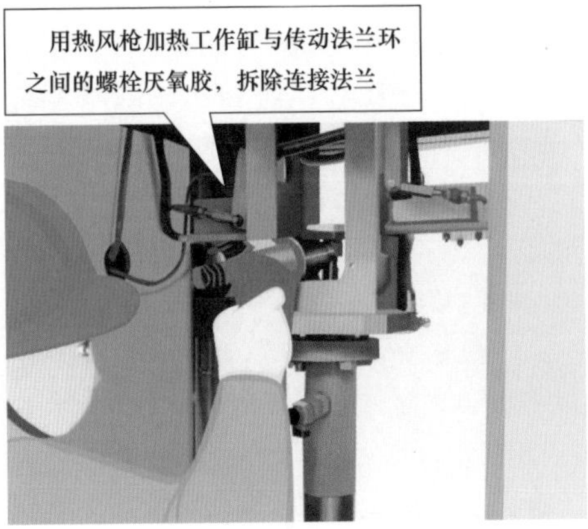
用热风枪加热工作缸与传动法兰环之间的螺栓厌氧胶，拆除连接法兰

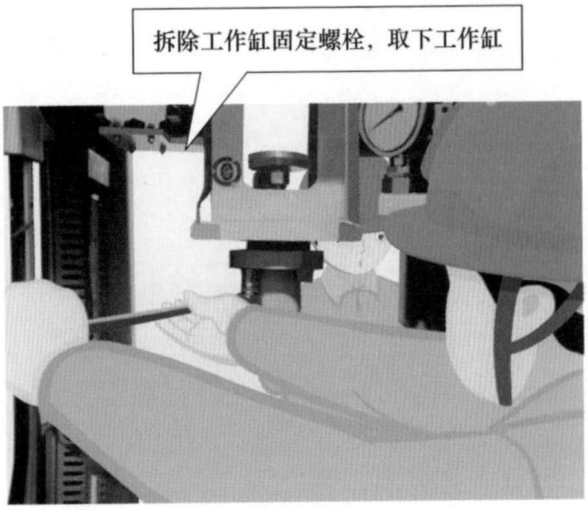
拆除工作缸固定螺栓，取下工作缸

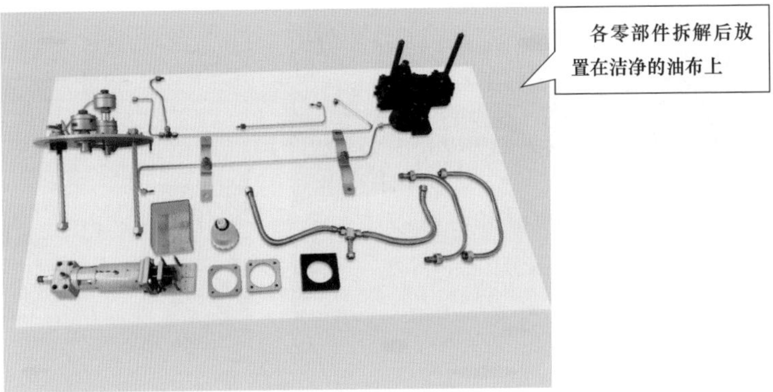
各零部件拆解后放置在洁净的油布上

5. 储压器检修

（1）专用工具排气。

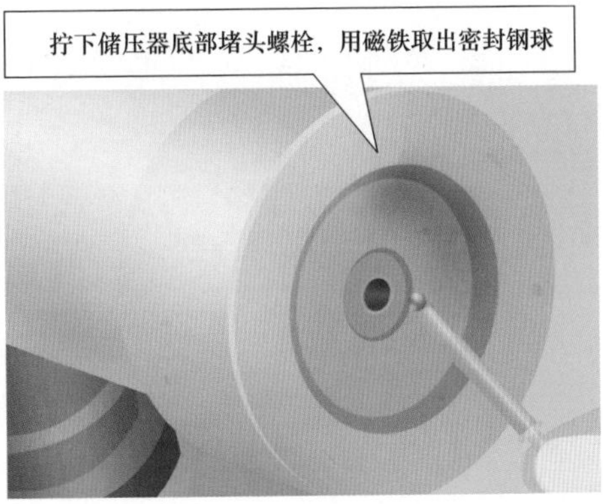
拧下储压器底部堵头螺栓，用磁铁取出密封钢球

用专用工具顶开密封橡皮塞，排净储压器内预充氮气，排气时人员不得正对出气口正面

（2）储压器分解。

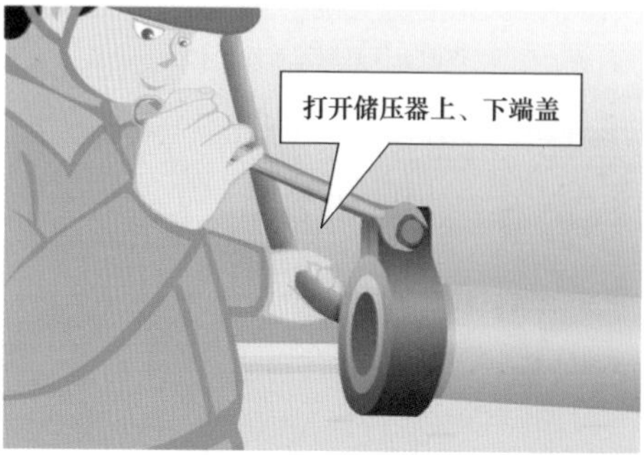
打开储压器上、下端盖

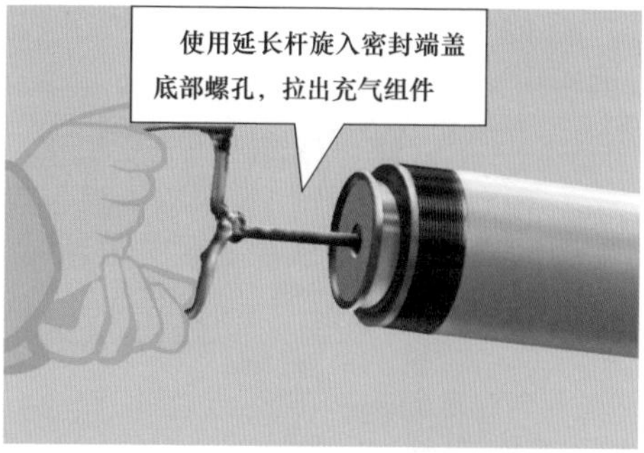
使用延长杆旋入密封端盖底部螺孔，拉出充气组件

（3）取出活塞。

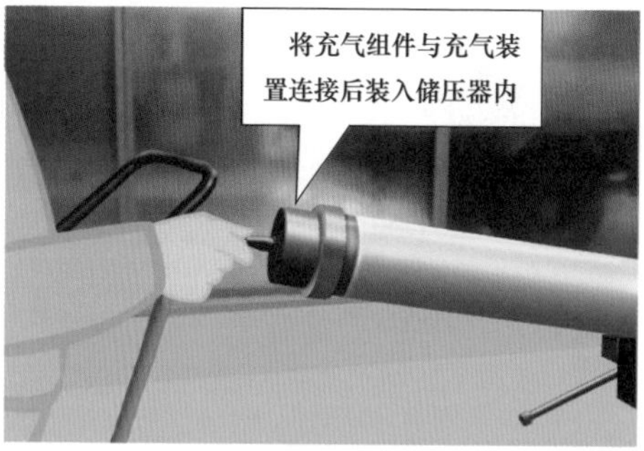
将充气组件与充气装置连接后装入储压器内

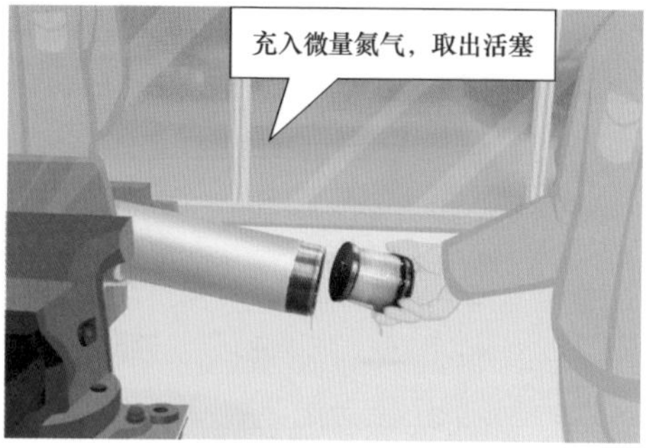
充入微量氮气，取出活塞

（4）分解活塞。

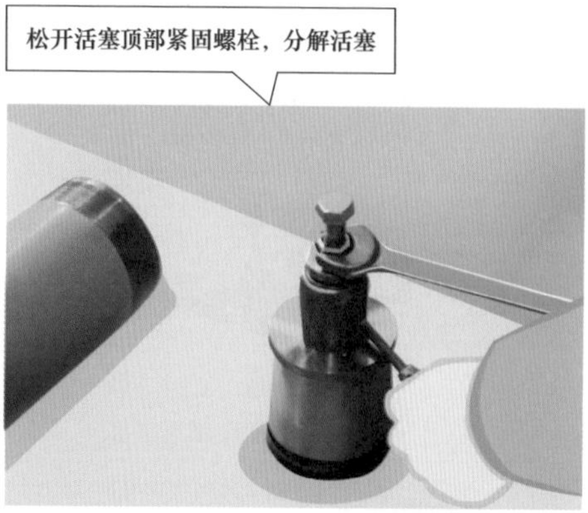
松开活塞顶部紧固螺栓，分解活塞

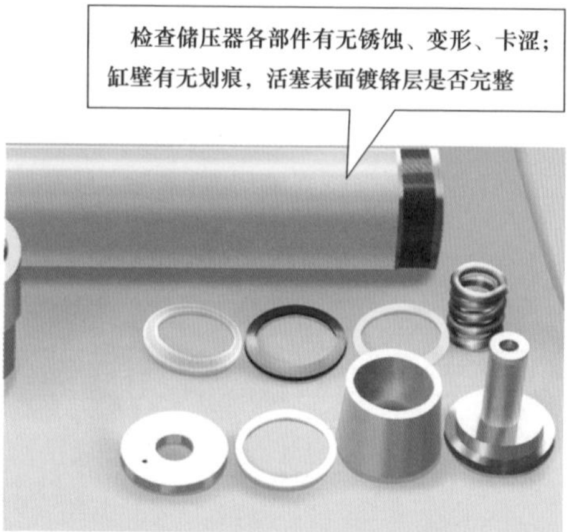
检查储压器各部件有无锈蚀、变形、卡涩；缸壁有无划痕，活塞表面镀铬层是否完整

（5）零件检查与清洗。

用清洗液清洗各零部件

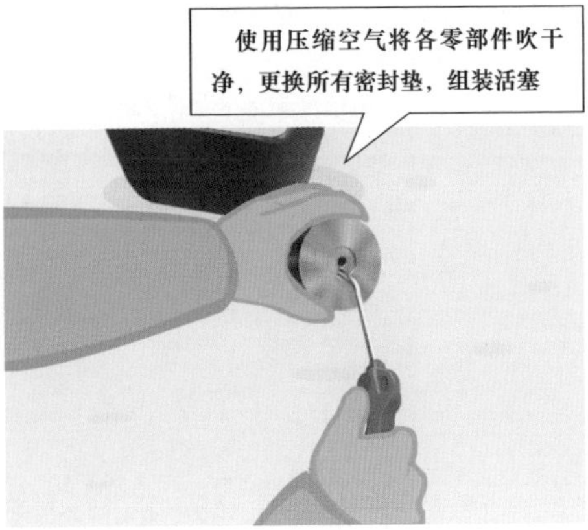
使用压缩空气将各零部件吹干净，更换所有密封垫，组装活塞

（6）复装及充气。

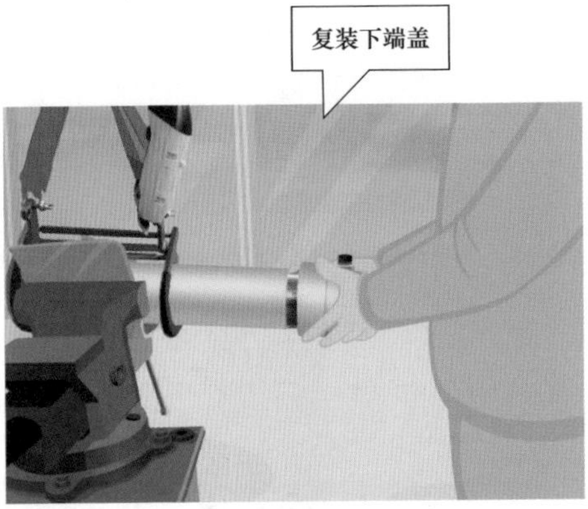
复装下端盖

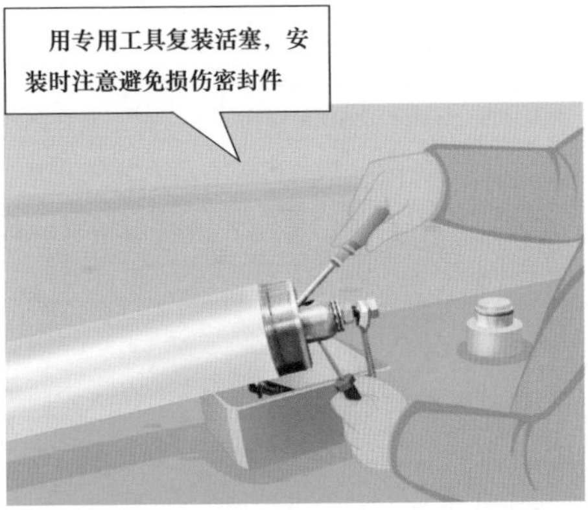
用专用工具复装活塞，安装时注意避免损伤密封件

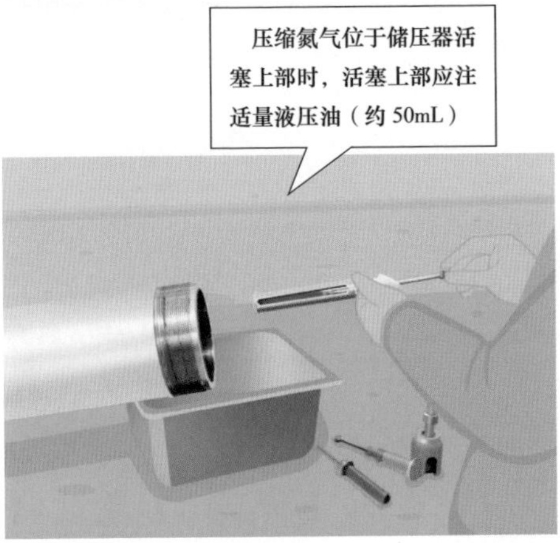
压缩氮气位于储压器活塞上部时，活塞上部应注适量液压油（约 50mL）

复装上端盖后采用高纯度氮气（微水含量小于 5μL/L）进行预充。预充压力符合产品技术规定

6. 阀体检修

（1）液压部件检修基本要求。

为保证清洁度与密封完好，应更换所有密封件并涂抹薄层凡士林

拆除合闸一级阀上部的连接螺栓

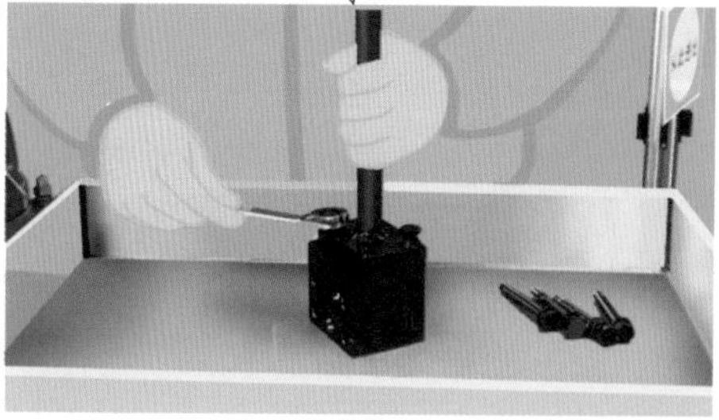

取出一级阀阀针与弹簧

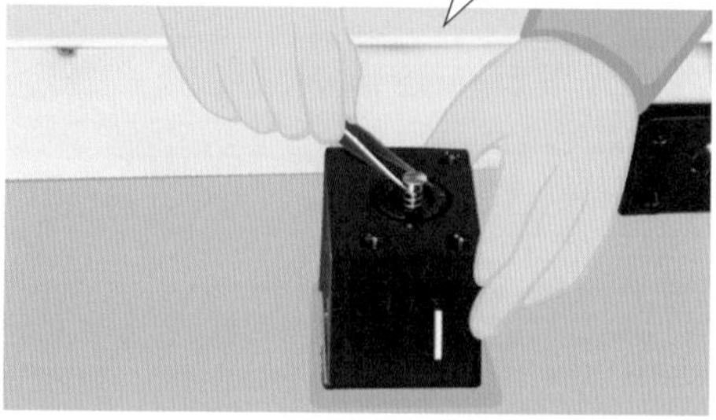

检查阀针垂直度与磨损情况

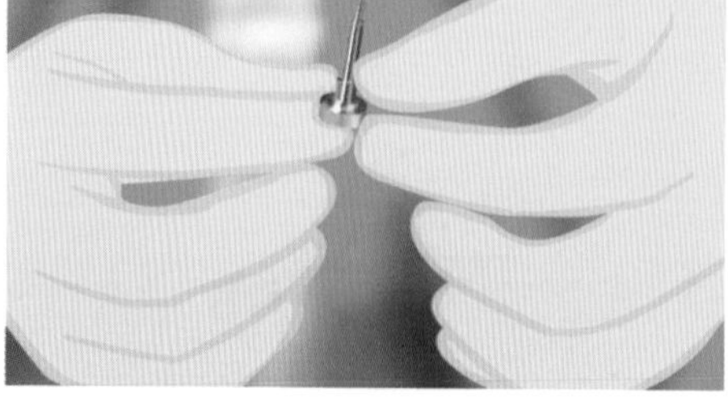

检查弹簧复位情况

将阀体固定于已铺设好无尘布的台虎钳上

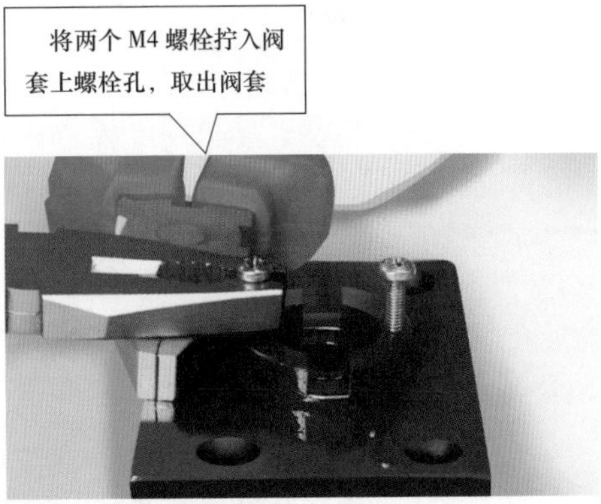
将两个 M4 螺栓拧入阀套上螺栓孔，取出阀套

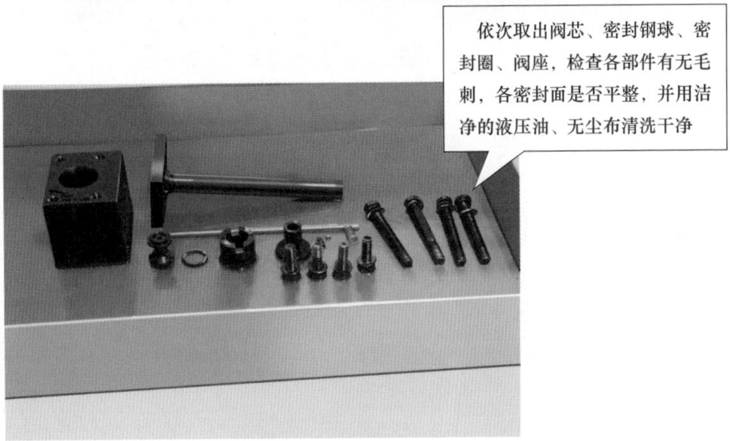
依次取出阀芯、密封钢球、密封圈、阀座，检查各部件有无毛刺，各密封面是否平整，并用洁净的液压油、无尘布清洗干净

（2）一级阀行程测量。

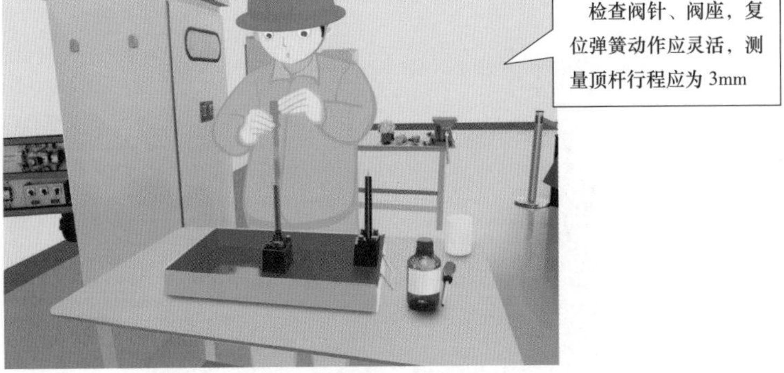
检查阀针、阀座，复位弹簧动作应灵活，测量顶杆行程应为 3mm

（3）一级阀组装。

按顺序回装各零部件，更换全部密封垫及所有钢珠。将一级阀回装时各零部件不得混装

（4）二级阀分解。

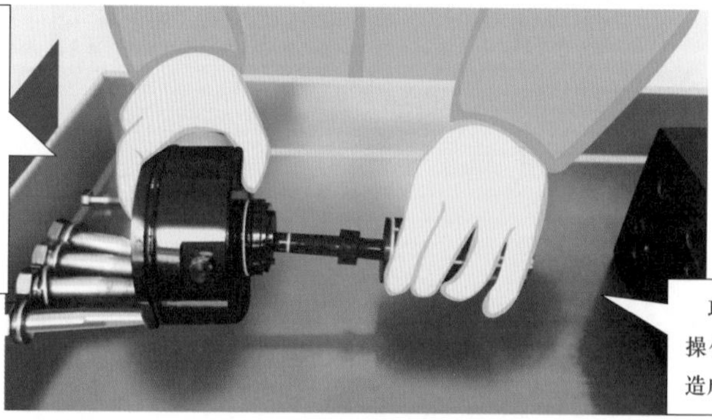
拧下二级阀座固定螺栓，将阀座左右旋转缓慢取下阀座置于油盘内。将阀座与阀体的相对位置、方向做好记录
取出管阀时应两人操作，避免管阀掉落造成损伤

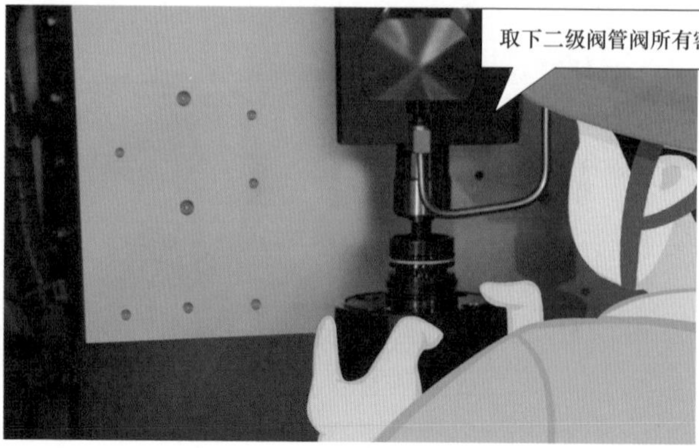
取下二级阀管阀所有密封圈

（5）二级阀管阀分解与清洗。

用洁净的液压油清洗拆下的零件，检查阀体各部件有无锈蚀、变形、卡涩，动作是否灵活。清洗时不得损伤管阀和密封线

（6）二级阀密封部位检查。

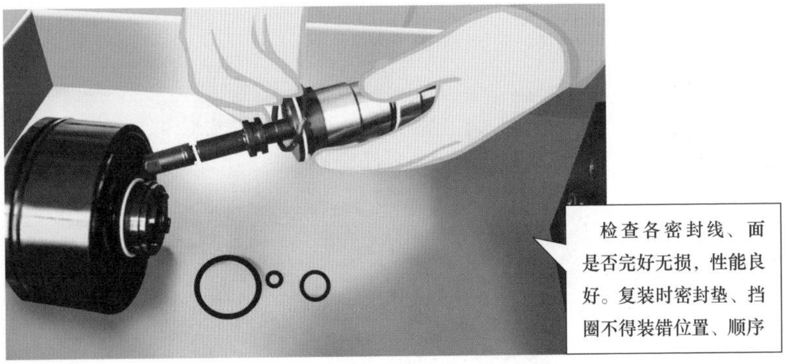
检查各密封线、面是否完好无损，性能良好。复装时密封垫、挡圈不得装错位置、顺序

（7）复装二级阀。

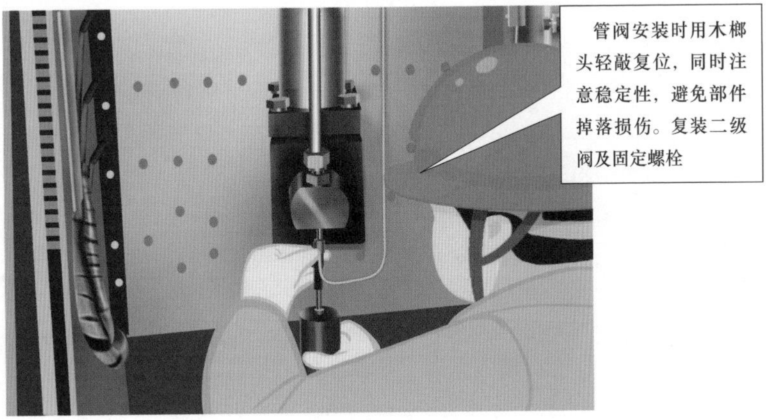
管阀安装时用木榔头轻敲复位，同时注意稳定性，避免部件掉落损伤。复装二级阀及固定螺栓

7. 工作缸检修

（1）工作缸分解检修。

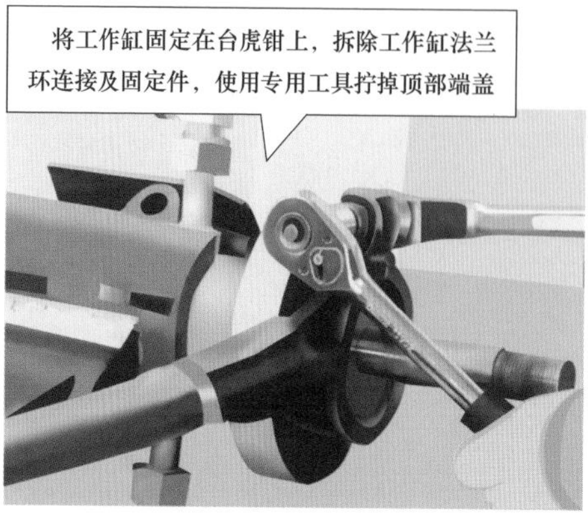
将工作缸固定在台虎钳上，拆除工作缸法兰环连接及固定件，使用专用工具拧掉顶部端盖

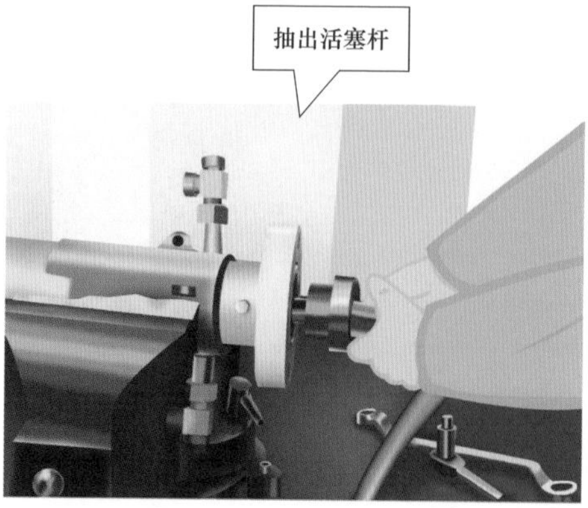
抽出活塞杆

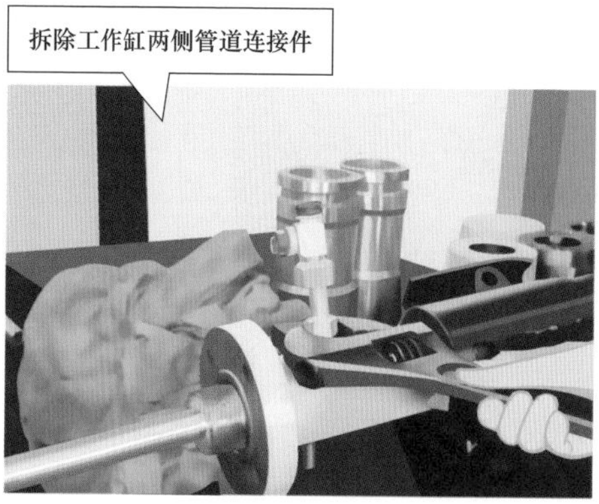
拆除工作缸两侧管道连接件

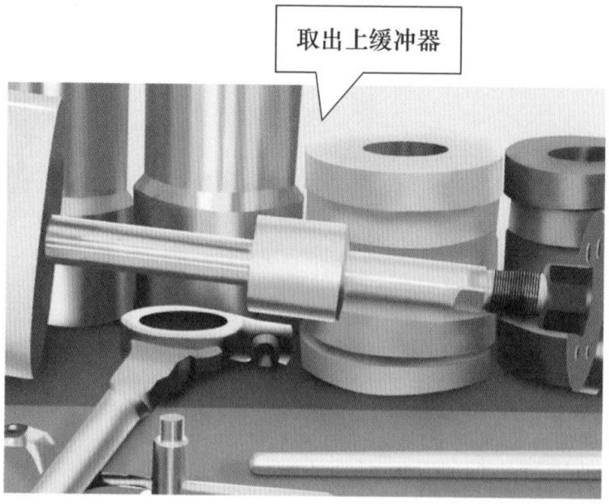
取出上缓冲器

（2）活塞及动作情况检查。

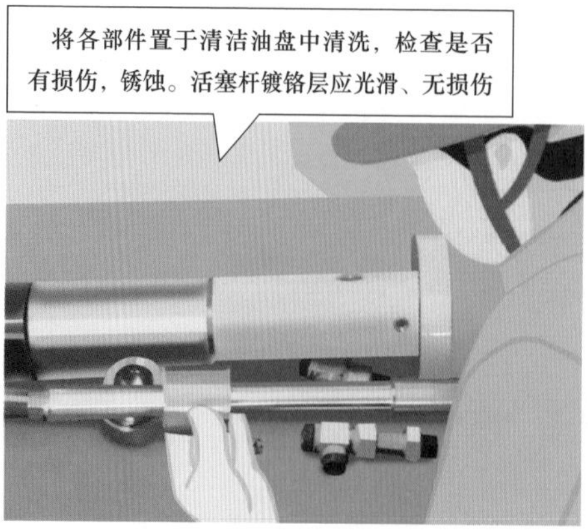
将各部件置于清洁油盘中清洗，检查是否有损伤，锈蚀。活塞杆镀铬层应光滑、无损伤

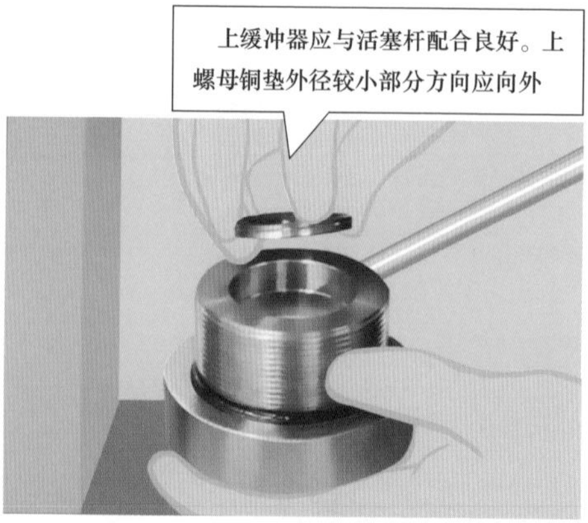
上缓冲器应与活塞杆配合良好。上螺母铜垫外径较小部分方向应向外

（3）工作缸行程检查。

用深度尺检查工作缸运动行程，应符合产品技术规定

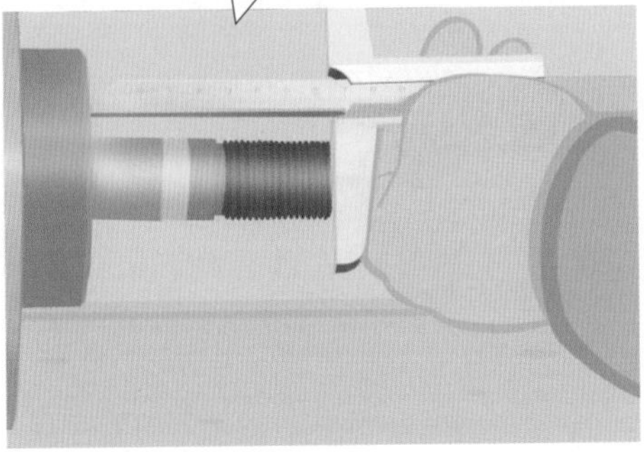

工作缸活塞杆拉出应顺畅无卡阻。拉出力不应大于 200N

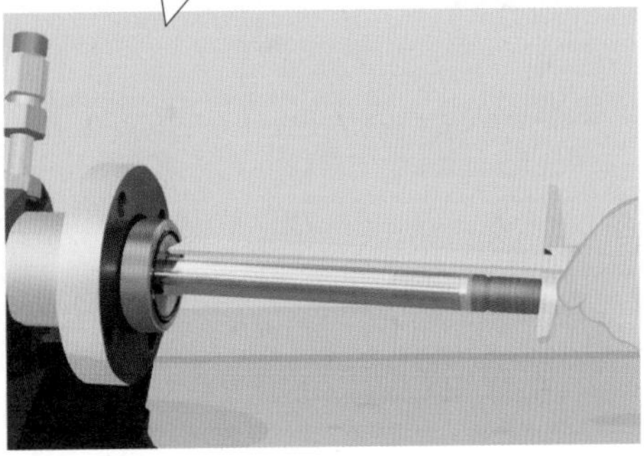

（4）密封垫更换及复装。

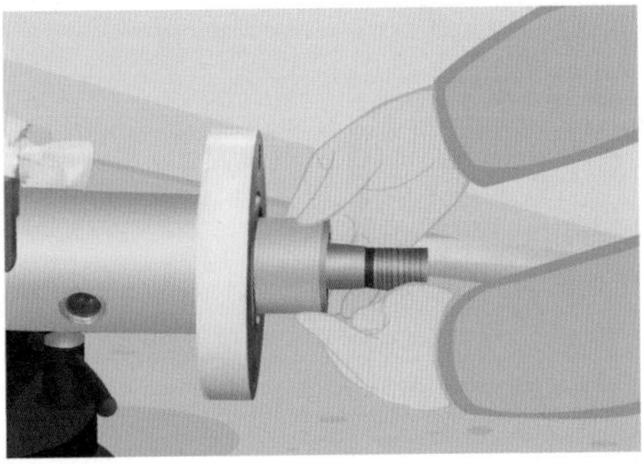

更换所有密封件，按拆卸步骤反序复装工作缸

8. 压力开关组件（含安全阀）检修

（1）压力开关组件检修。

拆除压力开关组件连接螺栓，依次拆卸行程开关、顶部压紧螺栓

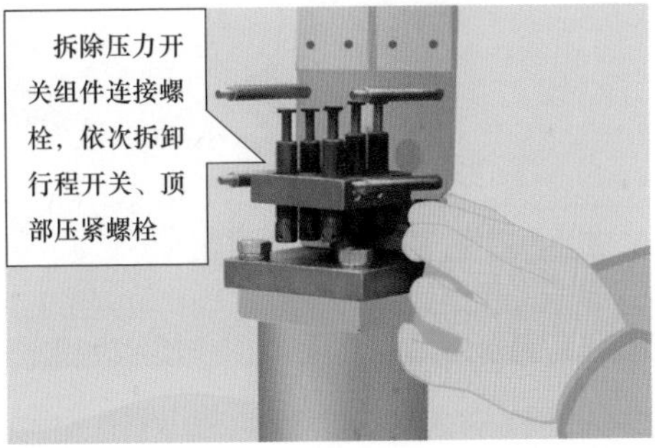

取出压力弹簧及导杆

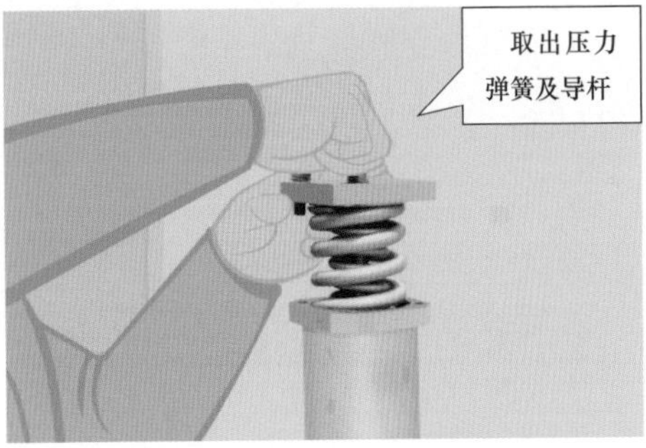

将压力组件倒置后，拆除连接螺栓

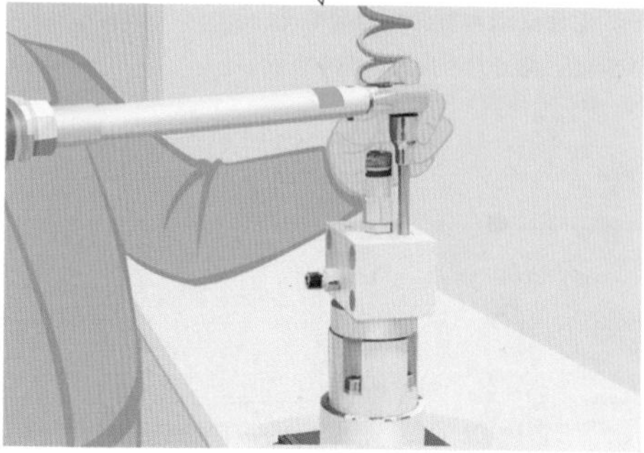

分解完成后，取出油压活塞

将各零部件置于油盘中清洗

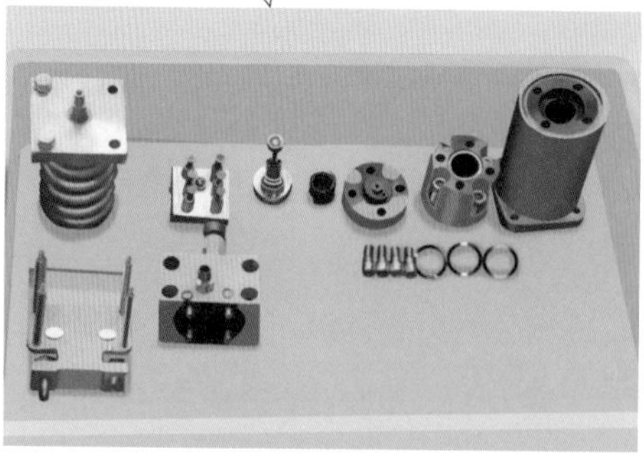

检查油压活塞表面有无损伤、划痕，密封是否良好

（2）密封垫更换及组装。

清洗完毕后，用压缩气体吹拂干燥

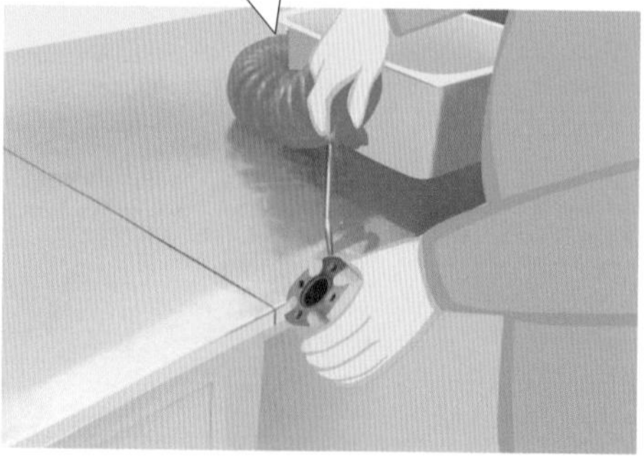

更换所有密封垫，复装压力组件

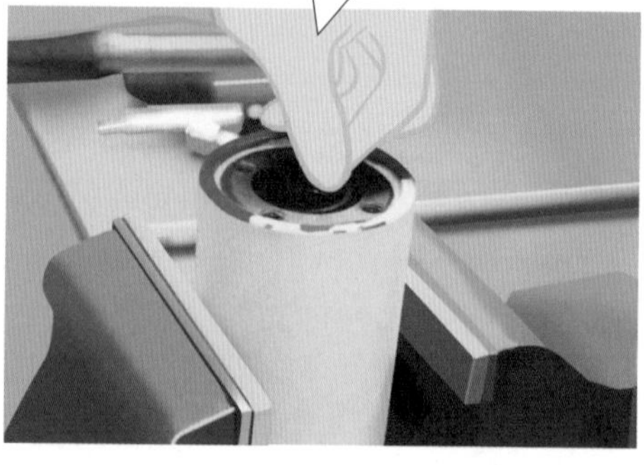

（3）复装压力开关。

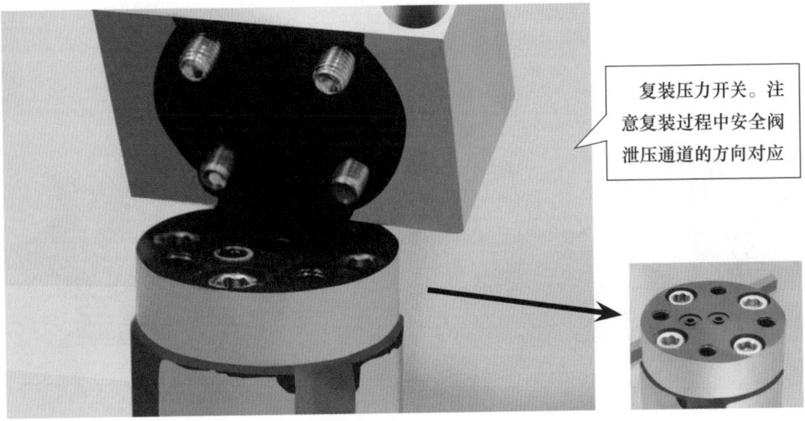
复装压力开关。注意复装过程中安全阀泄压通道的方向对应

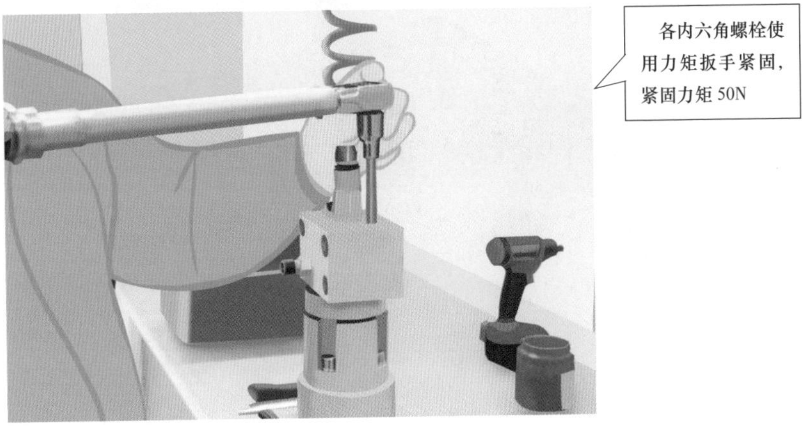
各内六角螺栓使用力矩扳手紧固，紧固力矩 50N

（4）检查安全阀。

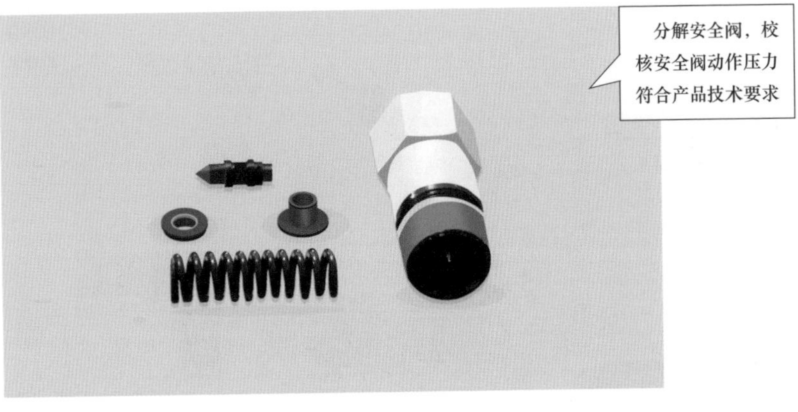
分解安全阀，校核安全阀动作压力符合产品技术要求

9. 油泵检修

（1）油泵分解检修。

拧下阀罩上的螺钉及阀罩密封圈

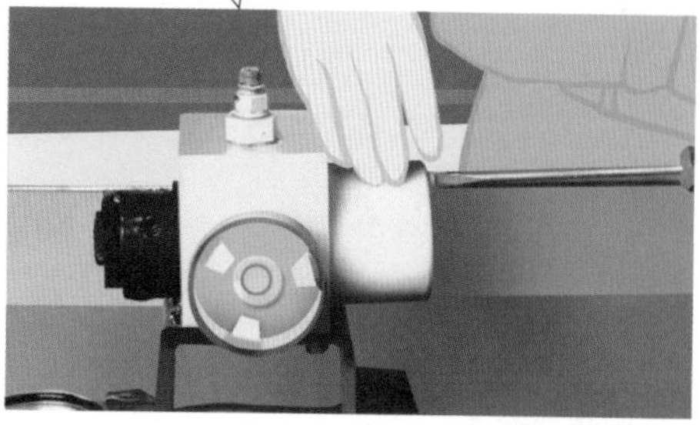

沿柱塞方向从圆台基座中取出柱塞

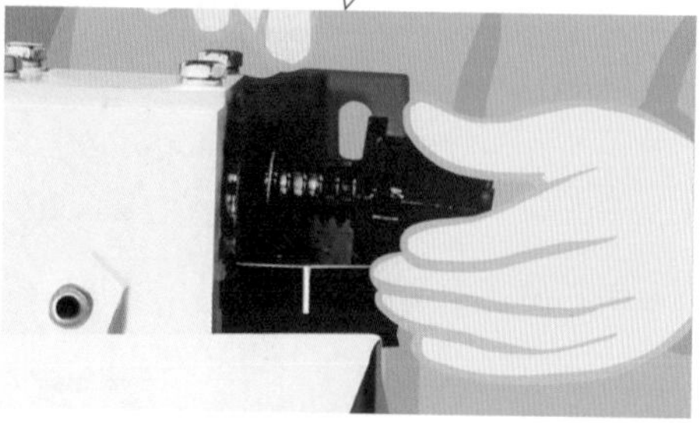

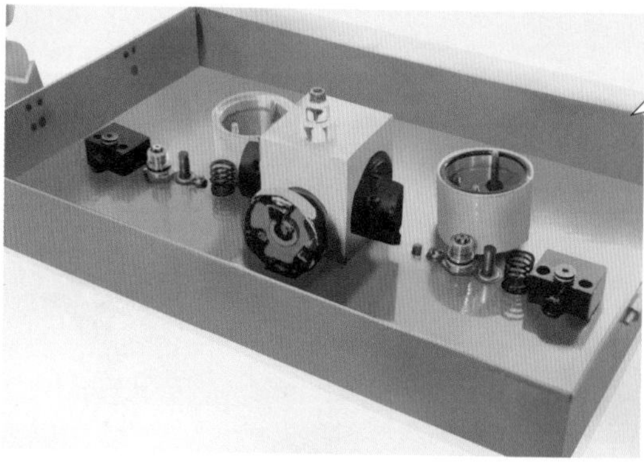

将油泵置于洁净的油盘内，按顺序摆放及清洗各零部件

（2）柱塞检查。

取下复位弹簧，用手堵住排油孔，按压柱塞检查其密封性良好

左右柱塞不得互换，不得纵向打磨，避免损伤密封性能

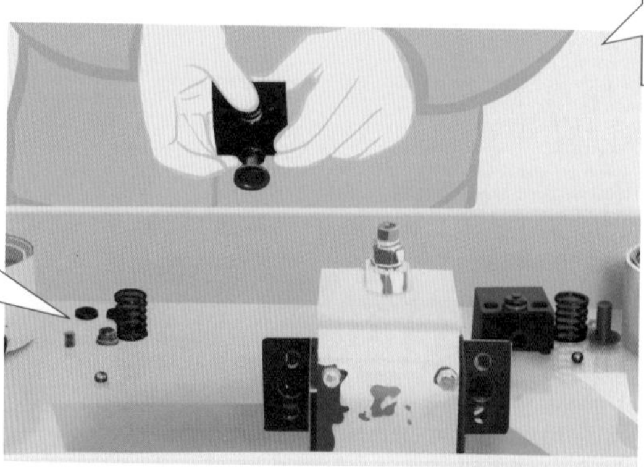

（3）柱塞一、二级止回阀检查。

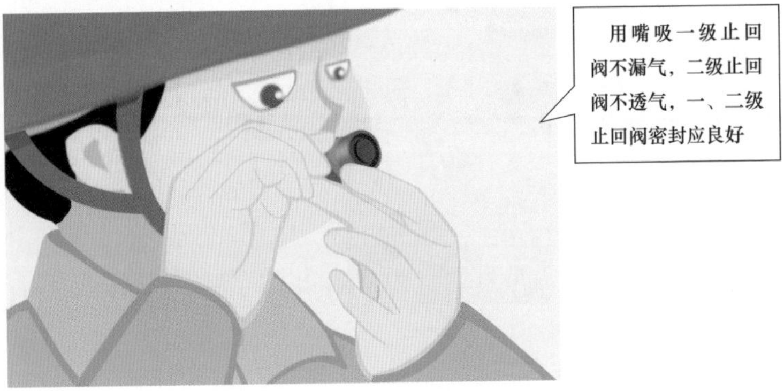
用嘴吸一级止回阀不漏气，二级止回阀不透气，一、二级止回阀密封应良好

（4）油泵出口止回阀检查。

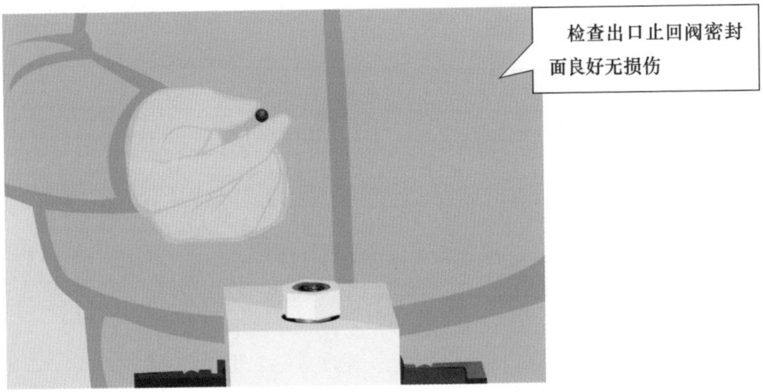
检查出口止回阀密封面良好无损伤

（5）油泵组装。

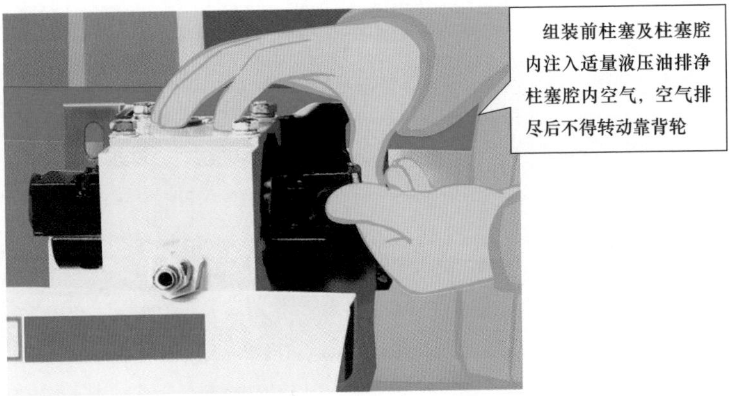
组装前柱塞及柱塞腔内注入适量液压油排净柱塞腔内空气，空气排尽后不得转动靠背轮

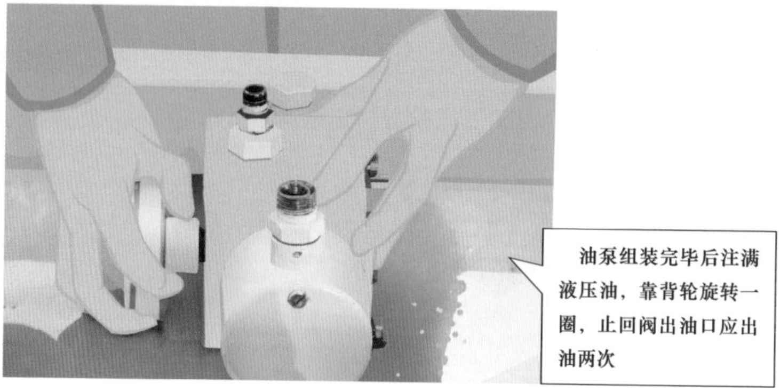
油泵组装完毕后注满液压油，靠背轮旋转一圈，止回阀出油口应出油两次

10. 电动机检修

（1）分解检修。

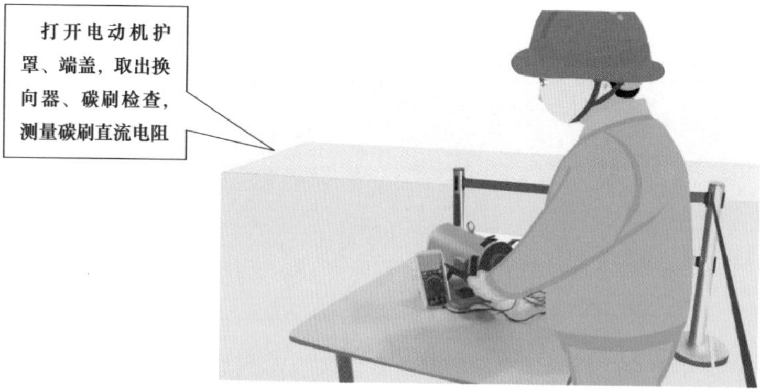
打开电动机护罩、端盖，取出换向器、碳刷检查，测量碳刷直流电阻

（2）端盖、轴承、定子与转子间的间隙均匀、转动无摩擦、异响。

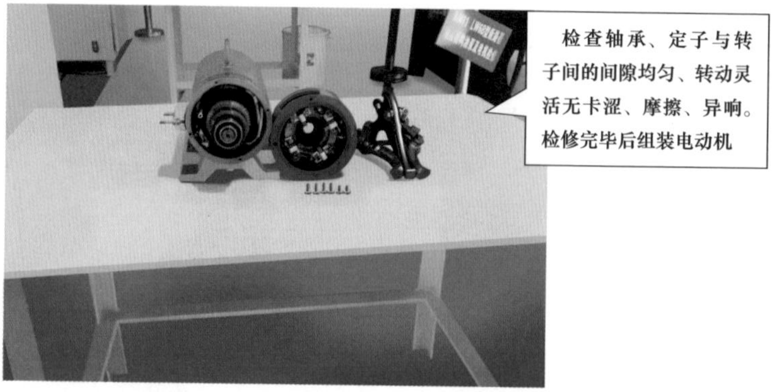
检查轴承、定子与转子间的间隙均匀、转动灵活无卡涩、摩擦、异响。检修完毕后组装电动机

11. 分、合闸电磁铁检修

（1）电磁铁分解。

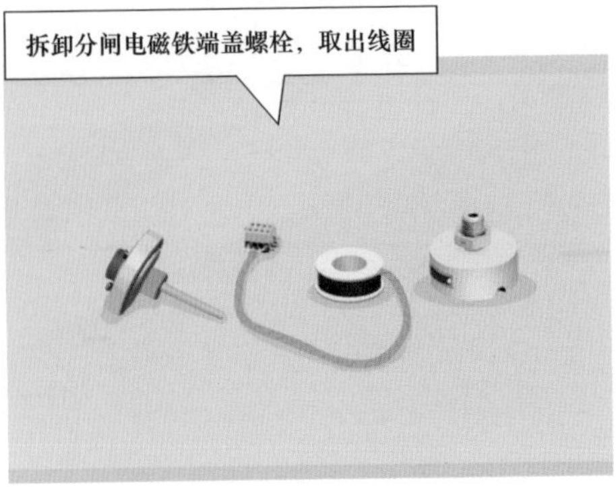
拆卸分闸电磁铁端盖螺栓，取出线圈

部件锈蚀处打磨，修整变形，使用适量低温润滑脂擦拭

（2）铁芯运动行程测量。

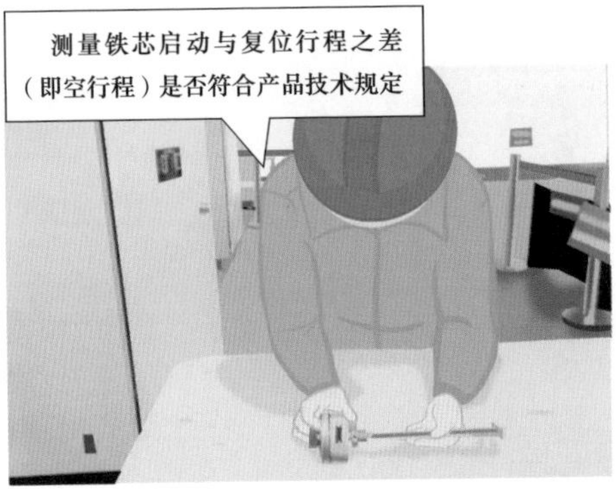
测量铁芯启动与复位行程之差
（即空行程）是否符合产品技术规定

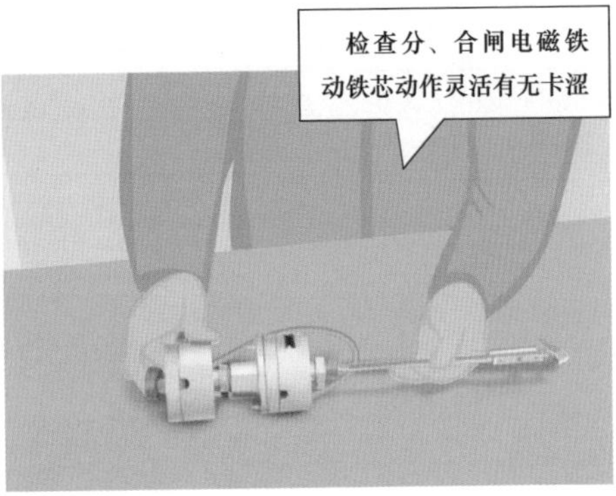
检查分、合闸电磁铁
动铁芯动作灵活有无卡涩

12. 低压油箱（含油气分离器、过滤器）检修

（1）低压油箱及零件分解检修。

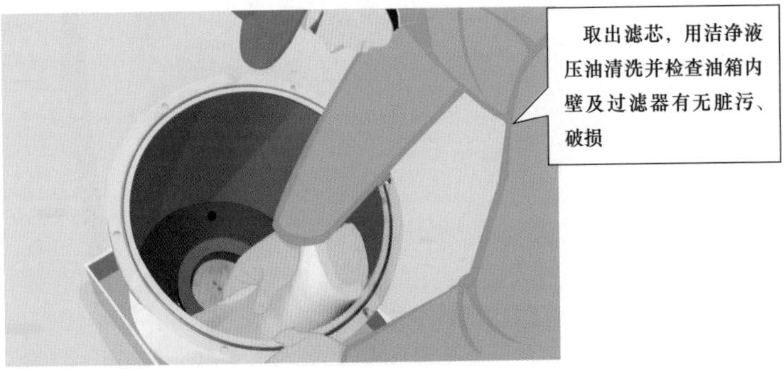
取出滤芯，用洁净液
压油清洗并检查油箱内
壁及过滤器有无脏污、
破损

（2）油气分离器检修。

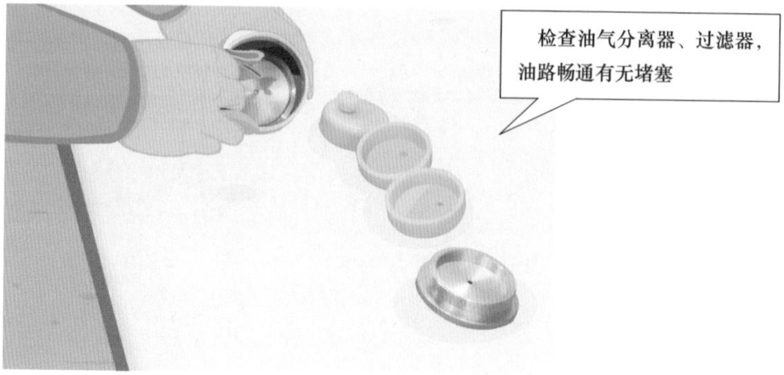
检查油气分离器、过滤器，油路畅通有无堵塞

13. 液压机构组装

（1）管道清洗。

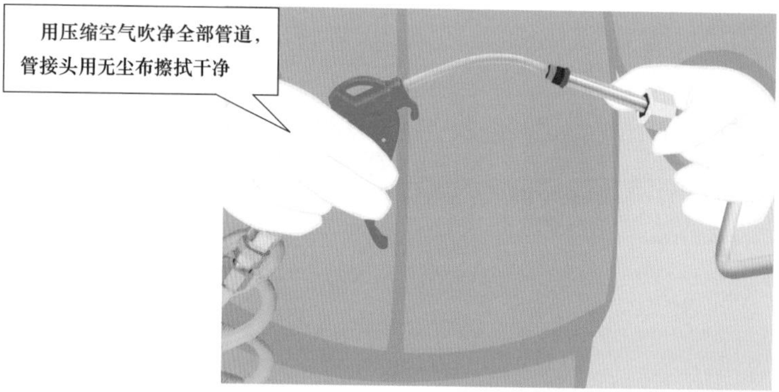
用压缩空气吹净全部管道，管接头用无尘布擦拭干净

（2）复装液压机构。

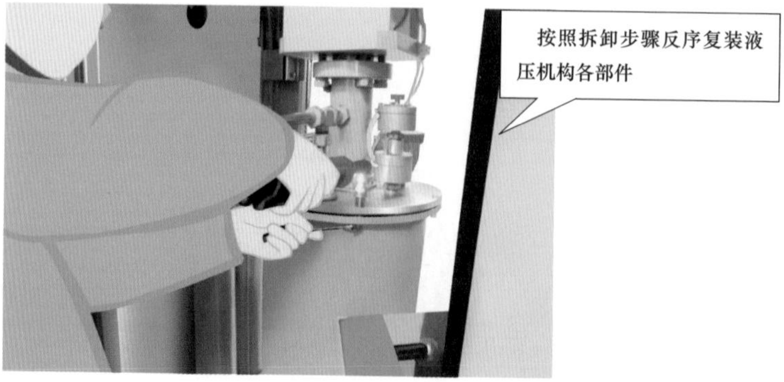
按照拆卸步骤反序复装液压机构各部件

（3）加注液压油、建压、排气。

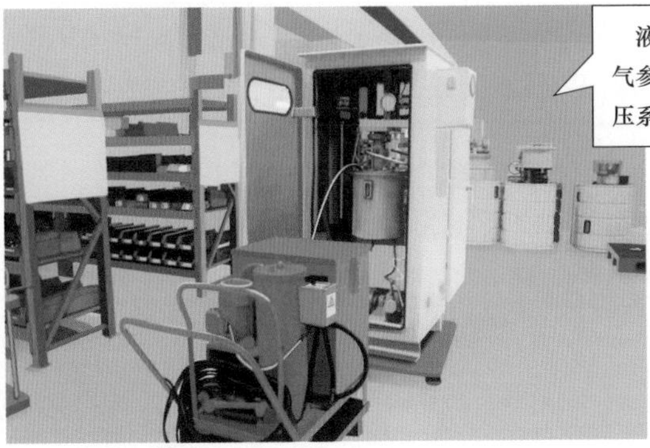

液压系统注油、建压、排气参见本章第三节“14.液压系统注油、排气”

（4）液压机构参数调整及本体试验。

调整压力组件动作压力至额定压力值，液压机构调整及本体试验具体方法参见本章第三节“15.预压力检查”至“25.保压试验及气体成分分析”

14.竣工验收、现场清理

自验收合格后，检修人员清理现场，将设备恢复至开工前状态召开班后会，办理工作票终结手续

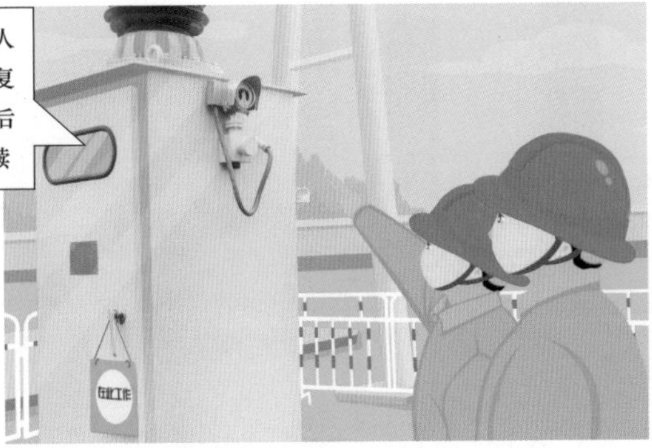

第五节　弹簧操动机构解体检修

一、施工前准备

1. 资料、机具、材料准备、工器具

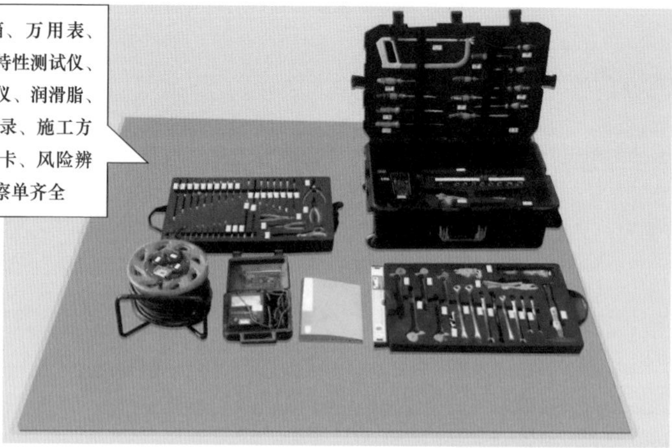
检修工具箱、万用表、电源线、机械特性测试仪、回路电阻测试仪、润滑脂、图纸、检修记录、施工方案、作业指导卡、风险辨识卡、现场勘察单齐全

2. 班前会

办理工作票许可手续，召开班前会进行“三交”“三查”，明确人员分工及工作流程。督促工作班成员遵守相关安全规程
C
B
A

二、现场检查

1. 安全措施确认

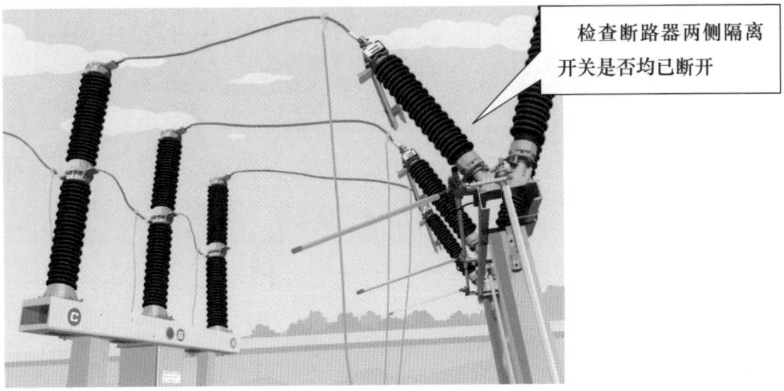
检查断路器两侧隔离开关是否均已断开

检查接地线是否已可靠装设

2. 电源全部断开

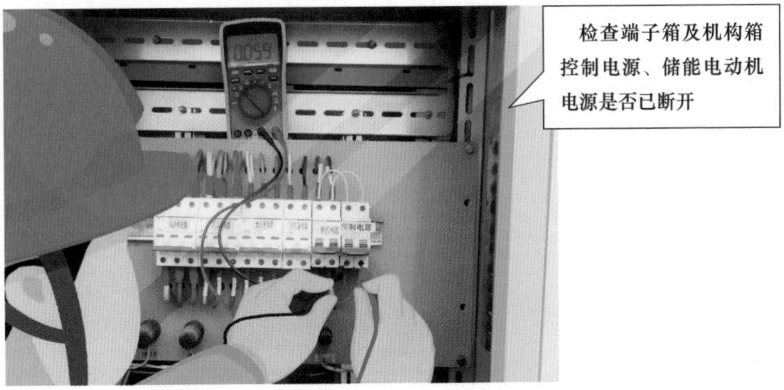
检查端子箱及机构箱控制电源、储能电动机电源是否已断开

三、检修实施阶段

1. 拆除机构箱内二次连接线

手动合、分一次断路器，释放分合闸弹簧能量。确认断路器处于分闸位置。拆除二次接线

2. 弹簧检修

（1）分合闸弹簧分解。

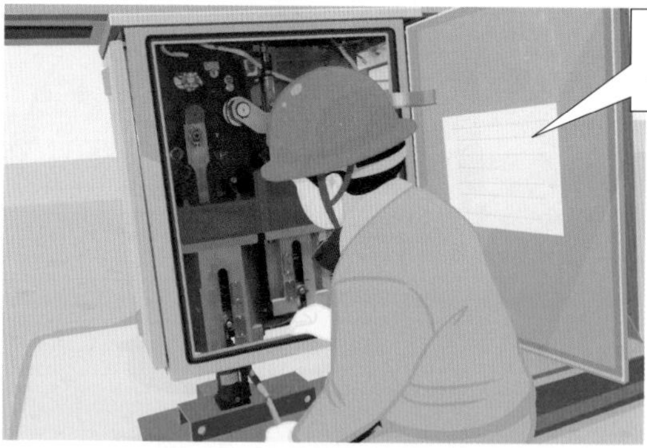

断路器在分闸位置用千斤顶顶住合闸弹簧

取下卡销，拆除合闸弹簧与传动拐臂连接件

固定弹簧上端，移开千斤顶，缓慢下放，注意工作人员及手臂防止弹簧脱落时受伤。分闸弹簧与合闸弹簧拆卸步骤相同

（2）弹簧长度测量。

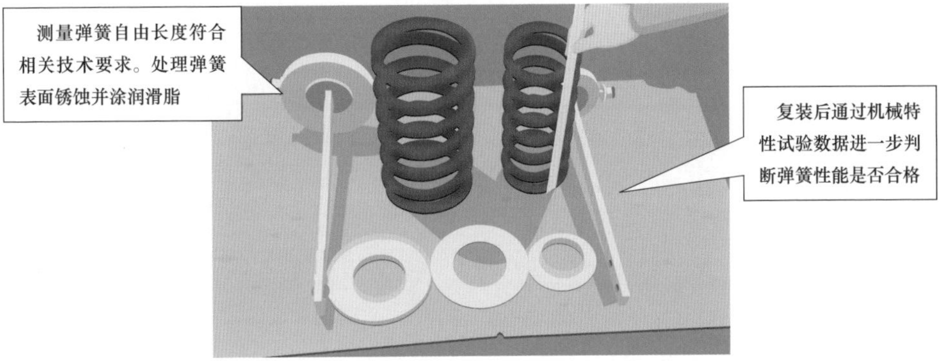
测量弹簧自由长度符合相关技术要求。处理弹簧表面锈蚀并涂润滑脂
复装后通过机械特性试验数据进一步判断弹簧性能是否合格

3. 电动机检修

（1）拆除电动机。

电动机外部接线端子拆除前做好记录，裸露线头进行绝缘包扎，拆下电动机

（2）电动机检查。

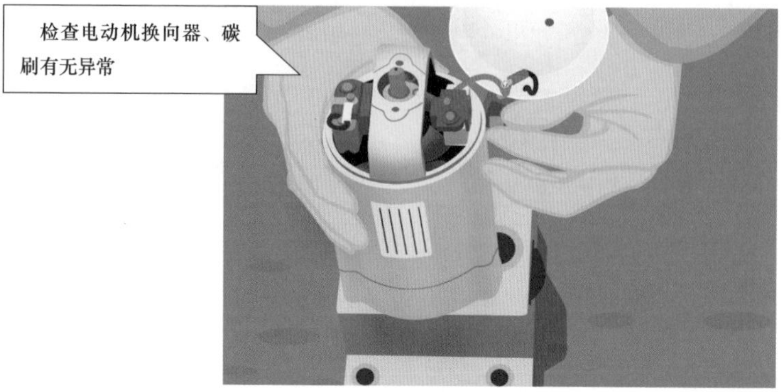
检查电动机换向器、碳刷有无异常

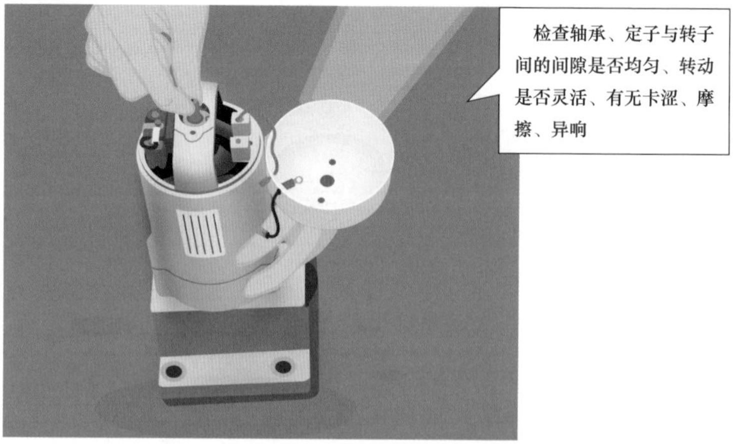
检查轴承、定子与转子间的间隙是否均匀、转动是否灵活、有无卡涩、摩擦、异响

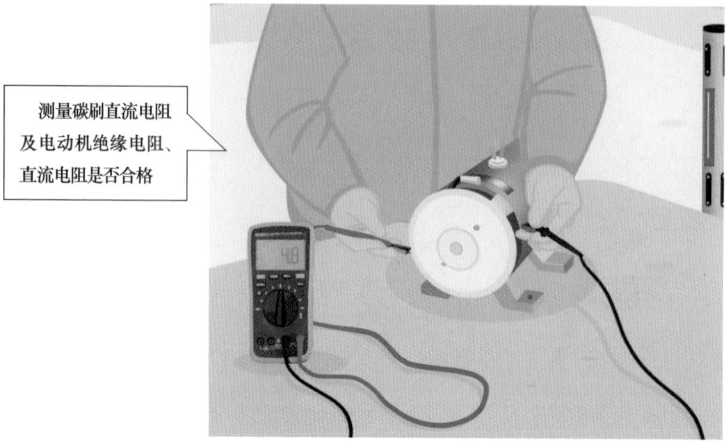
测量碳刷直流电阻及电动机绝缘电阻、直流电阻是否合格
48

4. 传动齿轮检修

（1）传动齿轮分解。

在分闸位置依次拆开主连杆及相间连杆固定卡销，取下连杆

拆除储能机构自动脱扣装置

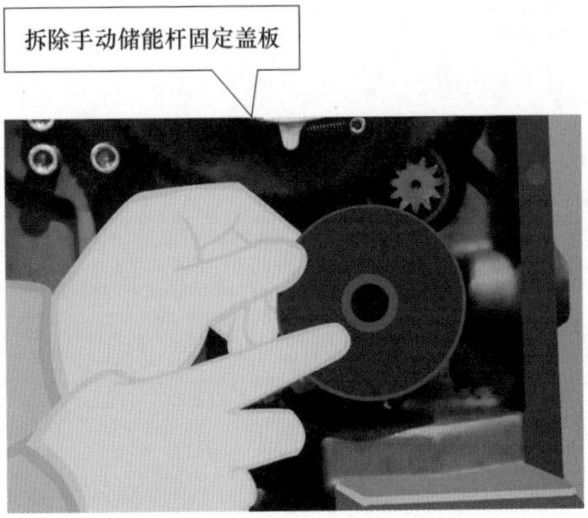
拆除手动储能杆固定盖板

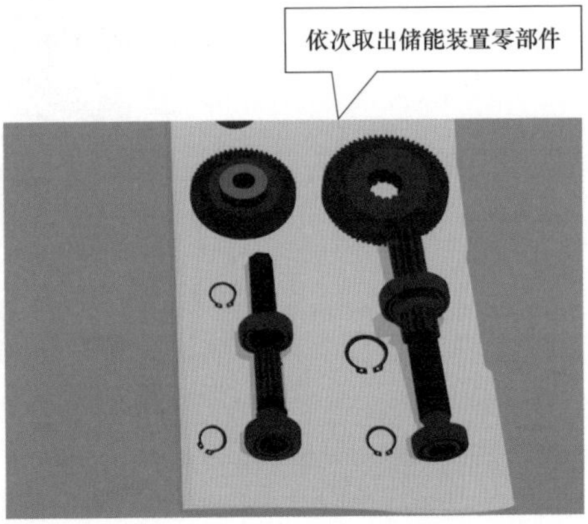
依次取出储能装置零部件

拆除涡轮
传动轴卡簧

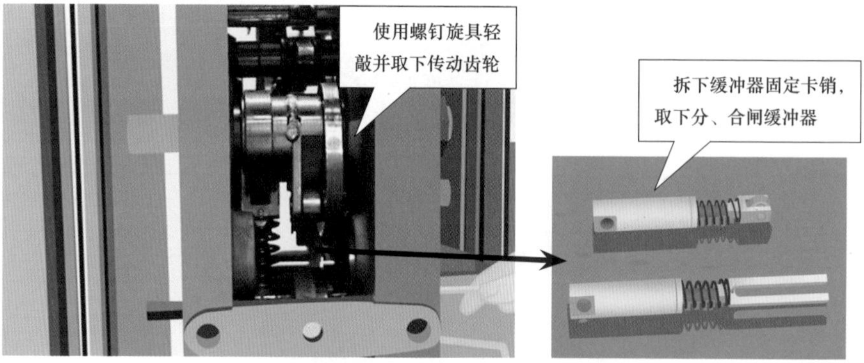
使用螺钉旋具轻
敲并取下传动齿轮
拆下缓冲器固定卡销，
取下分、合闸缓冲器

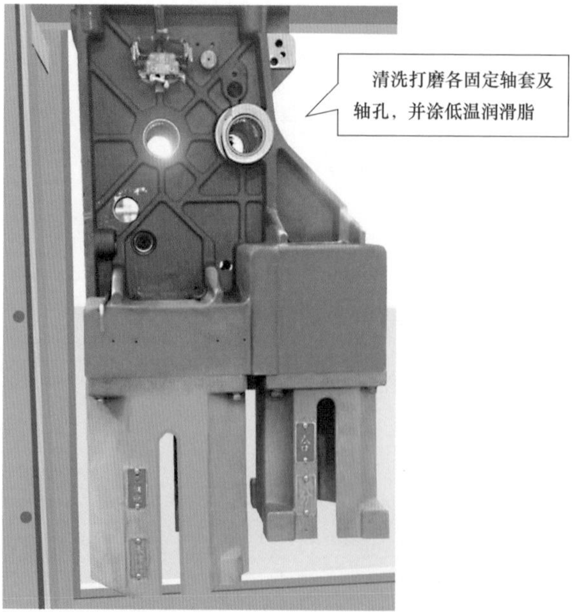
清洗打磨各固定轴套及
轴孔，并涂低温润滑脂

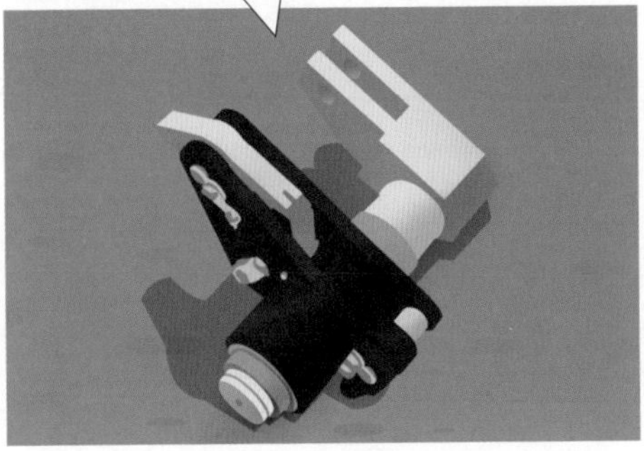
检查合闸凸轮各部件有无损伤、锈蚀、变形

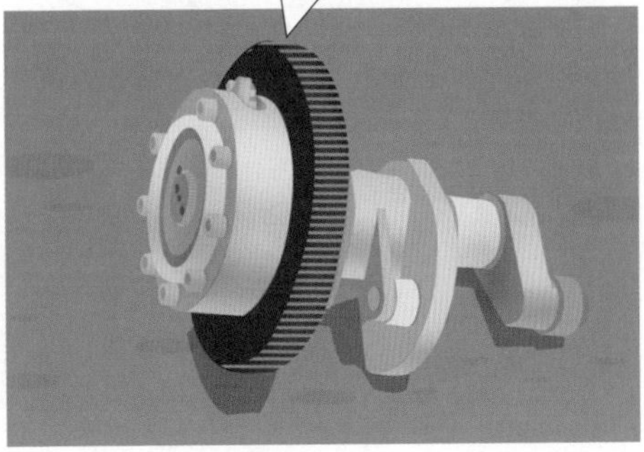
检查主轴传动拐臂各部件有无变形、锈蚀，转动是否灵活，连接是否牢固可靠

（2）合闸凸轮限位示意图。

合闸凸轮限位示意图

5. 分、合闸电磁铁装配检修

（1）分合闸电磁铁。

分、合闸线圈二次线做好记录后拆除并用绝缘套隔离，拆下分合闸电磁铁固定螺栓

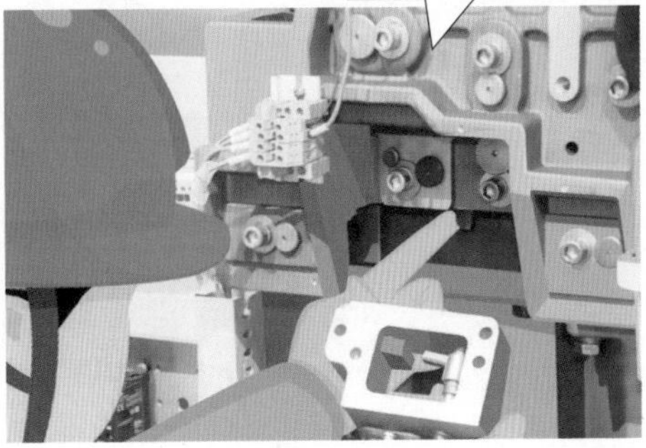
按住分、合闸扣板，取下分、合闸电磁铁

（2）分、合闸铁芯挚子装配。

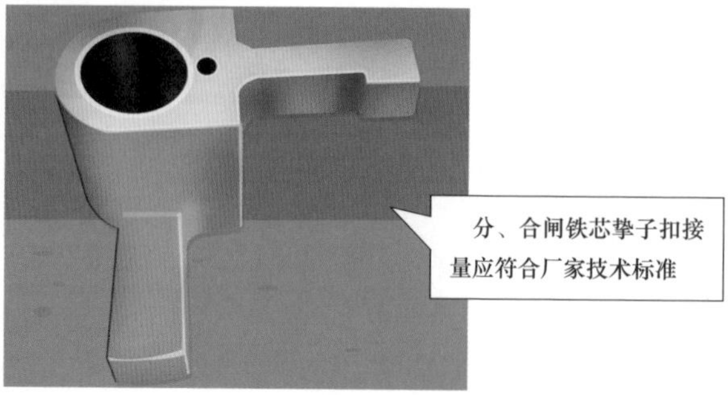
分、合闸铁芯挚子扣接量应符合厂家技术标准

（3）铁芯运动行程测量。

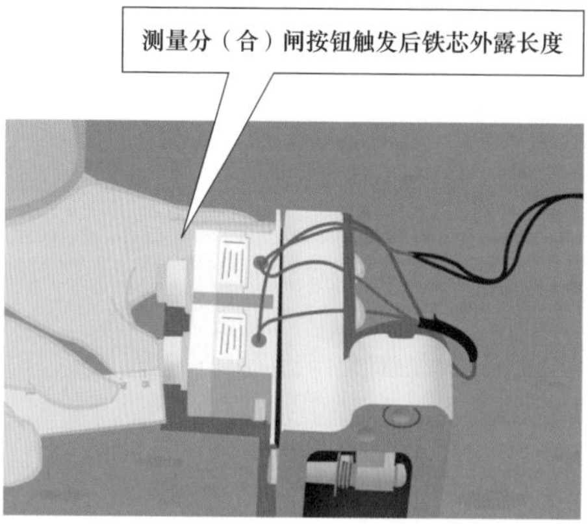
测量分（合）闸按钮触发后铁芯外露长度

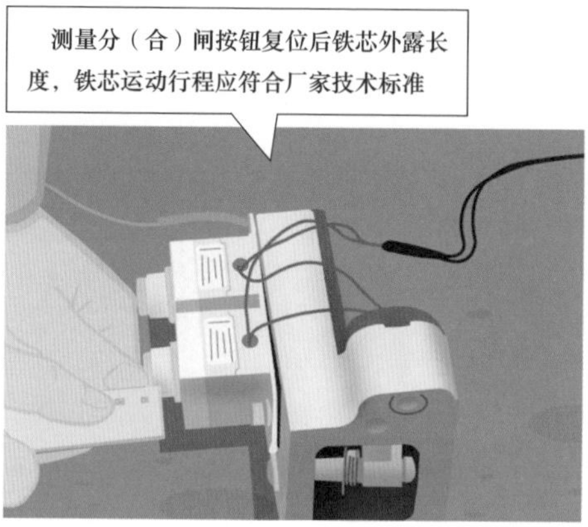
测量分（合）闸按钮复位后铁芯外露长度，铁芯运动行程应符合厂家技术标准

6. 复装及试验

（1）复装储能传动机构。

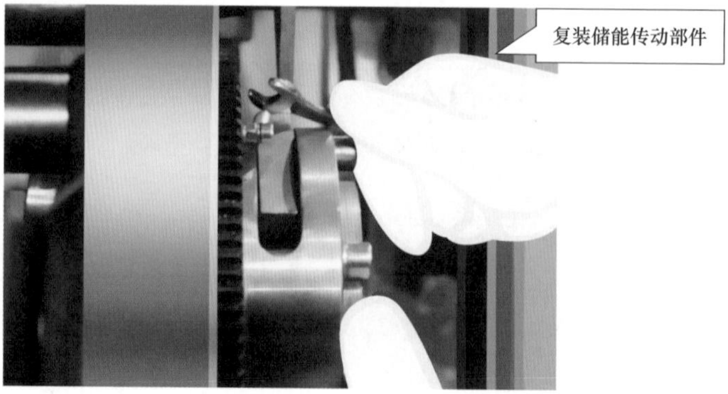
复装储能传动部件

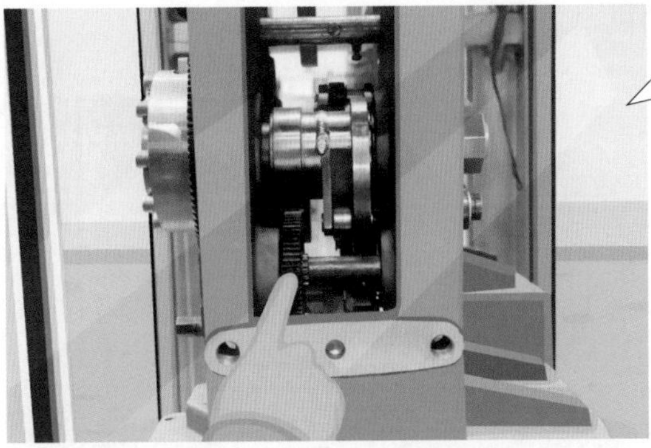

复装储能传动机构后检查齿轮间配合间隙是否符合相关技术要求

检查储能电动机自动脱扣装置部件完好，储能完毕后应正常脱扣

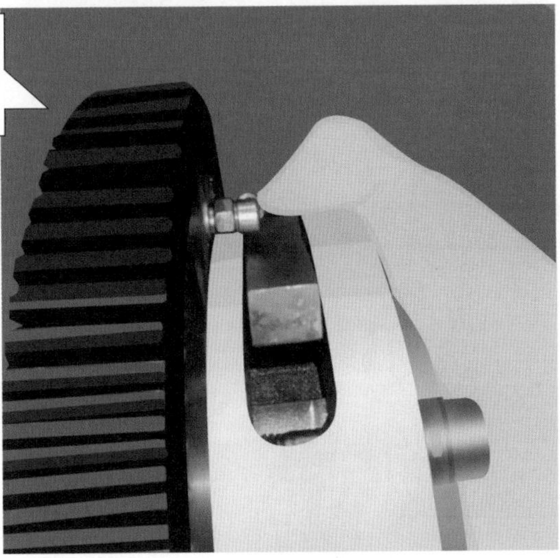

（2）复装分合闸弹簧。

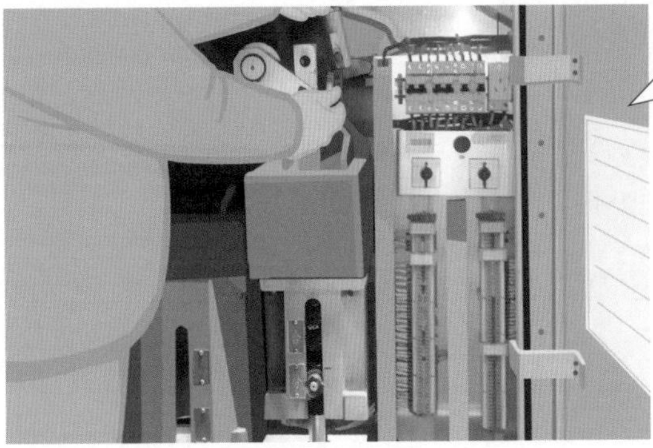

复装后检查传动连杆与轴销有无松动，连接是否紧固，润滑是否良好

（3）复装电动机。

复装电动机及二次接线。检查电动机运转是否正常

（4）复装分合闸线圈。

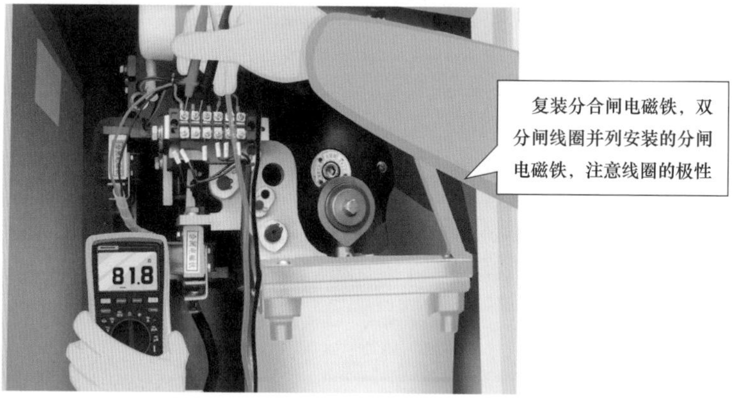
复装分合闸电磁铁，双分闸线圈并列安装的分闸电磁铁，注意线圈的极性
81.8

（5）手动储能检查测试。

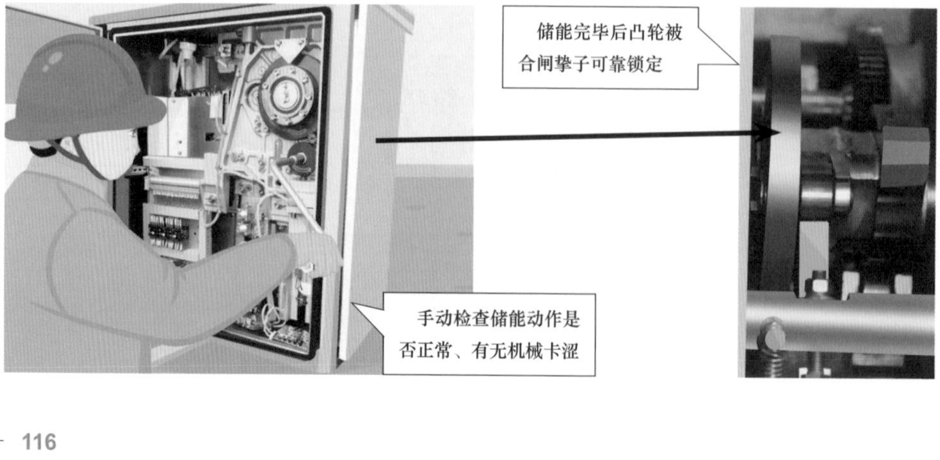
储能完毕后凸轮被合闸掣子可靠锁定
手动检查储能动作是否正常、有无机械卡涩

（6）手动分、合闸动作情况检查。

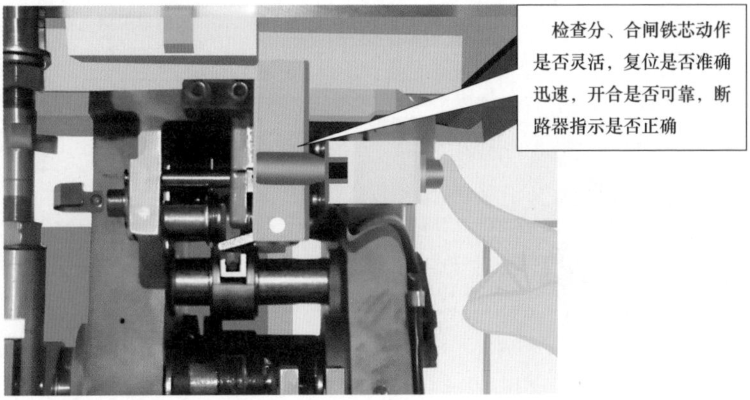
检查分、合闸铁芯动作是否灵活，复位是否准确迅速，开合是否可靠，断路器指示是否正确

（7）储能时间及行程开关检查。

检查电动储能时间是否符合厂家技术规范。合闸弹簧储能完毕后，检查储能电动机是否能自动停止

（8）断路器超行程测量。

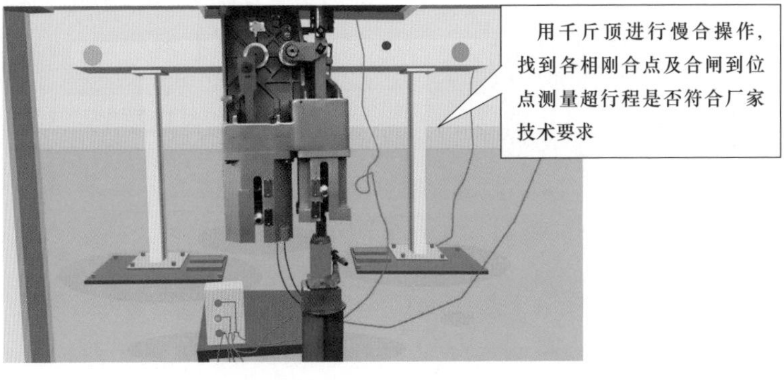
用千斤顶进行慢合操作，找到各相刚合点及合闸到位点测量超行程是否符合厂家技术要求

（9）分、合闸位置行程测量。

额定 SF_6 气压和额定操作电压下，测量断路器合闸位置行程

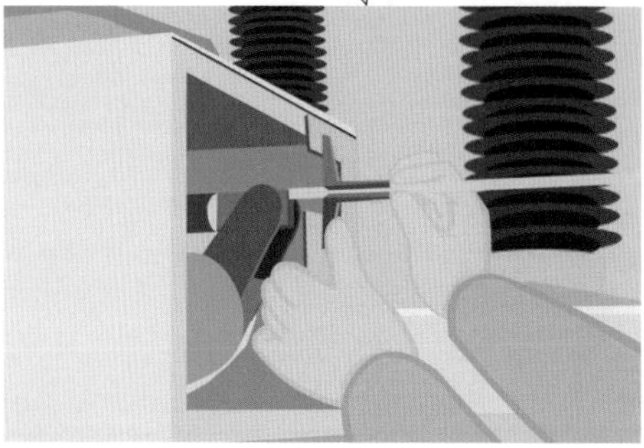

测量断路器分闸位置行程，与合闸位置数据对比后应符合厂家技术要求

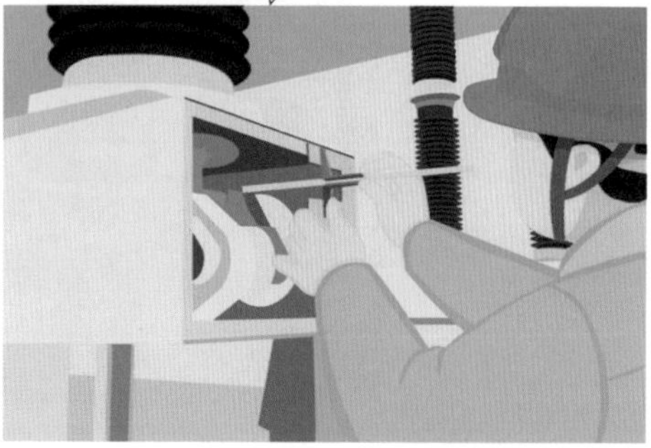

（10）机械特性测试。

断路器分合闸时间、速度、同期性、低电压动作值应满足 DL/T 593—2016《高压开关设备和控制设备标准的共用技术要求》的规定

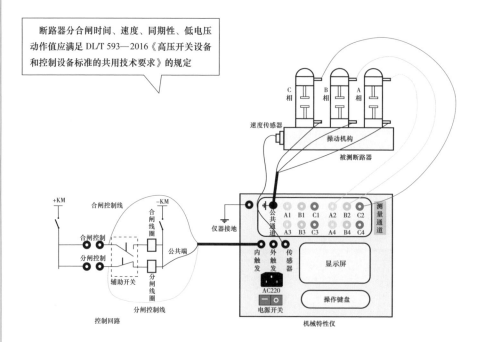

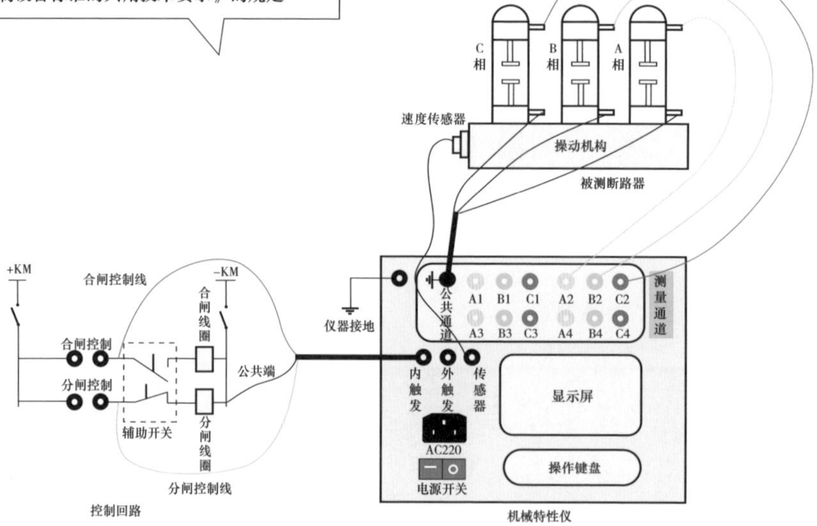

（11）回路电阻测量。

断路器合闸回路电阻应符合厂家技术要求，一般不大于 100μΩ

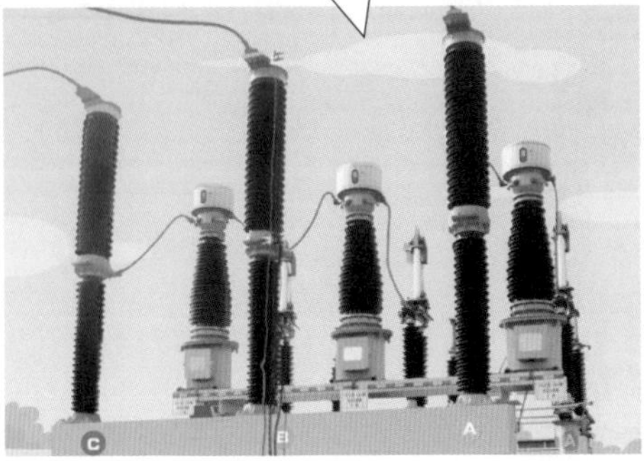

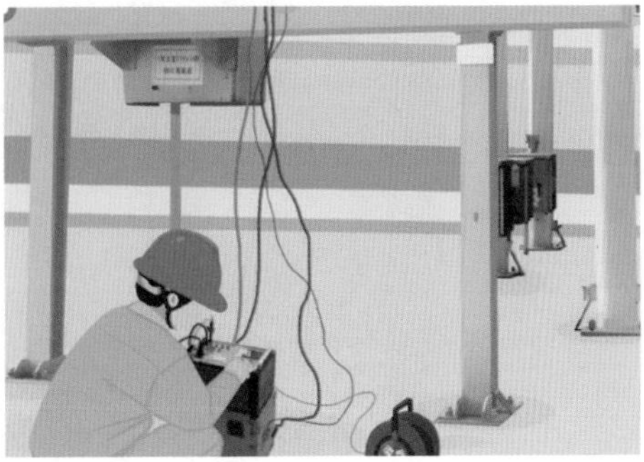

（12）电动机直流电阻及绝缘检查。

测量电动机直流电阻应符合产品出厂要求

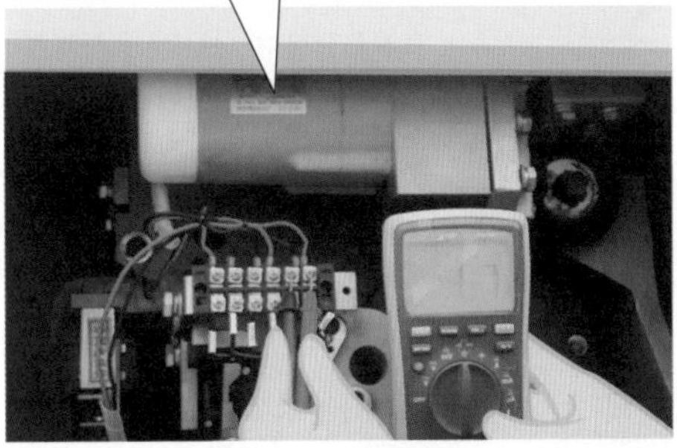

测量电动机绝缘电阻值不应小于 2MΩ

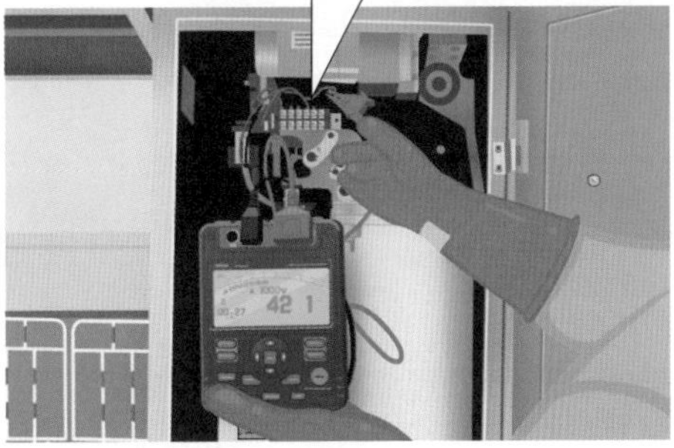

（13）分合闸线圈测试。

分、合闸线圈电阻初始值差不超过 5%

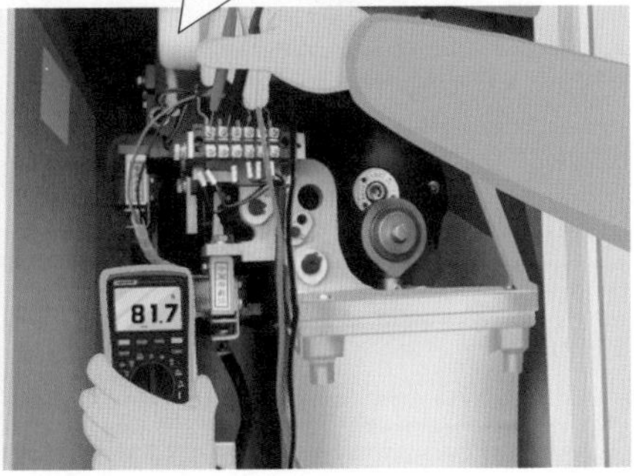

分、合闸线圈绝缘电阻值不应小于 10MΩ

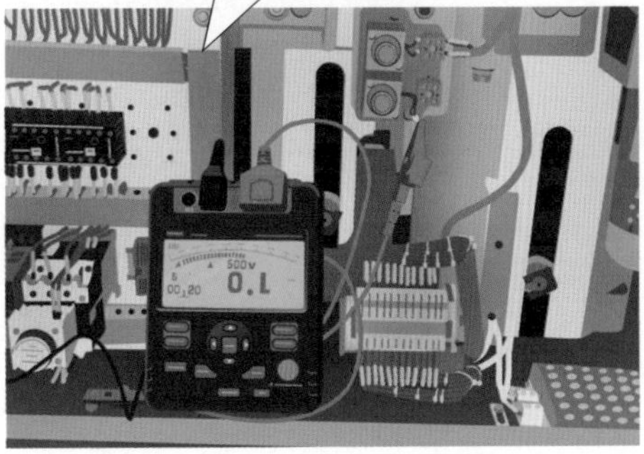

（14）测试二次线路绝缘电阻。

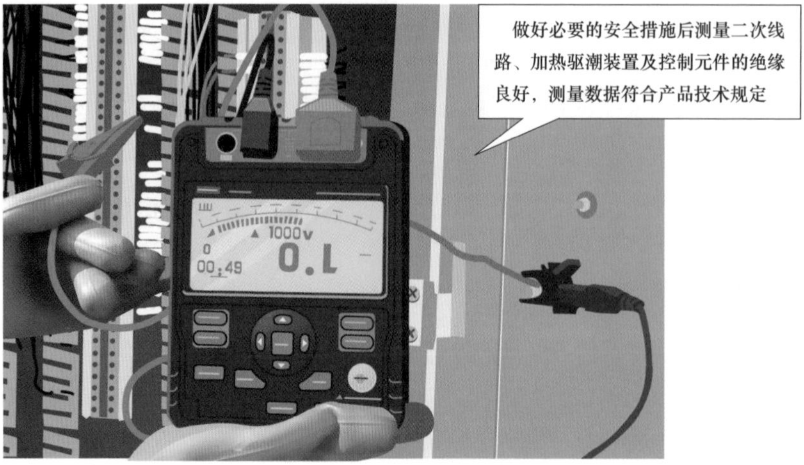
做好必要的安全措施后测量二次线路、加热驱潮装置及控制元件的绝缘良好，测量数据符合产品技术规定
1000v
0.L
00:49

7. 竣工验收、现场清理

自验收合格后，检修人员清理现场，将设备恢复至开工前状态召开班后会，办理工作票终结手续

第六节　修后试验与检查

一、施工前准备

1. 资料、机具、材料准备

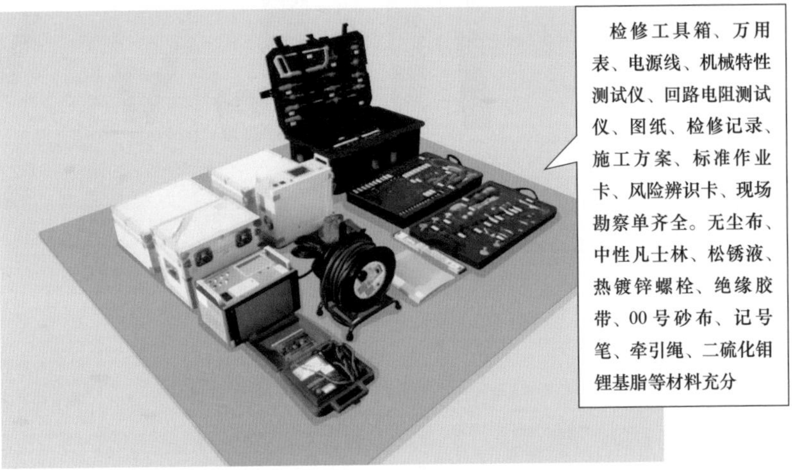
检修工具箱、万用表、电源线、机械特性测试仪、回路电阻测试仪、图纸、检修记录、施工方案、标准作业卡、风险辨识卡、现场勘察单齐全。无尘布、中性凡士林、松锈液、热镀锌螺栓、绝缘胶带、00号砂布、记号笔、牵引绳、二硫化钼锂基脂等材料充分

2. 班前会

办理工作票许可手续，召开班前会进行“三交”“三查”，明确人员分工及工作流程。督促工作班成员遵守相关安全规程

二、现场检查

1. 安全措施确认

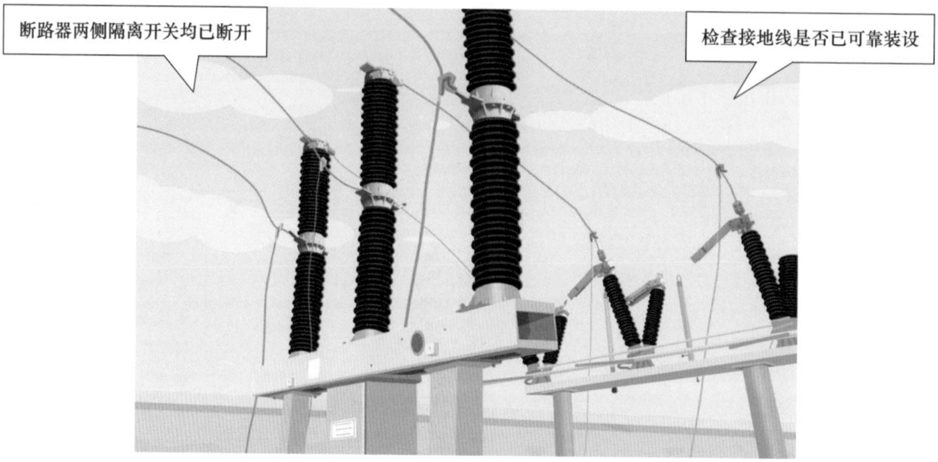
断路器两侧隔离开关均已断开
检查接地线是否已可靠装设

2. 电源全部断开

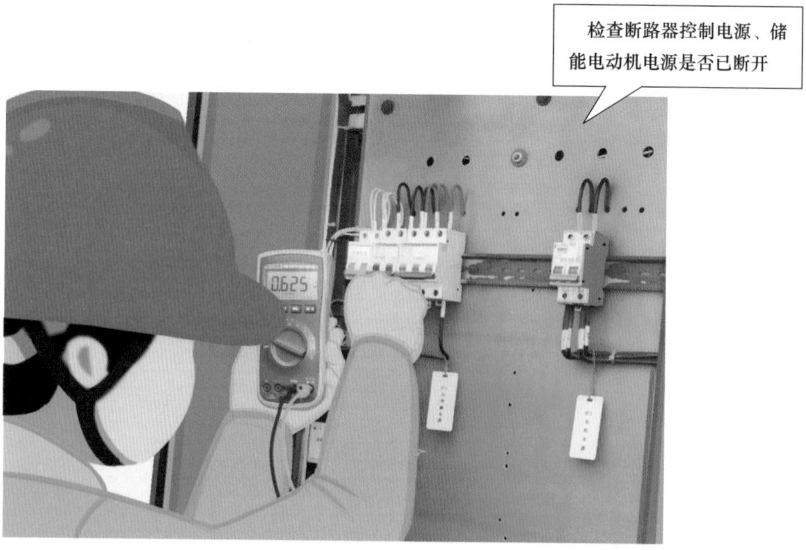
检查断路器控制电源、储能电动机电源是否已断开
0.625

三、例行检查

1. 设备连线及接触面检查

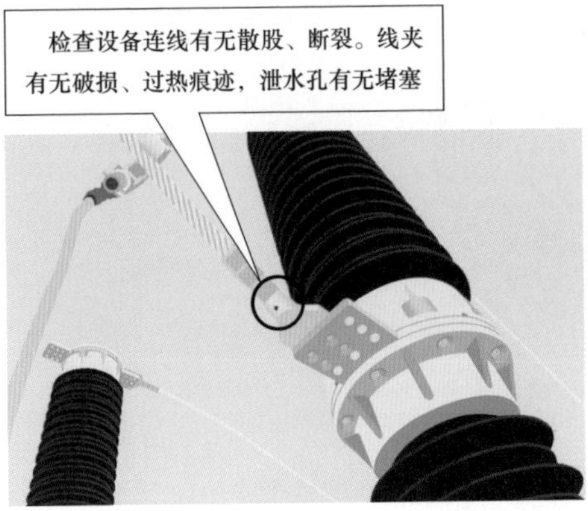
检查设备连线有无散股、断裂。线夹有无破损、过热痕迹，泄水孔有无堵塞

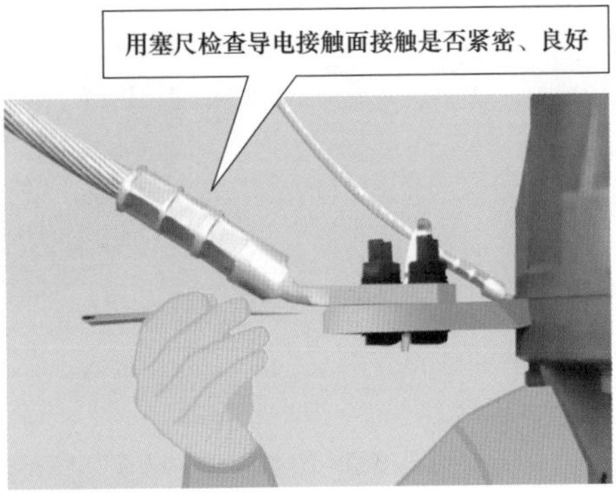
用塞尺检查导电接触面接触是否紧密、良好

2. 断路器外观检查

检查断路器外绝缘是否清洁，有无破损，法兰有无裂纹，排水孔是否畅通，胶合面防水胶是否完好

3. 均压环检查

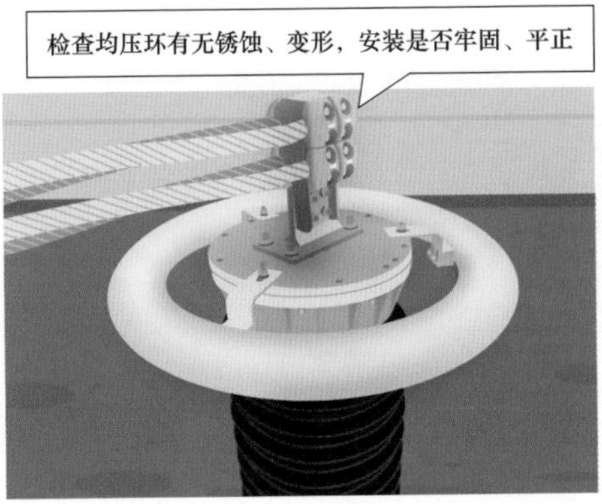
检查均压环有无锈蚀、变形，安装是否牢固、平正

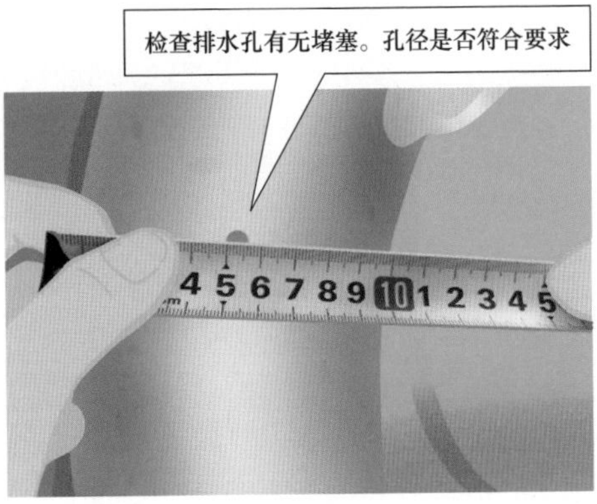
检查排水孔有无堵塞。孔径是否符合要求
4 5 6 7 8 9 10 1 2 3 4 5

4. SF_6 密度继电器检查

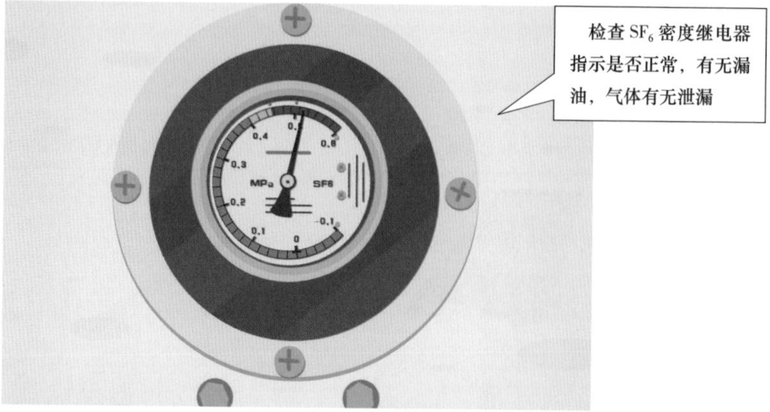
检查 SF_6 密度继电器指示是否正常，有无漏油，气体有无泄漏
MPa
SF6

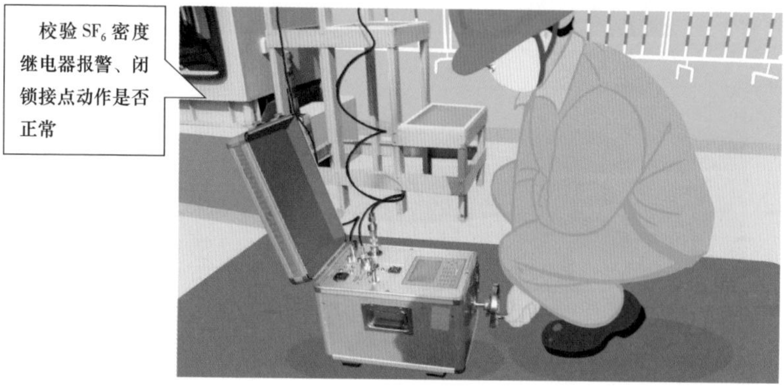
校验 SF_6 密度继电器报警、闭锁接点动作是否正常

5. 气体检漏压力检查

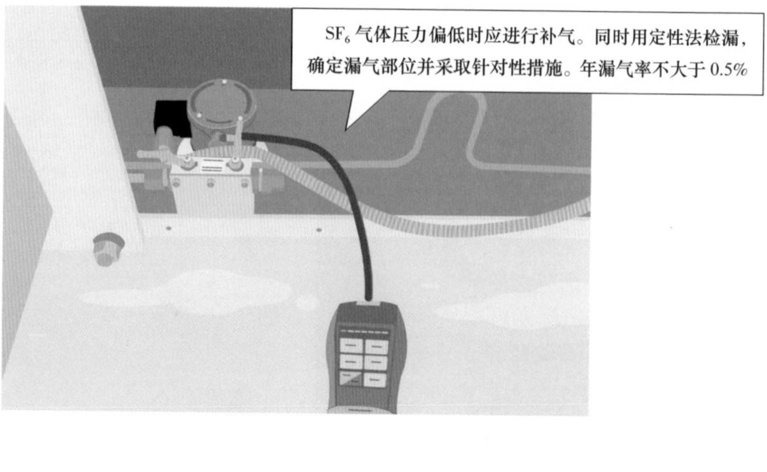
SF_6 气体压力偏低时应进行补气。同时用定性法检漏，确定漏气部位并采取针对性措施。年漏气率不大于 0.5%

6. 机械传动部件、缓冲器、分合闸弹簧检查

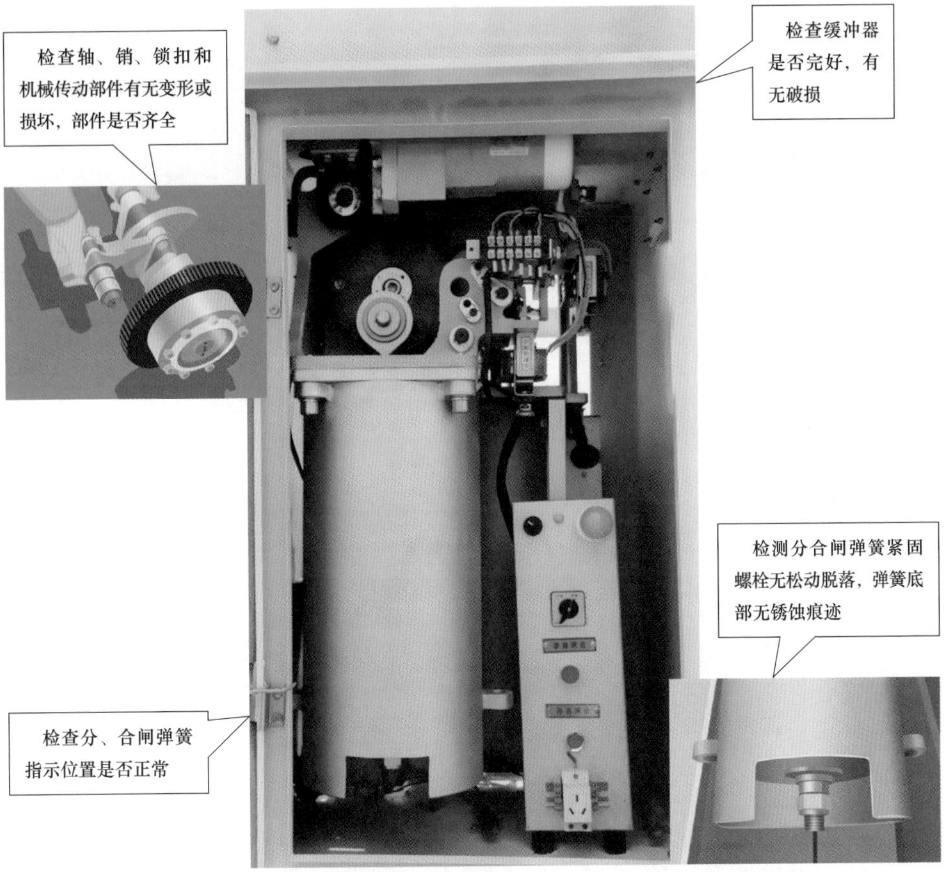
检查轴、销、锁扣和机械传动部件有无变形或损坏，部件是否齐全
检查缓冲器是否完好，有无破损
检测分合闸弹簧紧固螺栓无松动脱落，弹簧底部无锈蚀痕迹
检查分、合闸弹簧指示位置是否正常

7. 操动机构箱二次接线检查

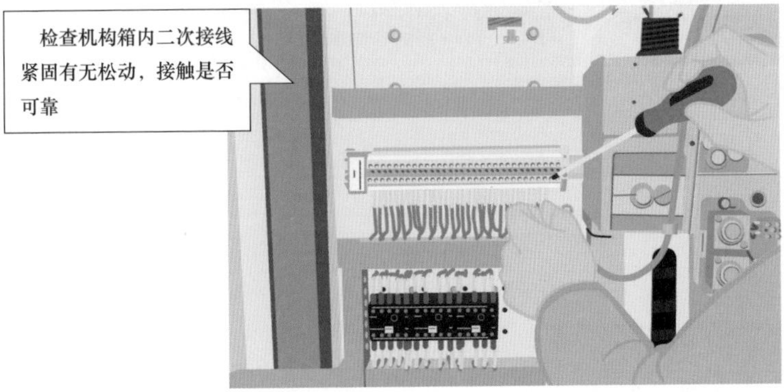
检查机构箱内二次接线紧固有无松动，接触是否可靠

8. 二次回路绝缘检查

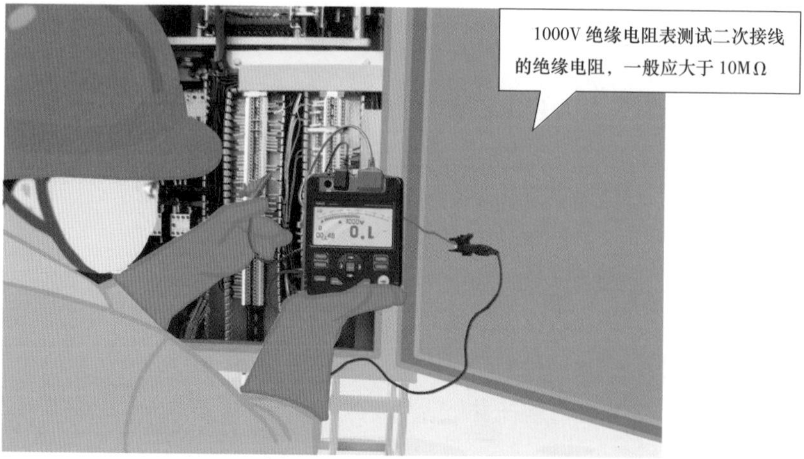
1000V 绝缘电阻表测试二次接线的绝缘电阻，一般应大于 10MΩ

9. 分、合闸线圈及合闸接触器线圈的绝缘电阻值

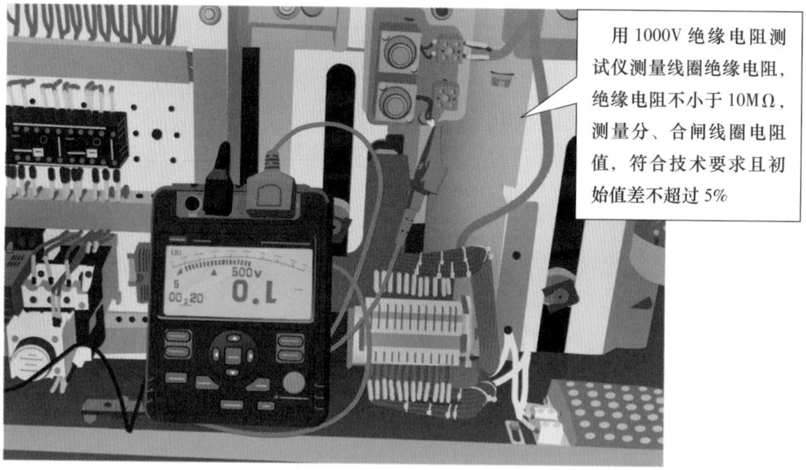
用 1000V 绝缘电阻测试仪测量线圈绝缘电阻，绝缘电阻不小于 10MΩ，测量分、合闸线圈电阻值，符合技术要求且初始值差不超过 5%

10. 二次回路完整性检查

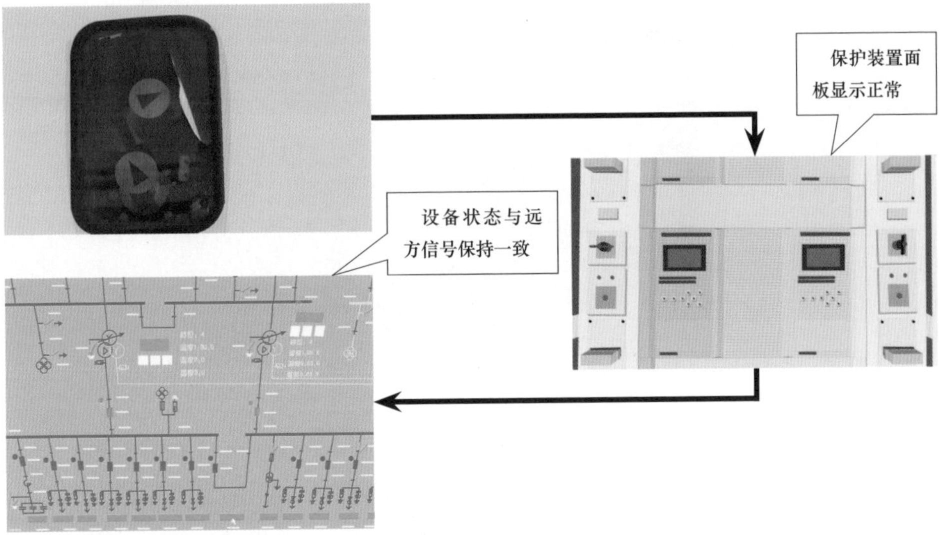
保护装置面板显示正常
设备状态与远方信号保持一致

11. 分合闸掣子装置检查

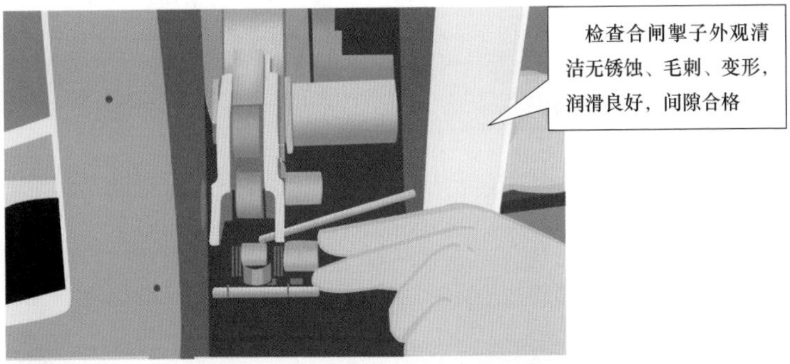
检查合闸掣子外观清洁无锈蚀、毛刺、变形，润滑良好，间隙合格

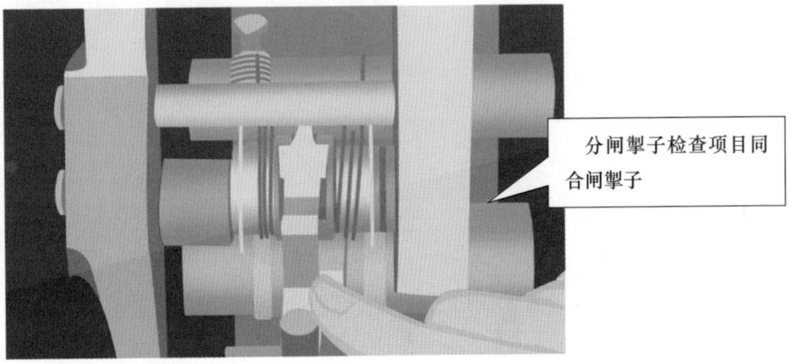
分闸掣子检查项目同合闸掣子

12. 储能装置及行程开关检查

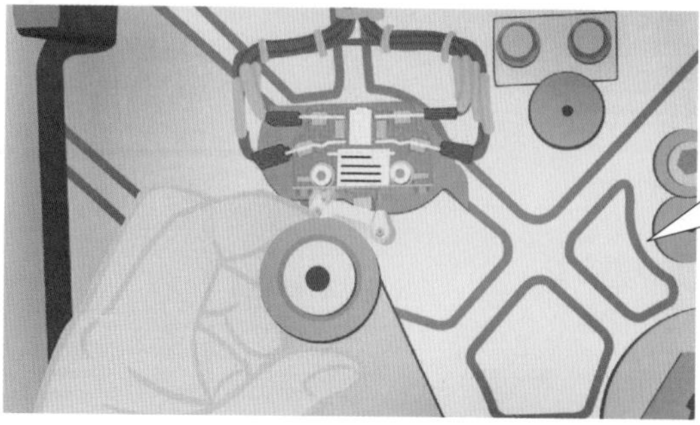

检查电动机启动、停止、信号及传动装置是否正常

13. 液压操动机构检查

对于液压操动机构，还应进行下列各项检查：

（1）机构压力表、机构操作压力整定值和机械安全阀校验。

（2）分闸、合闸及重合闸操作时的压力下降值校验。

（3）在分闸和合闸位置分别进行液压操动机构的保压试验。

（4）进行防失压慢分试验和非全相试验。

具体检查方法参见本章第三节“15. 预压力检查”至“19. 测量操作油压降”

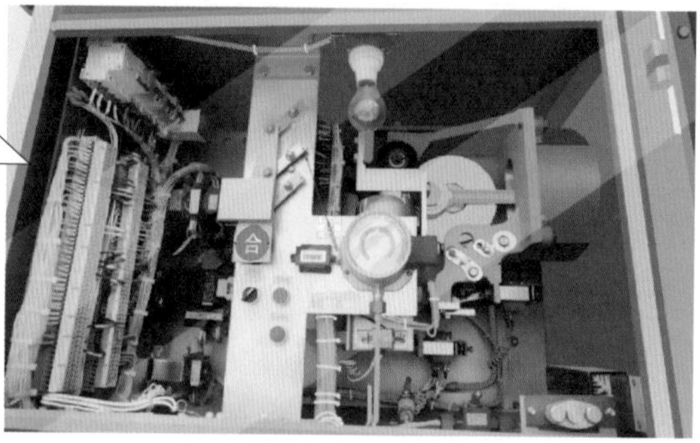

四、检修后试验

1. 机械特性试验

测试，断路器机械特性，分闸同期值不应大于3ms，合闸同期值不应大于5ms

仪器控制线应连接断路器分合闸控制端子

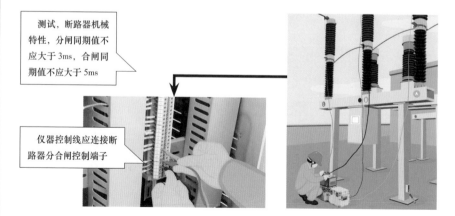

2. 回路电阻试验

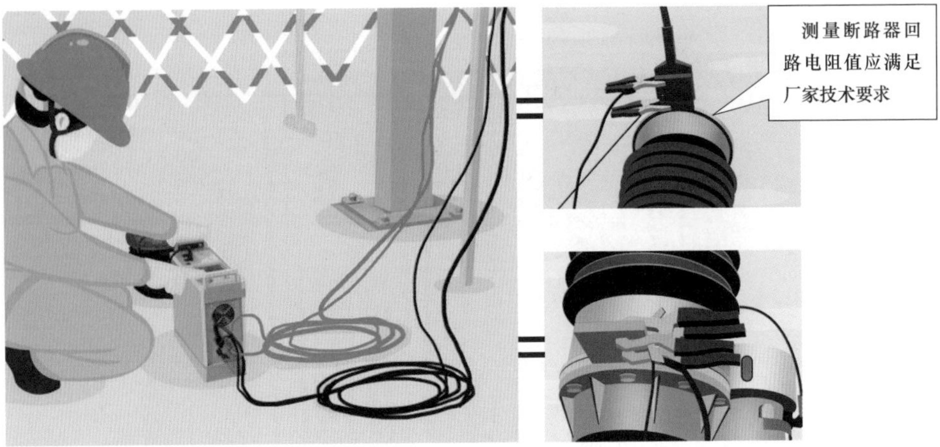
测量断路器回路电阻值应满足厂家技术要求

3. 传动试验

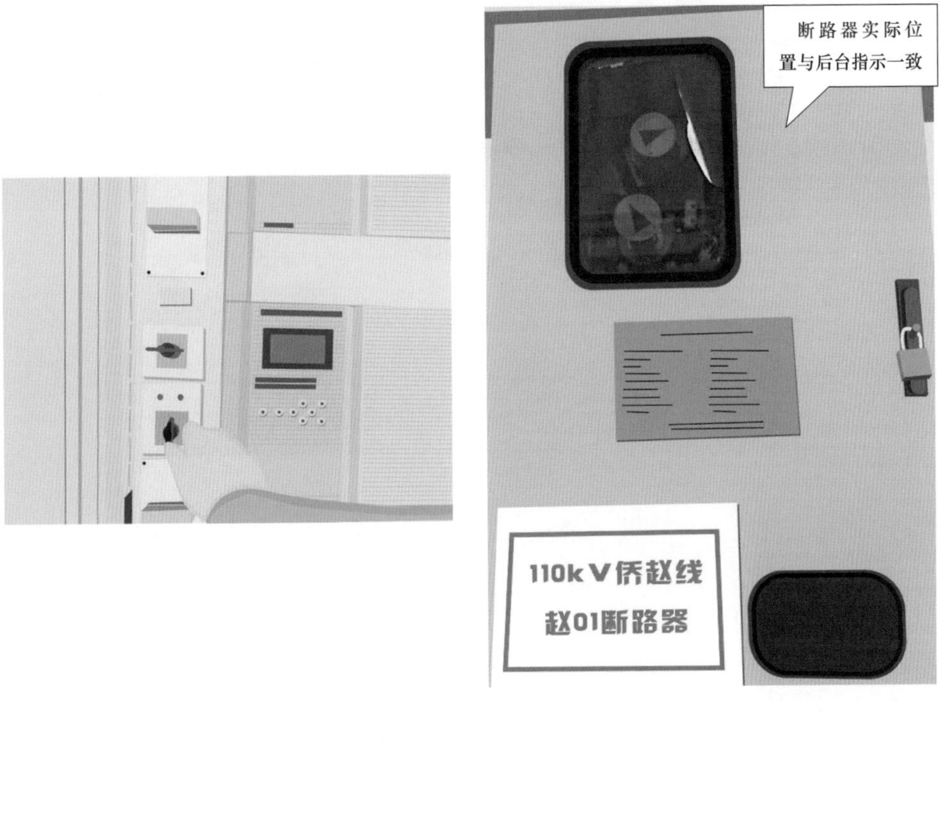
断路器实际位置与后台指示一致
110kV侨赵线
赵01断路器

4. 机械特性调整

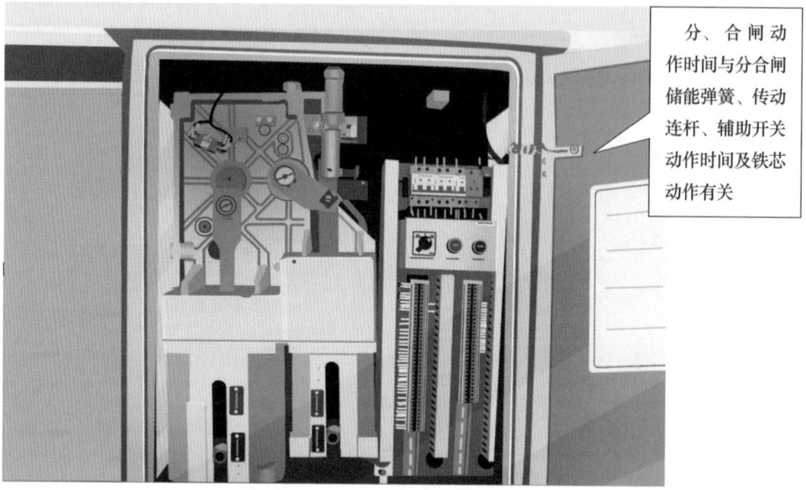
分、合闸动作时间与分合闸储能弹簧、传动连杆、辅助开关动作时间及铁芯动作有关

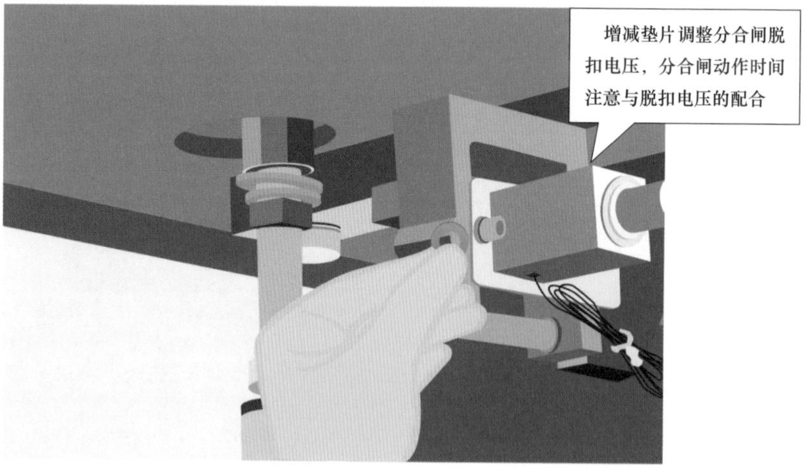
增减垫片调整分合闸脱扣电压，分合闸动作时间注意与脱扣电压的配合

第三章

GIS 设备检修

GIS 设备自 20 世纪 60 年代实用化以来，已广泛运行于世界各地。GIS 设备不仅在高压、超高压领域被广泛应用，而且在特高压领域也被使用，GIS 设备的优点在于结构紧凑、占地面积小、可靠性高、配置灵活、维护工作量小。发达国家站内设备主要采用 GIS 设备，而我国随着国产 GIS 设备制造商制造工艺及质量的提升，GIS 设备占有量也在逐年增加。

本章包含 GIS 设备气体回收、抽真空、注气方法及标准规范、母线气室检修、出线套管检修、盆式绝缘子检修、密度继电器更换、辅助元件检查、修后试验等内容。鉴于 GIS 设备的特殊性，对罐体内清洁度、绝缘介质的纯度都有极高的要求，读者需要注意以下内容：开罐时注意天气、湿度；检修时注意防止杂物落入罐体内；复装时注意法兰面的清洁度、密封圈的安装、螺栓紧固方式及连接面防潮措施；抽真空、充气注意按标准规范执行。文中对于每个具体的关键点都有详细的讲解。

第一节 检修准备与气体回收

一、GIS 设备检修前准备

1. 机具及资料准备

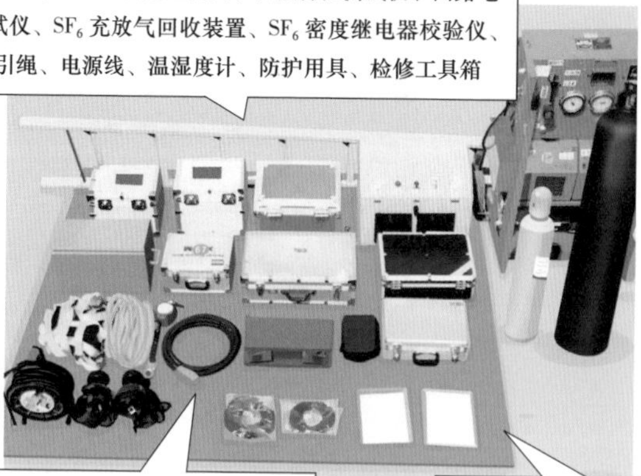
SF_6 空气瓶、SF_6 新气、SF_6 检漏仪、起重机具、机械特性测试仪、回路电阻测试仪、SF_6 微水测试仪、SF_6 充放气回收装置、SF_6 密度继电器校验仪、高纯氮（99.999%）、牵引绳、电源线、温湿度计、防护用具、检修工具箱
确认仪器附件完整，功能正常，设备和工器具检定合格且处于有效期内
图纸、检修记录、施工方案、标准作业卡、风险辨识卡、现场勘察单齐全

2. 材料备件准备

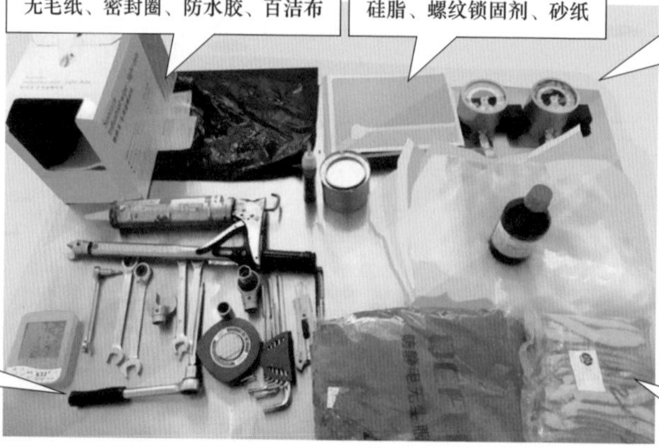
无毛纸、密封圈、防水胶、百洁布
硅脂、螺纹锁固剂、砂纸
SF_6 密度继电器、无水乙醇、防尘罩
手孔专用工具、力矩扳手等
防尘服、手套

3. 班前会

办理工作票许可手续，召开班前会进行“三交代”“三检查”，明确人员分工及检修步骤，监督工作班成员遵守相关安全规程。起吊时需专人监护并规范呼唱

二、GIS 设备检修现场检查

1. 安全措施确认

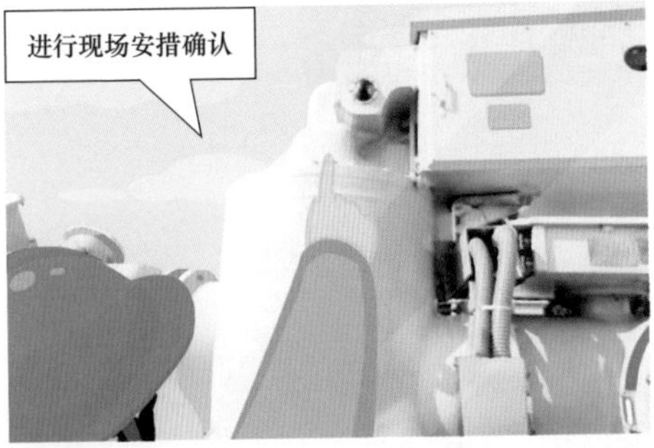
进行现场安措确认

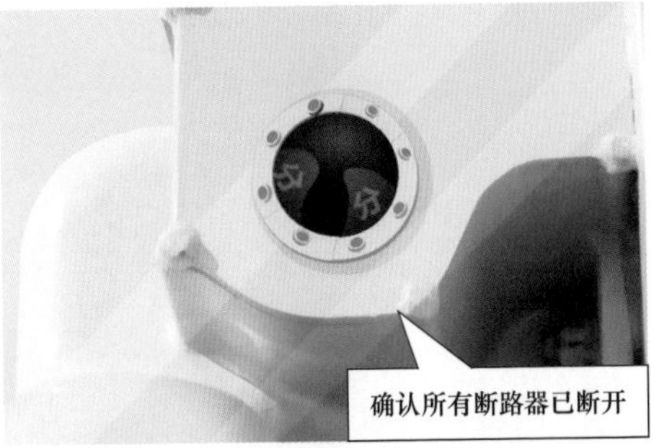
确认所有断路器已断开

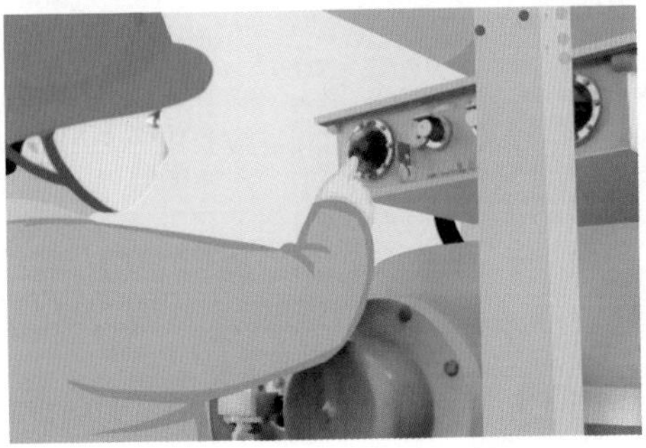

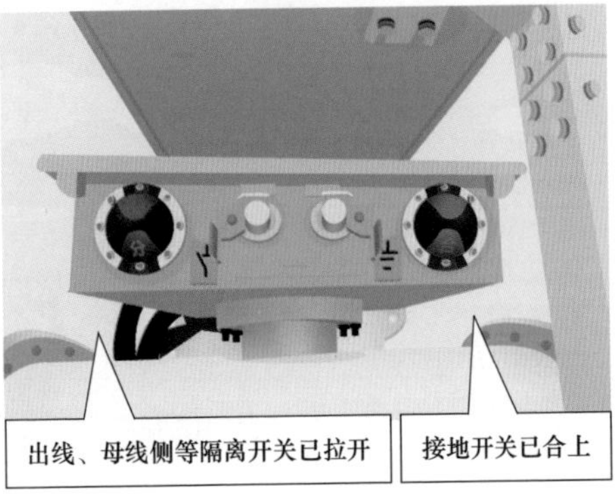
出线、母线侧等隔离开关已拉开
接地开关已合上

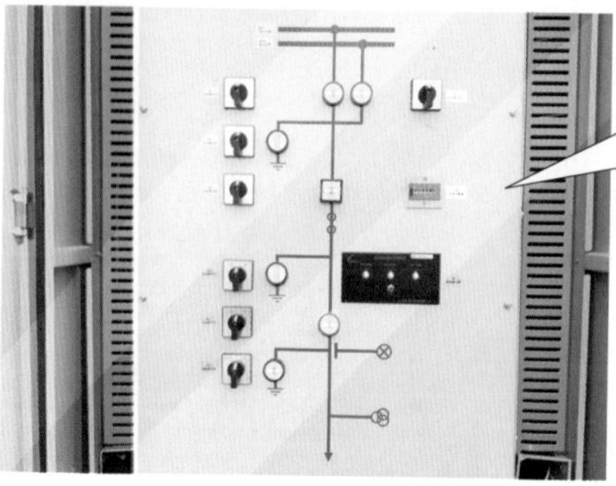

检查工作票所列断路器、隔离开关控制及合闸能源，TA 二次小开关已断开

结合汇控柜状态显示再次确认各间隔断路器、隔离开关状态

2. 现场环境确认

施工环境温度温度不低于 5℃，相对湿度不大于 80%，并采取防尘防雨防潮措施

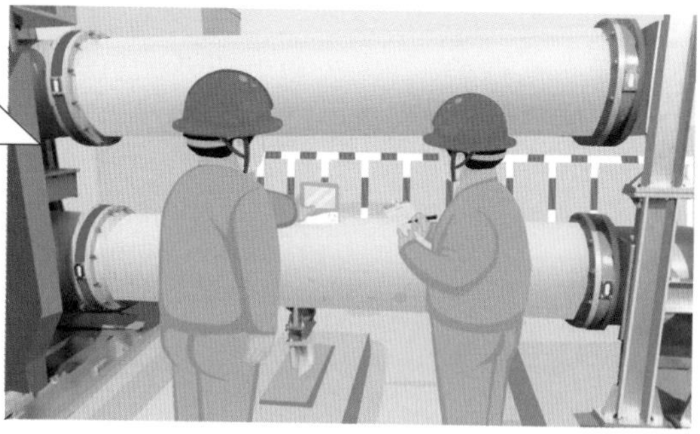

三、GIS 设备检修前试验

1. SF_6 气体纯度及微水测量

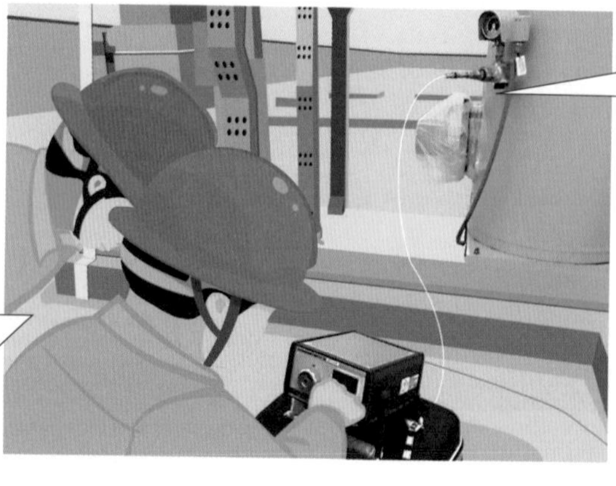

进行 SF_6 气体纯度及微水测试，详情见《电气油气试验知识图解》第三章第十一节

断路器气室水分新设备投运时不应大于 150μL/L，运行后不应大于 300μL/L；其他气室水分新设备投运时不应大于 250μL/L，运行后不应大于 500μL/L

2. 气室检漏

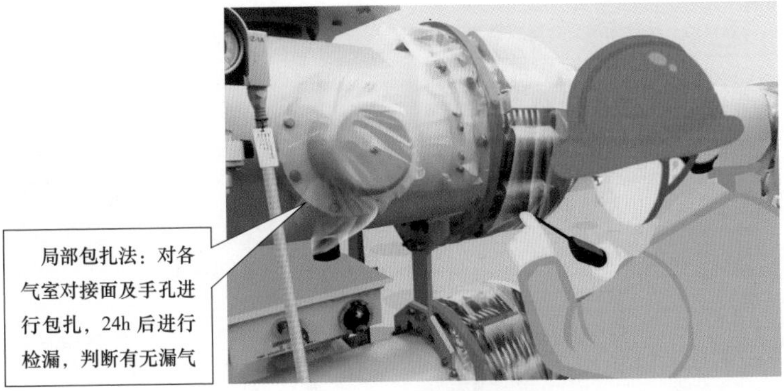
局部包扎法：对各气室对接面及手孔进行包扎，24h 后进行检漏，判断有无漏气

对套管和法兰对接面进行包扎检漏
登高作业需系好安全带，登架梯时需派专人扶好

四、SF_6 气体回收

1. 回收前准备

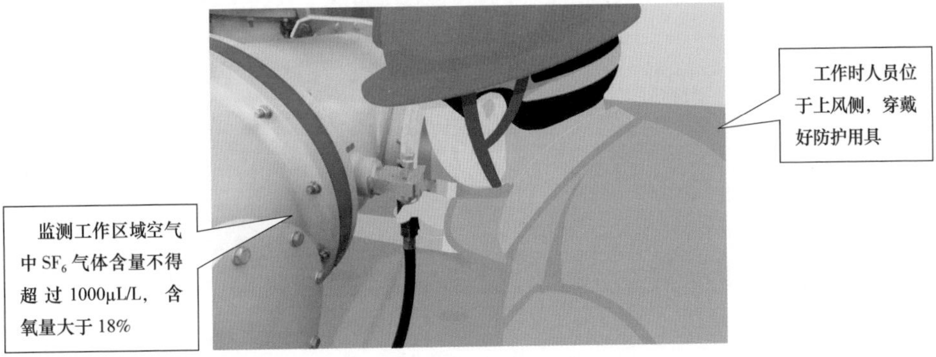
工作时人员位于上风侧，穿戴好防护用具
监测工作区域空气中 SF_6 气体含量不得超过 1000μL/L，含氧量大于 18%

2. 回收装置管道连接

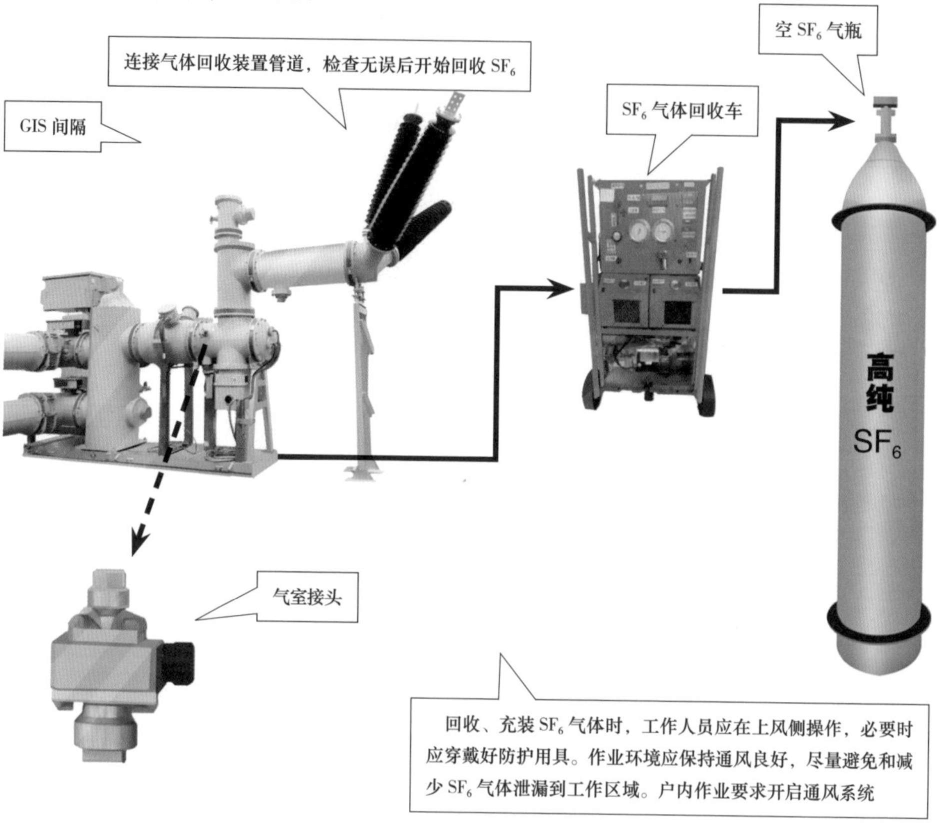
连接气体回收装置管道，检查无误后开始回收 SF_6
GIS 间隔
SF_6 气体回收车
空 SF_6 气瓶
高纯
SF_6
气室接头
回收、充装 SF_6 气体时，工作人员应在上风侧操作，必要时应穿戴好防护用具。作业环境应保持通风良好，尽量避免和减少 SF_6 气体泄漏到工作区域。户内作业要求开启通风系统

3. 调节波纹管

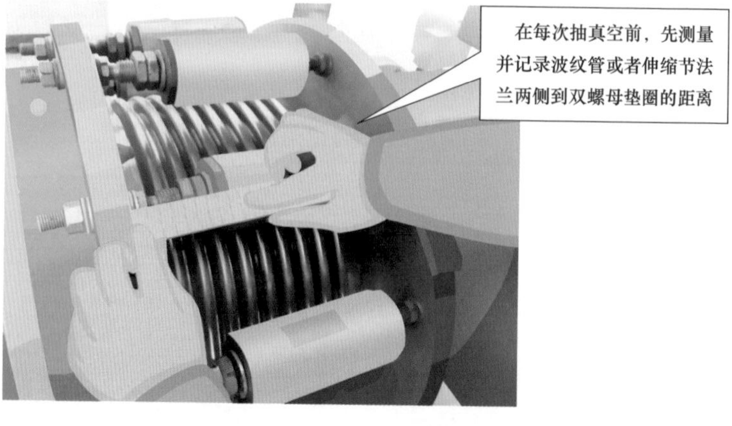
在每次抽真空前，先测量并记录波纹管或者伸缩节法兰两侧到双螺母垫圈的距离

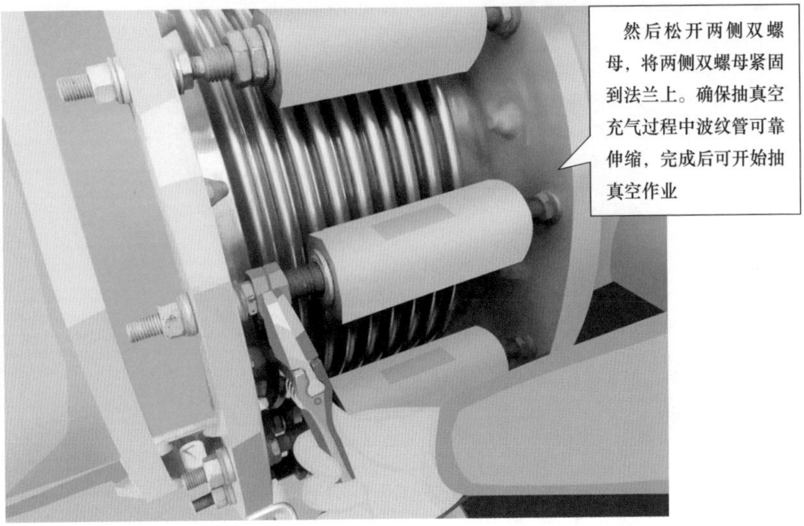
然后松开两侧双螺母，将两侧双螺母紧固到法兰上。确保抽真空充气过程中波纹管可靠伸缩，完成后可开始抽真空作业

4. 抽真空管道连接

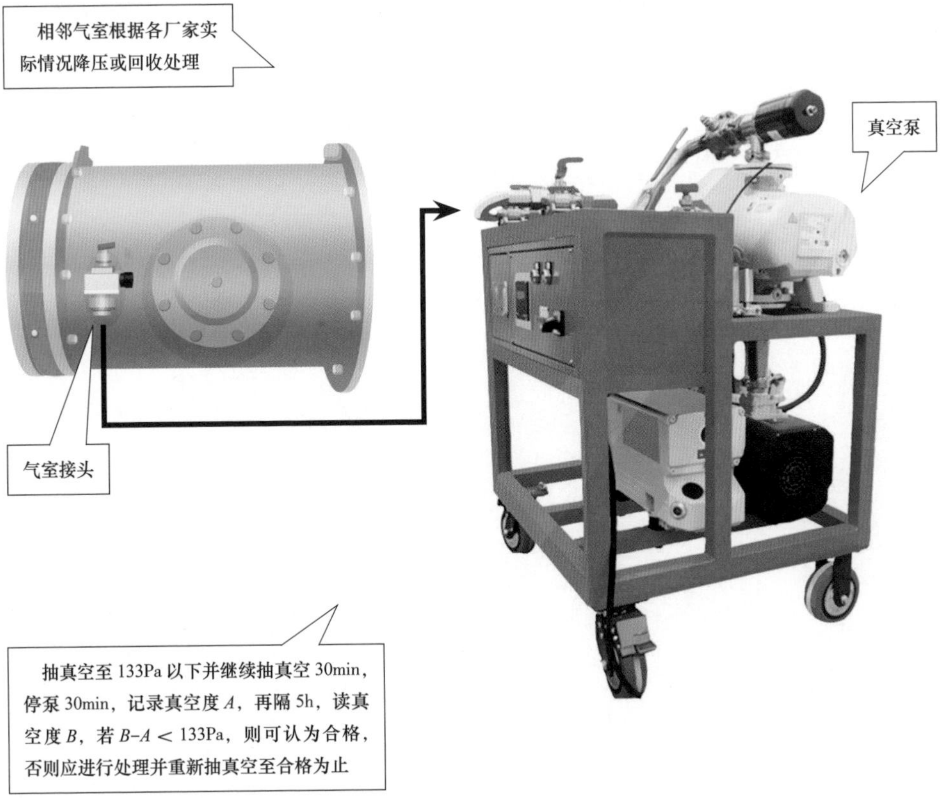
相邻气室根据各厂家实际情况降压或回收处理
真空泵
气室接头
抽真空至 133Pa 以下并继续抽真空 30min，停泵 30min，记录真空度 A，再隔 5h，读真空度 B，若 $B-A < 133$Pa，则可认为合格，否则应进行处理并重新抽真空至合格为止

5. 充氮管道连接

冲入 0.05~0.08MPa 的高纯氮气清洗气室内残余 SF_6 气体。对发生放电的气室，应将用高纯氮气冲洗 3 次，确保气室内无残余 SF_6 气体

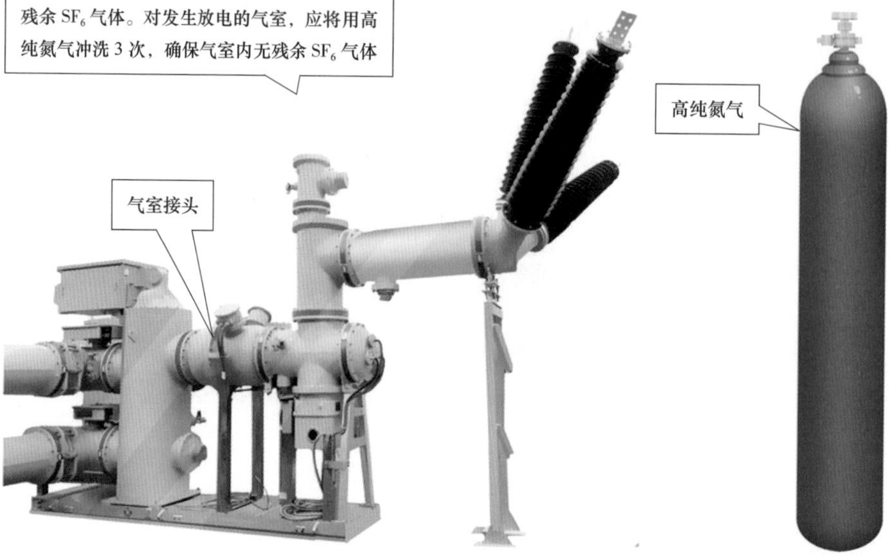

第二节　部件检修与修后试验

一、母线气室检修

1. 打开母线气室手孔

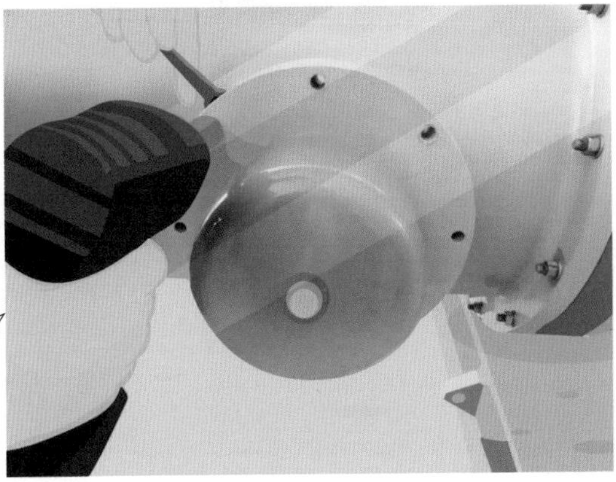
打开手孔，检修人员应暂离现场 30min 以上后方可继续工作

2. 清洁并检查气室内部

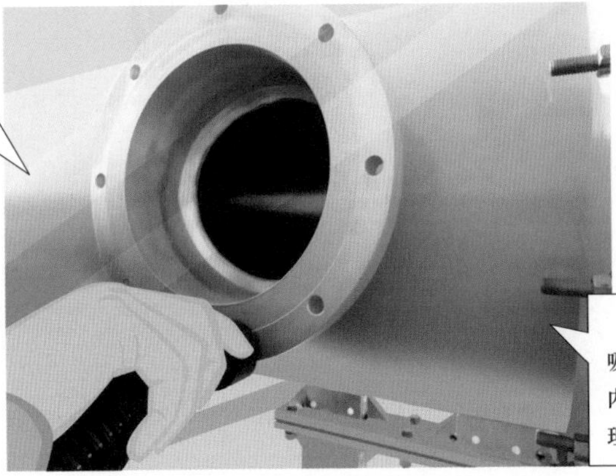
检查法兰面密封处是否平整无毛刺，必要时采用百洁布蘸无水乙醇进行清洁
使用吸尘器前先擦干净吸尘器的吸筒，吸净螺孔内灰尘与金属屑，防止清理时异物落入气室内

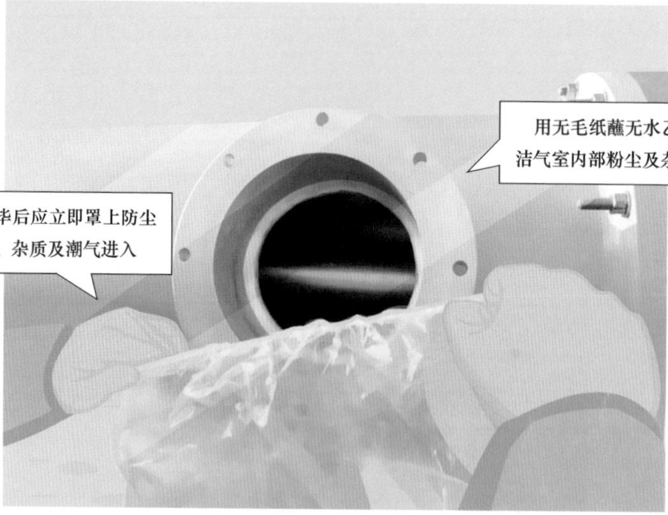
检查气室内部导体、内壁表面无划伤、磕碰，导体镀银面无氧化、脱落现象
用无毛纸蘸无水乙醇清洁气室内部粉尘及杂质
气室清洁完毕后应立即罩上防尘罩，防止灰尘、杂质及潮气进入

3. 更换吸附剂

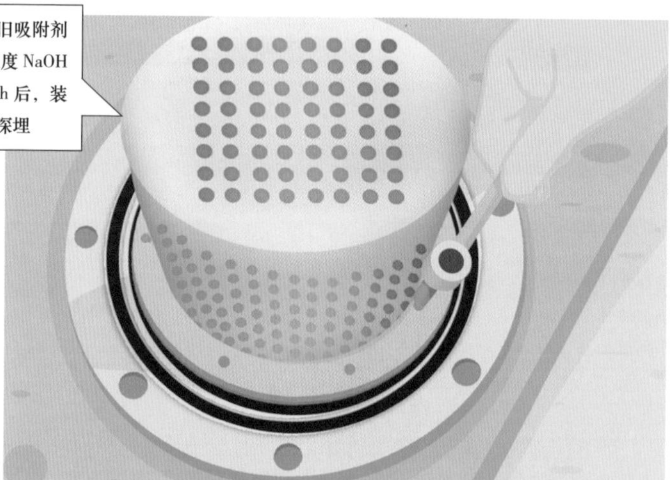
更换下来的旧吸附剂应倒入 20% 浓度 NaOH 溶液内浸泡 12h 后，装于密封容器内深埋

更换旧吸附剂时，应穿戴好乳胶手套，避免直接接触皮肤

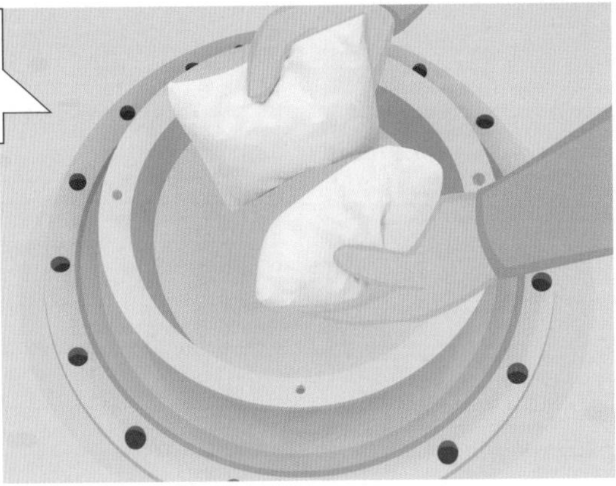

取下旧密封圈，用吸尘器吸净螺孔内灰尘及铝屑

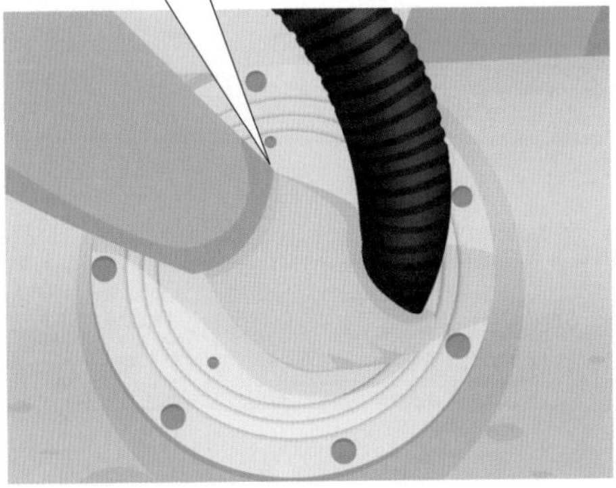

检查并处理密封处，应无划伤、毛刺

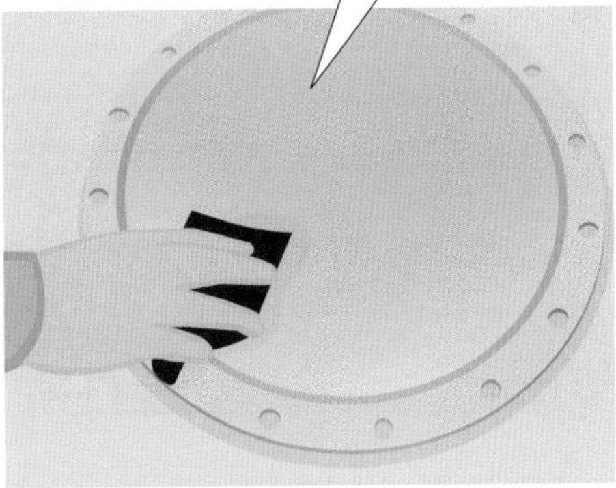

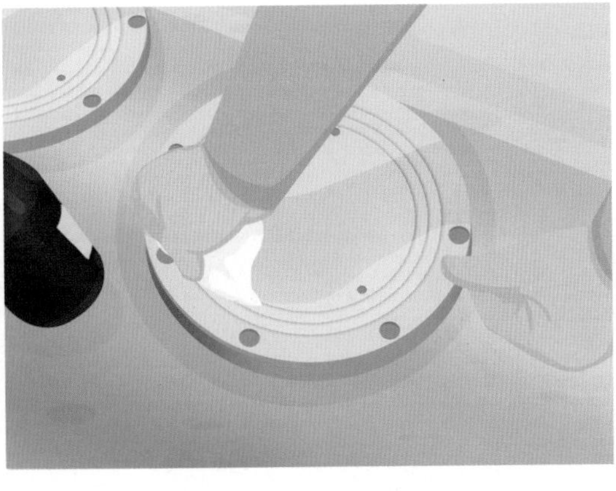

用无毛纸蘸无水乙醇，清洁盖板密封槽等部位

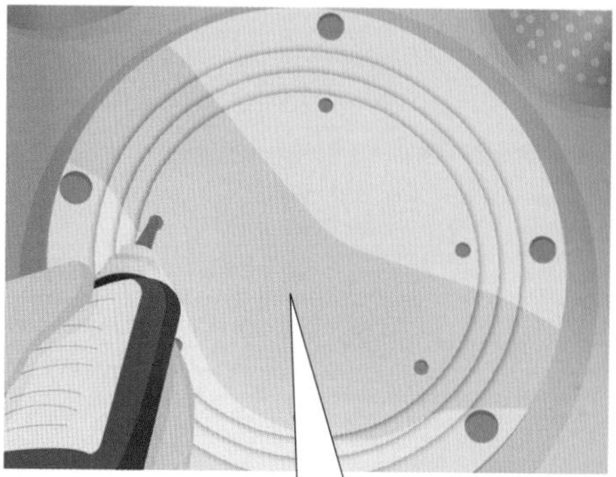

在固定吸附剂的螺孔处滴入 1~2 滴螺纹锁固剂

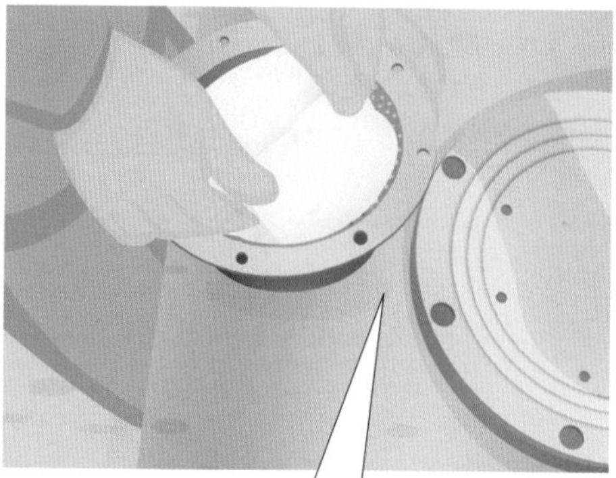

拆开吸附剂真空包装后装入容器，应在 15min 内更换完毕

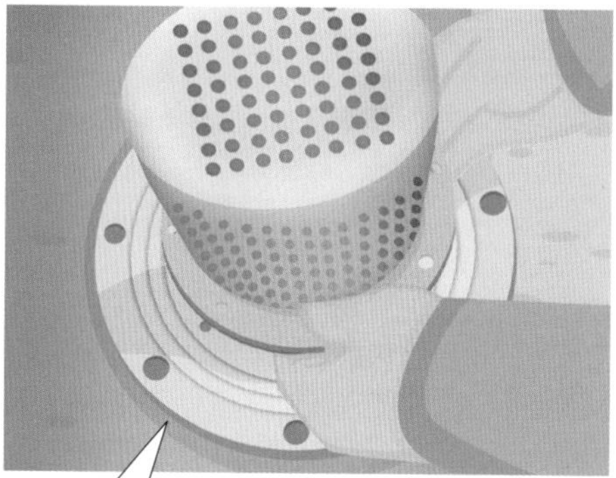

安装吸附剂时，注意防止容器边缘压住吸附剂包装袋

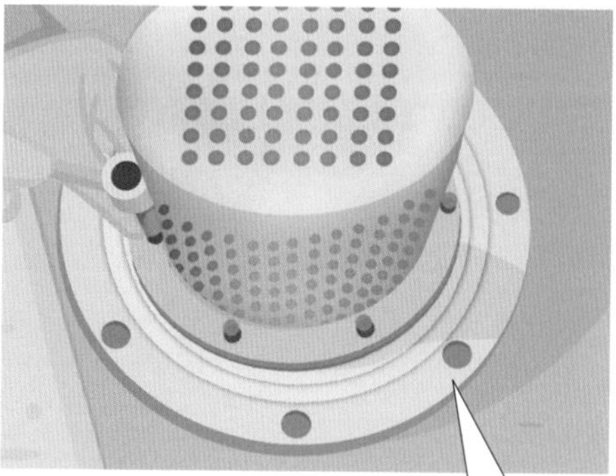

对角紧固后做好标记

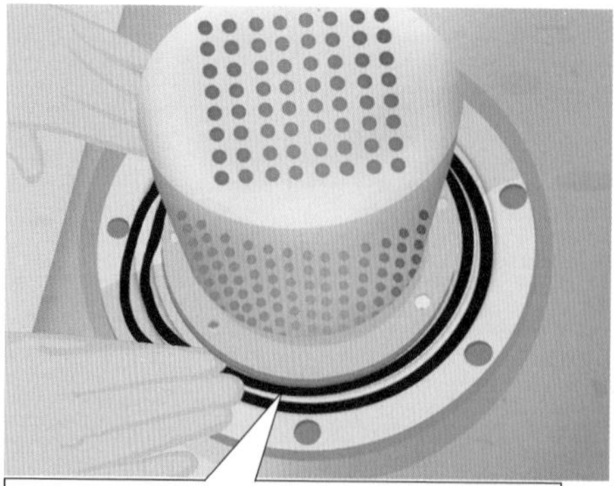

将密封圈清洗后涂抹硅脂后放入密封槽内，用手指轻轻环压密封圈一周，以使密封圈可靠入槽

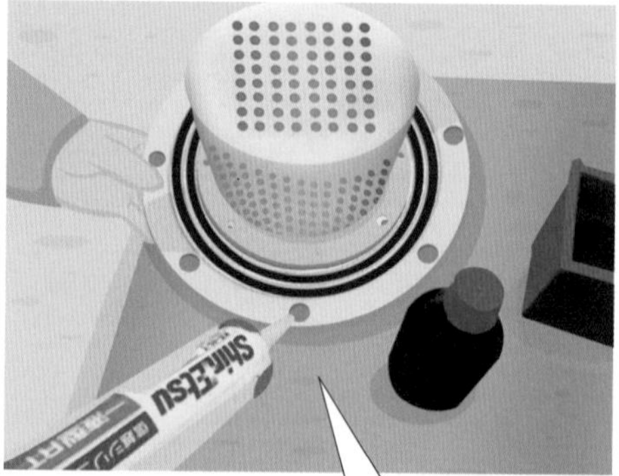

手孔与法兰对接面涂防水胶

4. 还原手孔盖板

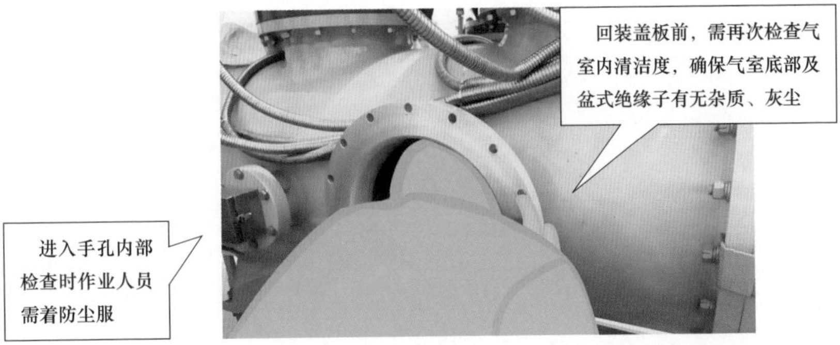
回装盖板前，需再次检查气室内清洁度，确保气室底部及盆式绝缘子有无杂质、灰尘
进入手孔内部检查时作业人员需着防尘服

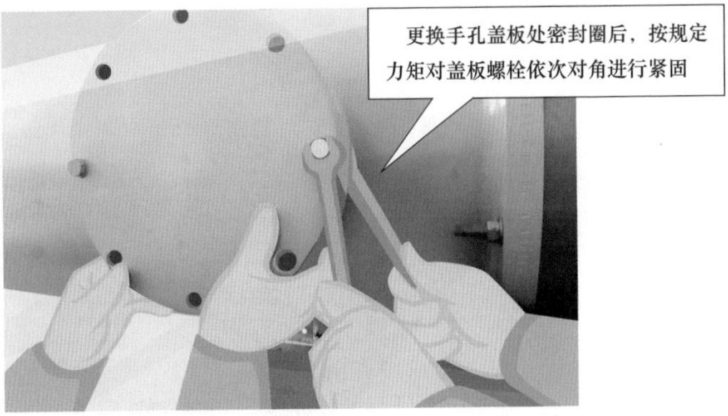
更换手孔盖板处密封圈后，按规定力矩对盖板螺栓依次对角进行紧固

二、出线套管检修

1. 起吊套管

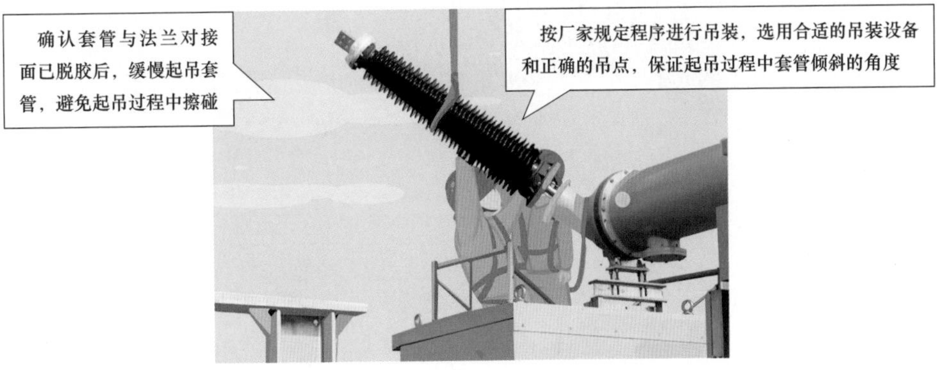
确认套管与法兰对接面已脱胶后，缓慢起吊套管，避免起吊过程中擦碰
按厂家规定程序进行吊装，选用合适的吊装设备和正确的吊点，保证起吊过程中套管倾斜的角度

2. 平稳放置在套管专用架或枕木上

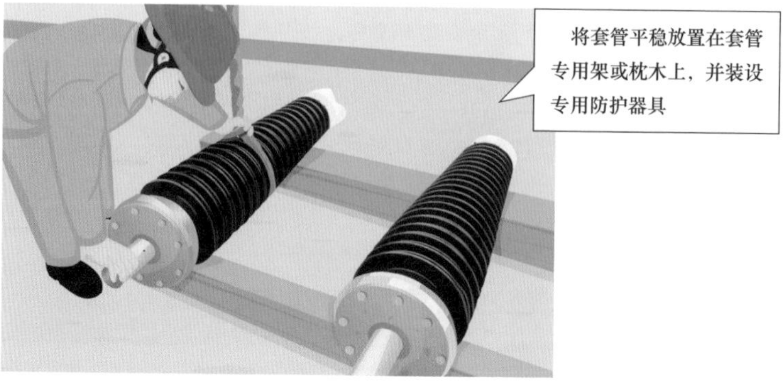
将套管平稳放置在套管专用架或枕木上，并装设专用防护器具

3. 检查外观并清洁

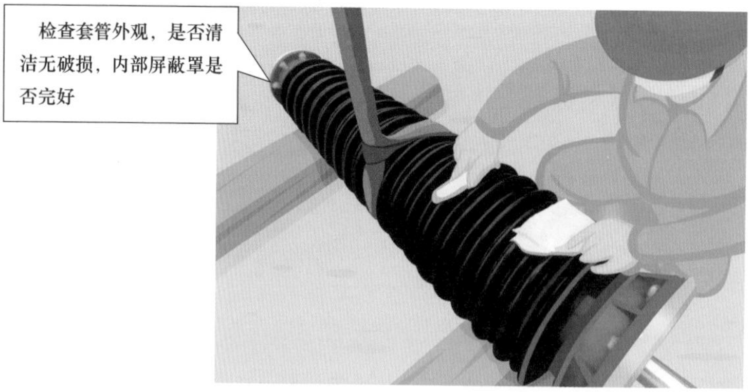
检查套管外观，是否清洁无破损，内部屏蔽罩是否完好

4. 回路电阻测试

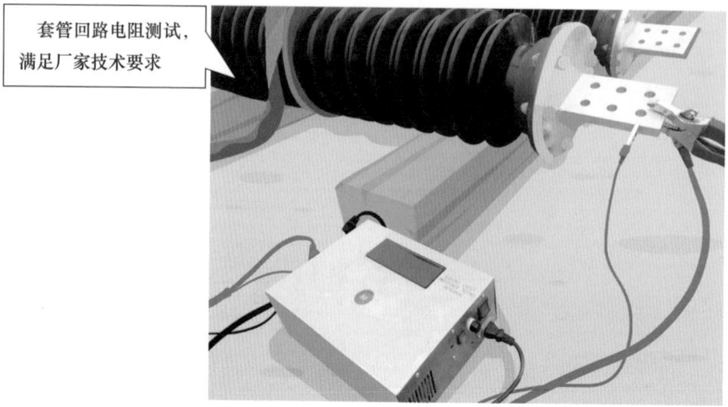
套管回路电阻测试，满足厂家技术要求

5. 清洁导电杆

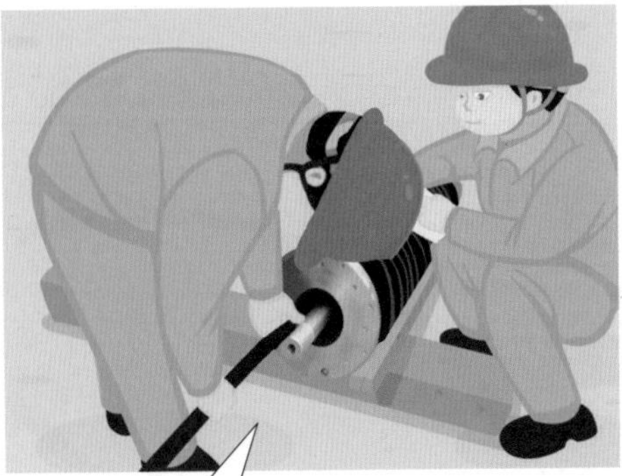

打开套管专用防护器具后，使用吸尘器清理套管底部螺孔及内壁

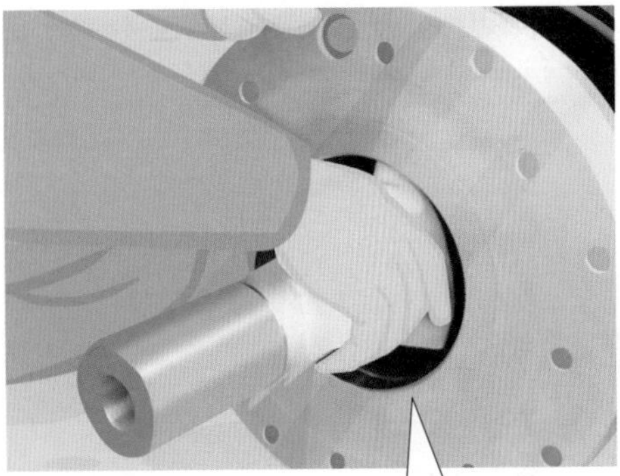

用无毛纸蘸无水乙醇清洁导电杆及内壁

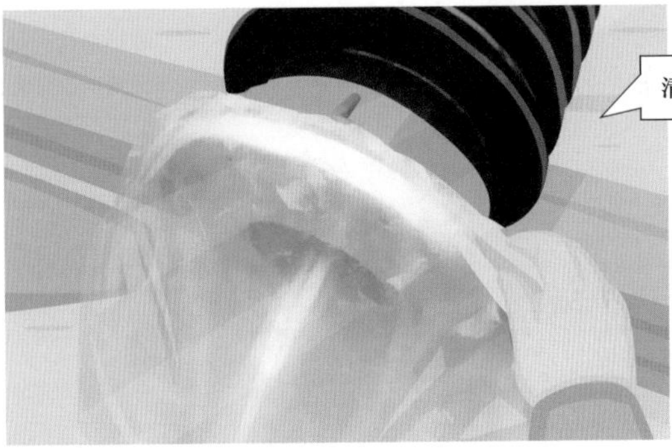

清理完毕后盖上防尘罩

6. 清洁法兰密封槽

使用吸尘器清理套管法兰螺孔及内壁

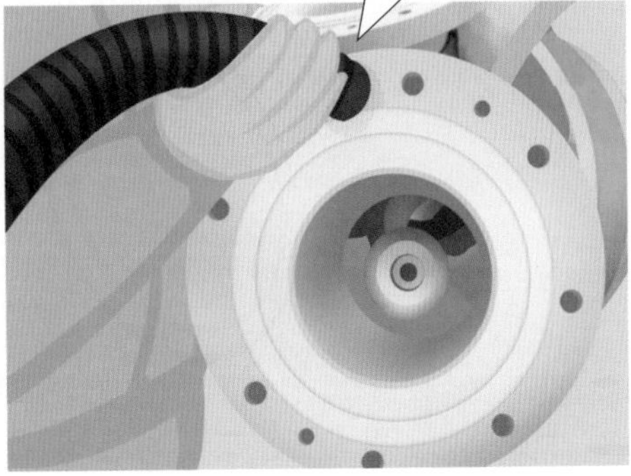

用无毛纸蘸无水乙醇继续清洁密封圈凹槽及内部导体

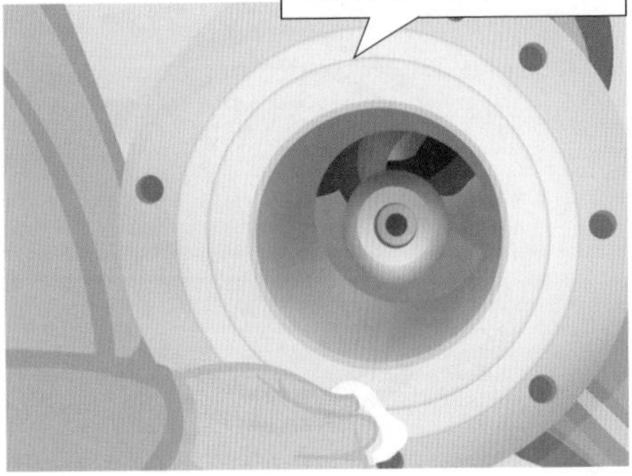

7. 更换法兰密封圈

确认密封圈的型号规格与设备相符；检查密封圈表面应无毛纤维、凸起、气泡、裂纹等浇注缺陷

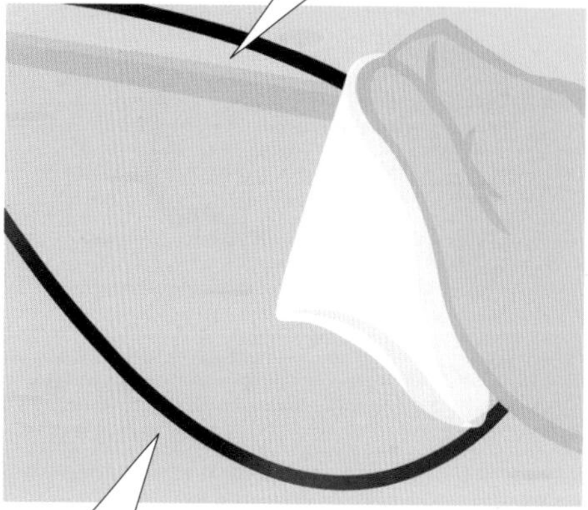

密封圈用无毛纸蘸无水乙醇擦洗干净，检查无杂质灰尘

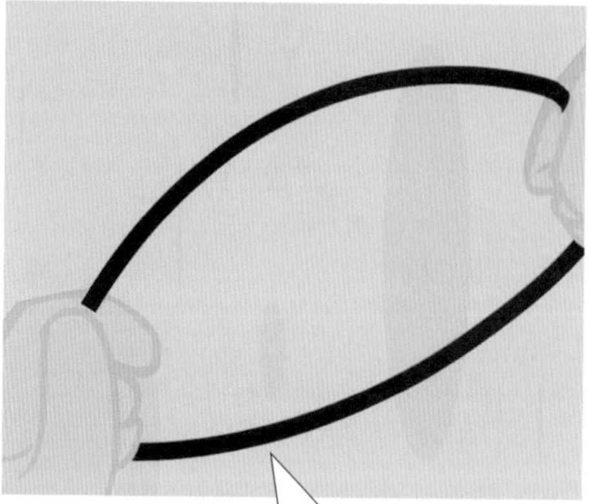

将硅脂均匀涂覆于密封圈整个外表面，涂覆量以在表面进行指压可留下指痕为宜

将密封圈装配放入密封槽内，轻轻环压密封圈一周，以使密封圈可靠入槽

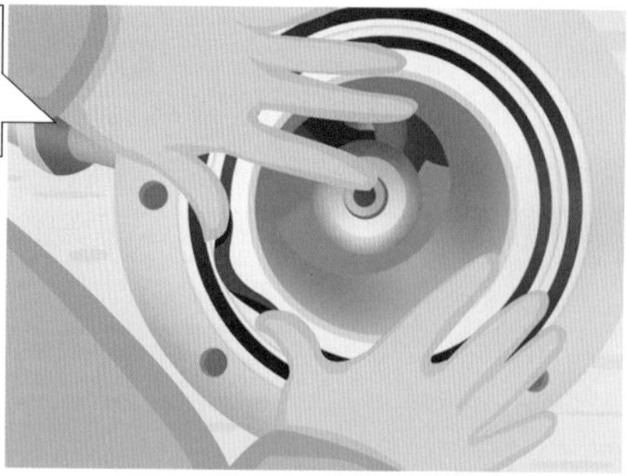

用无毛纸蘸无水乙醇将密封圈内部的硅脂擦去。不得使硅脂流入密封垫（圈）内侧而与 SF_6 气体接触

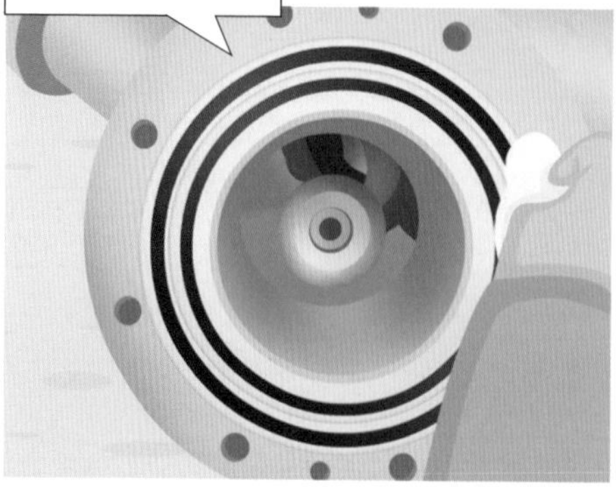

将密封胶均匀地涂覆到法兰最外沿

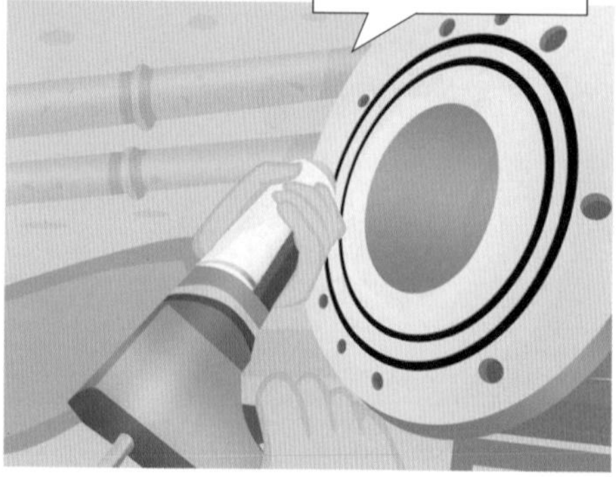

8. 回装套管

起吊套管后，拆下防尘罩

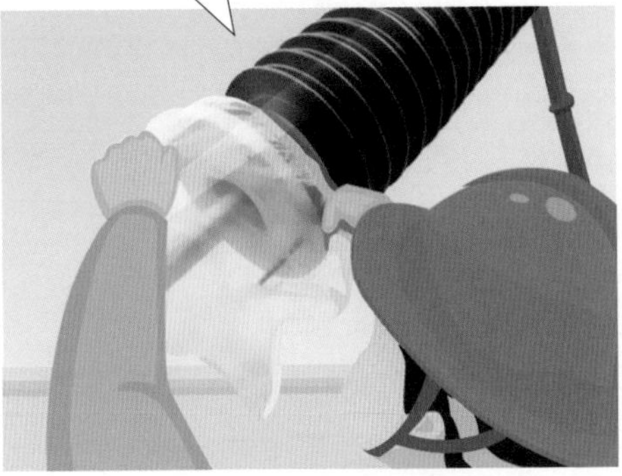

回装前再次清洁导体，确认套管内部无杂质

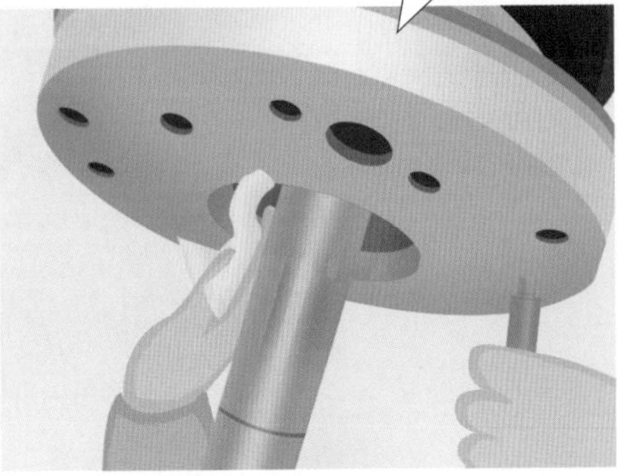

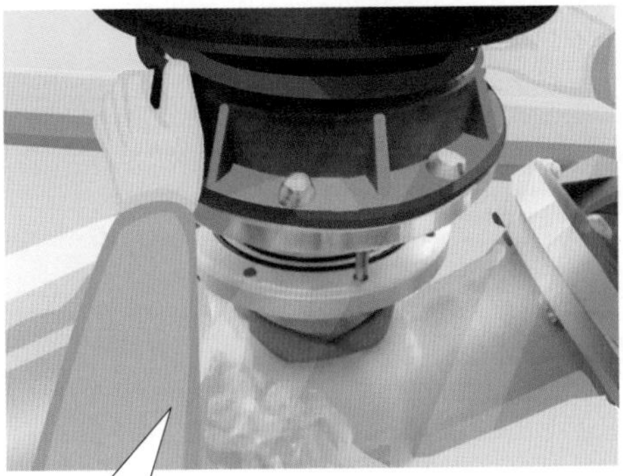

回装套管，对准孔位后插上辅助安装定位销。安装时需注意套管安装角度

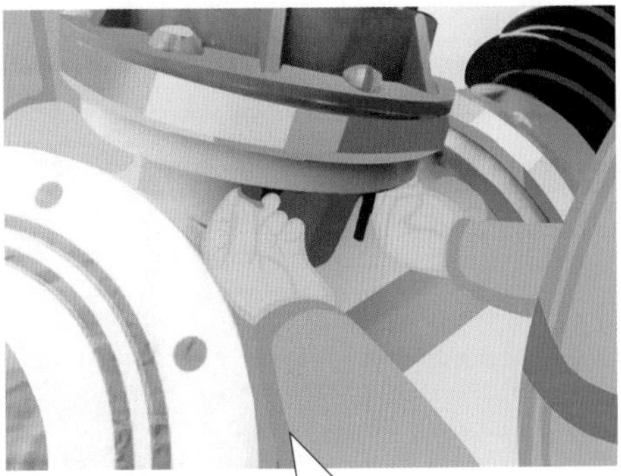

安装法兰螺栓，固定好套管后取下定位销。安装过程中，防止异物落入罐体中或黏附在密封圈的对合面上

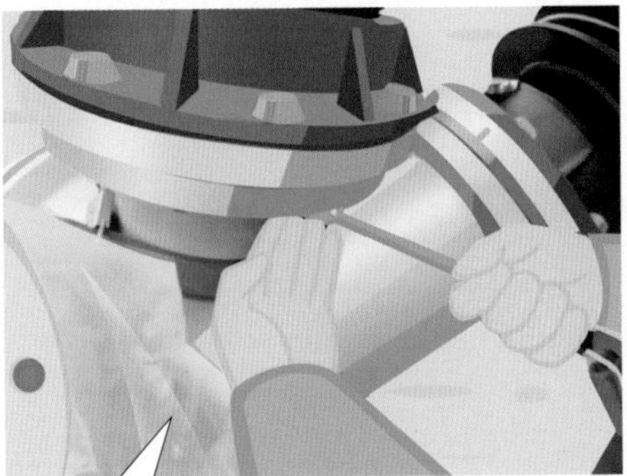

对角紧固螺栓

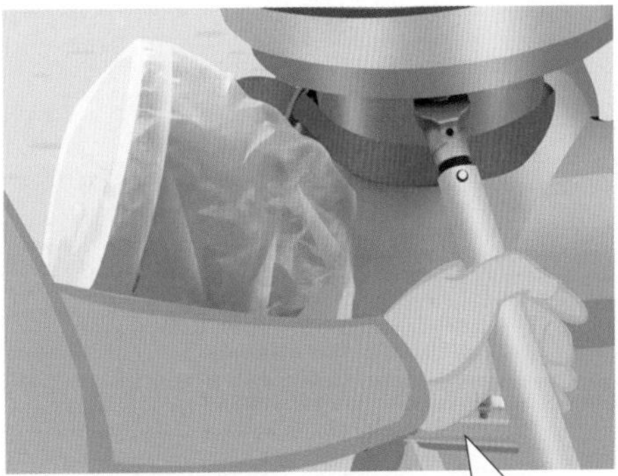

按规定力矩对法兰连接螺栓依次对角进行紧固

三、盆式绝缘子处理及导体检查

1. 拆除盆式绝缘子

绑好吊绳后，起钩使吊绳轻微受力，拆除盆式绝缘子紧固螺栓

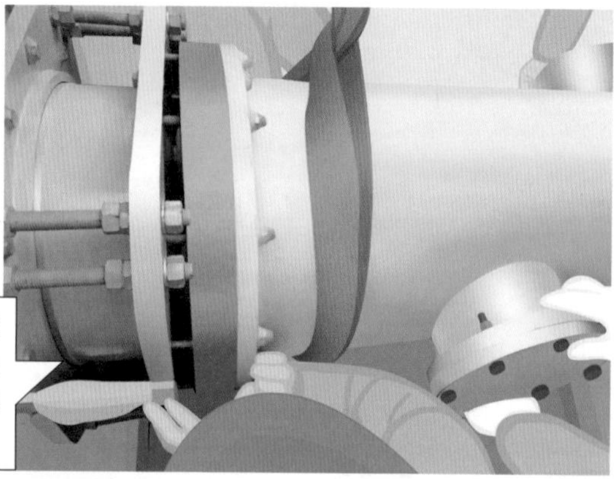

确认法兰对接面已脱胶后，作业人员配合吊车缓慢水平拔出盆式绝缘子

吊车动作幅度一定要小，分离过程中防止磕碰导体及法兰面

2. 清洁盆式绝缘子及导体

使用无毛纸蘸无水乙醇对导体及法兰面进行清洗

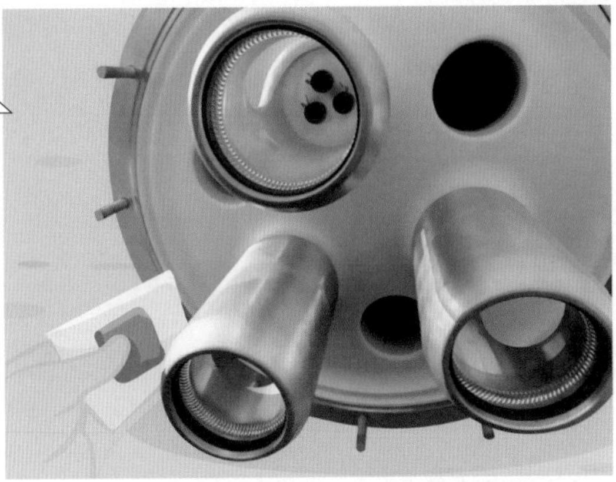

盆式绝缘子表面不允许打磨，清洁应沿高电压向低电压单向擦拭

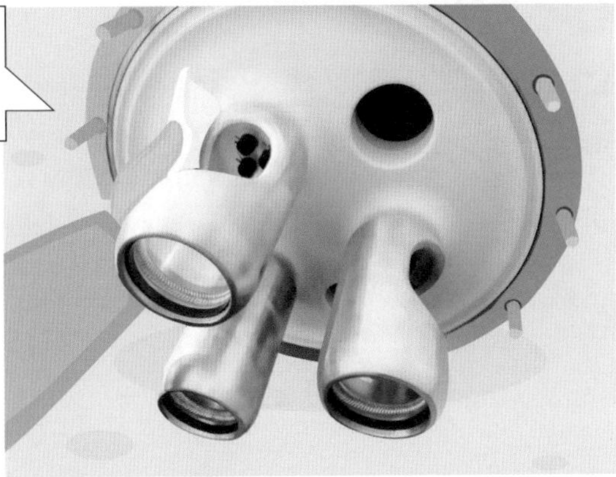

使用吸尘器吸除壳体内腔、法兰连接面的粉尘、金属屑等异物

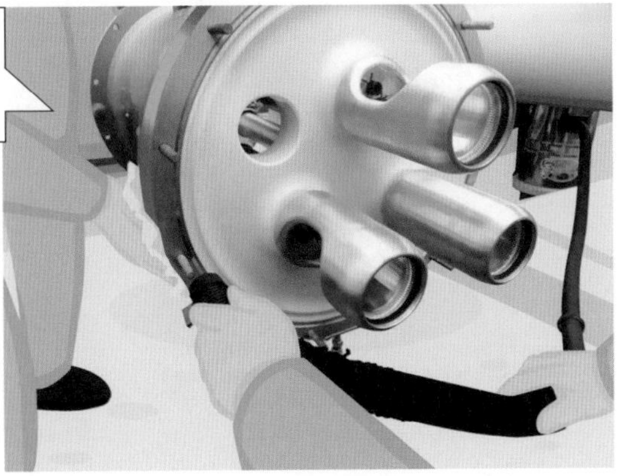

确认密封槽、法兰面没有锈斑、划伤及其他缺陷后，装配密封圈。装配工艺与上节相同

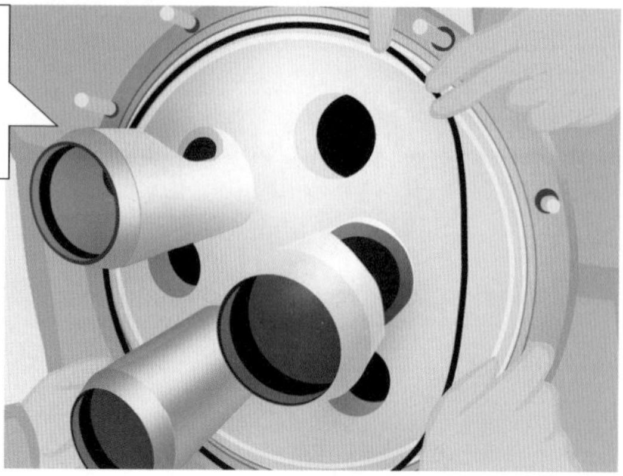

擦拭密封圈内侧多余硅脂，不得使其流入密封垫（圈）内侧而与 SF_6 气体接触

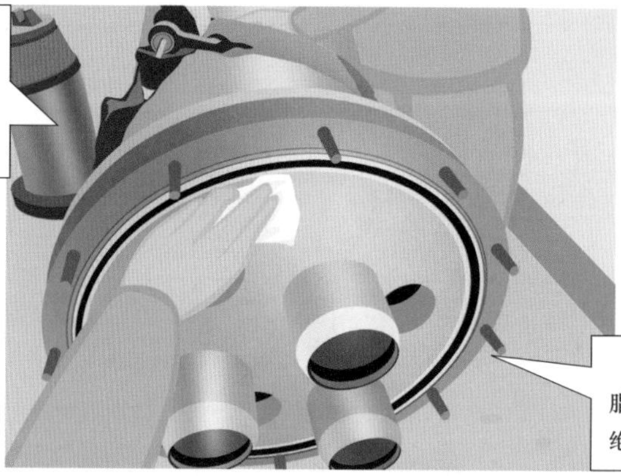

导体镀银面涂抹的润滑脂不宜过多，且不得黏到绝缘体上

清洁完毕后立即罩上防尘罩，对接前才能取下防尘罩。对接装配需在 30min 内完成

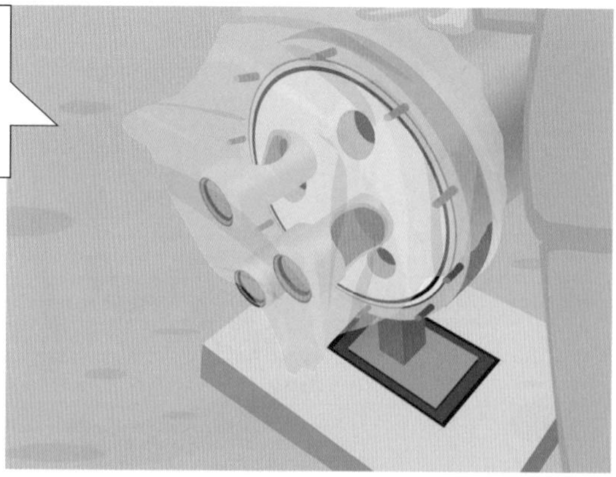

3. 气室内部导体检查

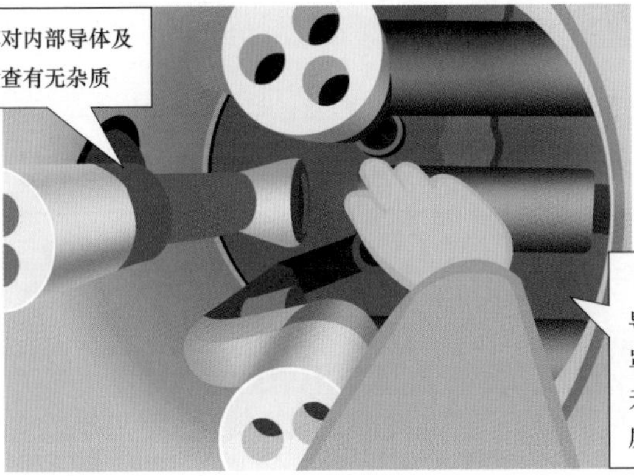
用无毛纸蘸无水乙醇对内部导体及内壁进行擦拭清洁，检查有无杂质
对于装配在设备内部的导体，应检查触头、屏蔽罩是否装配正确，镀银面无氧化、起皮、脱落现象，屏蔽罩无损伤且无松动

4. 盆式绝缘子安装

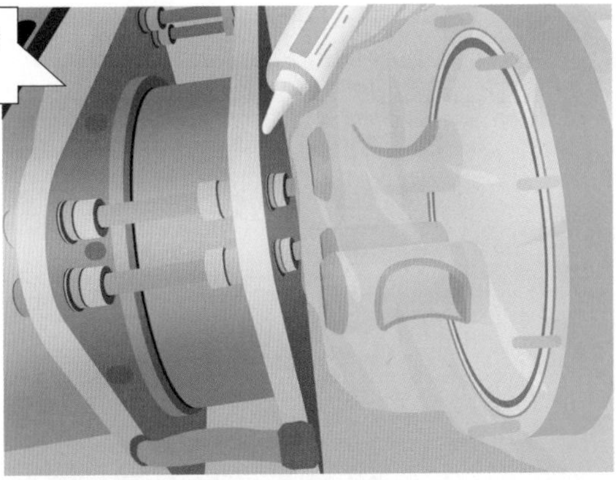
盆式绝缘子安装对接法兰边缘涂覆防水胶

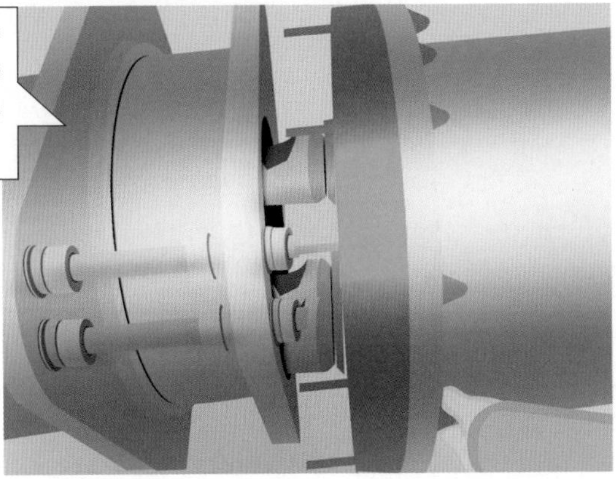
取下防尘罩后进行安装对接，对接时先连接左右两侧螺栓，防止杂质从上往下落入气室

四、密度继电器更换

1. 取下旧密度继电器

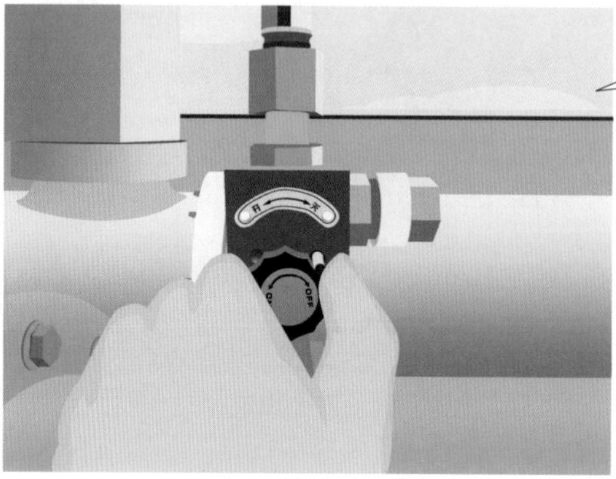

关闭密度继电器连接阀门

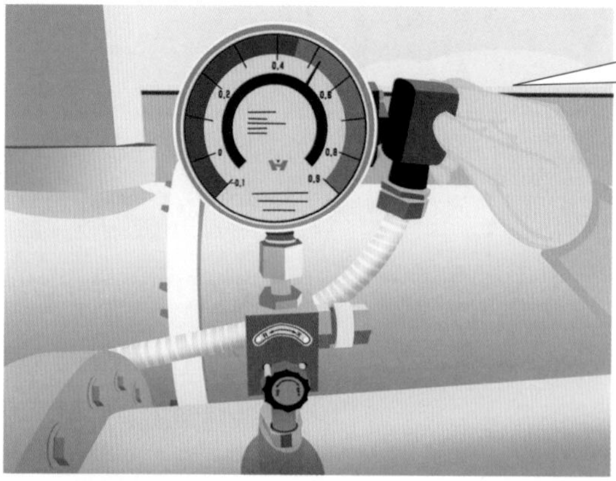

拔出密度继电器二次航空插头

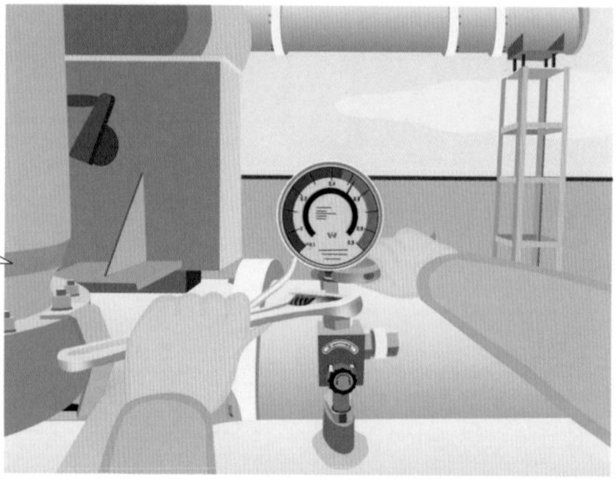

拆卸旧密度继电器

2. 更换新密度继电器

新密度继电器校验合格后，用无毛纸清洁底部螺纹

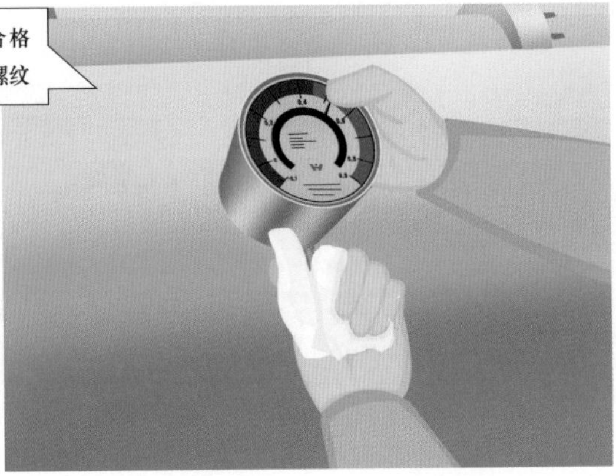

将密度继电器阀门接口处擦拭干净

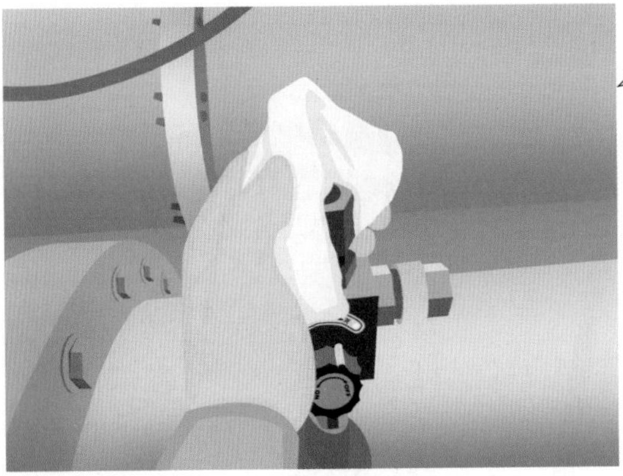

安装新密度继电器应朝向巡视方向

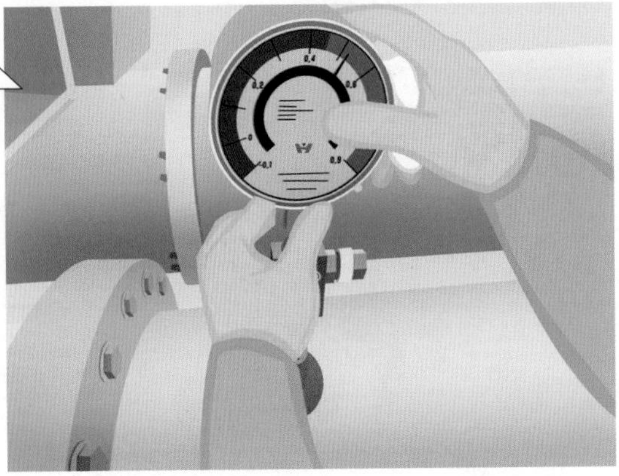

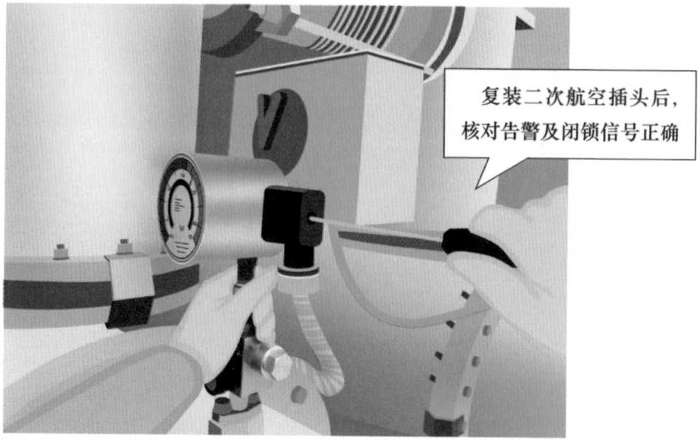
复装二次航空插头后，
核对告警及闭锁信号正确

五、断路器辅助元件检查

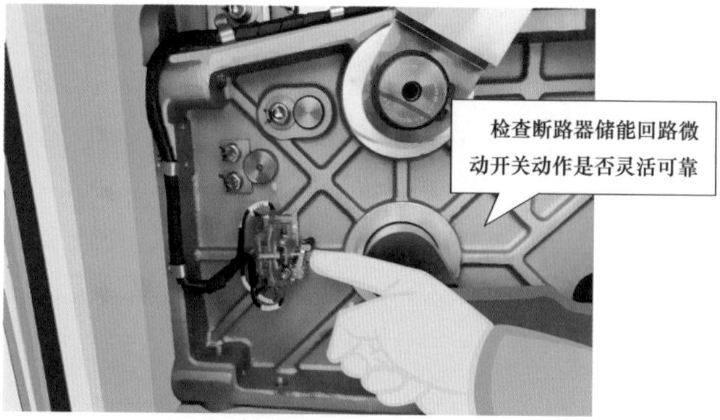
检查断路器储能回路微
动开关动作是否灵活可靠

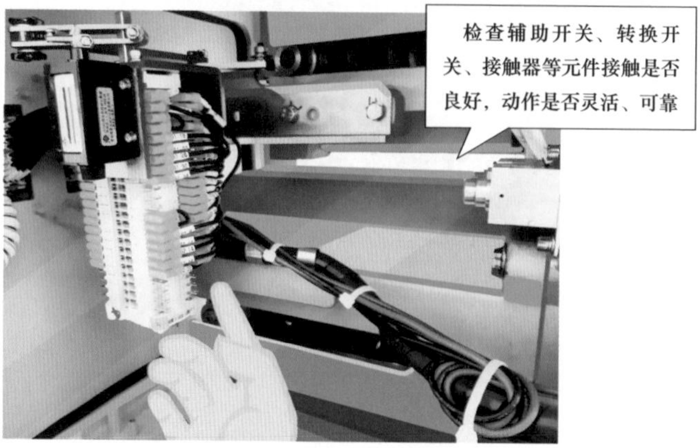
检查辅助开关、转换开
关、接触器等元件接触是否
良好，动作是否灵活、可靠

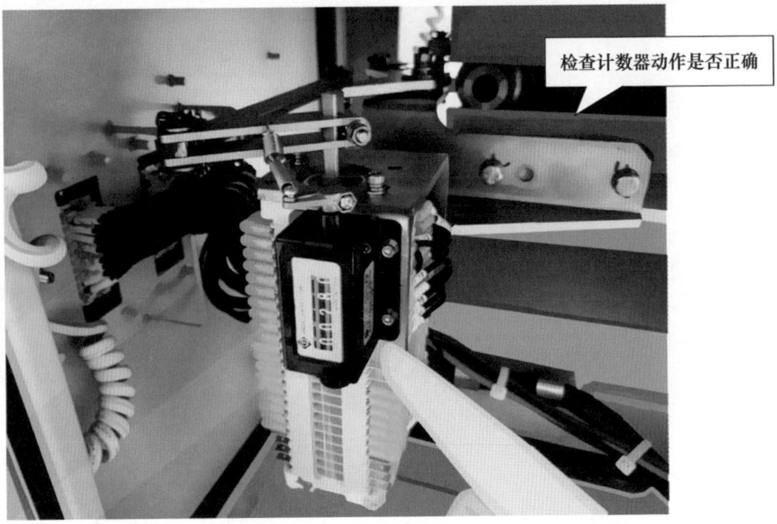
检查计数器动作是否正确

六、抽真空、充气

1. 抽真空

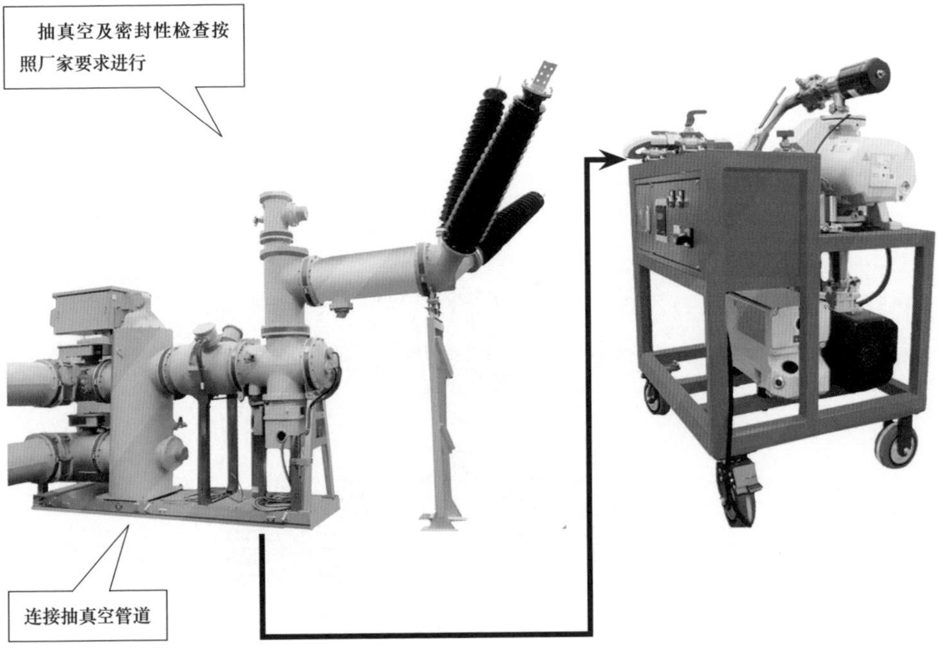
抽真空及密封性检查按照厂家要求进行
连接抽真空管道

2. 充气

正确连接管道与气瓶，充气速率不宜过快，以气瓶底部不结霜为宜
SF_6 气体应经检测合格（充气前含水量≤ 40μL/L、纯度≥ 99.8%）

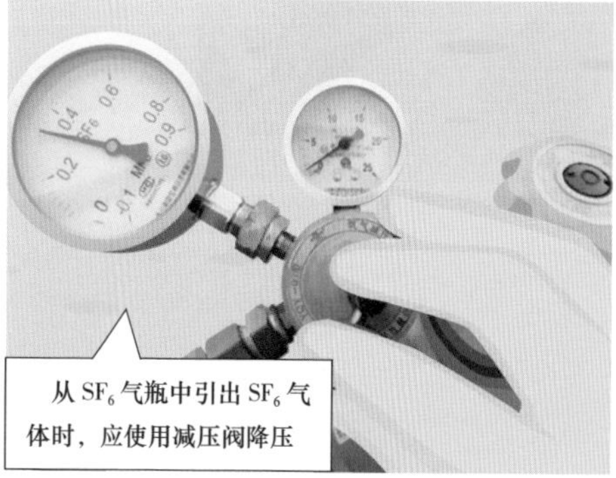
从 SF_6 气瓶中引出 SF_6 气体时，应使用减压阀降压

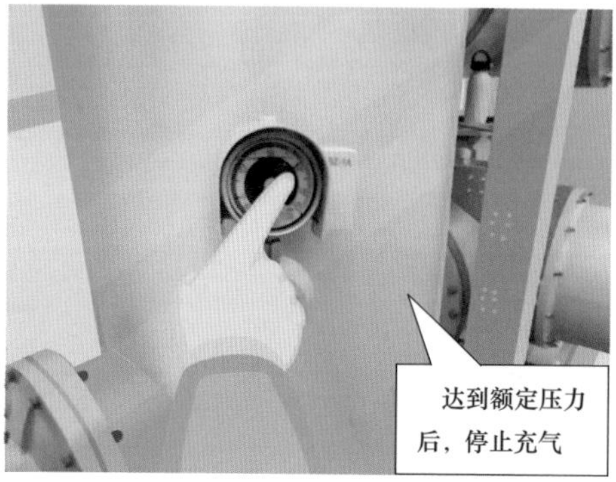
达到额定压力后，停止充气

七、修后试验及验收

1. 调节波纹管

设备检修完成后，调整波纹管伸缩裕量、螺栓紧固力矩，并符合厂家技术要求

2. GIS 修后调试

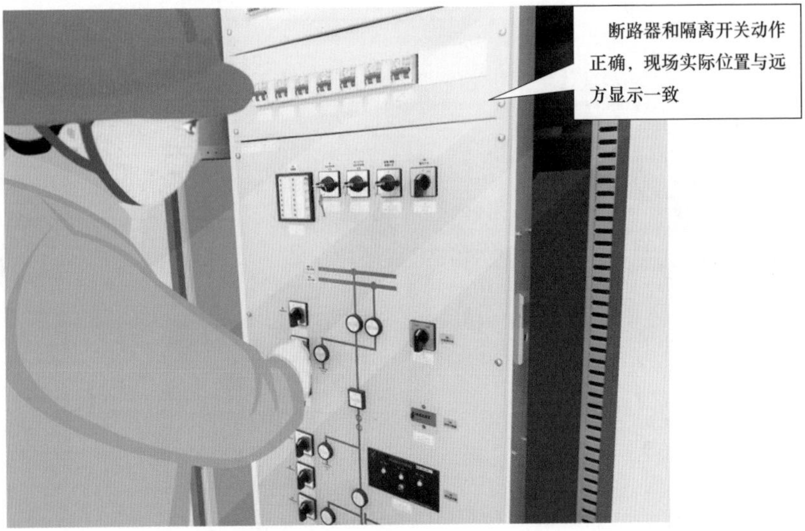
断路器和隔离开关动作正确，现场实际位置与远方显示一致

3. 回路电阻测试

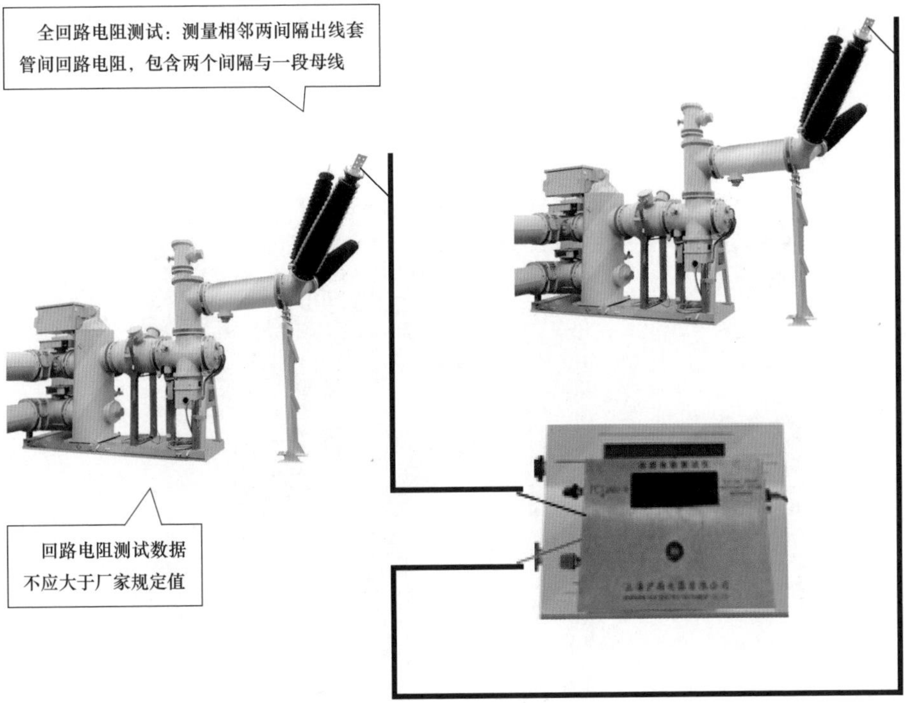
全回路电阻测试：测量相邻两间隔出线套管间回路电阻，包含两个间隔与一段母线
回路电阻测试数据不应大于厂家规定值

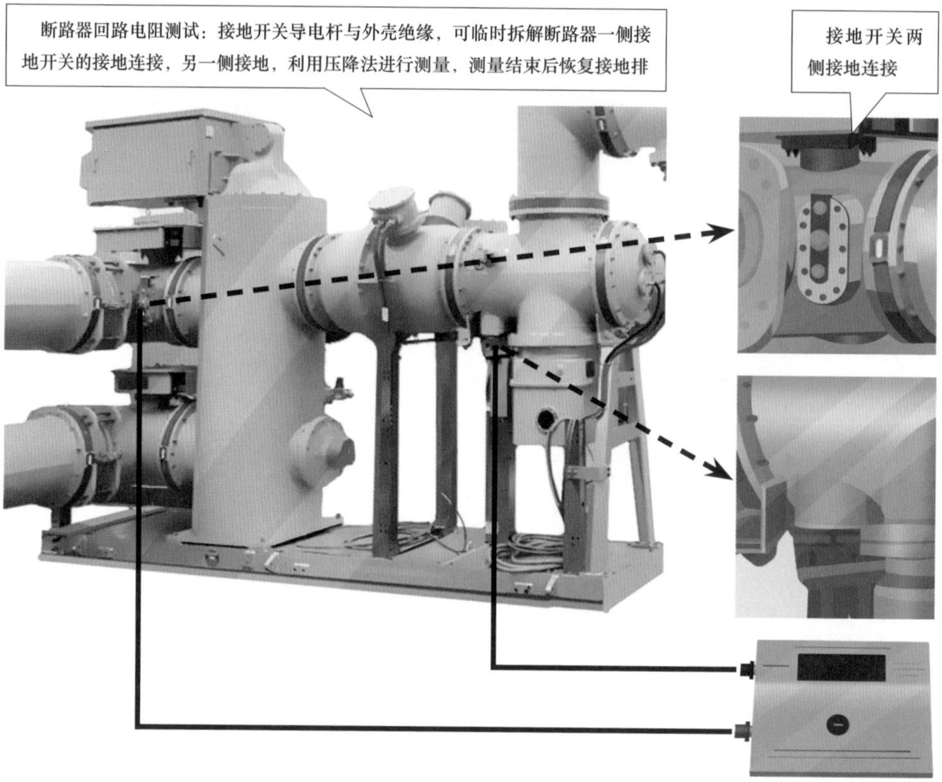
断路器回路电阻测试：接地开关导电杆与外壳绝缘，可临时拆解断路器一侧接地开关的接地连接，另一侧接地，利用压降法进行测量，测量结束后恢复接地排
接地开关两侧接地连接

4. 开关机械特性测试

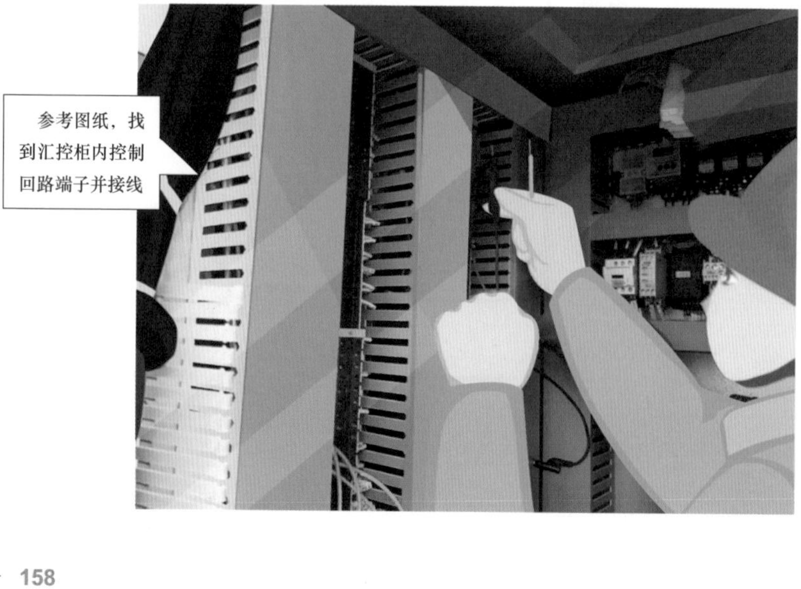
参考图纸，找到汇控柜内控制回路端子并接线

接上特性仪断口线

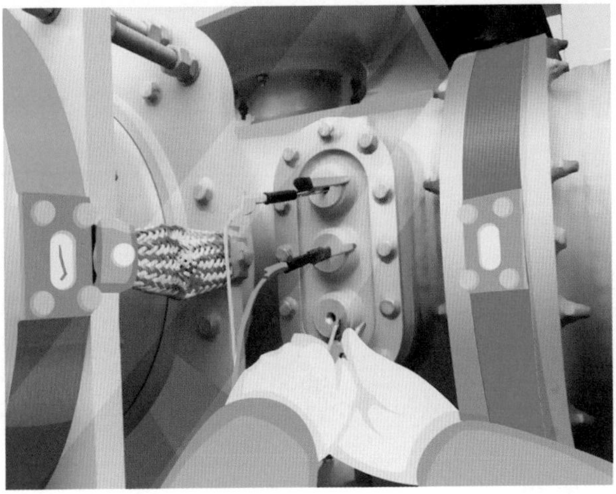

旋转式测速传感器通过临时固定板与主轴相连

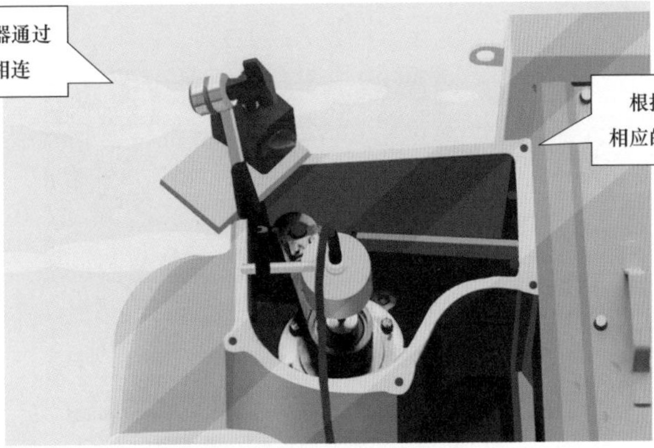

根据机构类型选择安装相应的速度传感器

接好各试验线后，进行开关机械特性测试。按厂家标准确定试验数据是否合格

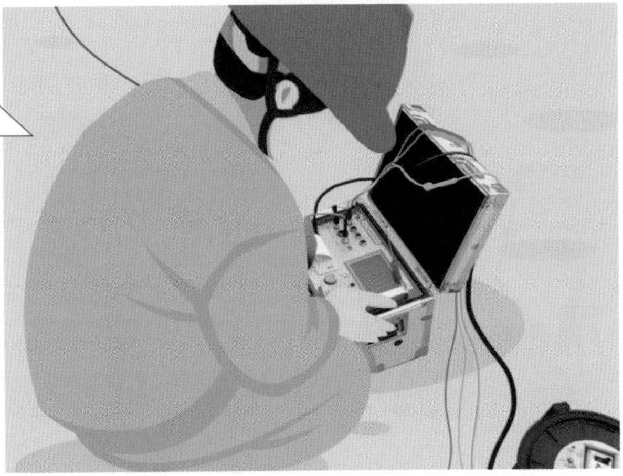

5. SF_6 气体泄漏试验

包扎法：选用规格合适的包扎罩衣和绑扎带对密封部位进行包扎
保持至少 24h 后，将检漏仪探头伸入包扎空间底部进行测量，测得 SF_6 气体浓度不应超过 30μL/L

6. SF_6 气体成分分析

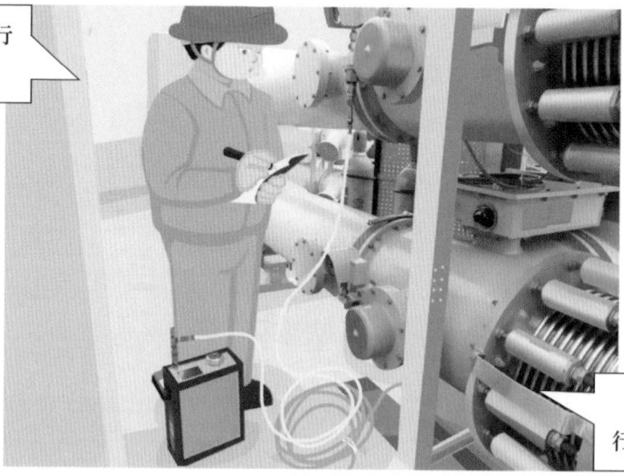
充气前对充气管路进行排气冲洗
充气完毕静置 24h 后进行含水量测试、纯度检测

7. 验收

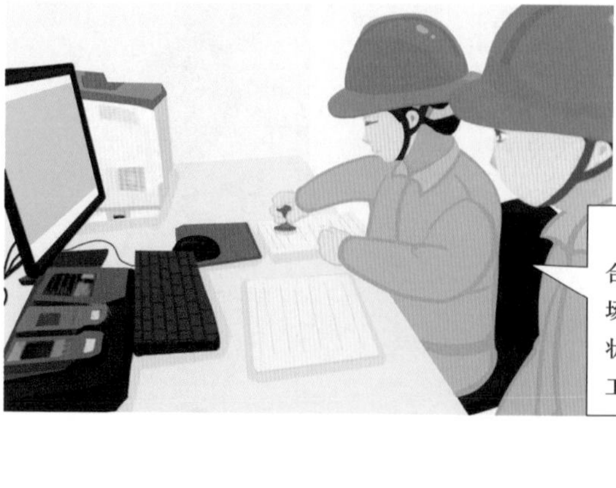
检修工作结束，自验收合格后，检修人员清理现场，将设备恢复至开工前状态，召开班后会，办理工作票终结手续

第四章 隔离开关检修

隔离开关是站内最为常见的一次设备，目的是将断路器与电源隔离，形成明显断开点，同时也方便检修。隔离开关种类繁多，常见型号有 GW4、GW5、GW7、GW16、GW17、GW23 型。隔离开关作为户外设备，各零部件在大气腐蚀、雨水侵蚀下容易积灰和锈蚀，经常会发生合闸不到位、接触电阻过大、夹紧力不足、传动卡涩等故障，掌握隔离开关检修标准工艺规范、方式方法显得尤为重要。

本章选取水平开启式及垂直伸缩式两种类型，详细讲解隔离开关更换流程、各零部件分解检修、调试及验收相关注意事项，其中还包含开关专业技能等级认证评级考试项目，每一小节都详细介绍了完整的检修流程，图文并茂的方式将细节一一展现。

第一节　水平开启式隔离开关更换

一、检修前准备

1. 资料、机具准备

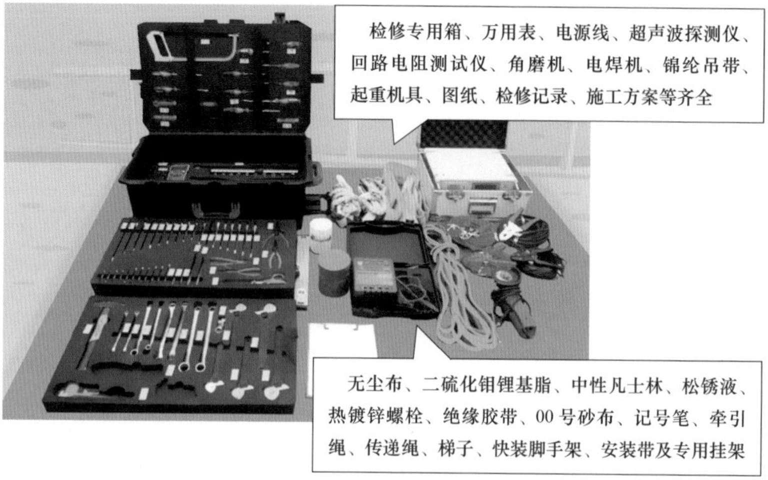
检修专用箱、万用表、电源线、超声波探测仪、回路电阻测试仪、角磨机、电焊机、锦纶吊带、起重机具、图纸、检修记录、施工方案等齐全
无尘布、二硫化钼锂基脂、中性凡士林、松锈液、热镀锌螺栓、绝缘胶带、00号砂布、记号笔、牵引绳、传递绳、梯子、快装脚手架、安装带及专用挂架

2. 班前会

办理工作票许可手续，召开班前会进行“三交”“三查”，明确人员分工及工作流程。对工作班成员进行安全技术交底，督促工作班成员遵守相关安全规程

二、现场检查

1. 检查现场设备状态

检查隔离开关两侧接地线已可靠装设

2. 电源全部断开

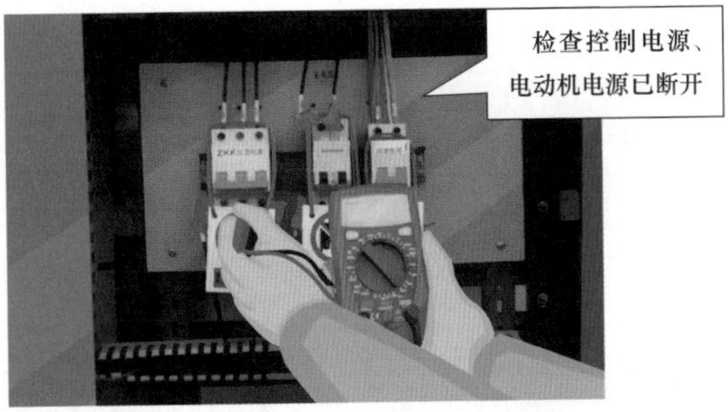
检查控制电源、电动机电源已断开

三、检修实施阶段

1. 修前试验检查

（1）设备开箱。

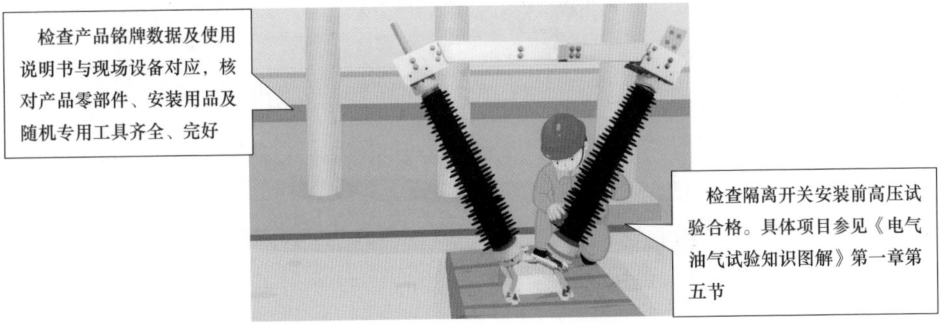
检查产品铭牌数据及使用说明书与现场设备对应，核对产品零部件、安装用品及随机专用工具齐全、完好
检查隔离开关安装前高压试验合格。具体项目参见《电气油气试验知识图解》第一章第五节

（2）新隔离开关整体检查。

检查绝缘子外观良好，超声波探伤合格，法兰胶装处防水层完好，露砂高度为10~20mm

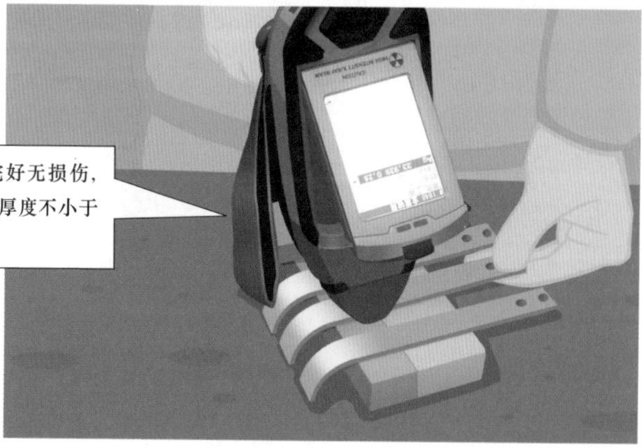
检查导电部件完好无损伤，镀银层厚度合格，厚度不小于20μm

检查操动机构箱箱体无变形、锈蚀，密封圈完好，箱内各部件齐全，无缺损、连接无松动

（3）主触头对齐调整。

隔离开关单极分合调整到位后主触头
通过调节垫片使其对齐，检查接触良好
调整角连杆可影响动静触头的相对位置，应注意隔离开关打开距离、分合闸平行度、平直度达到标准要求

（4）导电接触检查。

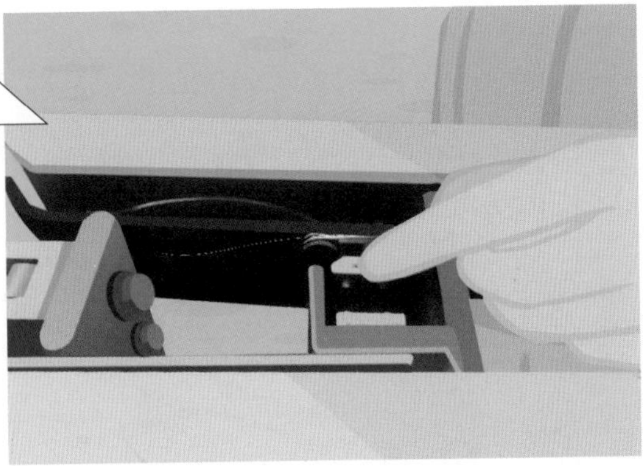
使用 0.05mm × 10mm 塞尺检查导电接触面压紧力应符合规范要求

（5）导电接触插入深度检查。

测量导电接触插入深度应符合厂家规范要求

（6）主导电回路开距测量。

测量隔离开关开距、相间距离符合设备技术要求

2. 工作实施

（1）安全带挂架安装。

安装安全带挂架

（2）设备连线拆除。

拆除隔离开关两侧引线

（3）传动连杆拆除。

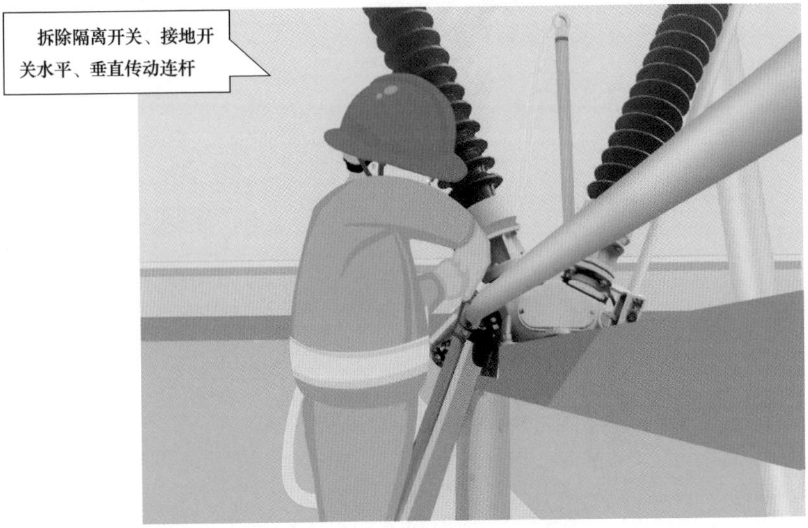
拆除隔离开关、接地开关水平、垂直传动连杆

（4）本体固定螺栓、接地体及隔离开关本体吊装拆除。

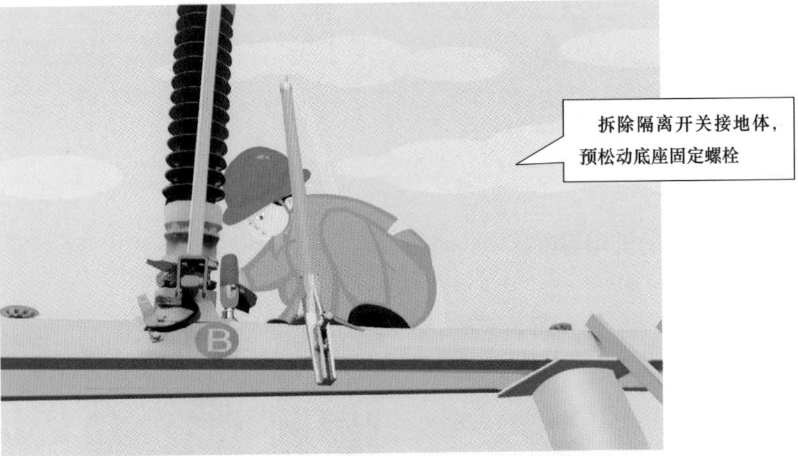
B
拆除隔离开关接地体，预松动底座固定螺栓

隔离开关置于合闸位置并固定，两侧绑好牵引绳，收紧吊绳使吊钩受微力
确认底座与本体无连接，试吊合格后，在专人监护、专人指挥下将隔离开关吊装转运至指定位置

（5）操动机构拆除。

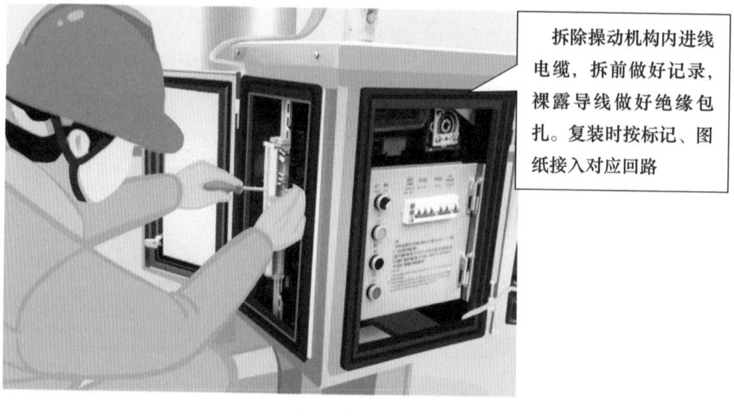
拆除操动机构内进线电缆，拆前做好记录，裸露导线做好绝缘包扎。复装时按标记、图纸接入对应回路

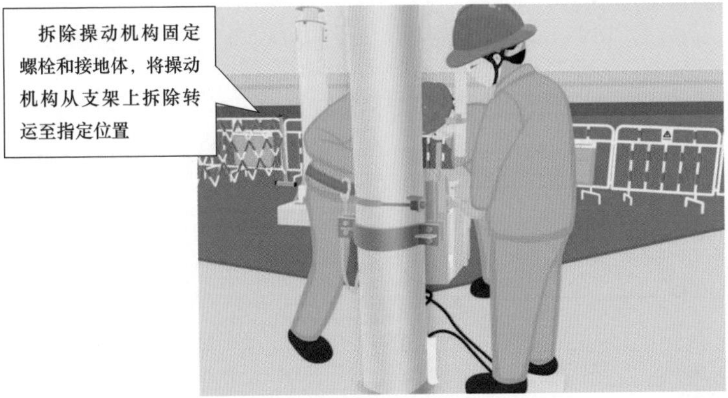
拆除操动机构固定螺栓和接地体，将操动机构从支架上拆除转运至指定位置

3. 新隔离开关安装

（1）隔离开关单相吊装。

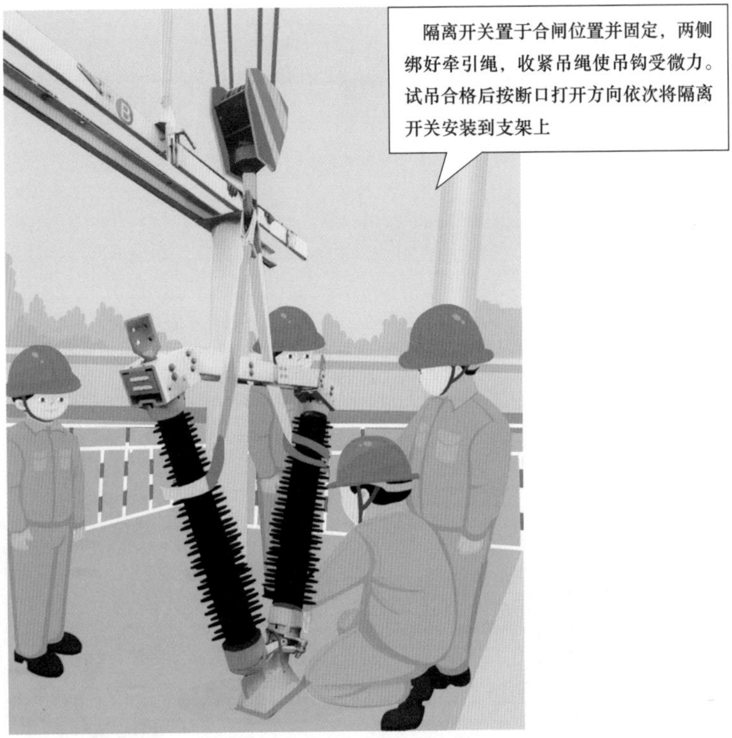
隔离开关置于合闸位置并固定，两侧绑好牵引绳，收紧吊绳使吊钩受微力。试吊合格后按断口打开方向依次将隔离开关安装到支架上

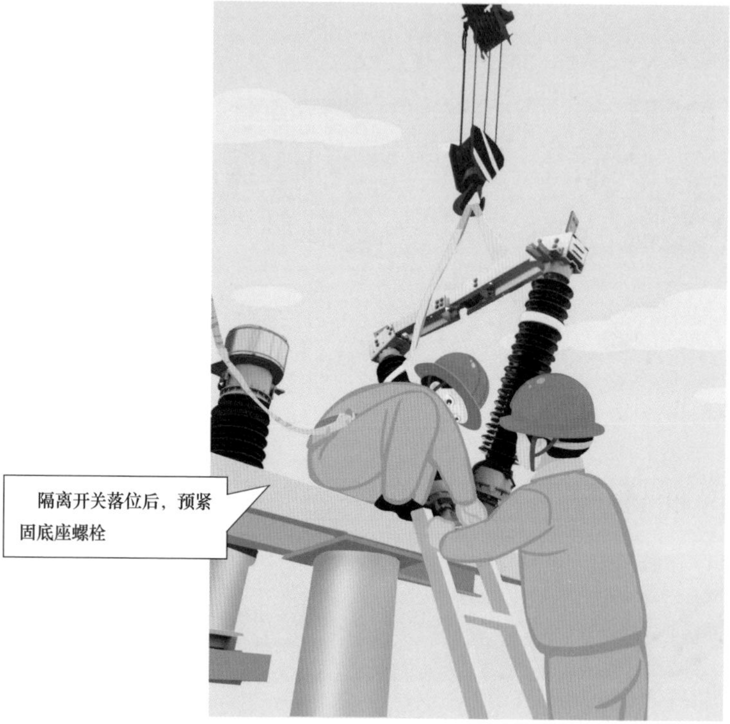
隔离开关落位后，预紧固底座螺栓

（2）底座安装后一致性检查。

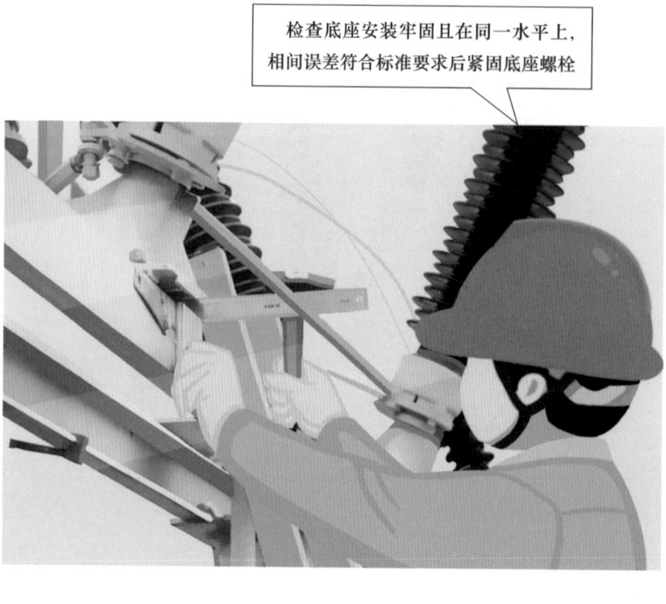
检查底座安装牢固且在同一水平上，相间误差符合标准要求后紧固底座螺栓

(3)机构安装。

检查并调整操动机构箱输出轴与本体垂直连杆在同一轴线上后固定操动机构箱
安装机构箱及防误闭锁挡板

(4)控制电缆安装。

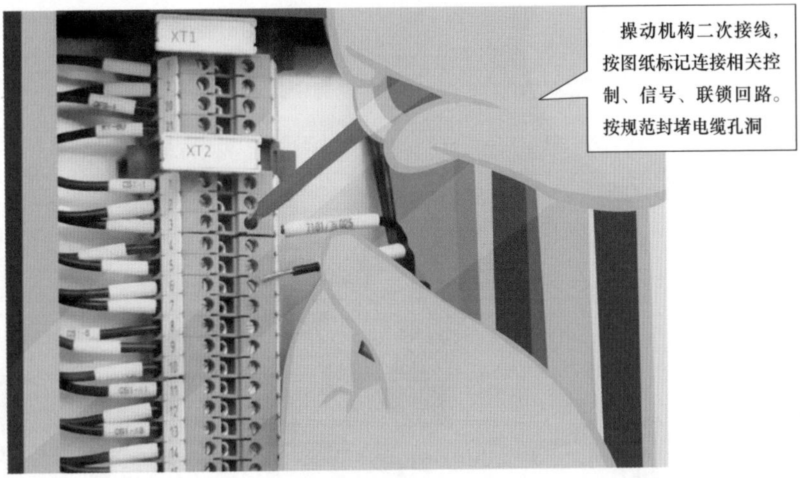
XT1
XT2
操动机构二次接线，按图纸标记连接相关控制、信号、联锁回路。按规范封堵电缆孔洞

（5）本体调试。

将隔离开关主极、操动机构置于合闸位置，调整到位，紧固操动机构输出轴与垂直连杆连接抱夹

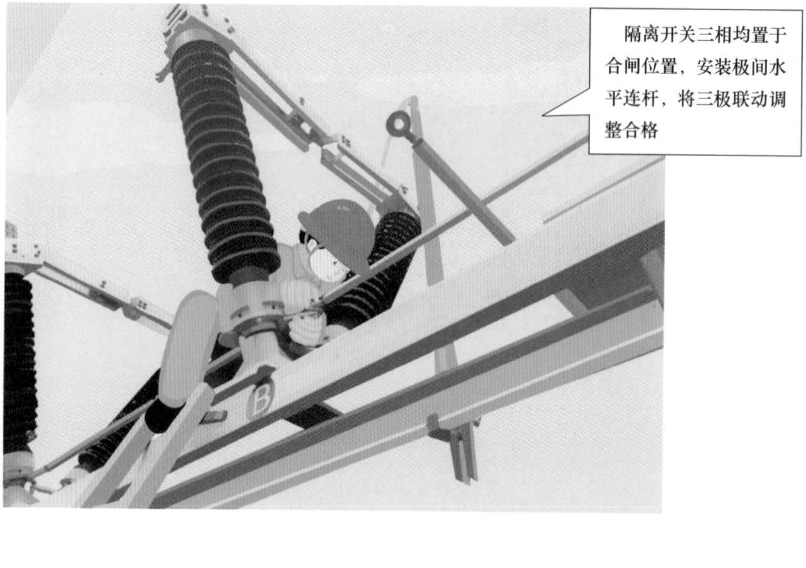
隔离开关三相均置于合闸位置，安装极间水平连杆，将三极联动调整合格

（6）隔离开关三相同期值调整。

调整极间连杆，使三相同期值符合厂家技术要求

（7）接地连接制作。

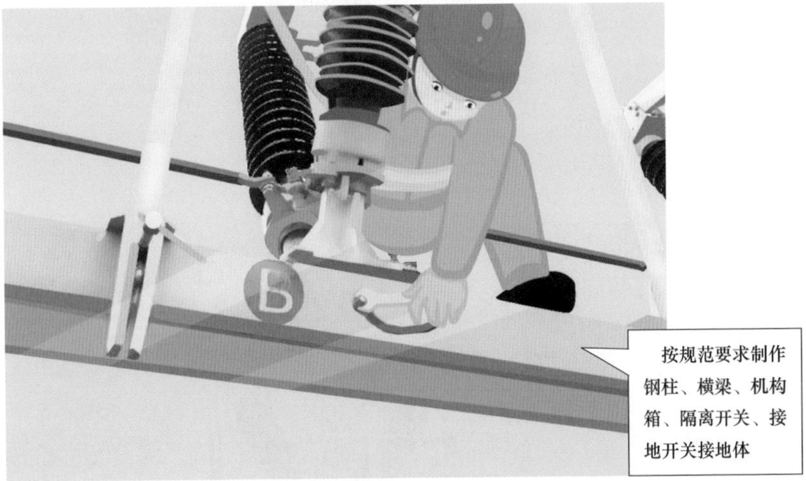
按规范要求制作钢柱、横梁、机构箱、隔离开关、接地开关接地体

四、隔离开关检查与调试

1. 隔离开关电动调试

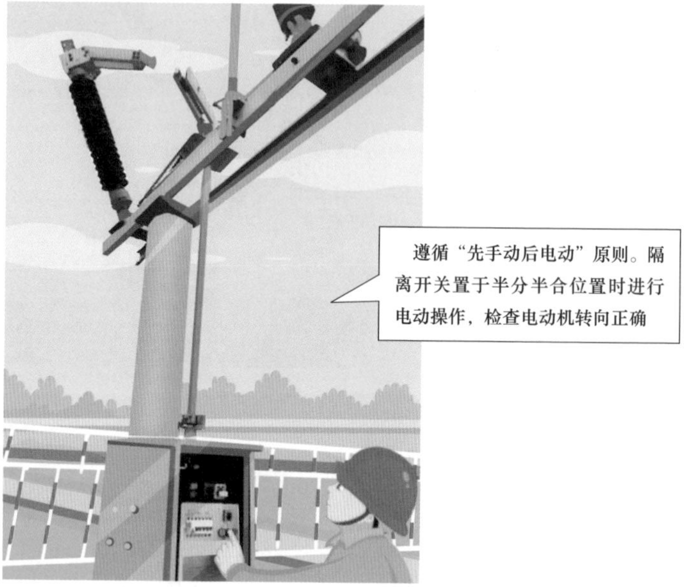
遵循“先手动后电动”原则。隔离开关置于半分半合位置时进行电动操作，检查电动机转向正确

2. 分合闸到位检查

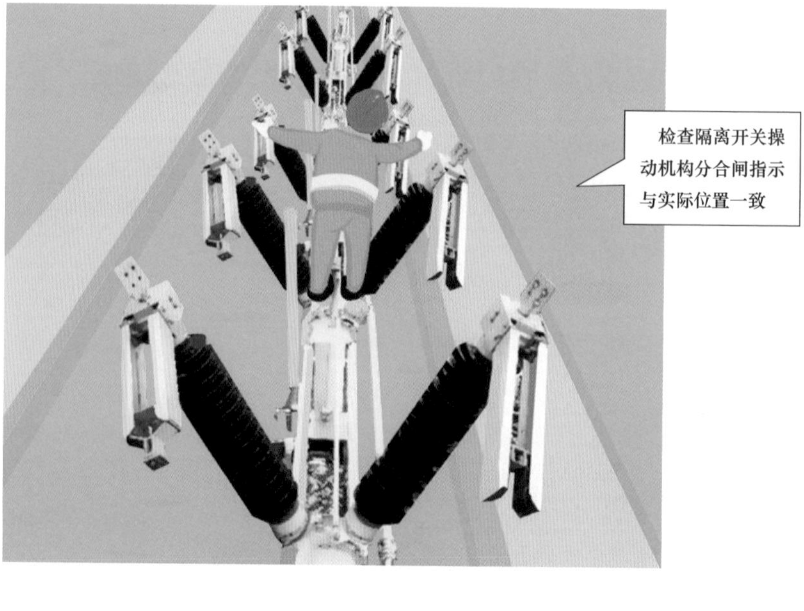
检查隔离开关操动机构分合闸指示与实际位置一致

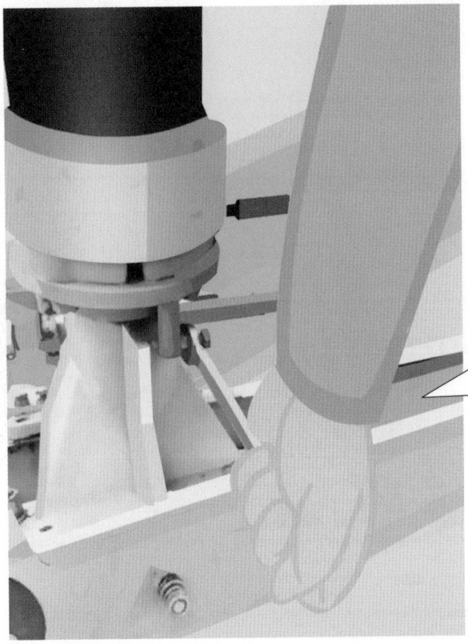

调整分、合闸机械限位螺栓应符合厂家技术要求

3. 控制回路检查

隔离开关、接地开关分、合闸到位后限位开关准确、可靠切断电源

4. 接地开关分、合到位调整

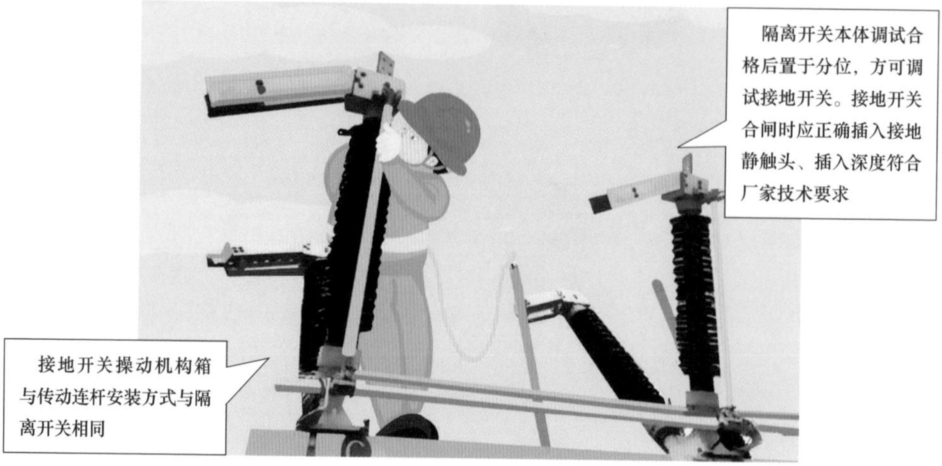
隔离开关本体调试合格后置于分位，方可调试接地开关。接地开关合闸时应正确插入接地静触头、插入深度符合厂家技术要求
接地开关操动机构箱与传动连杆安装方式与隔离开关相同

5. 接地开关绝缘净距离调整

调整接地开关分闸到位后与隔离开关导电部分间距符合厂家技术要求

6. 机械闭锁装置安装调整

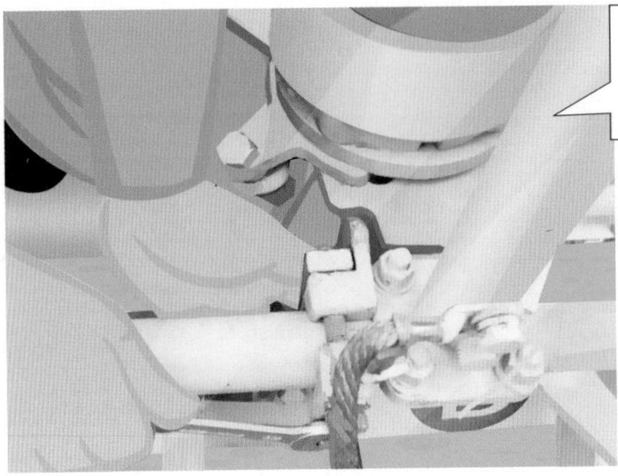
机械闭锁装置安装后校核尺寸应符合厂家技术要求

7. 机械闭锁装置间隙检查

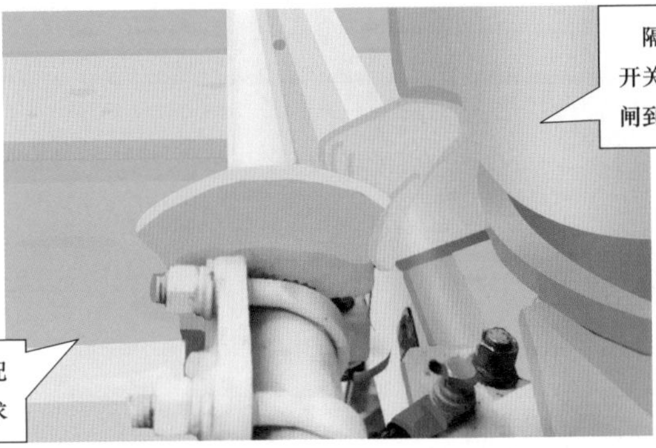
隔离开关合闸到位时接地开关不能合闸，接地开关合闸到位时隔离开关不能合闸
调整机械闭锁装置配合间隙符合厂家技术要求

8. 防误操作闭锁装置检查

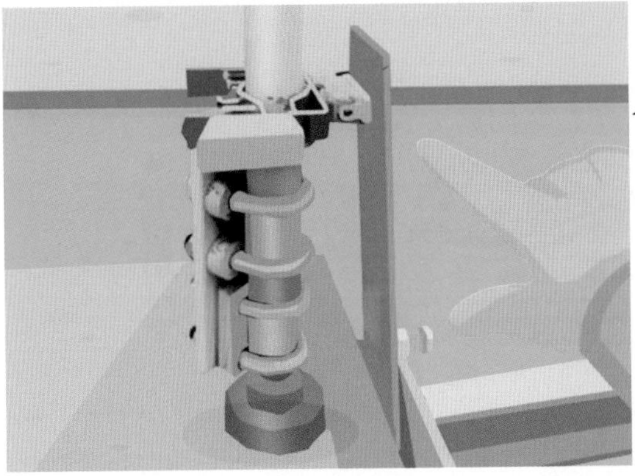
检查防误挡板闭锁位置正确

9. 回路电阻测试

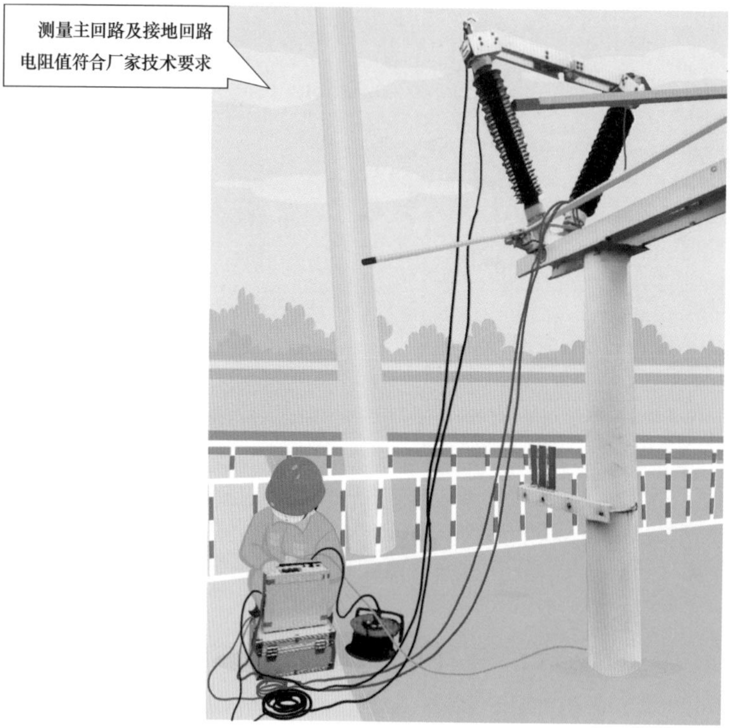
测量主回路及接地回路电阻值符合厂家技术要求

10. 设备接线恢复

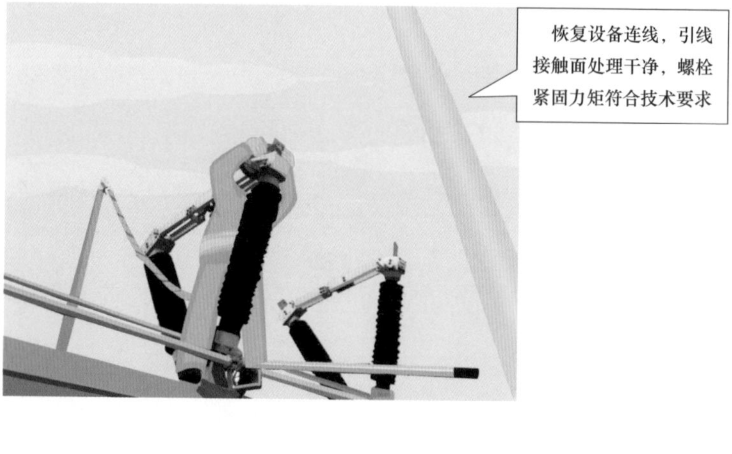
恢复设备连线，引线接触面处理干净，螺栓紧固力矩符合技术要求

11. 二次回路绝缘电阻测试

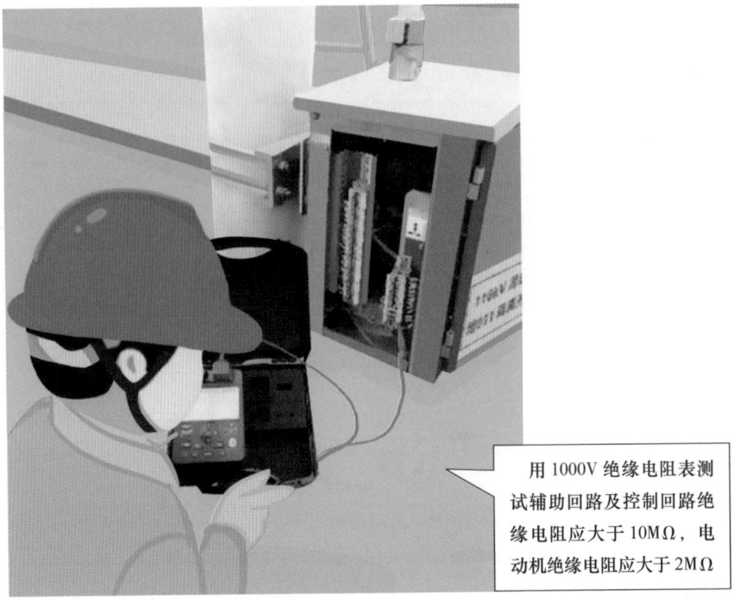
用 1000V 绝缘电阻表测试辅助回路及控制回路绝缘电阻应大于 10MΩ，电动机绝缘电阻应大于 2MΩ

12. 支架防腐处理

设备安装及调试完毕后，对设备及其间隔支架进行防腐处理

13. 检修结束、现场清理

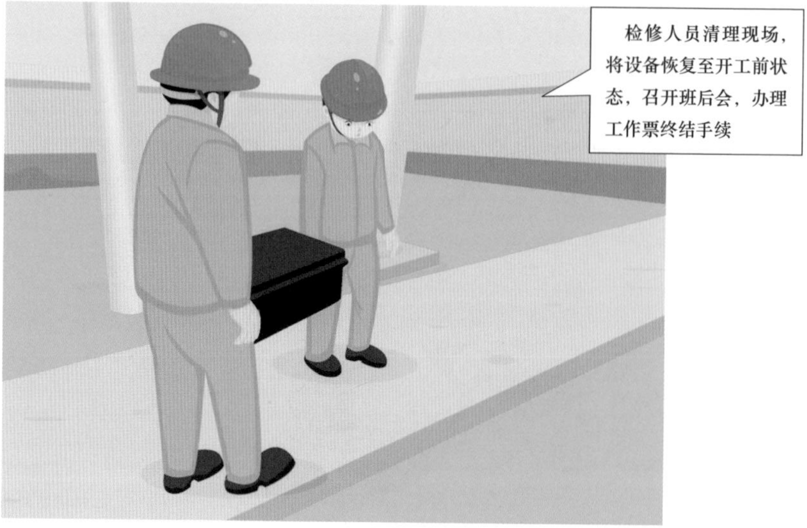
检修人员清理现场，将设备恢复至开工前状态，召开班后会，办理工作票终结手续

第二节 水平开启式隔离开关分解检修

一、检修前准备

1. 资料、机具、工器具、材料、备件准备

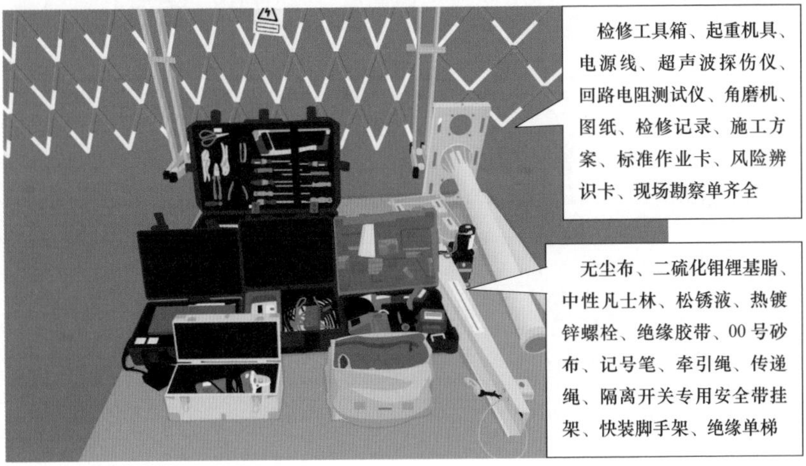
检修工具箱、起重机具、电源线、超声波探伤仪、回路电阻测试仪、角磨机、图纸、检修记录、施工方案、标准作业卡、风险辨识卡、现场勘察单齐全
无尘布、二硫化钼锂基脂、中性凡士林、松锈液、热镀锌螺栓、绝缘胶带、00号砂布、记号笔、牵引绳、传递绳、隔离开关专用安全带挂架、快装脚手架、绝缘单梯

2. 班前会

办理工作票许可手续，召开班前会进行“三交”“三查”，明确人员分工及工作流程。督促工作班成员遵守相关安全规程

二、现场检查

检查隔离开关两
侧接地线已装设

0.007
检查控制电源、
电动机电源已断开

三、检修实施阶段

1. 隔离开关分解

（1）安装吊具。

安装安全带挂架、吊具。
吊具应安装牢固、可靠

（2）引线、传动连杆拆除。

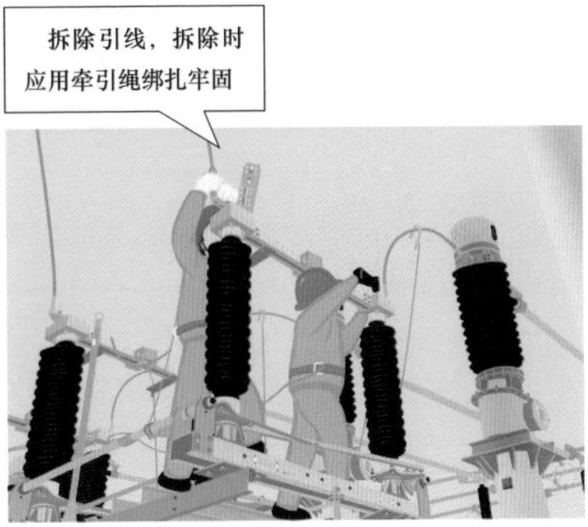
拆除引线，拆除时应用牵引绳绑扎牢固

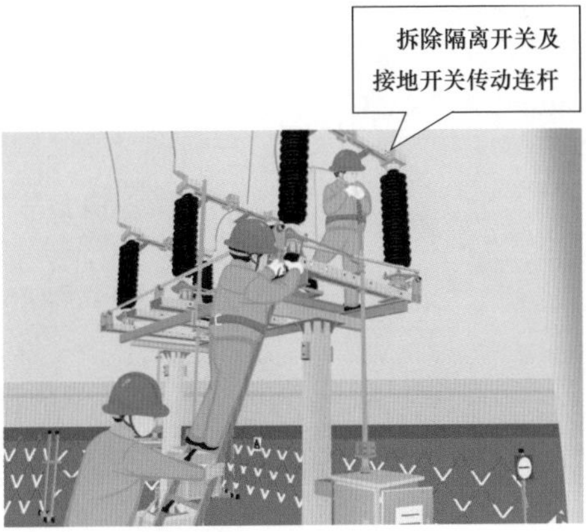
拆除隔离开关及接地开关传动连杆

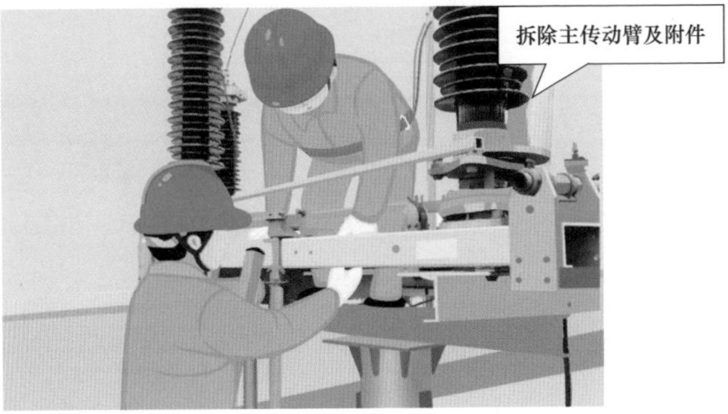
拆除主传动臂及附件

（3）单相隔离开关拆除。

隔离开关置于合闸位置，用木板或夹具固定避免打开。吊钩微受力后拆除底座螺栓，试吊合格后吊装至平稳地面

（4）导电臂拆除。

拆除防尘罩

拆除导电臂固定螺栓，取下导电臂

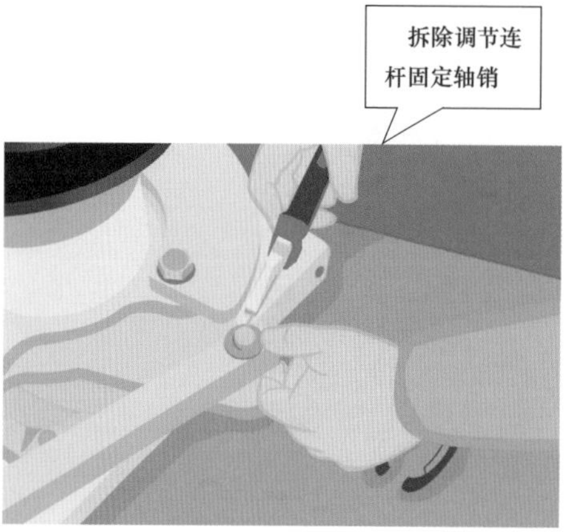
拆除调节连杆固定轴销

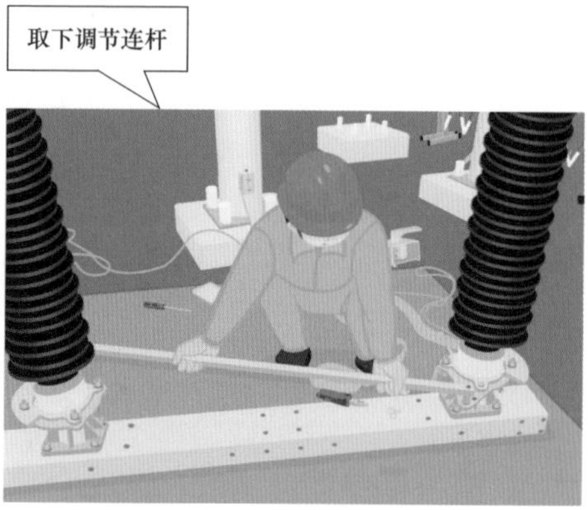
取下调节连杆

（5）拆除支柱绝缘子。

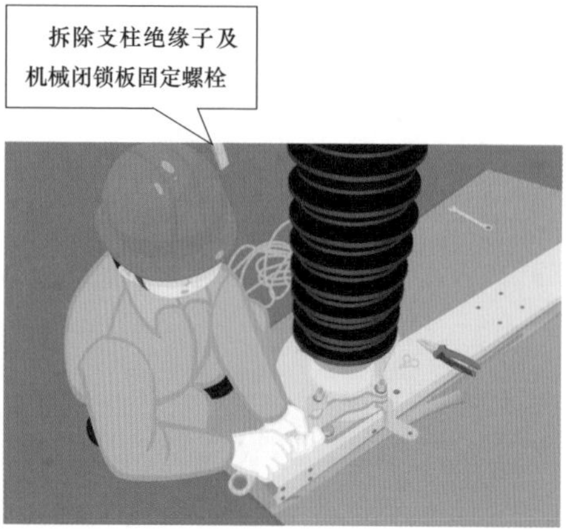
拆除支柱绝缘子及机械闭锁板固定螺栓

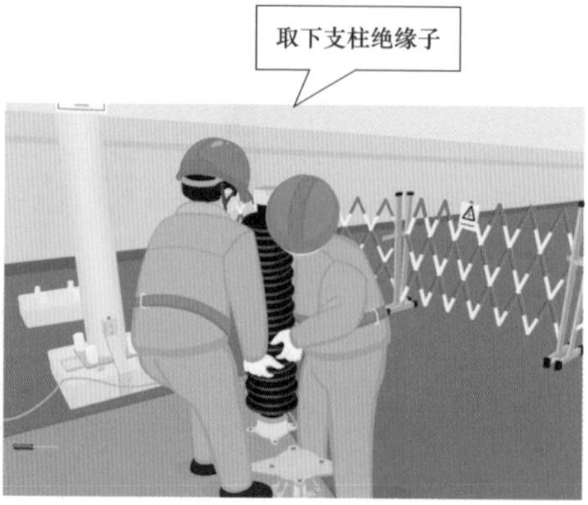
取下支柱绝缘子

(6)拆除轴承座。

拆除轴承座固定螺栓

取下轴承座

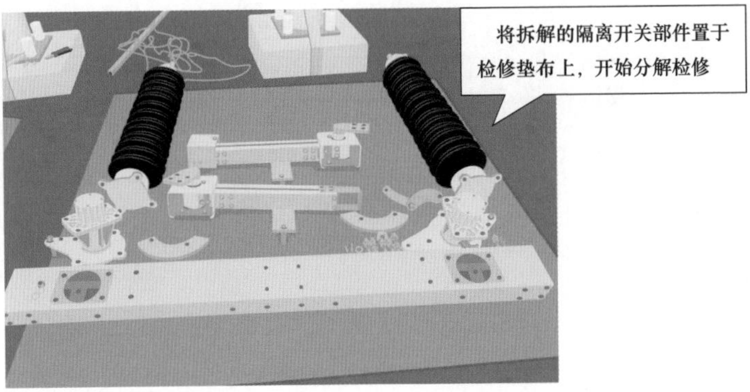
将拆解的隔离开关部件置于检修垫布上，开始分解检修

(7)超声波探伤。

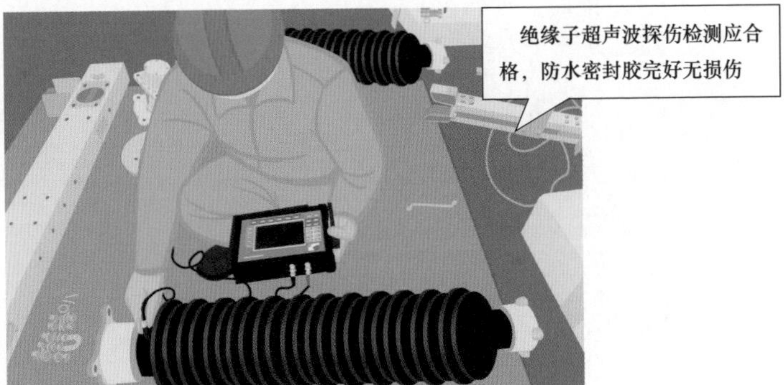
绝缘子超声波探伤检测应合格，防水密封胶完好无损伤

（8）轴承座分解。

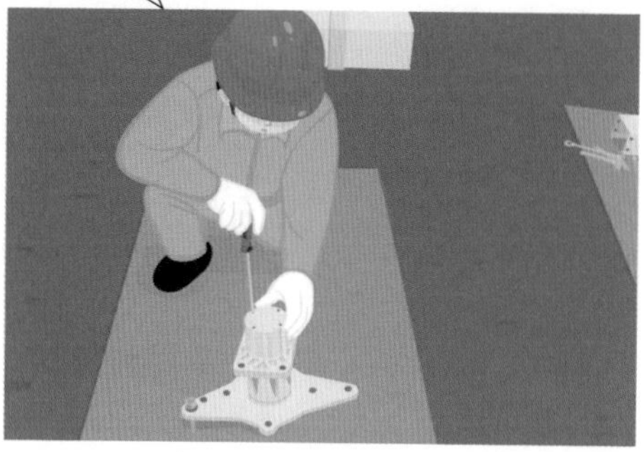
拆除轴承座防尘帽

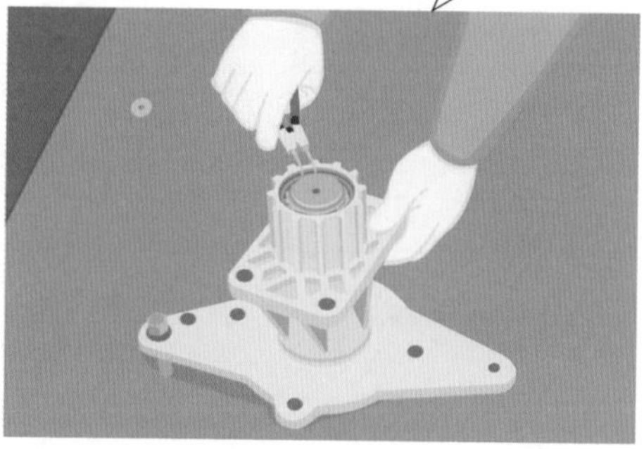
分离轴芯与轴承座

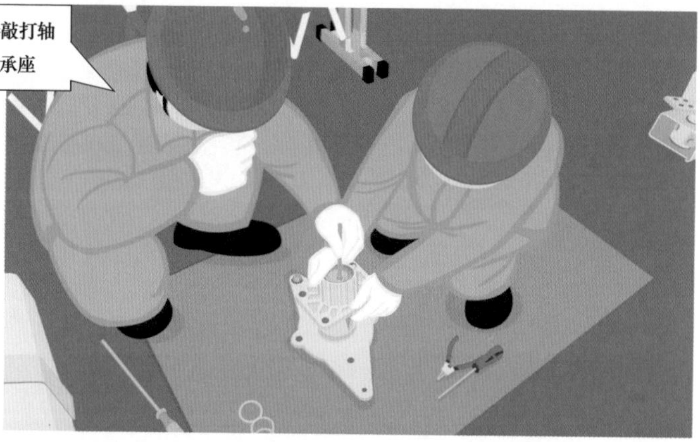
使用紫铜棒敲打轴承杆，取下轴承座

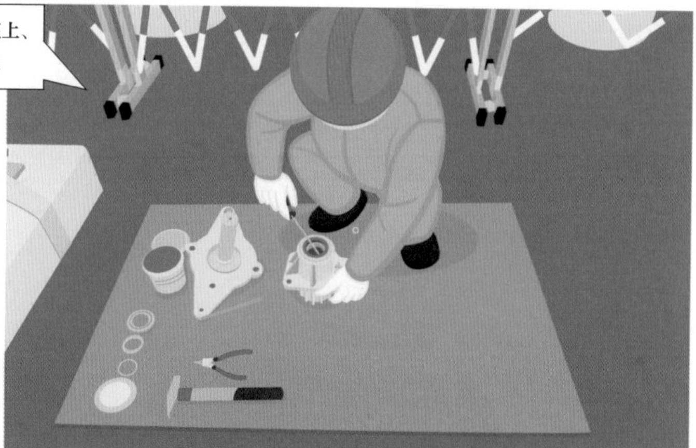
取出轴承座上、下端圆锥轴承

清洗各零部件并用无尘布擦净

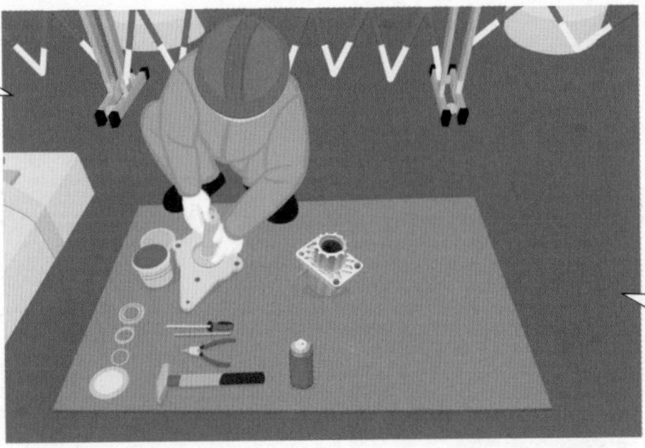

检查轴承有无损坏，转动灵活；检查轴承内径与轴承座的公差配合合格

检查转动板及轴芯表面，转动板如有裂纹应更换，用 00 号砂布除去锈蚀

轴承内腔应涂抹二硫化钼锂基脂，涂的量应以轴承内腔的 2/3 为宜。按分解相反顺序进行复装

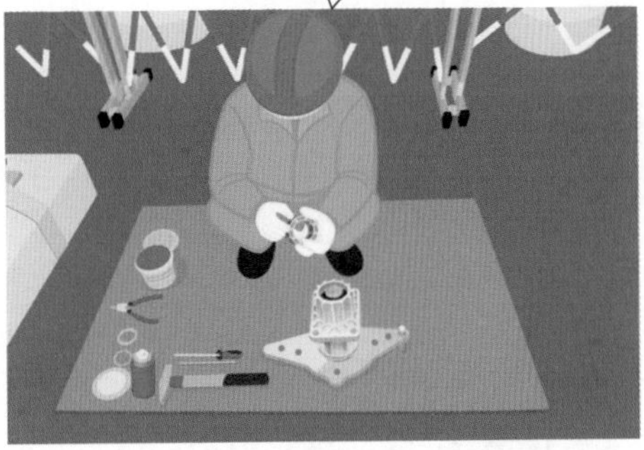

复装轴承时，需用专用工具或用比轴承内径稍大的铁管，用手锤慢慢打入

零部件安装完毕后，复装防尘帽，检查轴承座转动灵活无卡涩

（9）导电臂分解。

拆除触指部分防雨罩

分解触头部分

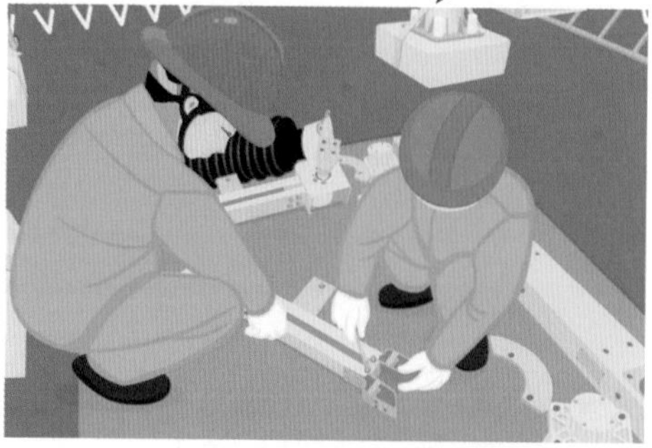

拆除地刀静触头

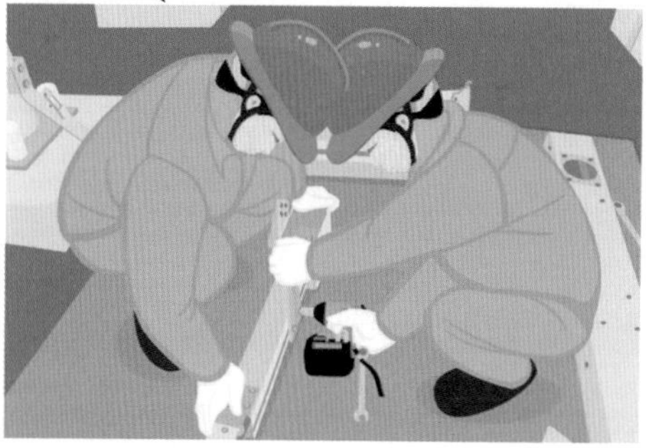

拆除导电臂与接线座连接

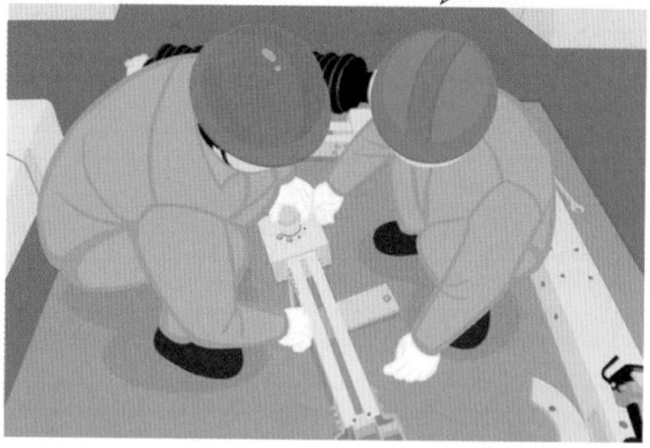

拆除触指固定螺栓

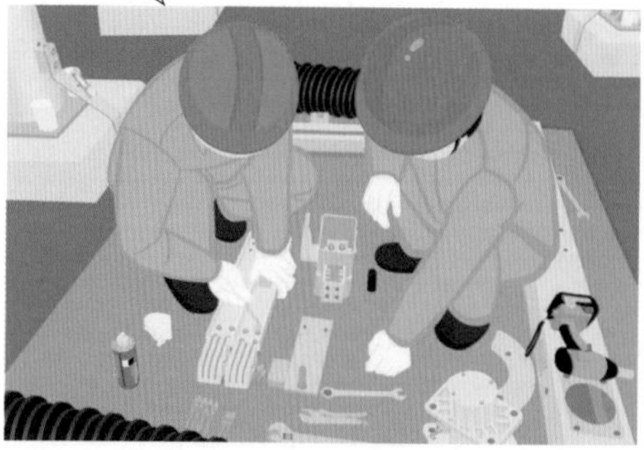

检查触指弹簧是否能工作正常

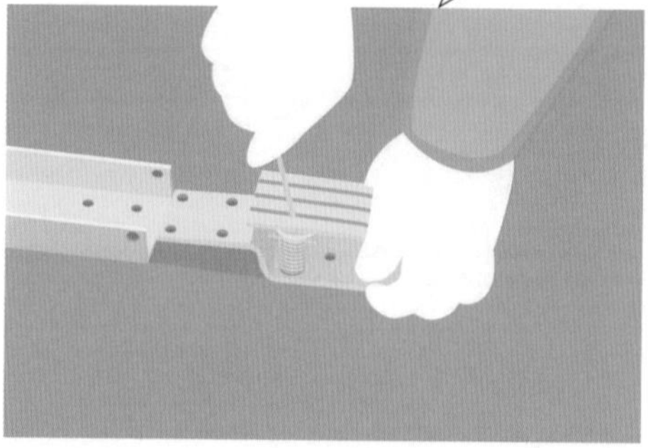

检查触头、触指有无过热、烧蚀损伤，若有按规范要求处理或更换

清洁、处理各零部件后按分解时的相反顺序装复导电部分

拆除导电带连接螺栓，抽出导电杆，取下导电带

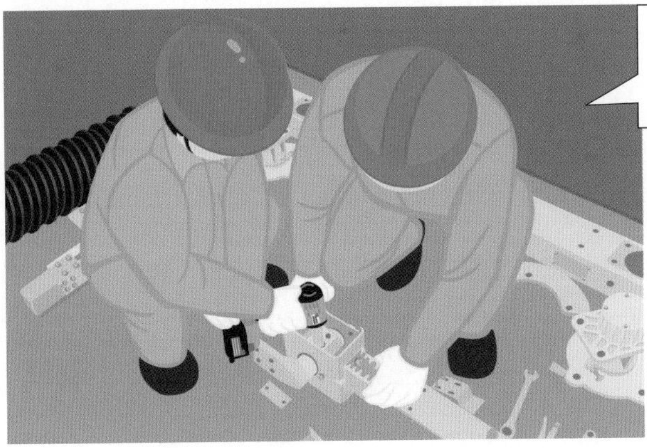

检查软铜导电带有无过热、烧蚀、折断现象，若有按规范要求处理或更换

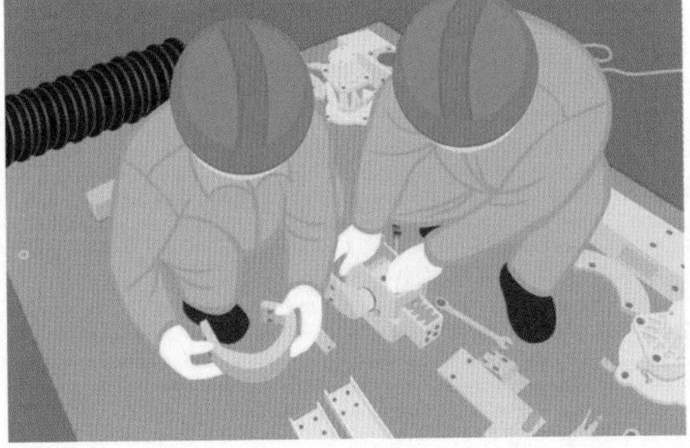

检查导电杆轴套是否磨损、有无氧化

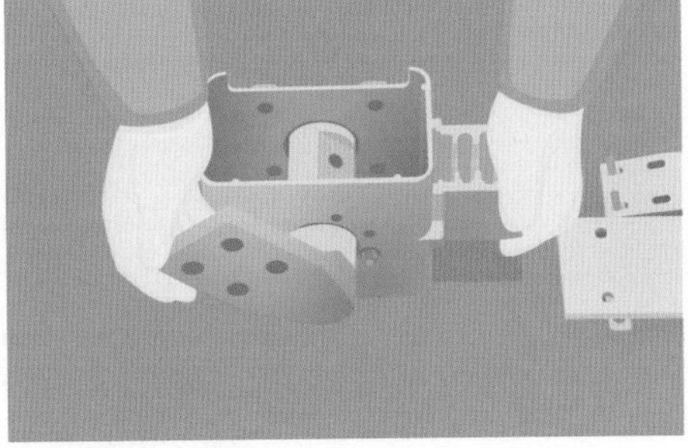

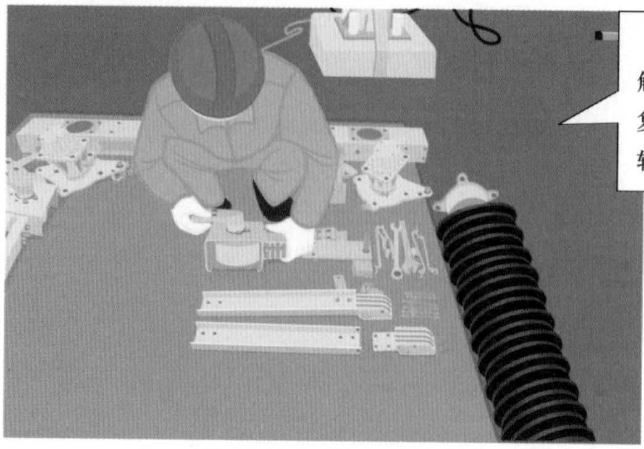
清洗各零部件后，按分解相反顺序复装接线座，复装完成后，检查接线座转动方向正确，转动灵活

2. 安装后检查项目

（1）支柱绝缘子垂直度检查。

依次安装轴承座、支柱绝缘子及调节连杆
支柱绝缘子安装后应调整其垂直度合格

（2）导电臂水平度检查。

检查调整水平度应合格

（3）插入深度检查。

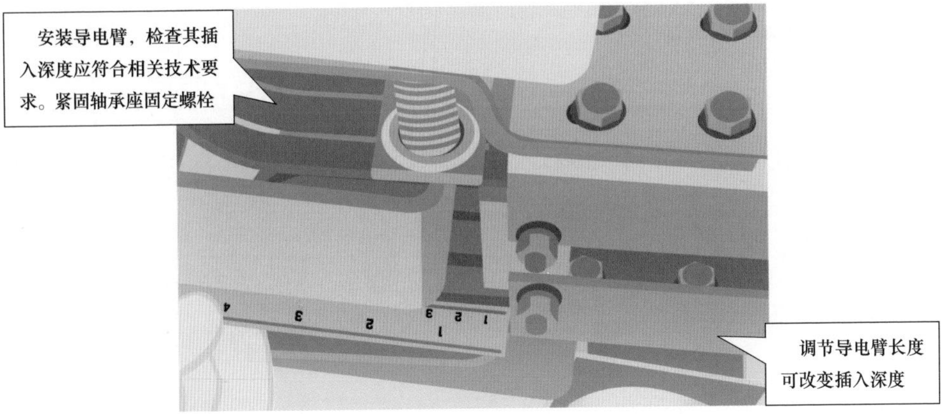
安装导电臂，检查其插入深度应符合相关技术要求。紧固轴承座固定螺栓
调节导电臂长度可改变插入深度

（4）触头触指上下高度差检查。

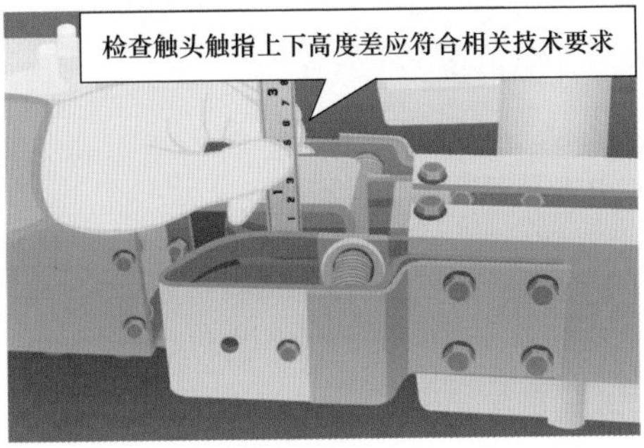
检查触头触指上下高度差应符合相关技术要求

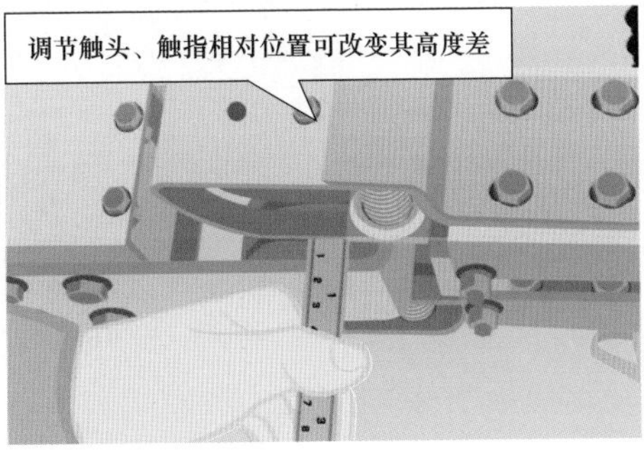
调节触头、触指相对位置可改变其高度差

（5）接触面检查。

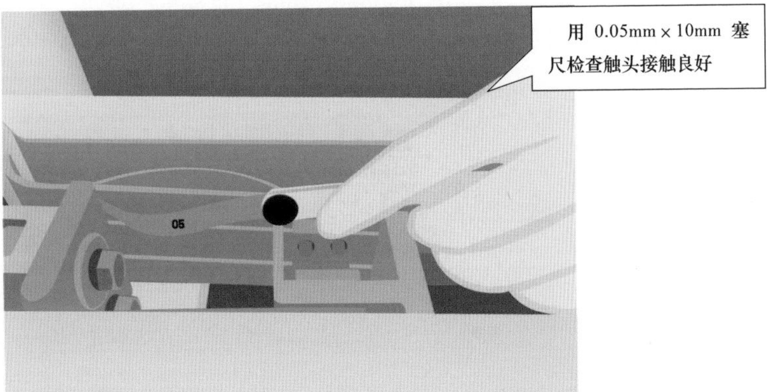
用 0.05mm × 10mm 塞尺检查触头接触良好

（6）开距测量。

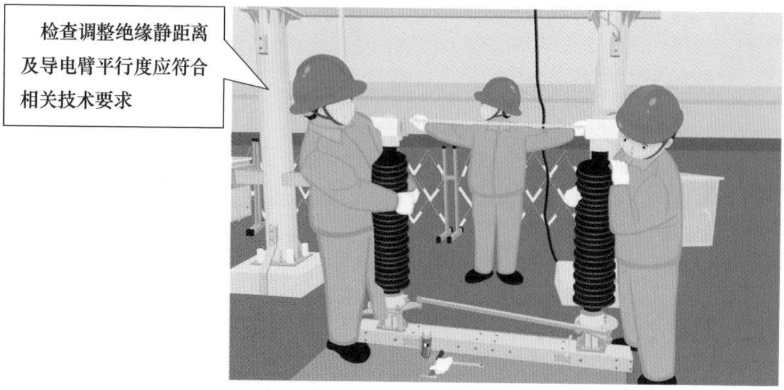
检查调整绝缘静距离
及导电臂平行度应符合
相关技术要求

（7）机械限位间隙调整。

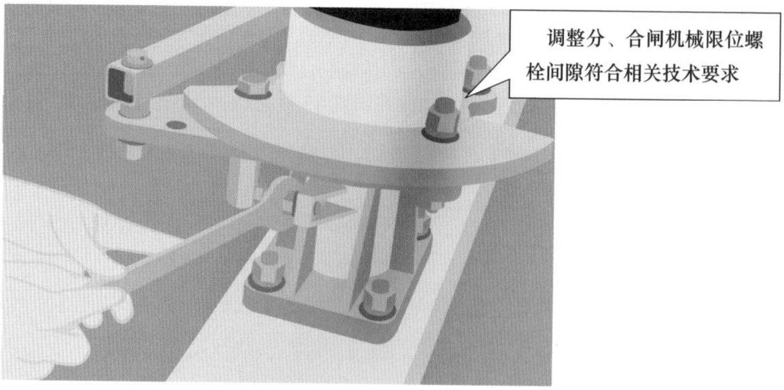
调整分、合闸机械限位螺
栓间隙符合相关技术要求

（8）主回路电阻测量。

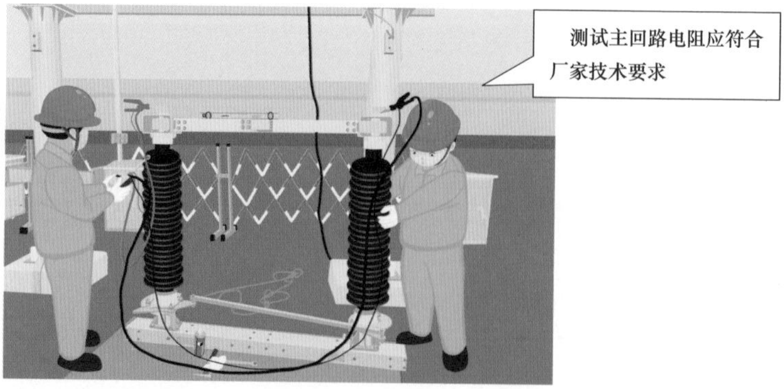
测试主回路电阻应符合
厂家技术要求

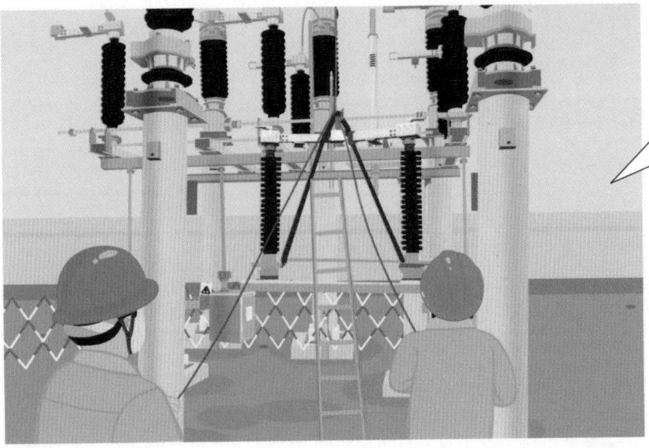
隔离开关回装，依次进行其他相分解检修，复装引线

（9）三相底座一致性检查。

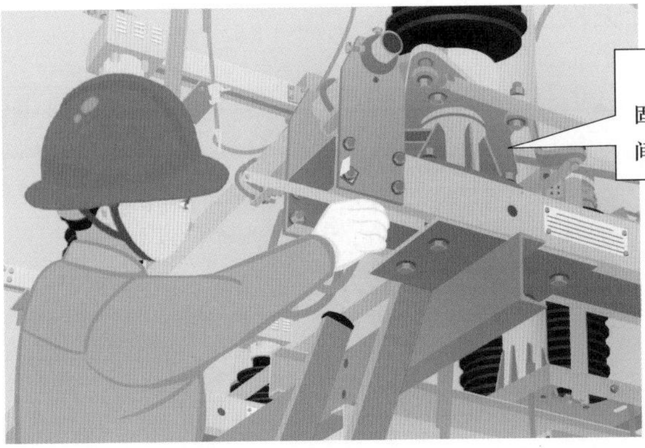
隔离开关底座安装牢固且在同一直线上，相间误差符合标准要求

（10）过死点检查。

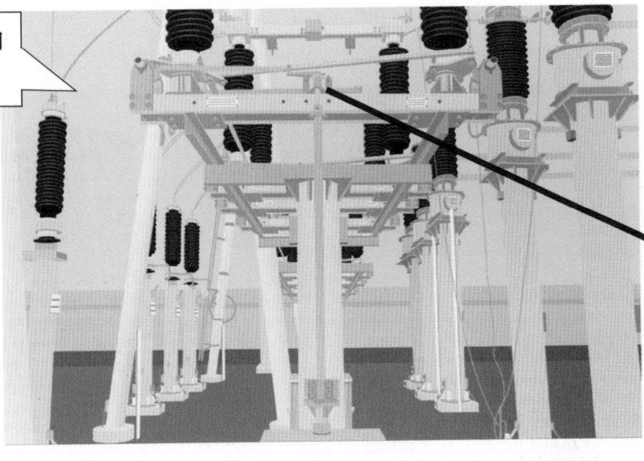
调节主转动臂在合闸后位于过死点位置

（11）相间连杆复装。

三相隔离开关置于合闸位置后，安装相间连杆，调整分合闸位置及同期值等

（12）接地开关检查。

调整接地开关动静触头相对位置及插入深度符合相关技术要求

（13）机械闭锁检查。

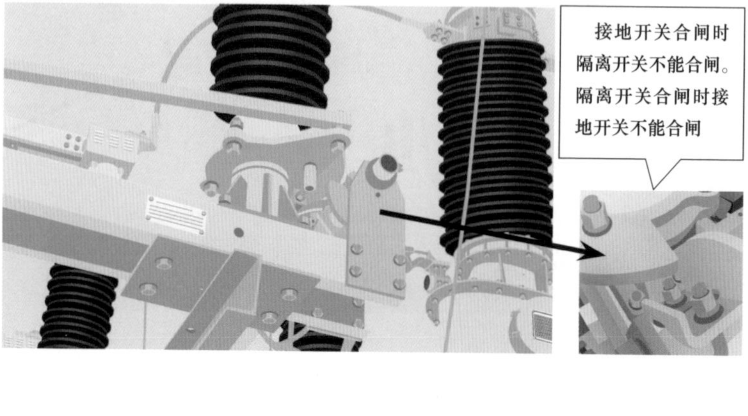
接地开关合闸时隔离开关不能合闸。隔离开关合闸时接地开关不能合闸

（14）班后会。

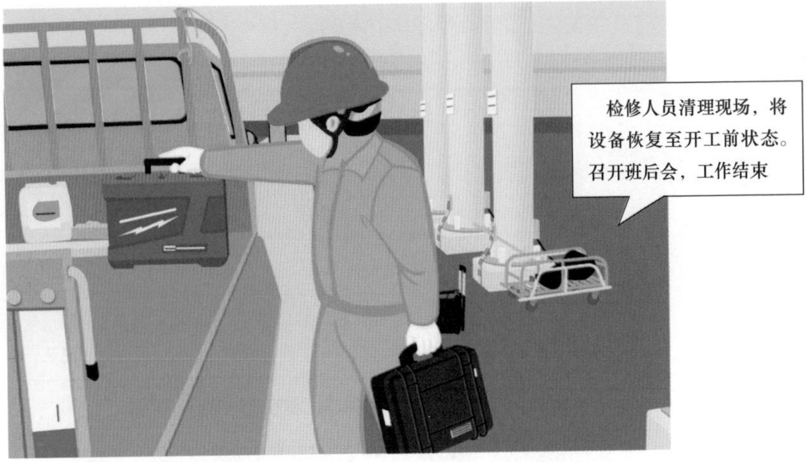
检修人员清理现场，将设备恢复至开工前状态。召开班后会，工作结束

第三节　垂直伸缩式隔离开关更换

一、检修前准备

1. 资料、机具准备

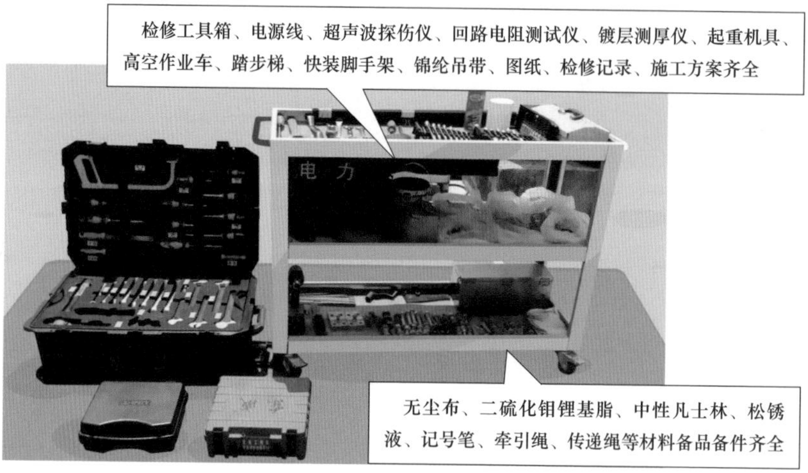
检修工具箱、电源线、超声波探伤仪、回路电阻测试仪、镀层测厚仪、起重机具、高空作业车、踏步梯、快装脚手架、锦纶吊带、图纸、检修记录、施工方案齐全
电力
无尘布、二硫化钼锂基脂、中性凡士林、松锈液、记号笔、牵引绳、传递绳等材料备品备件齐全

2. 班前会

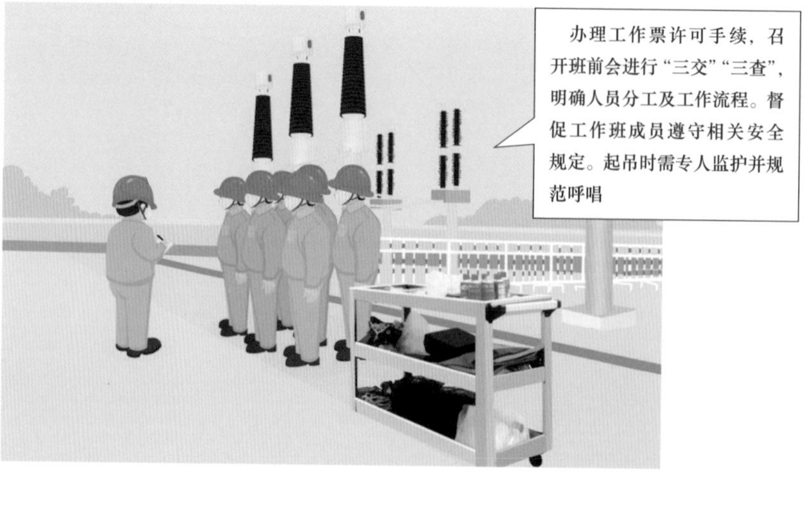
办理工作票许可手续，召开班前会进行“三交”“三查”，明确人员分工及工作流程。督促工作班成员遵守相关安全规定。起吊时需专人监护并规范呼唱

二、现场检查

1. 检查现场设备状态

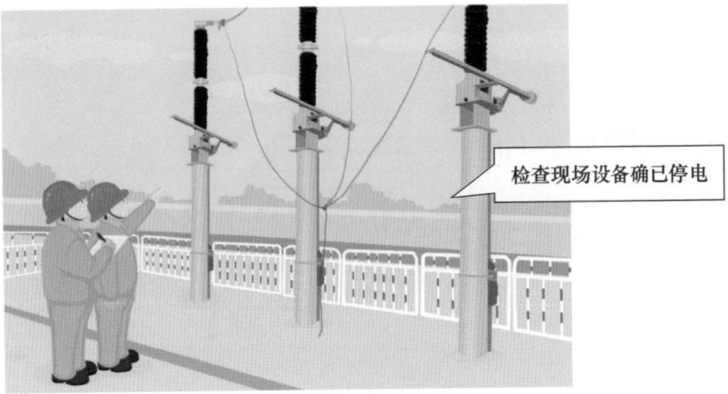
检查现场设备确已停电

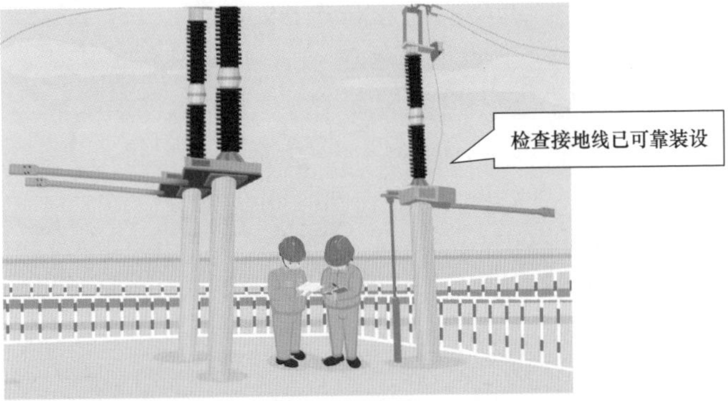
检查接地线已可靠装设

2. 电源全部断开

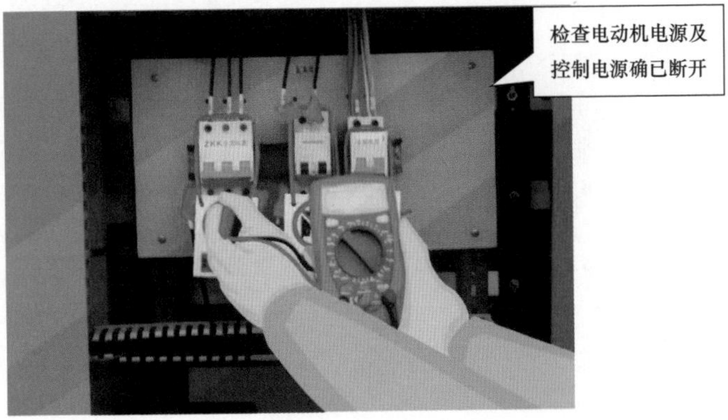
检查电动机电源及
控制电源确已断开

三、检修实施阶段

1. 修前试验检查

隔离开关到货检查，检查各部件及随厂资料齐全。隔离开关安装前高压试验合格。具体项目参见高压试验

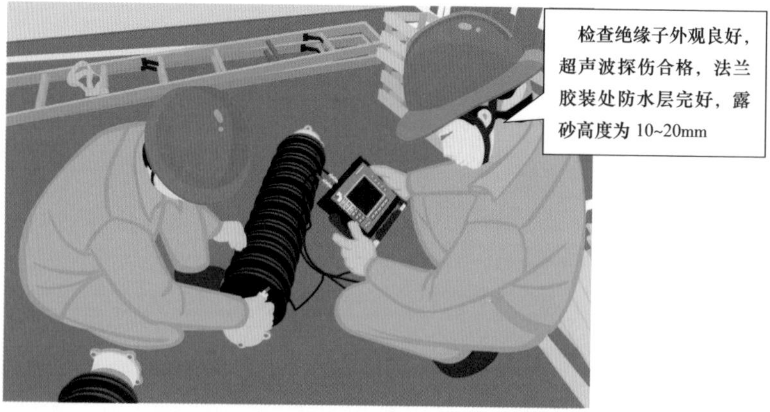
检查绝缘子外观良好，超声波探伤合格，法兰胶装处防水层完好，露砂高度为 10~20mm

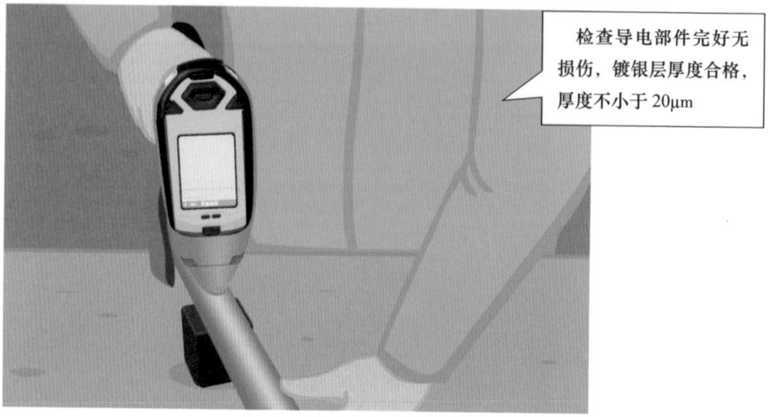
检查导电部件完好无损伤，镀银层厚度合格，厚度不小于 20μm

2. 拆除与吊装

（1）静触头及设备连线拆除。

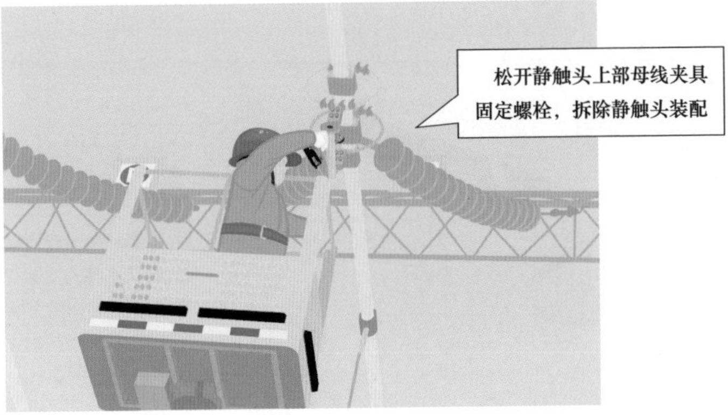
松开静触头上部母线夹具
固定螺栓，拆除静触头装配

拆除隔离开关两侧设备
引线

（2）传动连杆拆除。

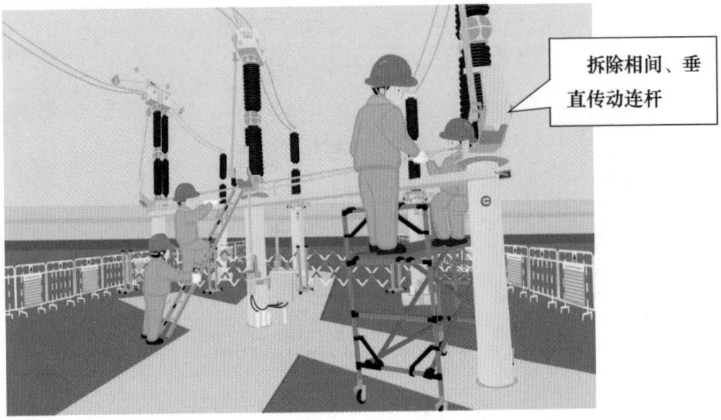
拆除相间、垂
直传动连杆

（3）地脚螺栓、接地体及开关本体吊装拆除。

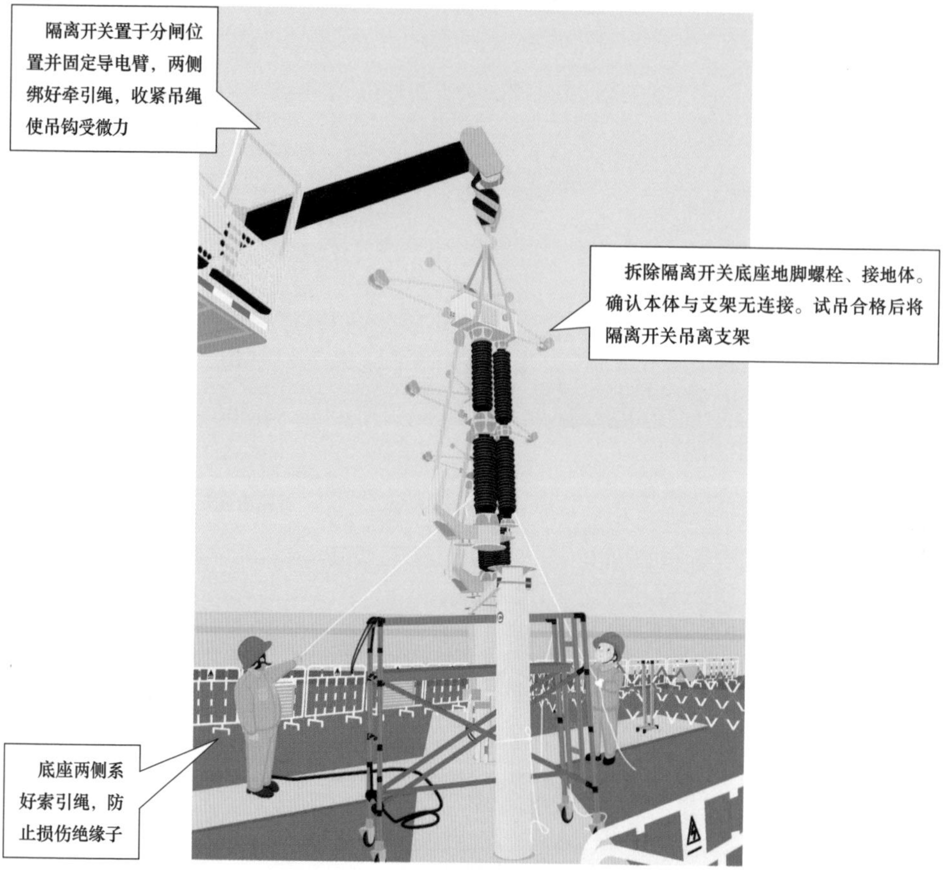
隔离开关置于分闸位置并固定导电臂，两侧绑好牵引绳，收紧吊绳使吊钩受微力
拆除隔离开关底座地脚螺栓、接地体。确认本体与支架无连接。试吊合格后将隔离开关吊离支架
底座两侧系好索引绳，防止损伤绝缘子

将导电座、绝缘子、底座分解后转运至指定位置

（4）操动机构拆除。

拆除操动机构内进线电缆，拆前做好记录，裸露导线做好绝缘包扎。复装时按标记接入对应回路

拆除操动机构固定螺栓、接地体，将操动机构从支架上拆除并转运至指定位置

（5）清洗新隔离开关导电接触面。

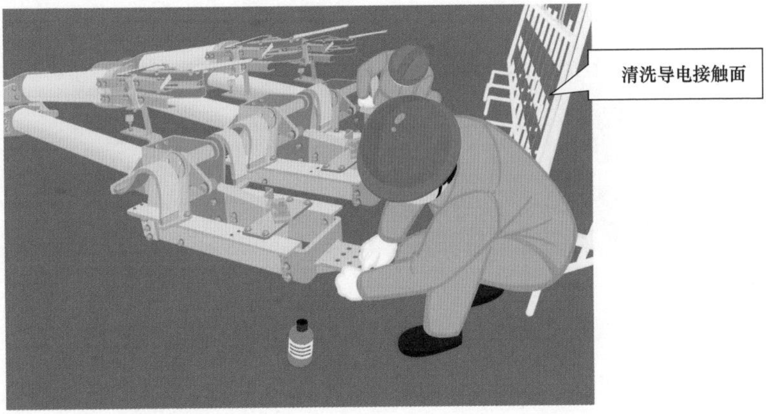
清洗导电接触面

（6）隔离开关底座安装。

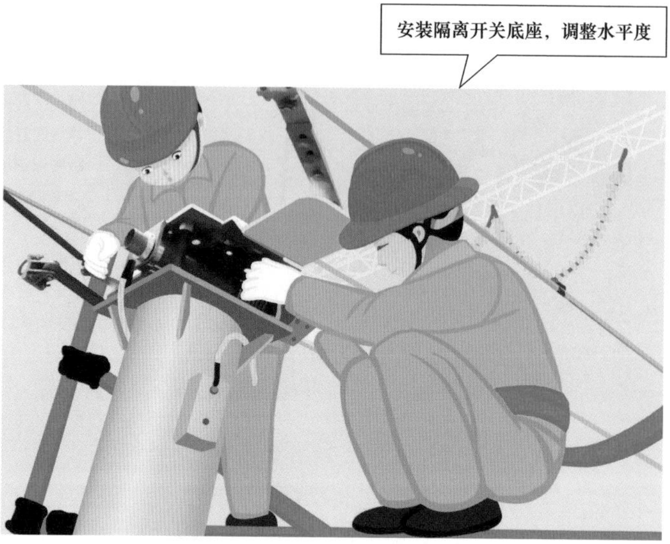
安装隔离开关底座，调整水平度

（7）隔离开关组装、绝缘子安装后垂直度检查。

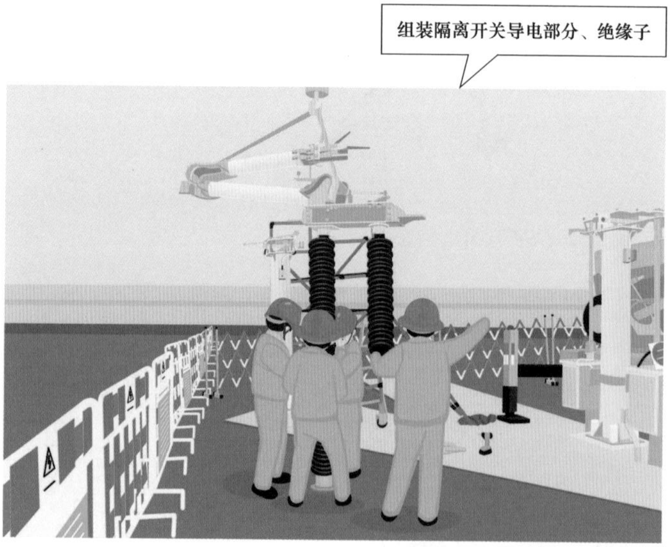
组装隔离开关导电部分、绝缘子

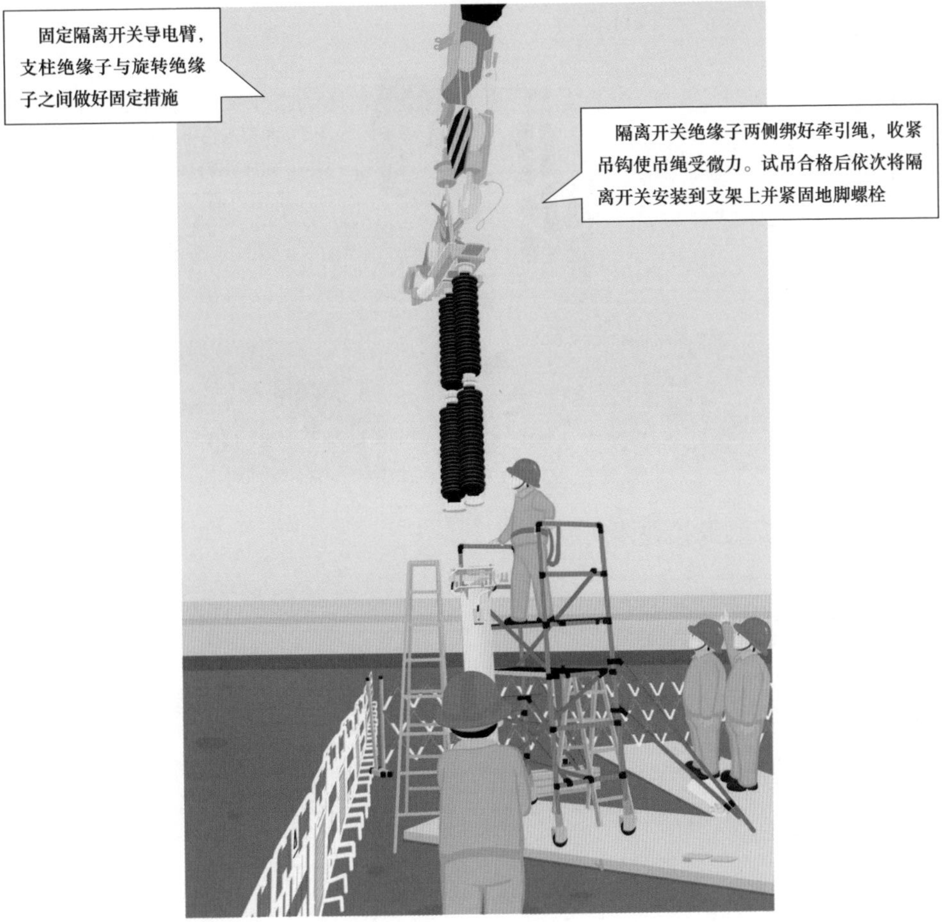
固定隔离开关导电臂，支柱绝缘子与旋转绝缘子之间做好固定措施
隔离开关绝缘子两侧绑好牵引绳，收紧吊钩使吊绳受微力。试吊合格后依次将隔离开关安装到支架上并紧固地脚螺栓

吊装完成后用水平仪检查绝缘子垂直度，用调节片校正水平或垂直度偏差

（8）底座安装后一致性检查。

隔离开关底座安装应牢固且在同一直线上，相间误差符合标准要求

（9）机构安装及接地体安装。

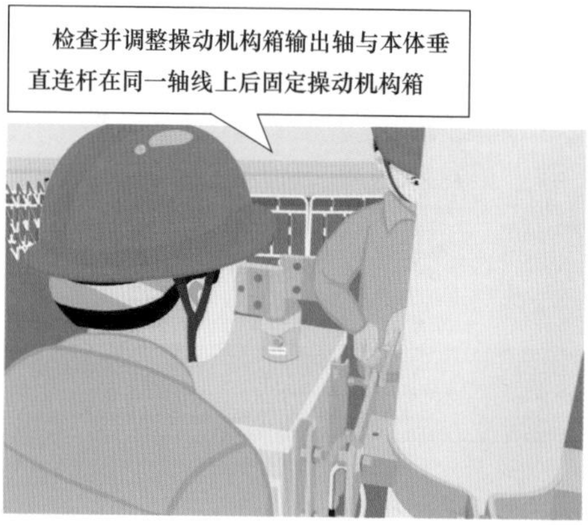
检查并调整操动机构箱输出轴与本体垂直连杆在同一轴线上后固定操动机构箱

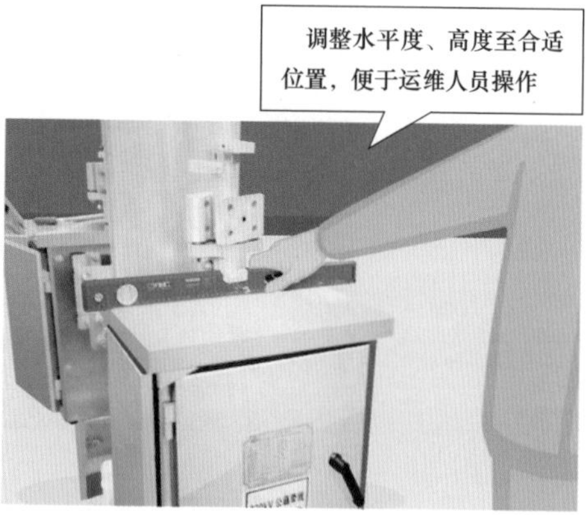
调整水平度、高度至合适位置，便于运维人员操作

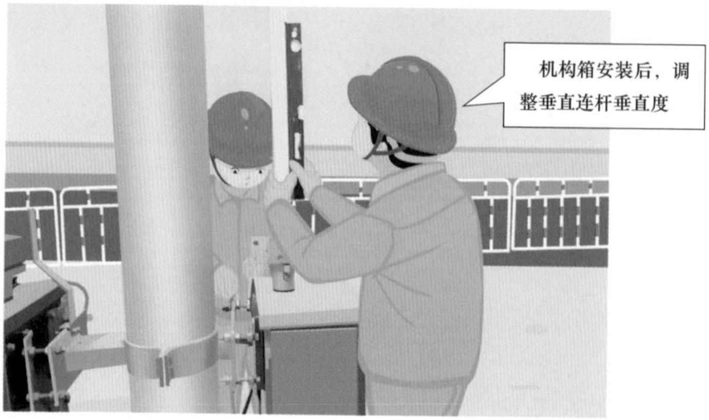
机构箱安装后，调整垂直连杆垂直度

（10）控制电缆安装。

安装操动机构电缆，按记录标记连接相关控制、动力、信号、联锁回路

按规范要求封堵电缆孔洞

（11）静触头测量、制作与安装。

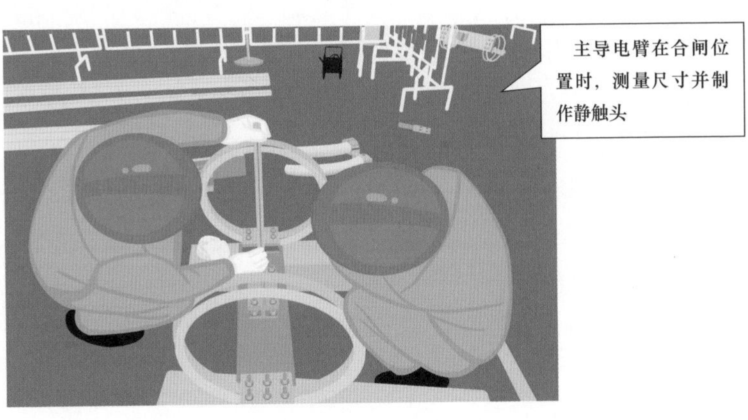
主导电臂在合闸位置时，测量尺寸并制作静触头

清理静触头座与母线接触面

安装调整静触头，在隔离开关微分状态下，调整静触头对中找正

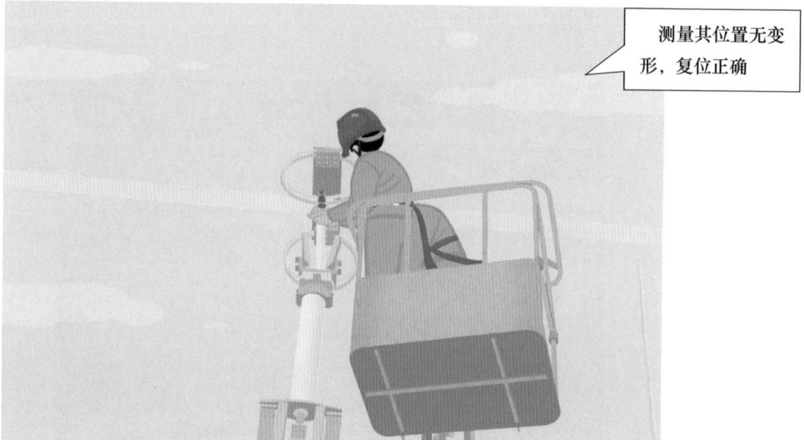
测量其位置无变形，复位正确

（12）单极调试。

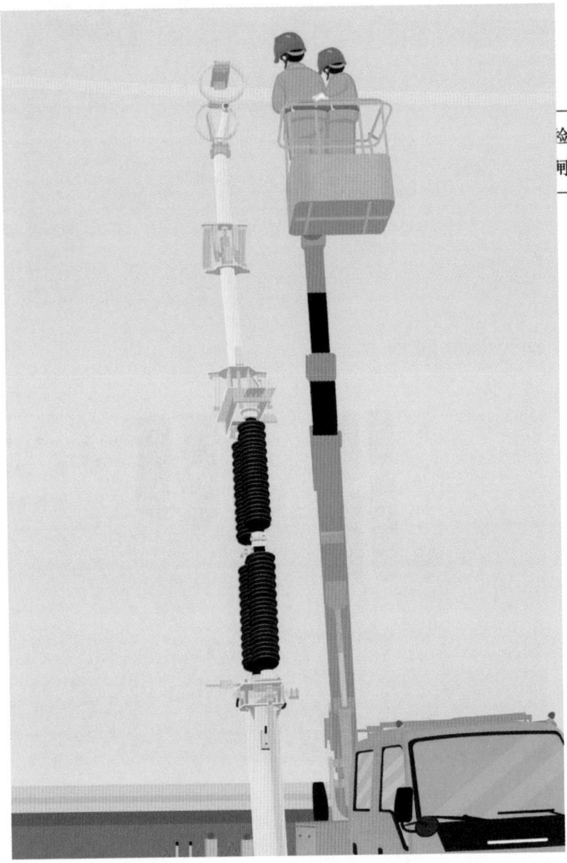
检查隔离开关动触指合
闸到位情况

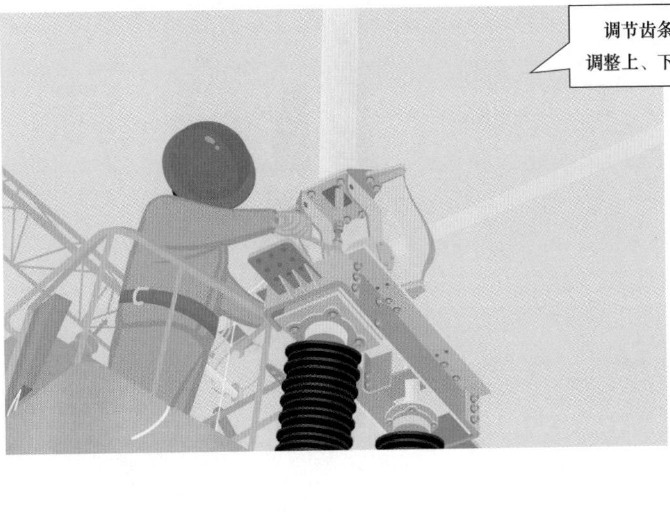
调节齿条底部调节螺栓
调整上、下导电臂垂直度

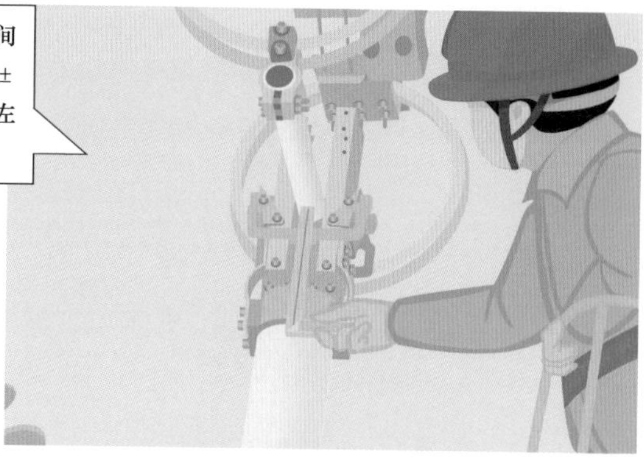
检查动、静触头上下间隙应符合标准（为 50mm±10mm）。触头夹持部位左右偏差不大于 5mm

（13）传动连杆安装及隔离开关调试。

逐极调整到位后，将隔离开关、操动机构置于合闸位置，安装传动连杆

传动拐臂安装时注意拐臂与水平传动杆夹角成 45°
45°

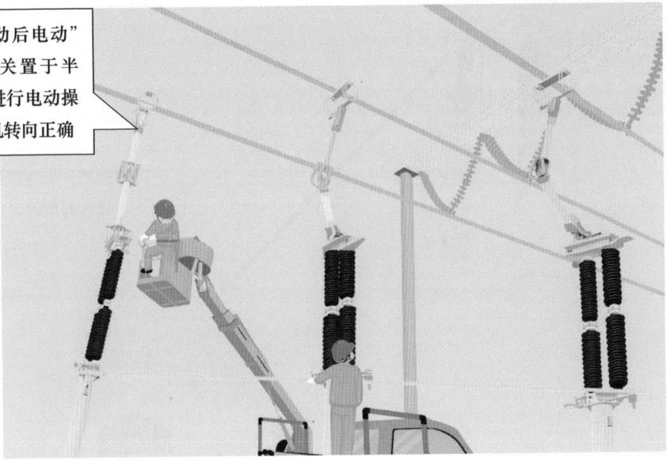
遵循“先手动后电动”原则。隔离开关置于半分半合位置时进行电动操作，检查电动机转向正确

（14）接地开关安装与调试。

安装接地开关导电臂

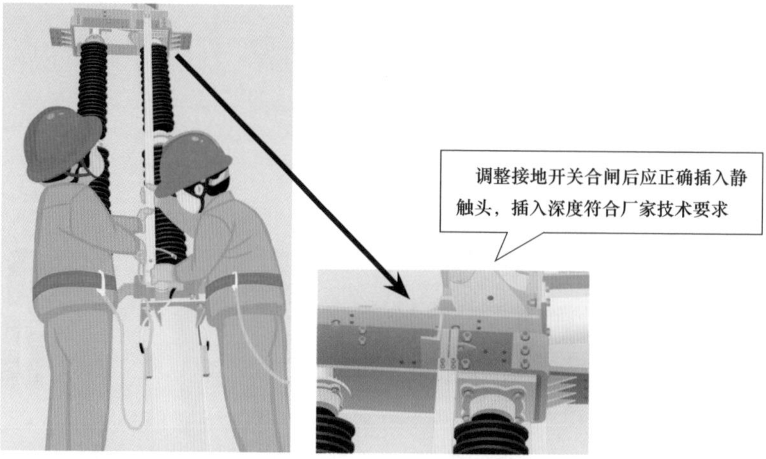
调整接地开关合闸后应正确插入静触头，插入深度符合厂家技术要求

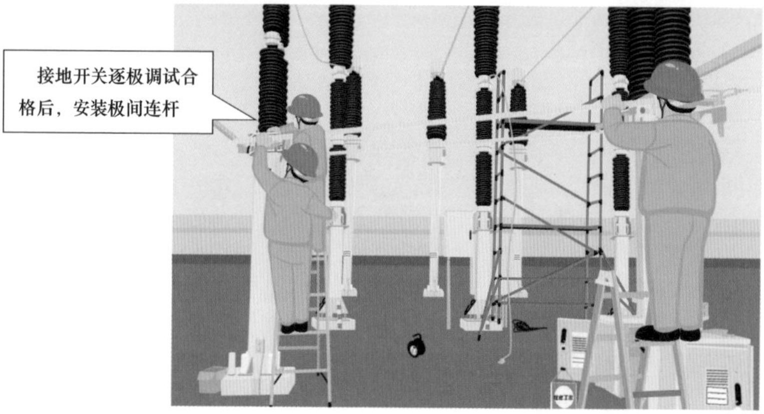
接地开关逐极调试合格后，安装极间连杆

（15）开距检查。

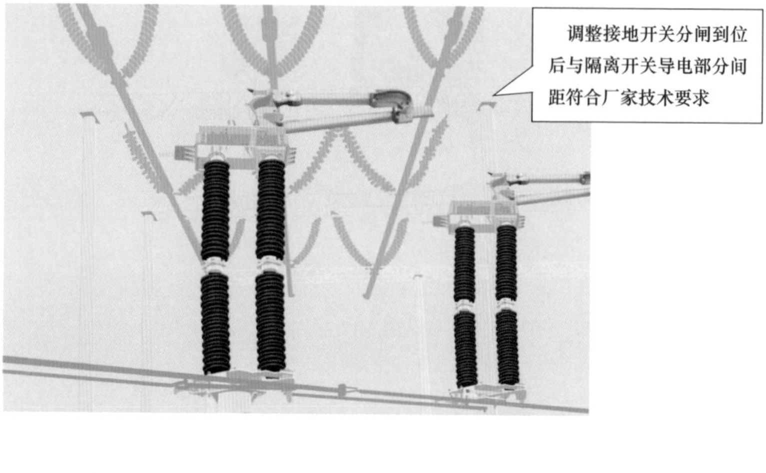
调整接地开关分闸到位后与隔离开关导电部分间距符合厂家技术要求

（16）接地体制作及设备连线恢复。

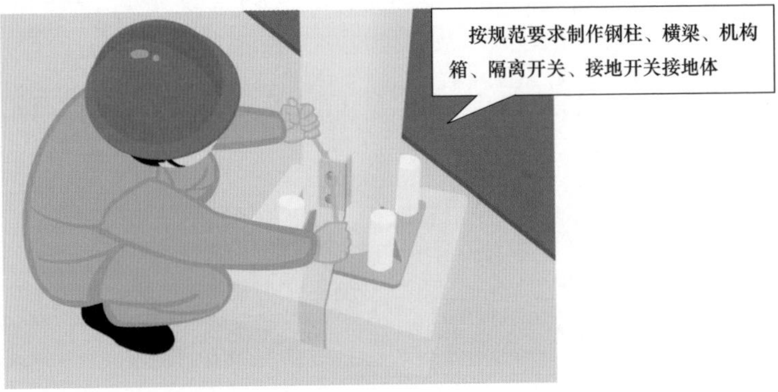
按规范要求制作钢柱、横梁、机构箱、隔离开关、接地开关接地体

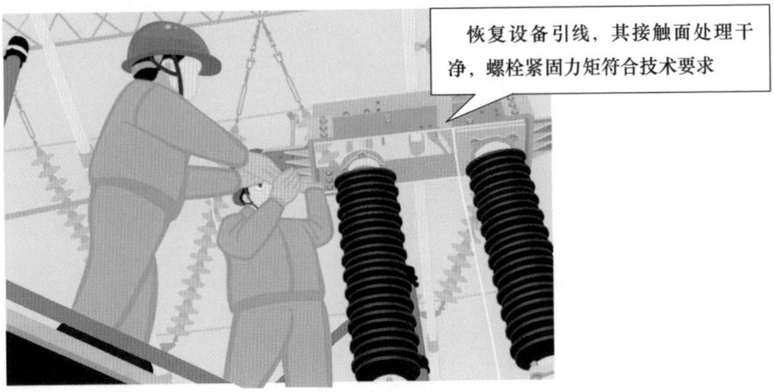
恢复设备引线，其接触面处理干净，螺栓紧固力矩符合技术要求

3. 调试及检查

（1）导电部分检查。

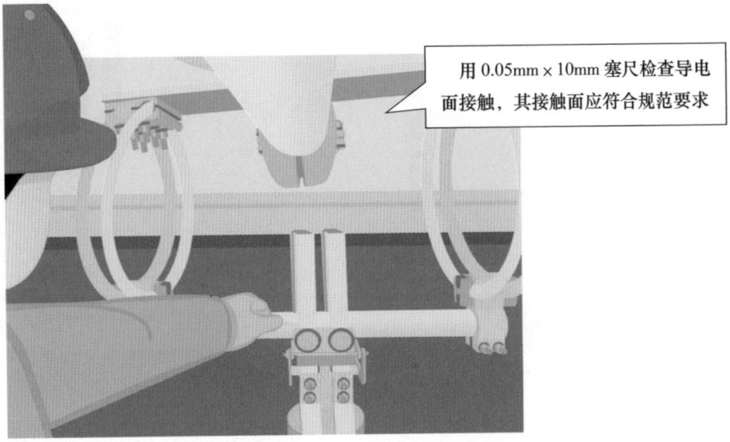
用 0.05mm × 10mm 塞尺检查导电面接触，其接触面应符合规范要求

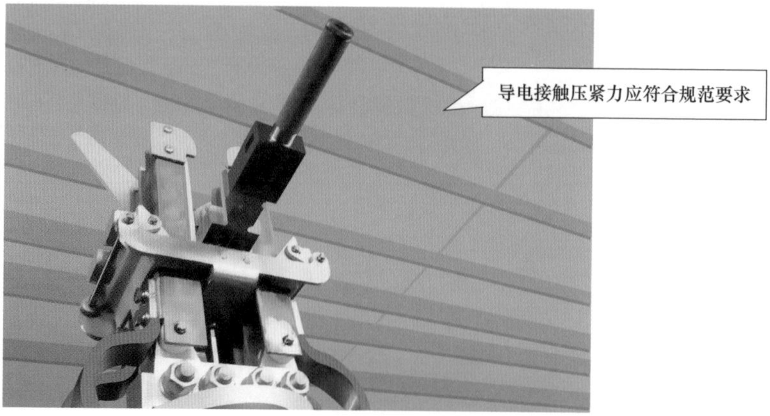
导电接触压紧力应符合规范要求

（2）三相同期值检查。

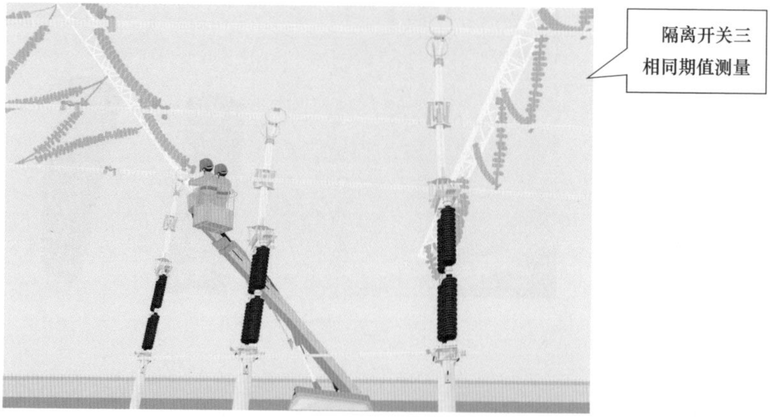
隔离开关三
相同期值测量

调整极连杆至同期值
符合厂家技术要求，同
时注意隔离开关垂直度、
水平度达到标准要求

（3）闭锁装置检查。

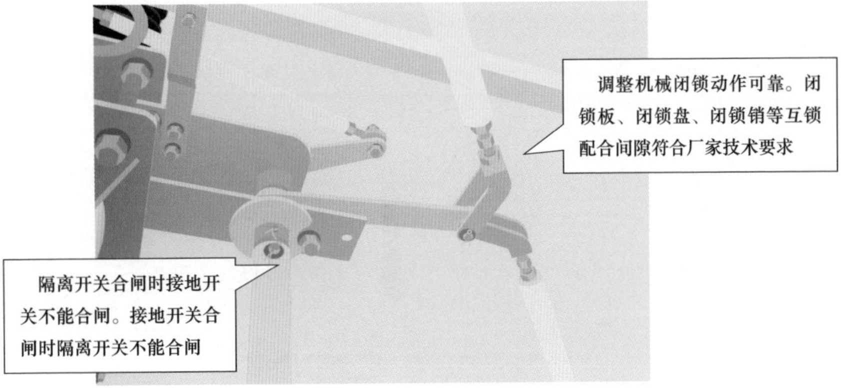
调整机械闭锁动作可靠。闭锁板、闭锁盘、闭锁销等互锁配合间隙符合厂家技术要求
隔离开关合闸时接地开关不能合闸。接地开关合闸时隔离开关不能合闸

（4）分合闸到位检查。

隔离开关、接地开关分合闸时，检查垂直度、水平度应符合规范要求

检查调整限位开关能准确可靠切断电源

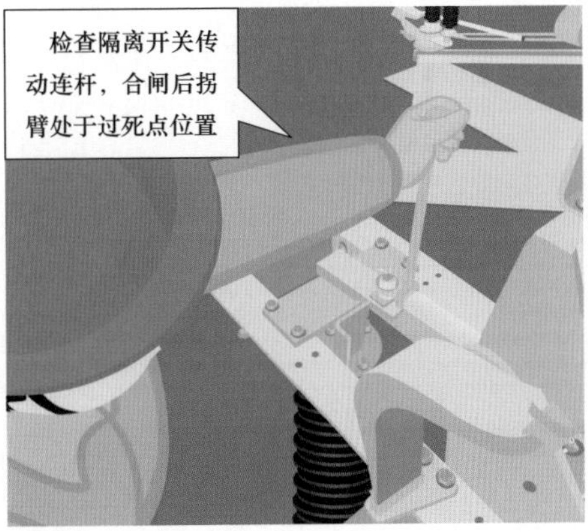
检查隔离开关传动连杆，合闸后拐臂处于过死点位置

（5）回路电阻测试。

测量主回路及接地回路电阻值符合技术要求

（6）二次回路绝缘电阻测试。

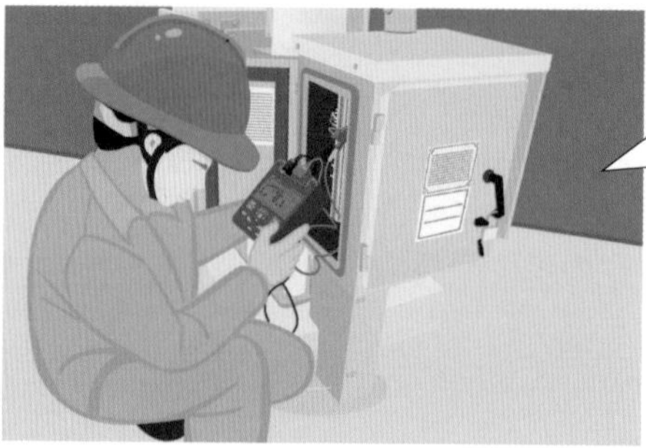
用1000V绝缘电阻表测试辅助回路及控制回路绝缘电阻应大于10MΩ，电动机绝缘电阻应大于2MΩ

（7）检修结束、现场清理。

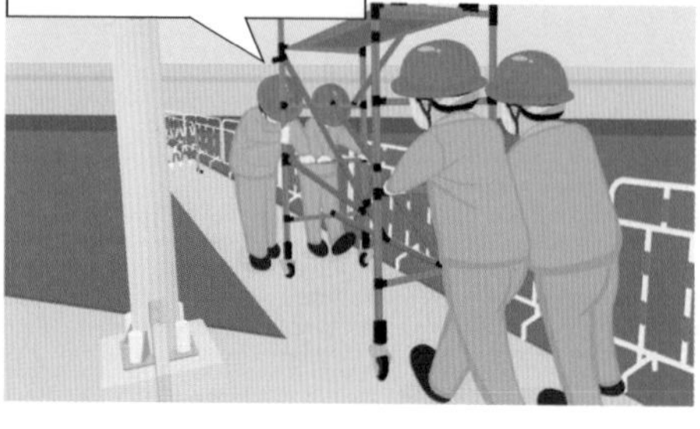
检修人员清理现场，将设备恢复至开工前状态

召开班后会，办理工作票终结手续

第四节 垂直伸缩式隔离开关解体检修

一、检修前准备

1. 资料、机具准备、工器具、材料备件准备

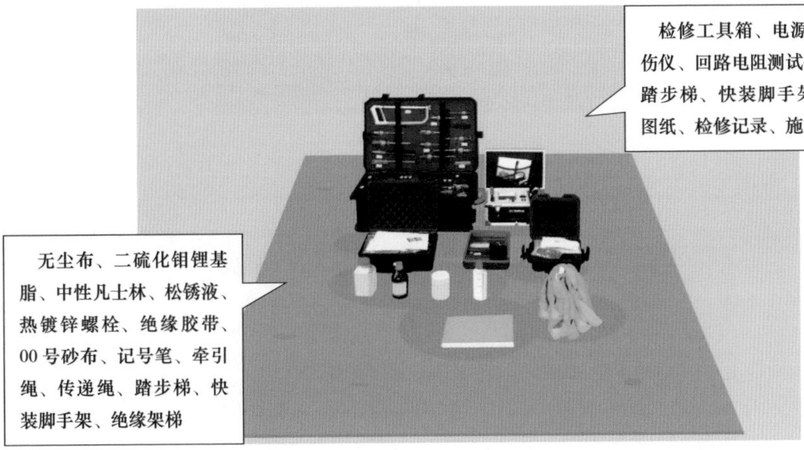
检修工具箱、电源线、超声波探伤仪、回路电阻测试仪、起重机具、踏步梯、快装脚手架、锦纶吊带、图纸、检修记录、施工方案齐全
无尘布、二硫化钼锂基脂、中性凡士林、松锈液、热镀锌螺栓、绝缘胶带、00号砂布、记号笔、牵引绳、传递绳、踏步梯、快装脚手架、绝缘架梯

2. 班前会

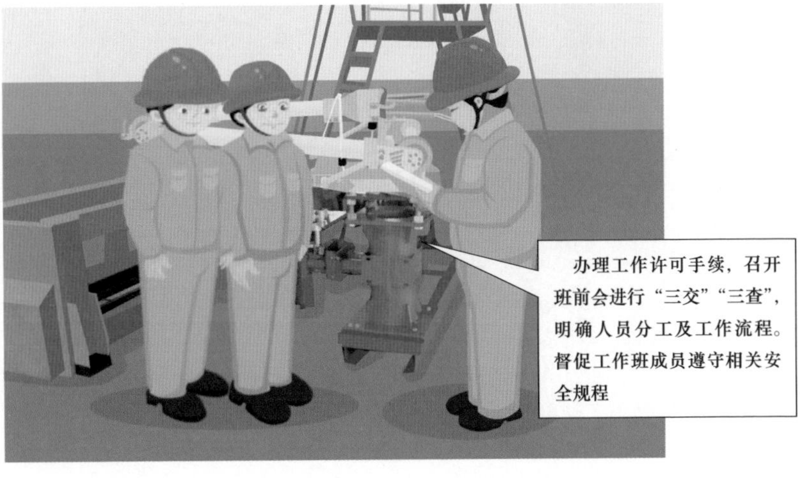
办理工作许可手续，召开班前会进行“三交”“三查”，明确人员分工及工作流程。督促工作班成员遵守相关安全规程

二、检修实施阶段

1. 拆除导电座

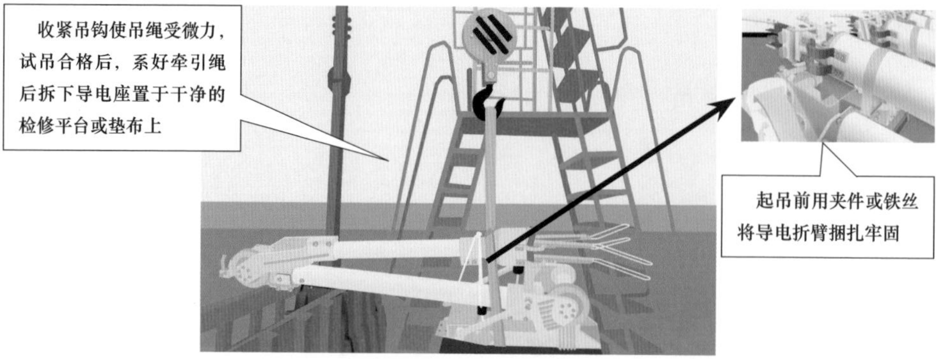
收紧吊钩使吊绳受微力，试吊合格后，系好牵引绳后拆下导电座置于干净的检修平台或垫布上
起吊前用夹件或铁丝将导电折臂捆扎牢固

2. 弹簧释放能量

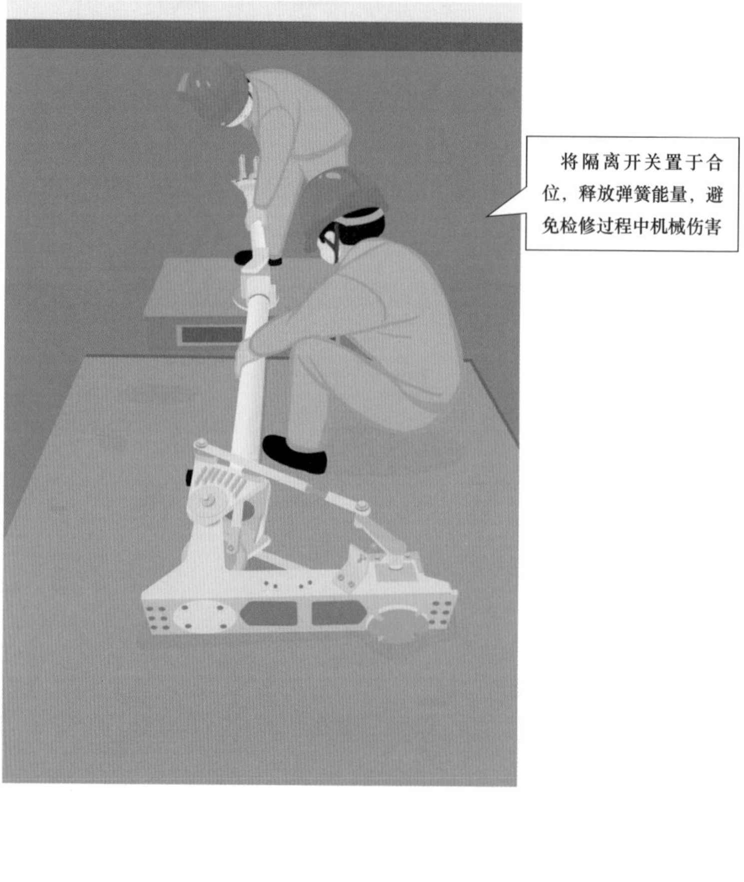
将隔离开关置于合位，释放弹簧能量，避免检修过程中机械伤害

3. 上导电臂拆除

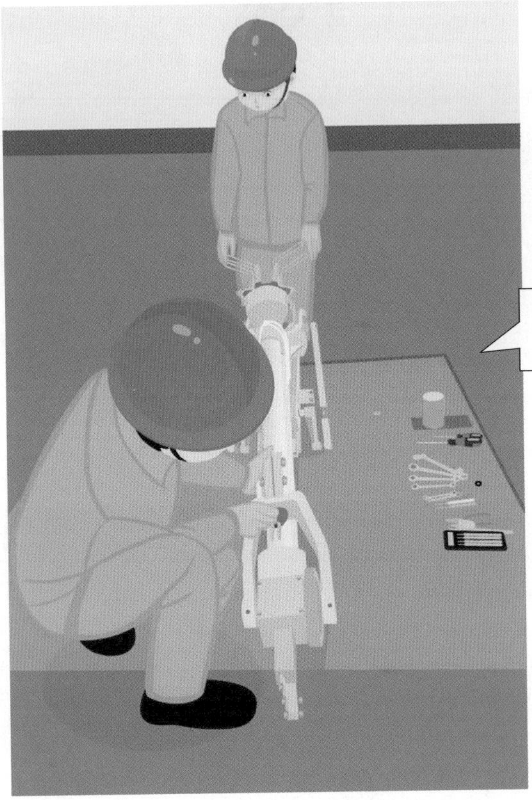

取下轴销，取出导电折臂防雨罩及滚轮

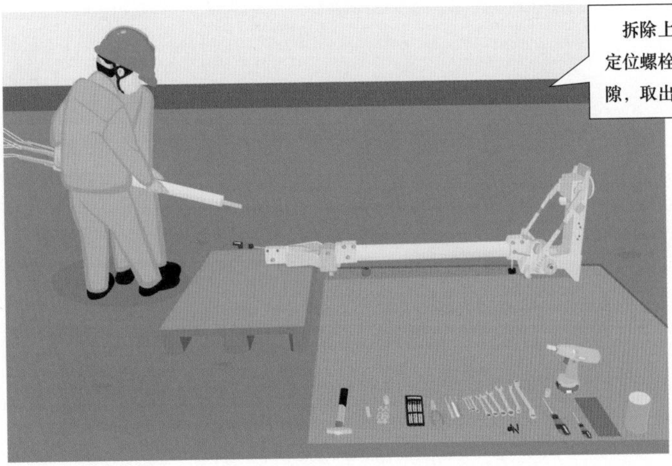

拆除上导电臂夹紧及定位螺栓，扩大抱夹缝隙，取出上导电臂

4. 中间触头拆除

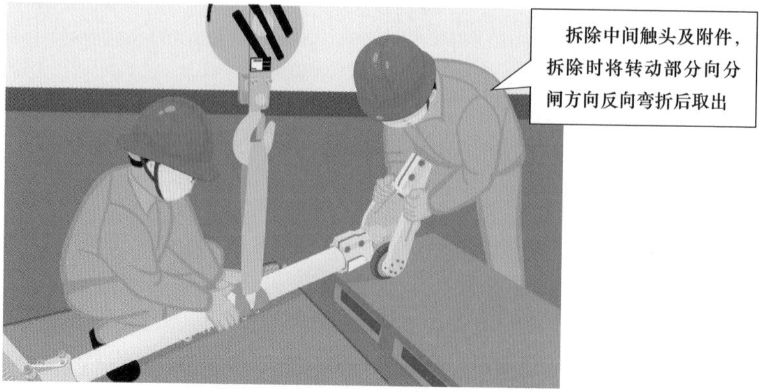
拆除中间触头及附件，拆除时将转动部分向分闸方向反向弯折后取出

5. 下导电臂拆除

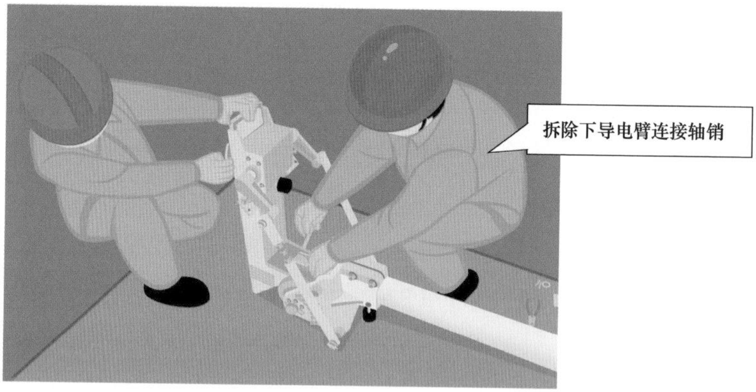
拆除下导电臂连接轴销

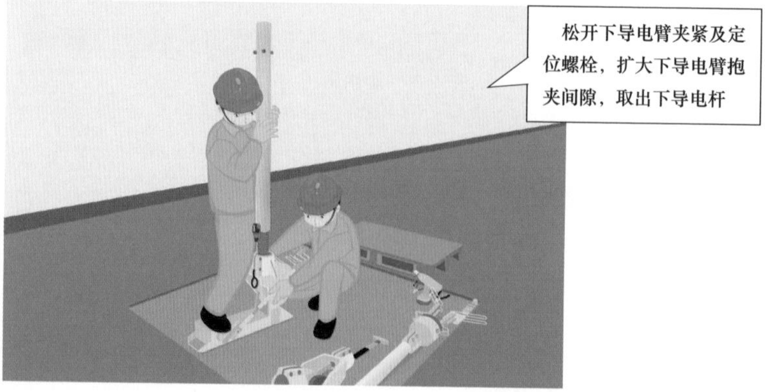
松开下导电臂夹紧及定位螺栓，扩大下导电臂抱夹间隙，取出下导电杆

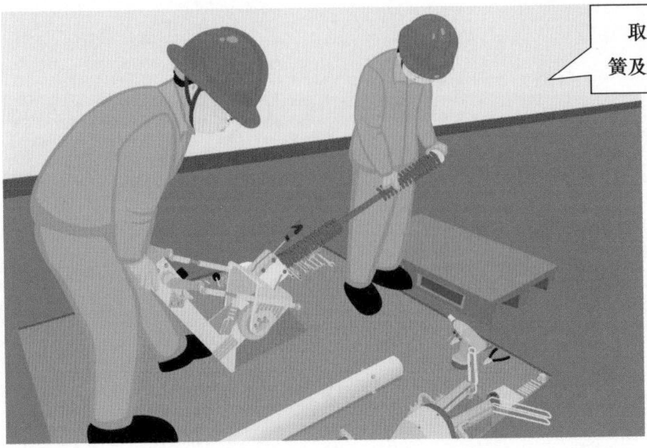
取出下导电臂复位弹簧及齿条

6. 拆除调节连杆

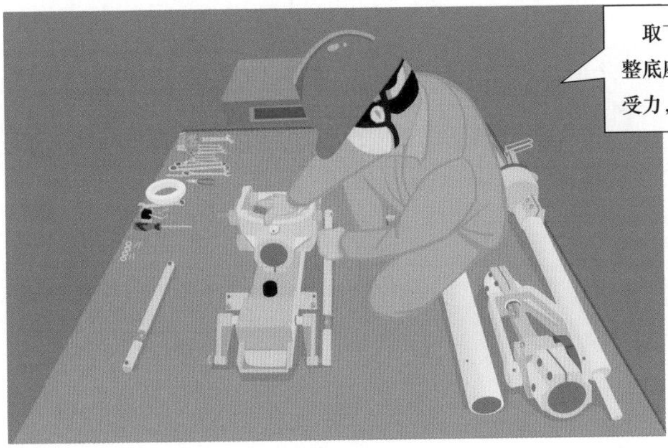
取下调节连杆轴销，调整底座状态使调节连杆不受力，拆除调节连杆

7. 部件检查

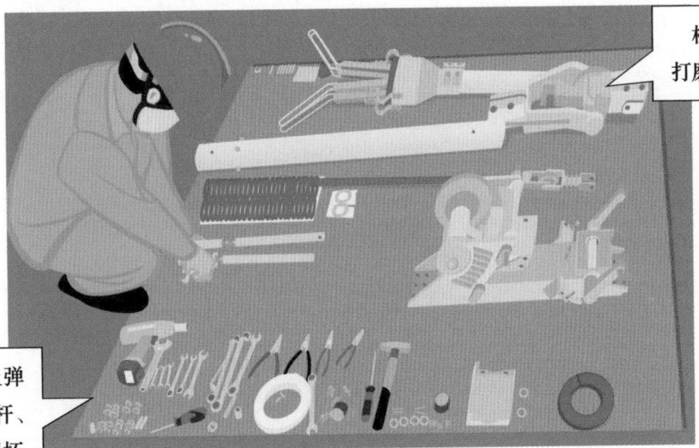
检查并清洗各部件，打磨清理锈蚀氧化痕迹
检查复位弹簧及弹簧平垫、调节连杆、齿条等有无变形损坏

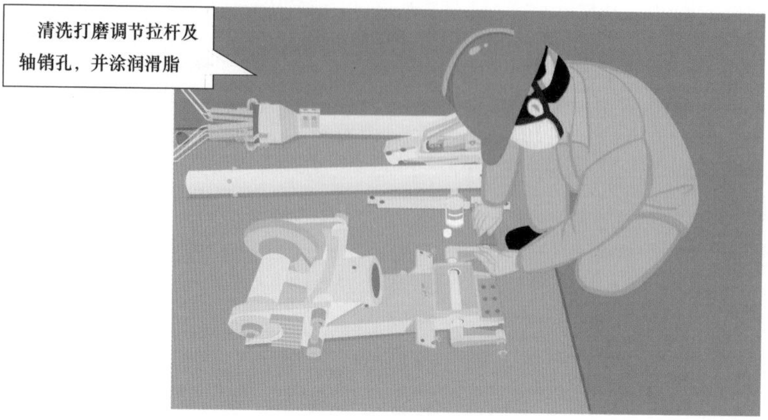
清洗打磨调节拉杆及轴销孔，并涂润滑脂

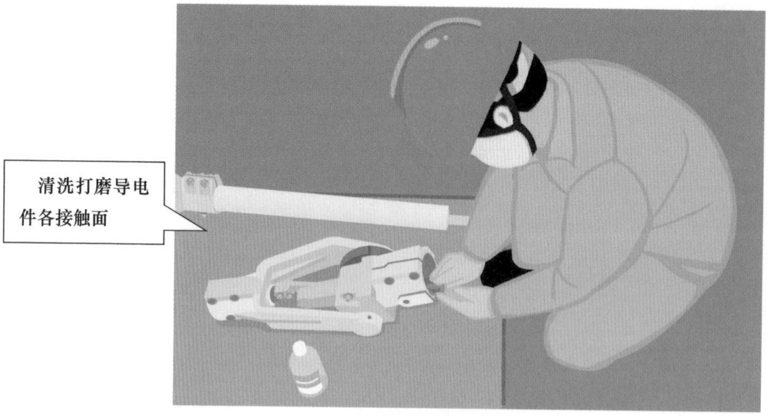
清洗打磨导电件各接触面

8. 上导电臂分解

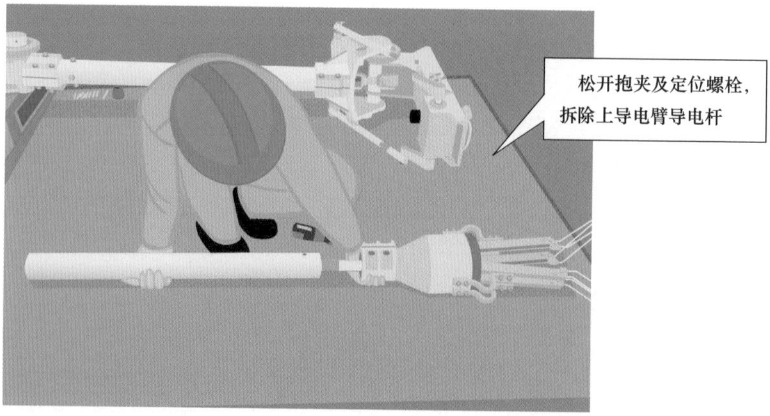
松开抱夹及定位螺栓，拆除上导电臂导电杆

取下防雨罩，依次拆除触指部件

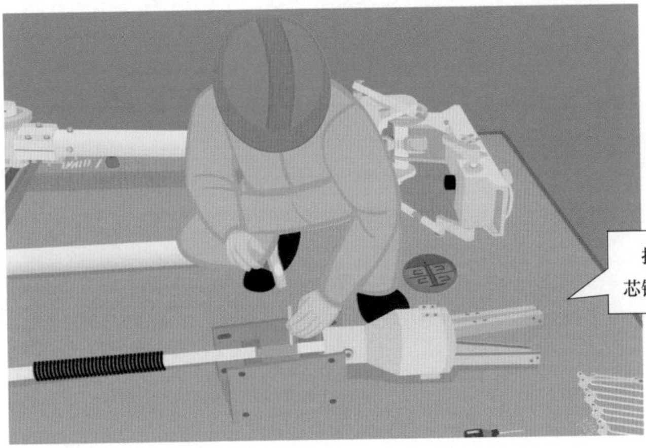

拆除夹紧弹簧空芯钢销

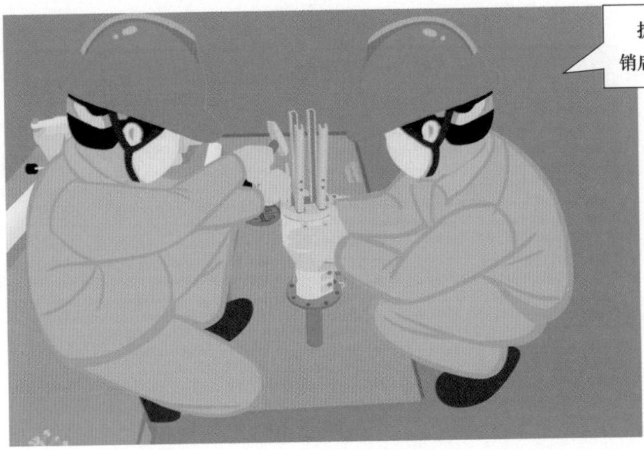

拆除触指固定钢销后取出触指组件

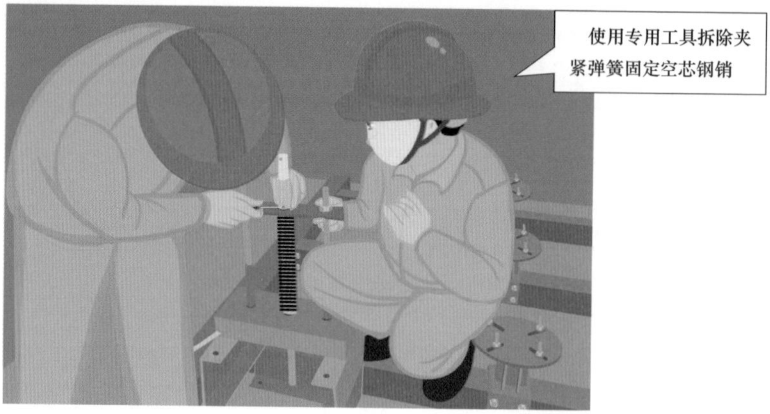
使用专用工具拆除夹
紧弹簧固定空芯钢销

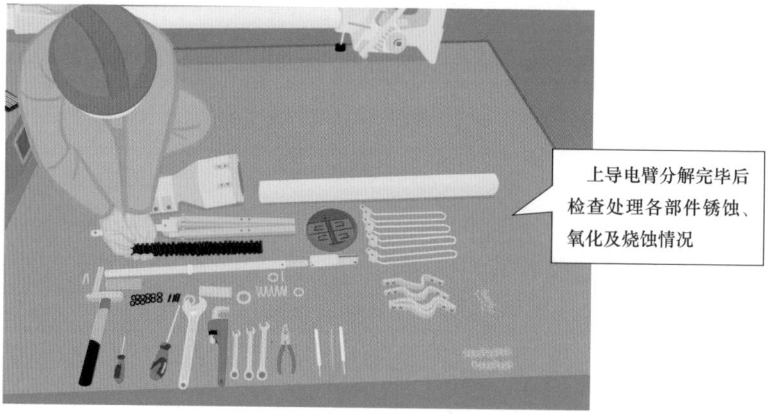
上导电臂分解完毕后
检查处理各部件锈蚀、
氧化及烧蚀情况

9. 上导电臂复装

更换防雨罩、固定钢销
等部件后组装上导电臂

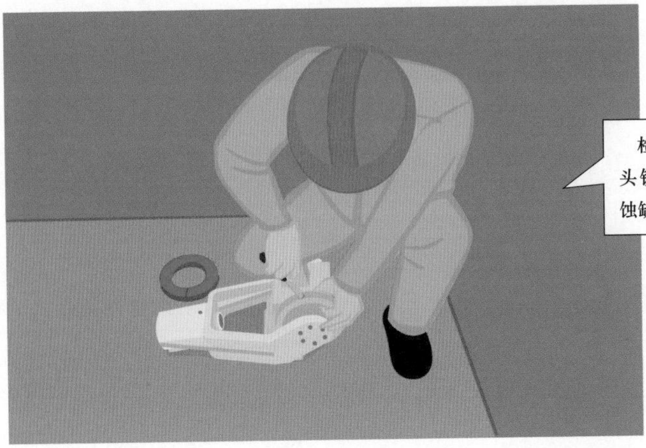

检查处理中间触头锈蚀、氧化及烧蚀缺陷

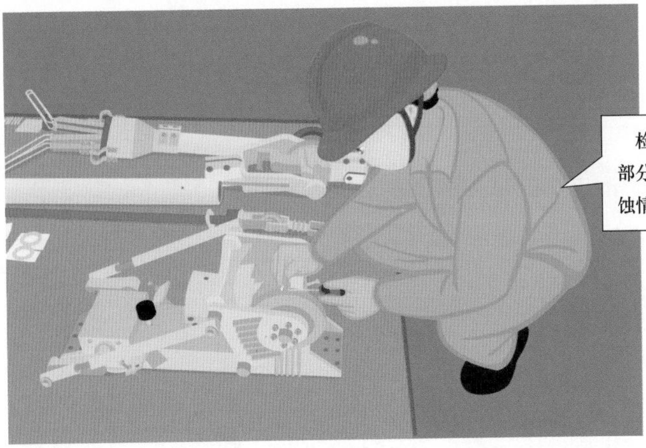

检查处理底座导电部分锈蚀、氧化及烧蚀情况

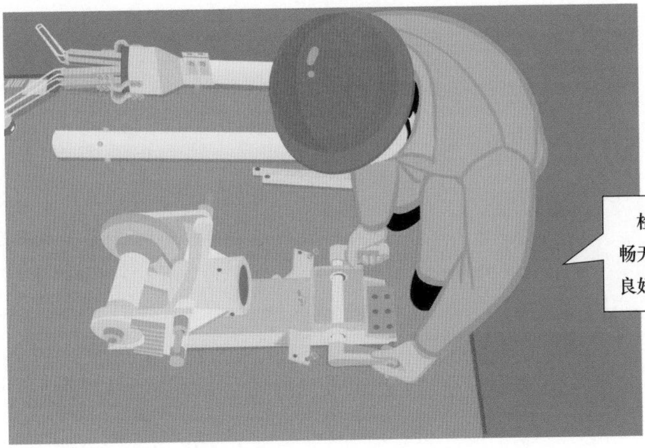

检查轴承座转动顺畅无损伤，传动啮合良好后涂润滑脂

更换平衡弹簧并涂润滑脂后复装。下导电臂复装时弹簧轻微受力，应用力下压到位后安装定位及夹紧螺栓

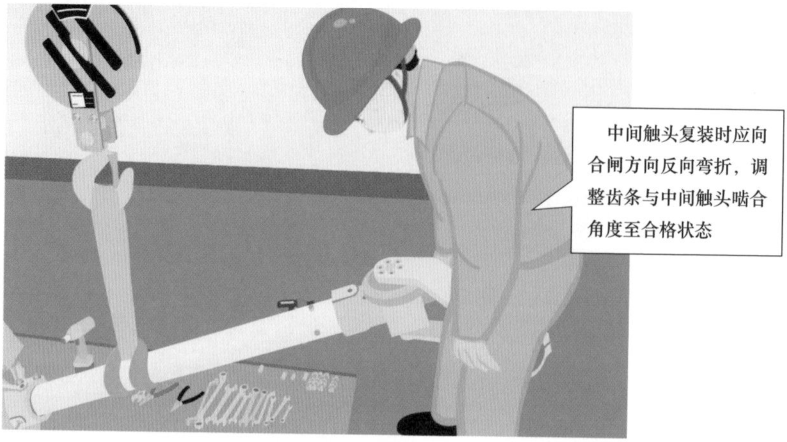
中间触头复装时应向合闸方向反向弯折，调整齿条与中间触头啮合角度至合格状态

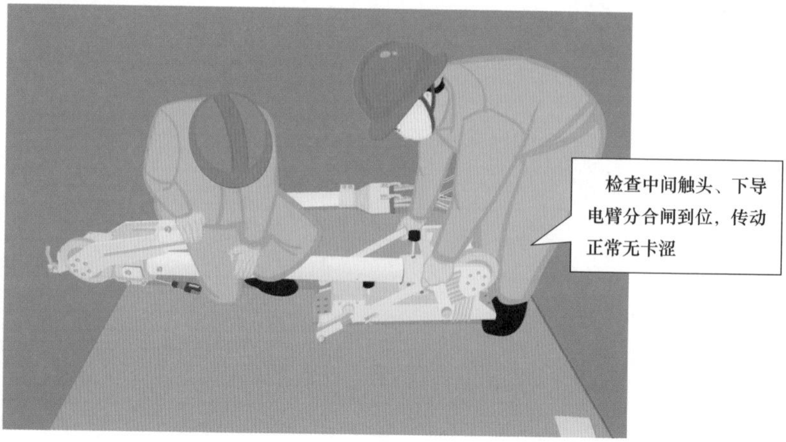
检查中间触头、下导电臂分合闸到位，传动正常无卡涩

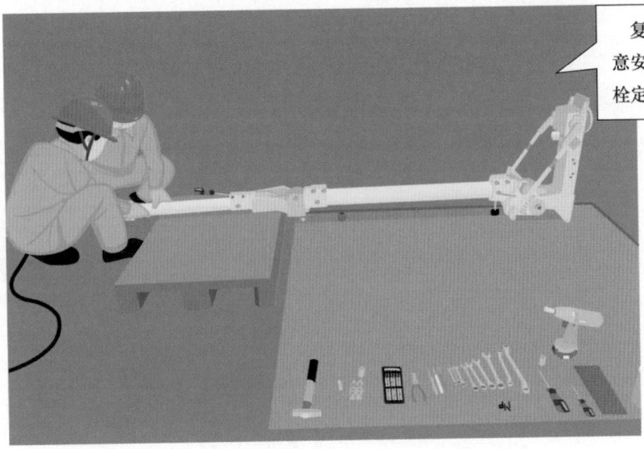
复装上导电臂，注意安装方向及定位螺栓定径孔位置正确

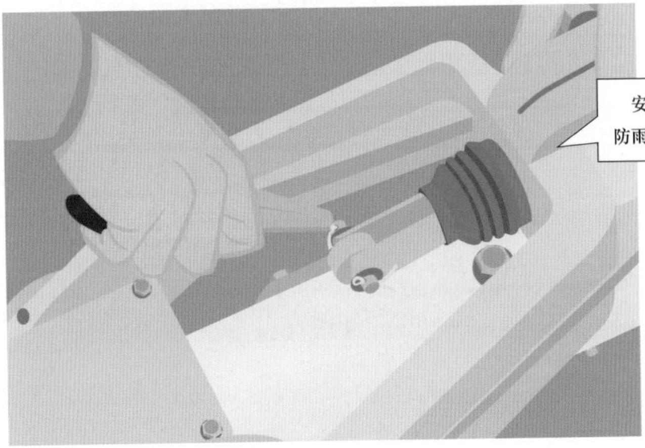
安装上导电杆折臂防雨罩及滚轮

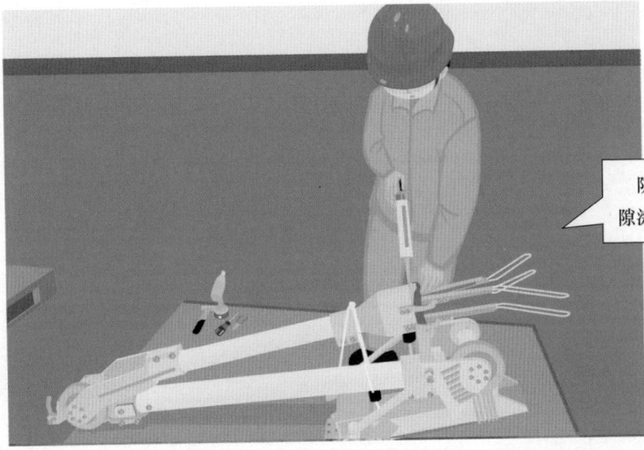
防雨罩、连接件缝隙涂抹防水密封胶

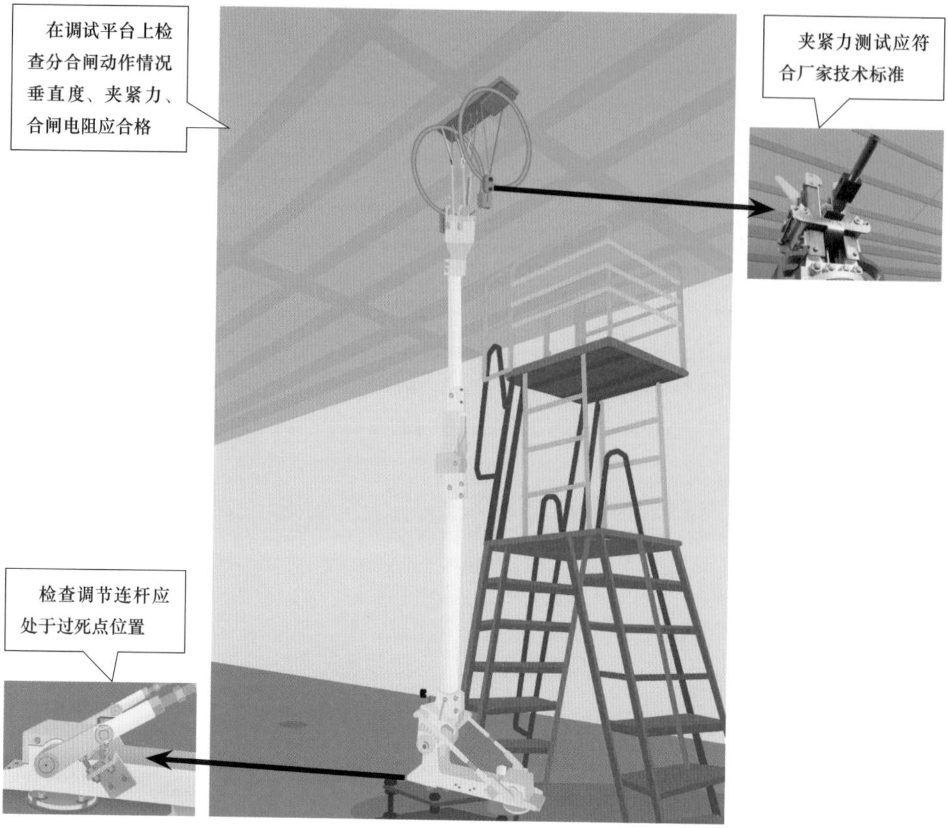
在调试平台上检查分合闸动作情况垂直度、夹紧力、合闸电阻应合格
夹紧力测试应符合厂家技术标准
检查调节连杆应处于过死点位置

10. 检修结束、清理现场

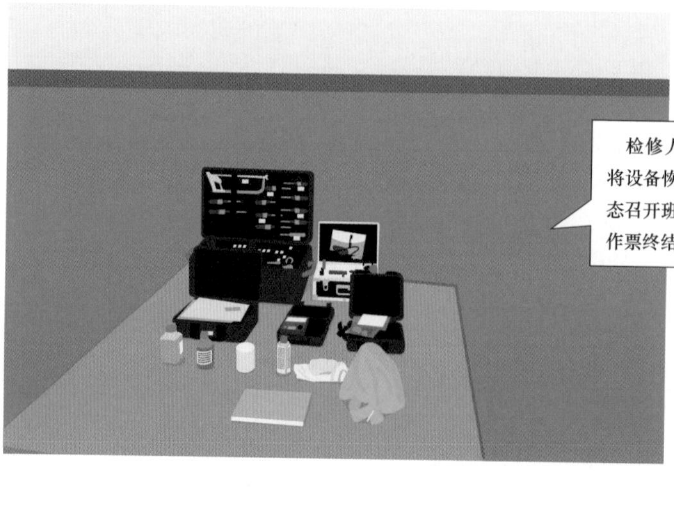
检修人员清理现场，将设备恢复至开工前状态召开班后会，办理工作票终结手续

第五章

开关柜检修

开关柜的专业名称为金属封闭开关设备，通常用于35kV及以下电压等级，开关柜将断路器、隔离开关、电压互感器、电流互感器等设备成套组装在一个密闭金属外壳的配电装置内。目前比较主流的开关柜型号为户内交流金属铠装移开式开关设备（KYN）系列（小车式）及箱型固定式交流金属封闭开关设备（XGN）系列（固定式）两种。由于开关柜内部空间狭小、各设备间绝缘净距离较短，通常设计了严密的电气“五防”及机械闭锁逻辑，读者需牢记开关柜“五防”结构。

本章首先从安全措施、工艺要点方面讲解开关柜整体更换流程；其次对两种主流型号开关柜的检修进行详细的讲解；最后修后试验与检查章节则重点强调开关柜关键性检修试验项目。

第一节　开关柜整体更换

一、检修前准备

1. 资料、机具、工器具准备

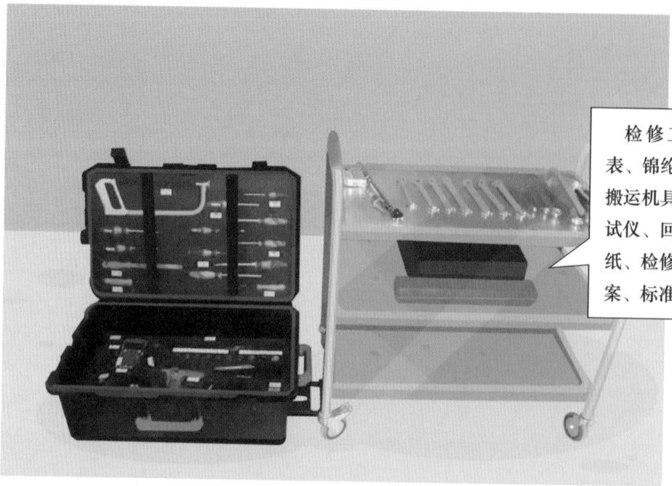
检修工具箱、万用表、锦纶吊带、便携式搬运机具、机械特性测试仪、回阻测试仪、图纸、检修记录、施工方案、标准作业卡等齐全

弯排机、液压泵、切排机、打孔机、钻孔机等电气工具

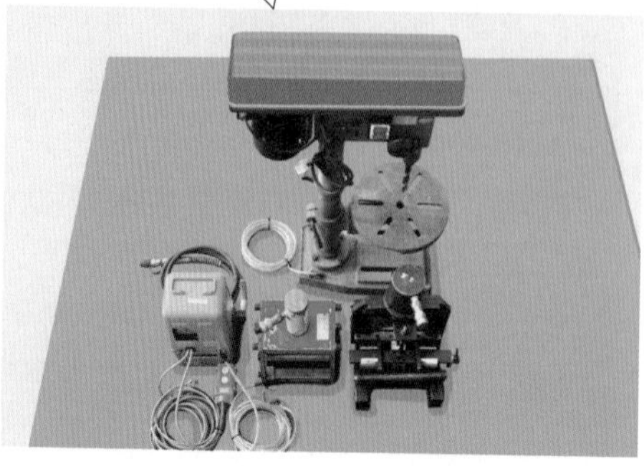

无尘布、中性凡士林、松锈液、记号笔、传递绳、8 号铁丝、电源线、喷枪、液化石油气、热缩绝缘护套等

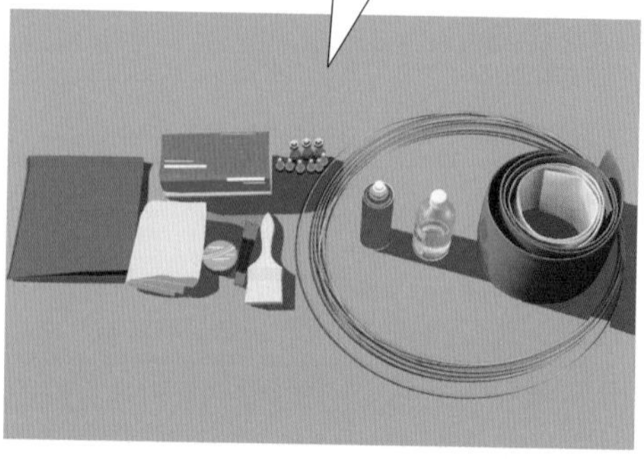

2. 班前会

办理工作票许可手续，召开班前会进行“三交”“三查”，明确人员分工及工作流程。督促工作班成员遵守相关安全规程

二、现场检查

检查母线接地线已可靠装设

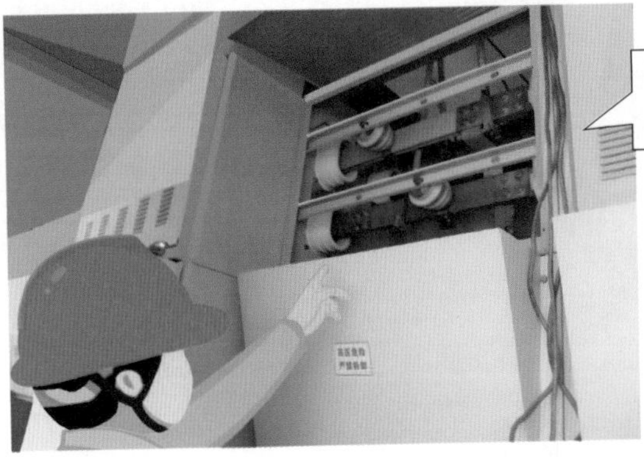

检查站用变压器高低压侧接地线已可靠装设

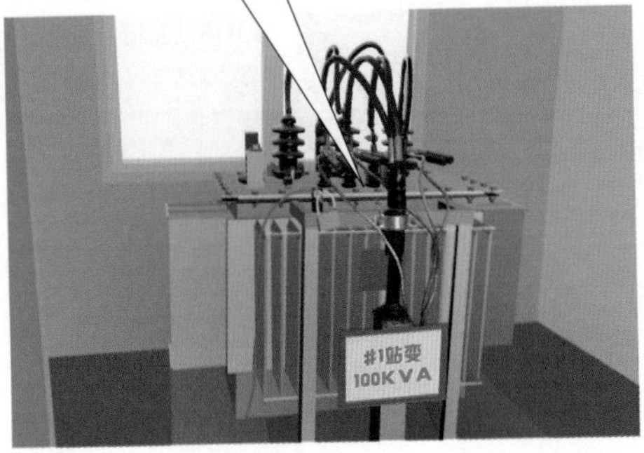

检查站用变压器二次侧空气开关已断开无电压

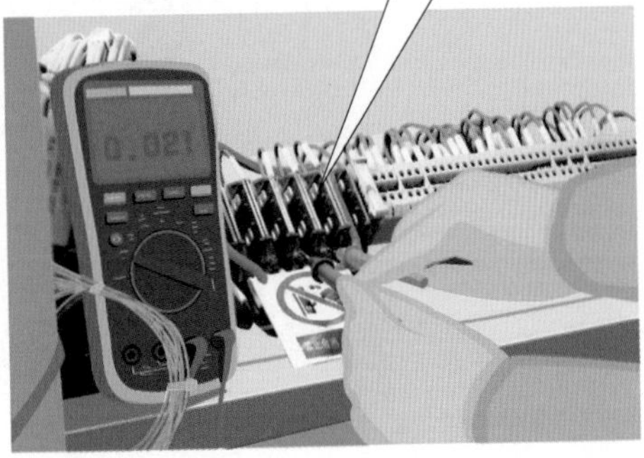

检查电压互感器接地线已可靠装设

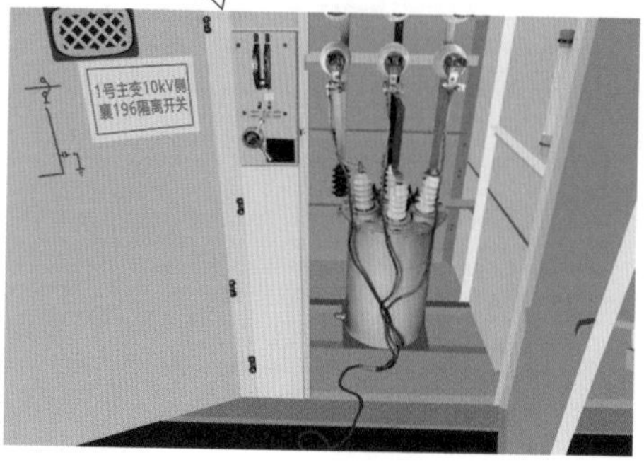

检查电压互感器二次侧空气开关已断开，无反送电可能

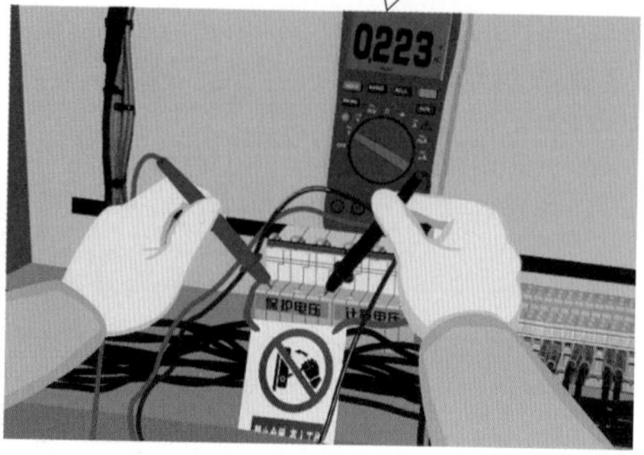

检查柜顶小母线上级控制电源、电动机电源确认无电压，二次电缆做好记录后拆除，裸露线头绝缘包扎

检查出线电缆侧、1号杆塔处及相邻开关柜接地线已可靠装设

三、检修实施阶段

1. 新设备开箱检查

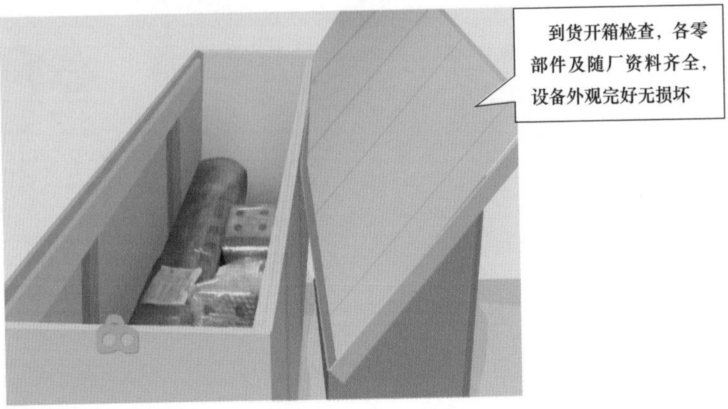
到货开箱检查，各零部件及随厂资料齐全，设备外观完好无损坏

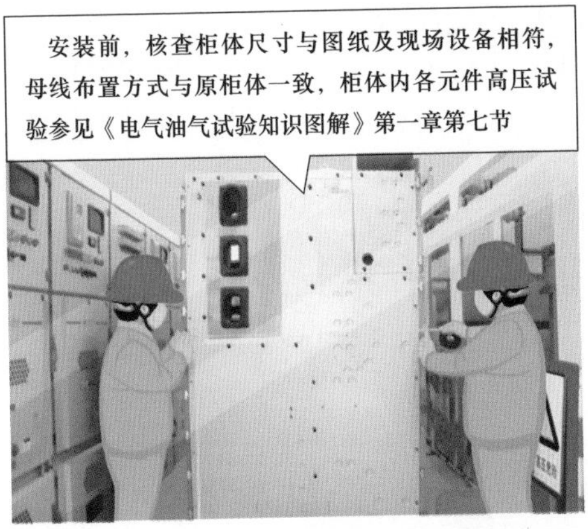
安装前，核查柜体尺寸与图纸及现场设备相符，母线布置方式与原柜体一致，柜体内各元件高压试验参见《电气油气试验知识图解》第一章第七节

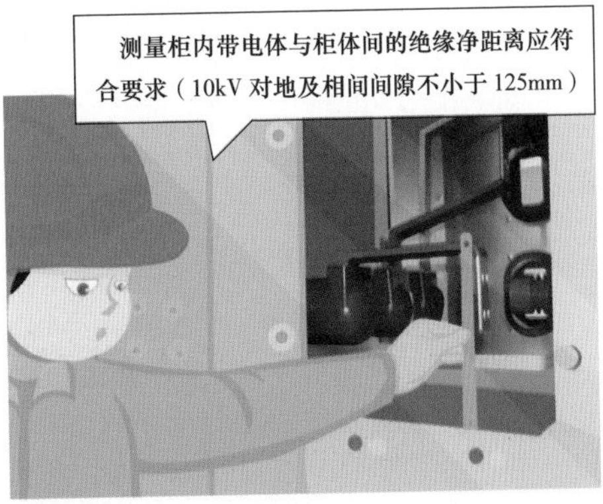
测量柜内带电体与柜体间的绝缘净距离应符合要求（10kV 对地及相间间隙不小于 125mm）

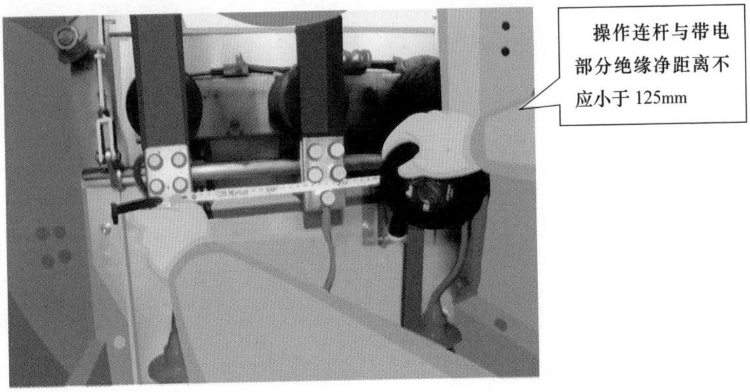
操作连杆与带电部分绝缘净距离不应小于 125mm

2. 开关弹簧能量释放

手动分合一次断路器，释放操动机构所储能量

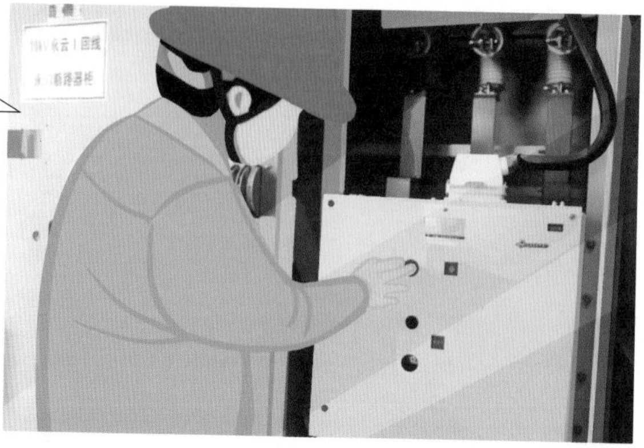

3. 二次电缆及小母线拆除

拆除小母线，柜顶工作时应使用安全带挂架，严禁安全带低挂高用

4. 高压电缆拆除

拆除并抽出高压出线电缆

5. 柜体内、外部连接拆除

拆除柜内主母线连接

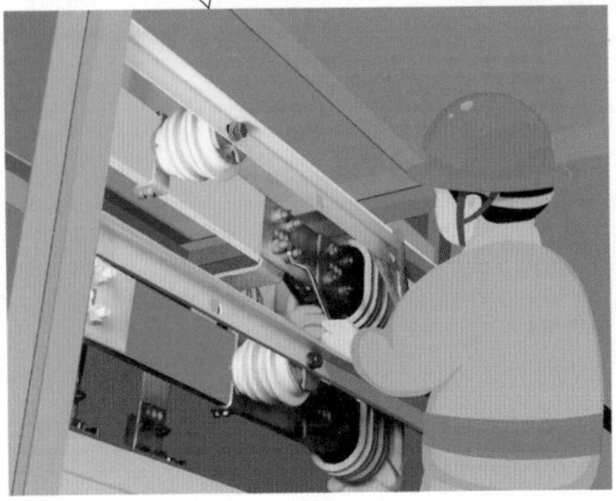

拆除母线支持套管连接

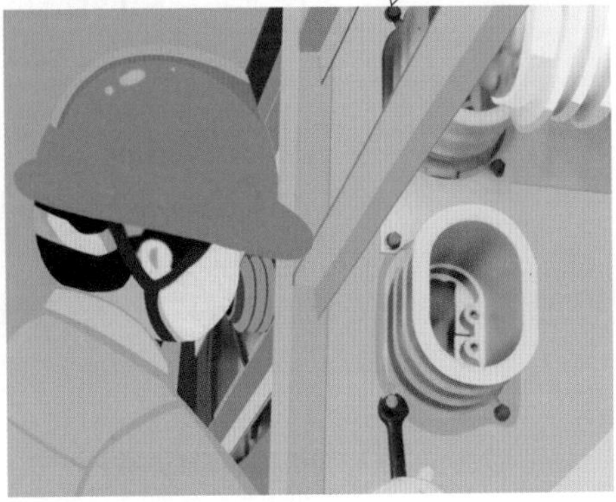

6. 柜体拆除

拆除开关柜内、外接地体

拆除相邻柜体连接螺栓

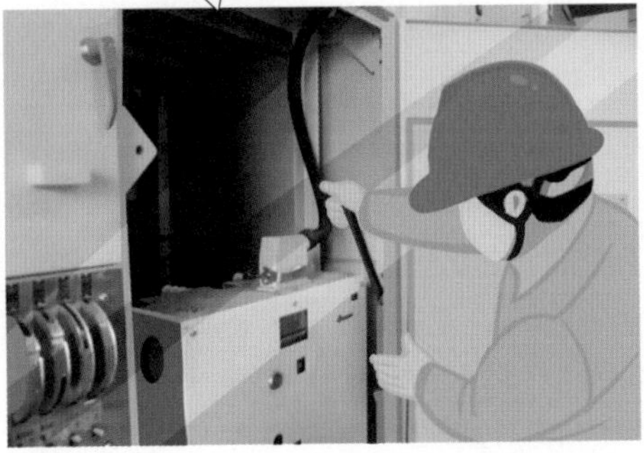

将柜体与基础连接断开，确认相邻柜体之间有操作间隙

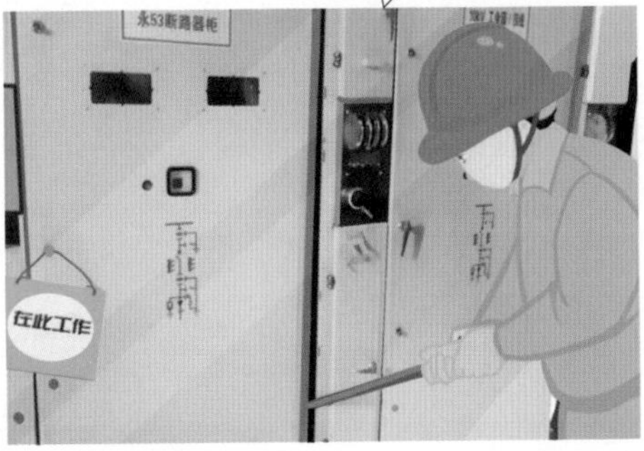

7. 柜体搬运与吊装

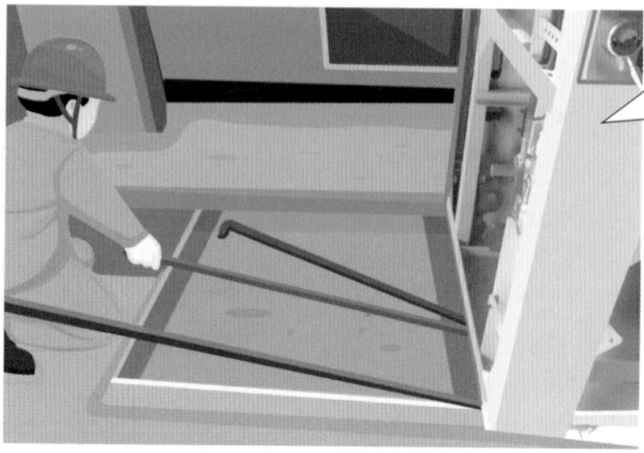

确认柜体与基础、相邻柜连接件已断开，柜体底部垫入枕木

柜体撬起后插入搬运机具，将柜体移出基础

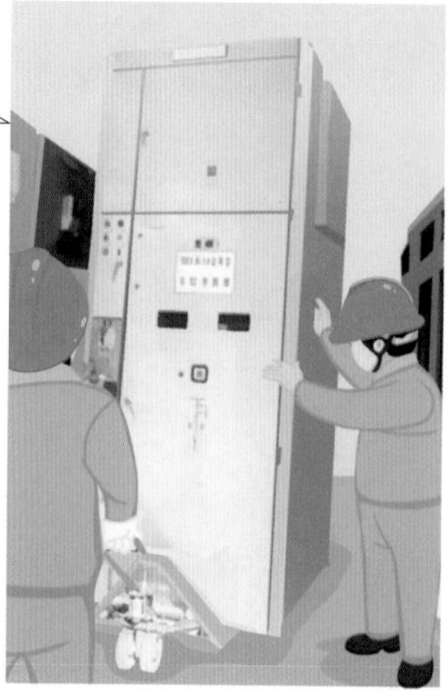

柜体移出基础后用机具转运出高压室

8. 新柜体就位

（1）柜体平直度调整。

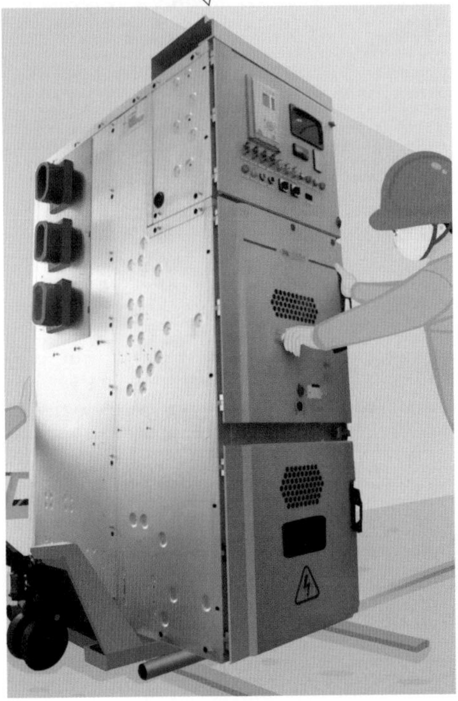
将新柜体转运至安装位置，用滚杠等机具垫入柜体底部

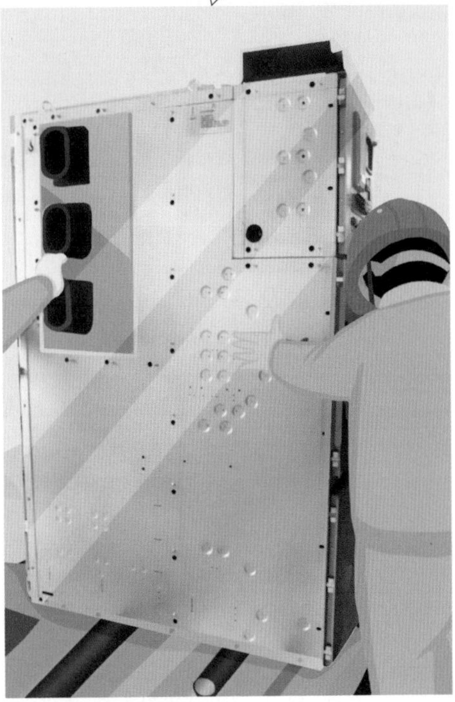
调整滚杠方向，将柜体落位。注意不得用手直接抓取滚杠，避免人身伤害

校核垂直度、高度差及屏间间隙符合规范要求
500mm

（2）柜内附件安装。

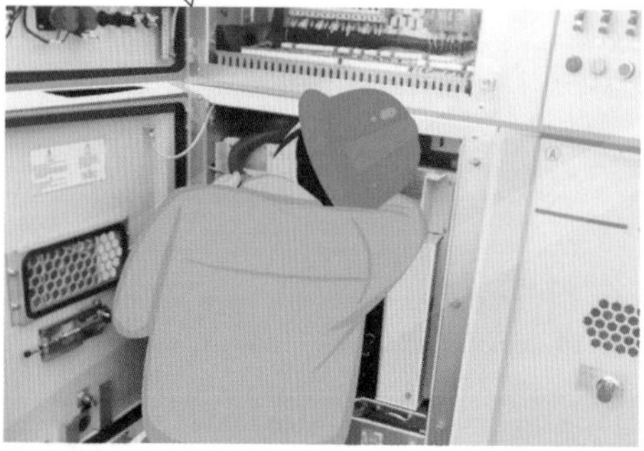
紧固屏间连接螺栓

安装母线支持套管

（3）母线及分支母线安装。

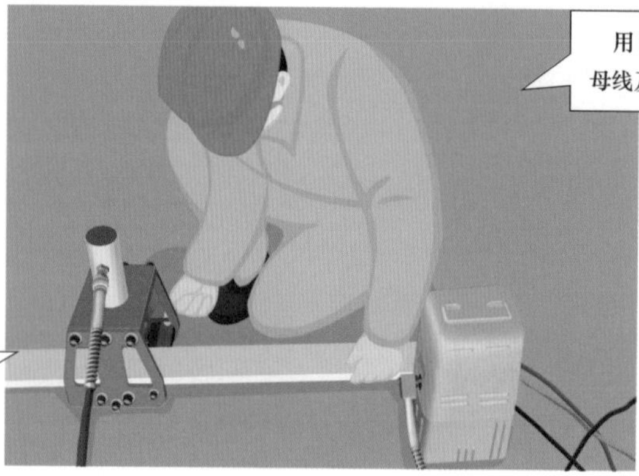
用 8 号铁丝制作模具，制作母线及分支母线并绝缘包封
母线及分支母线制作时导体接触面应压花、搪锡

（4）安装母线及分支母线。

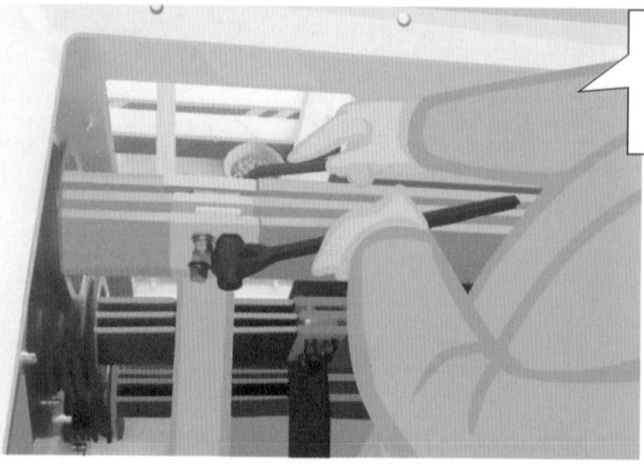
连接母线与分支母线，导体接触面应清理氧化物，无毛刺、凹凸不平

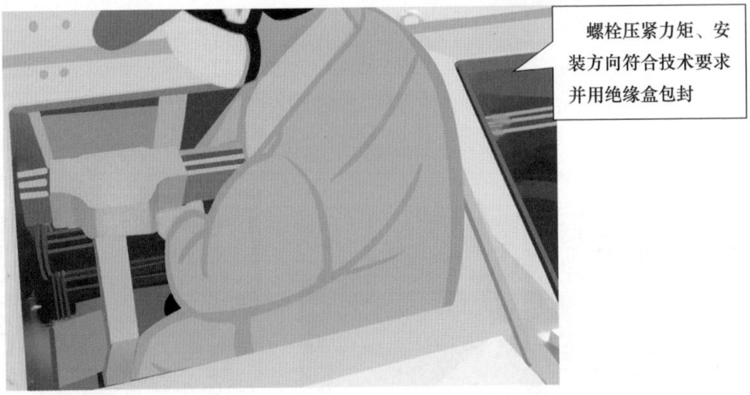
螺栓压紧力矩、安装方向符合技术要求并用绝缘盒包封

9. 开关柜内、外部接地体制作安装

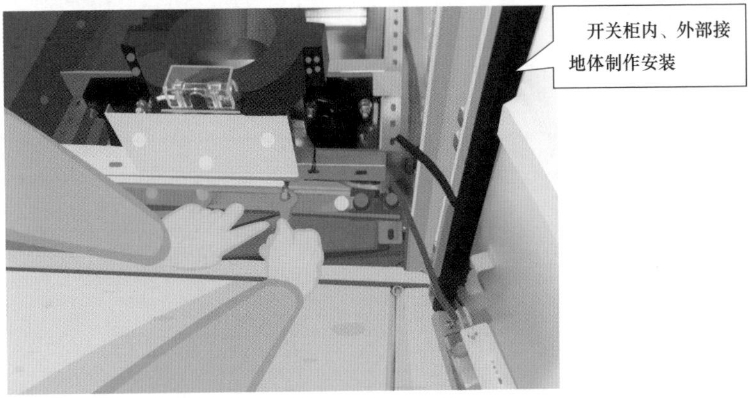
开关柜内、外部接地体制作安装

10. 绝缘净距离测量

测量母线及其分支母线相间、对地的空气绝缘净距离符合要求

11. 二次电缆引入与安装

敷设二次电缆，核对记录、编号后按审批后图纸完成二次接线

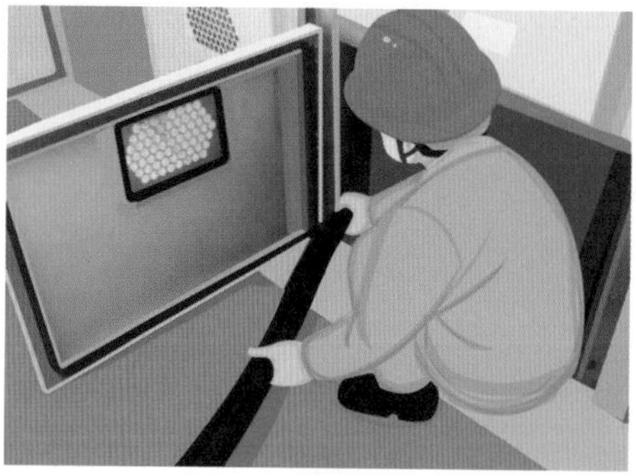

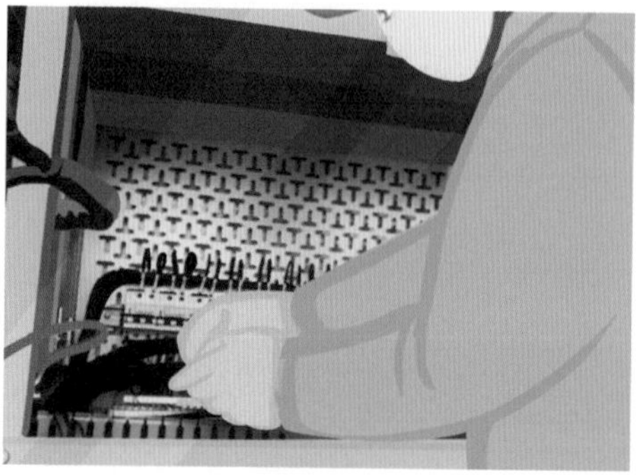

12. 屏顶小母线安装

安装屏顶小母线，连接应牢固可靠

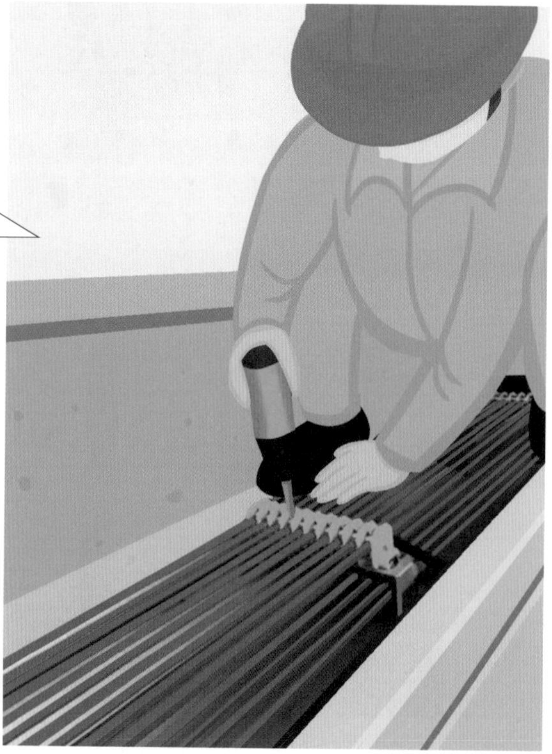

13. 泄压通道检查

检查各舱室泄压通道，满足相关规范要求

14. 高压电力电缆连接

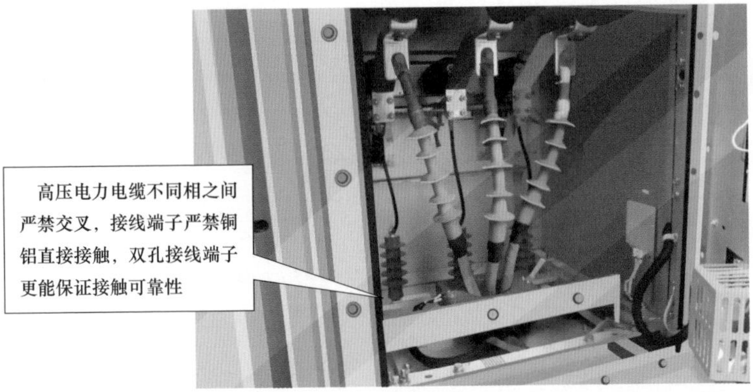
高压电力电缆不同相之间严禁交叉，接线端子严禁铜铝直接接触，双孔接线端子更能保证接触可靠性

15. 零序电流互感器安装

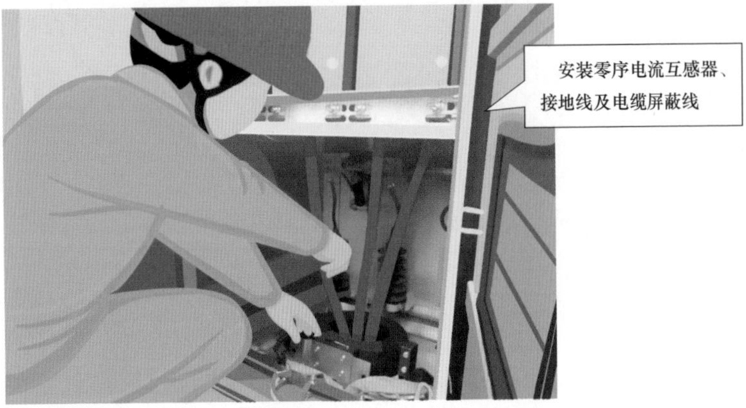
安装零序电流互感器、接地线及电缆屏蔽线

16. 柜体封堵严密，防火防水且密封可靠

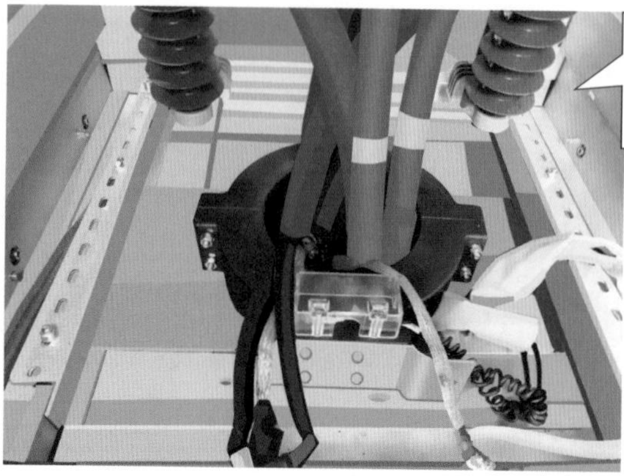
按规范要求封堵一次、二次电缆孔洞，应防火防水且密封可靠

17. 调试、检查及试验

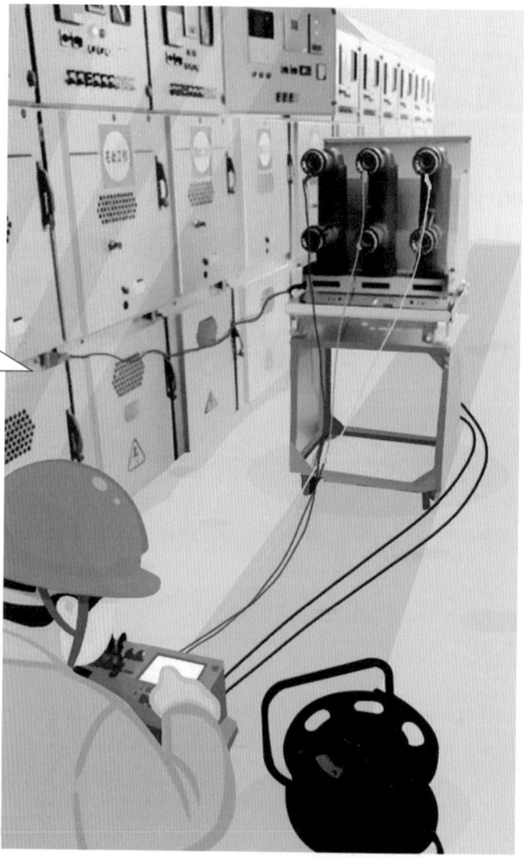
柜体及手车断路器调试，“五防”闭锁功能检查及机械特性、回路电阻试验参见本章第四节。全部工作完成后进行高压试验，详情见《电气油气试验知识图解》第一章第七节

18. 开关柜各位置状态检查

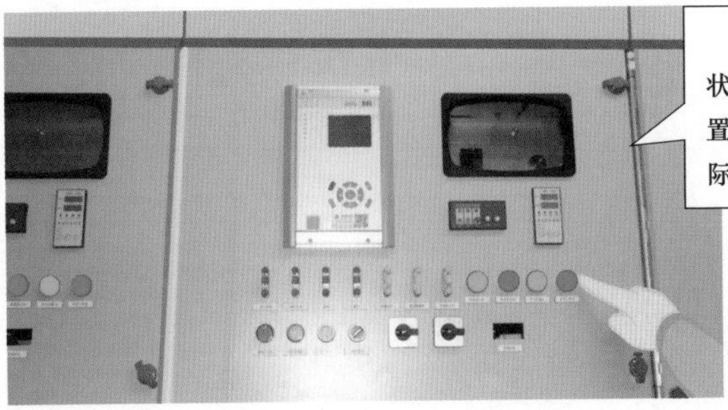

开关柜各部件在各位置状态指示正确，与保护装置配合工作正常。现场实际位置与远方显示一致

19. 竣工验收、清理现场

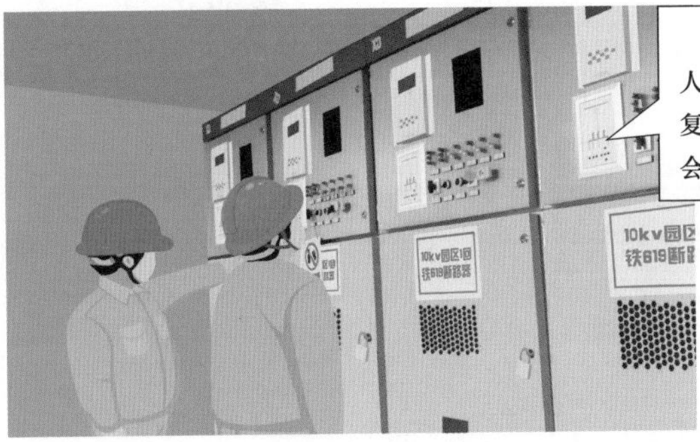

验收整改合格后，检修人员清理现场，将设备恢复至开工前状态召开班后会，办理工作票终结手续

20. 互感器极性核对

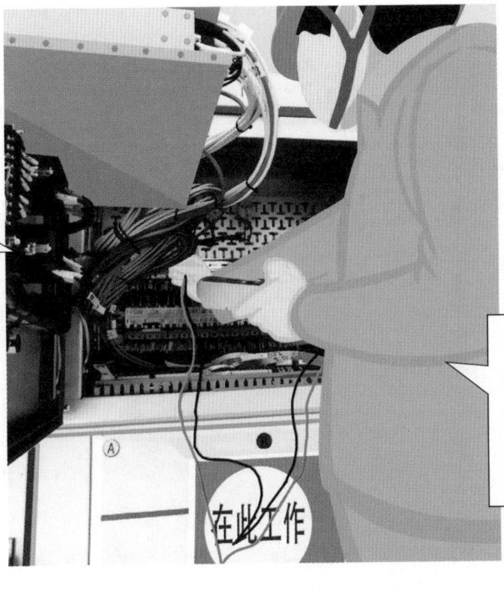

互感器极性核对应在设备带负荷后进行，应重新履行工作许可手续，确认极性正确

带负荷试验核实电流互感器极性，确定电流各相角度关系符合保护，计量装置要求，检查回路接线及计量、保护方向性等正确

第二节　小车式开关柜检修

一、小车式开关柜检修前准备

1. 资料、机具、材料准备

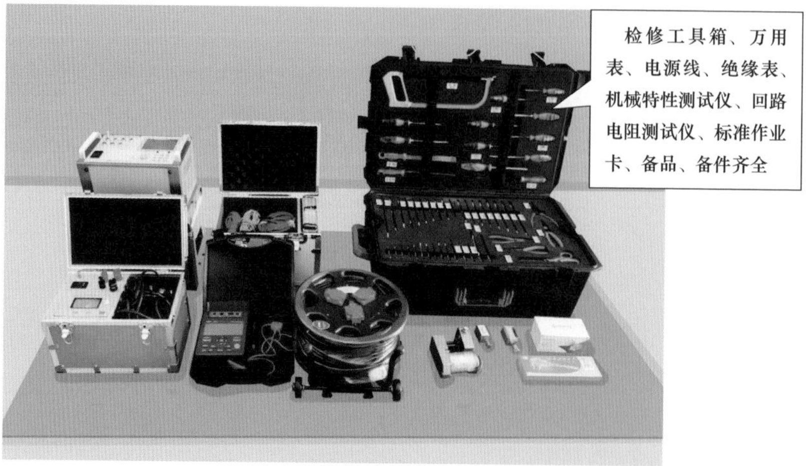
检修工具箱、万用表、电源线、绝缘表、机械特性测试仪、回路电阻测试仪、标准作业卡、备品、备件齐全

2. 班前会

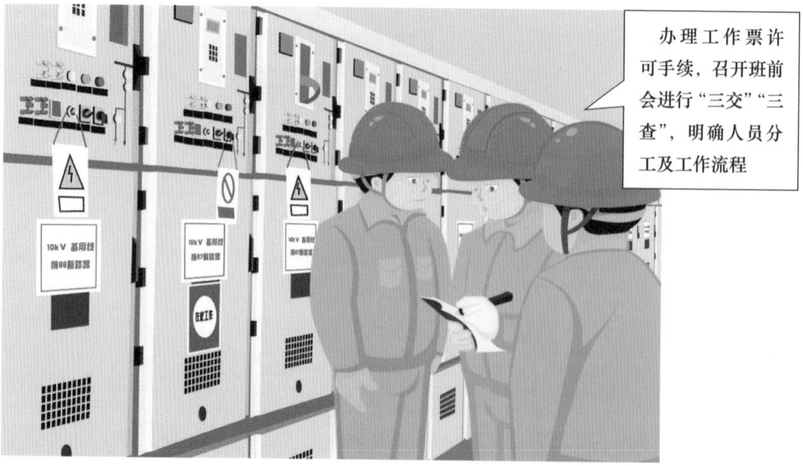
办理工作票许可手续，召开班前会进行“三交”“三查”，明确人员分工及工作流程

二、现场检查

1. 安全措施确认

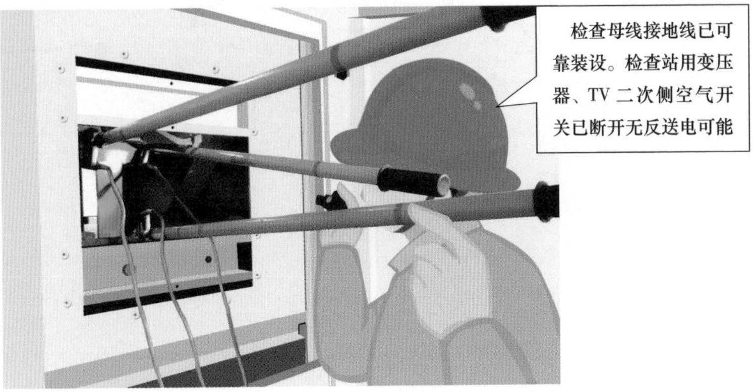
检查母线接地线已可靠装设。检查站用变压器、TV 二次侧空气开关已断开无反送电可能

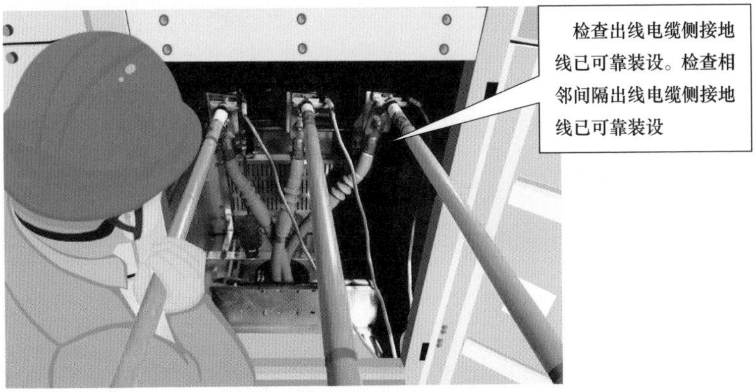
检查出线电缆侧接地线已可靠装设。检查相邻间隔出线电缆侧接地线已可靠装设

2. 电源全部断开

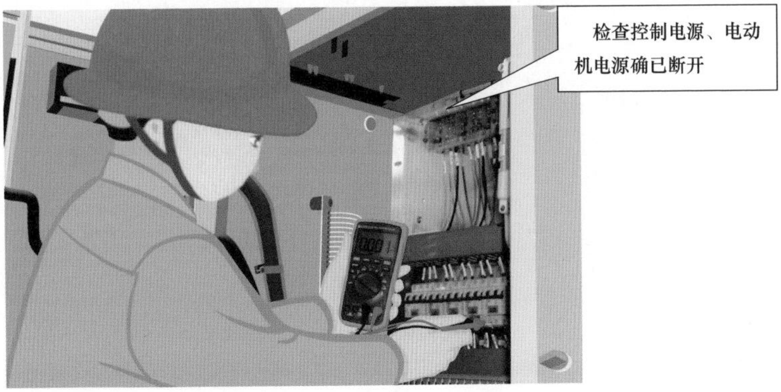
检查控制电源、电动机电源确已断开

3. 手车开关处于试验位置

检查手车开关已
拖至试验位置
#3电容器
87 断电器
#3电容器
88 断电器
#3电容器

三、检修实施阶段

1. 断路器更换

（1）新设备开箱检查。

检查各零部件及随厂
资料齐全，设备外观完
好无损坏。断路器型式、
容量核对无误

检查断路器手车梅花触头镀层完好无损，弹簧性能良好、无退火，涂薄层中性凡士林。高压试验合格，具体项目参见《电气油气试验知识图解》第一章第七节

（2）手车开关转运及弹簧能量释放。

取下航空插头

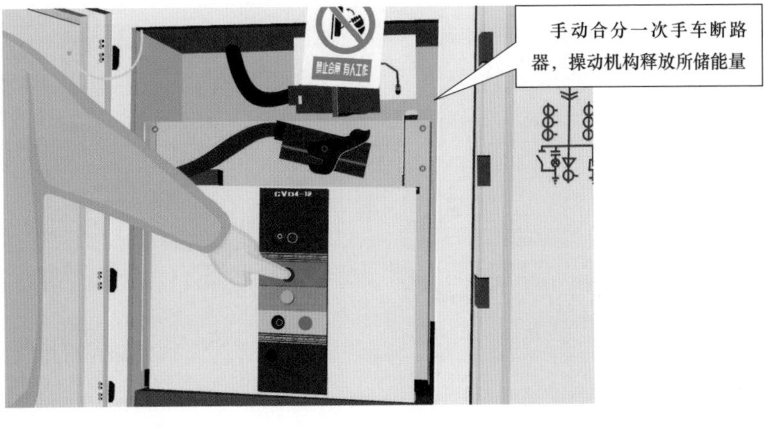
手动合分一次手车断路器，操动机构释放所储能量

用转运小车将手车断路器拖出并转运至指定位置

（3）静触头更换。

禁止开启
线路侧
静触头更换，其中心线位置应与手车断路器一致。更换后静触头三相中心应在同一直线，并在表面涂薄层中性凡士林

（4）轨道更换。

打开轨道安装螺栓及固定封板，更换轨道，并在表面涂薄层润滑脂

（5）隔离挡板检查。

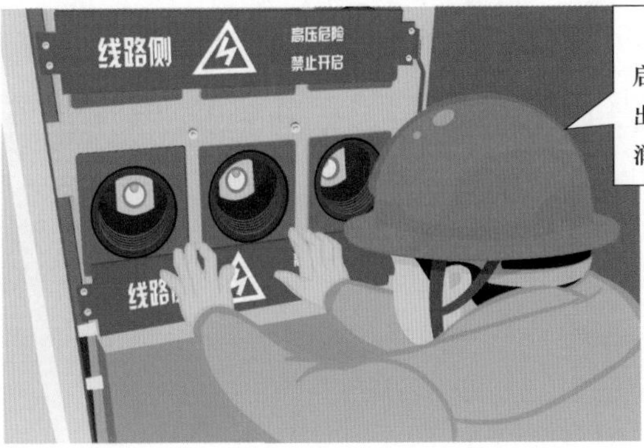

检查安全隔离挡板开启灵活，与手车断路器进出配合正常，其动作连杆润滑良好

（6）零部件检查。

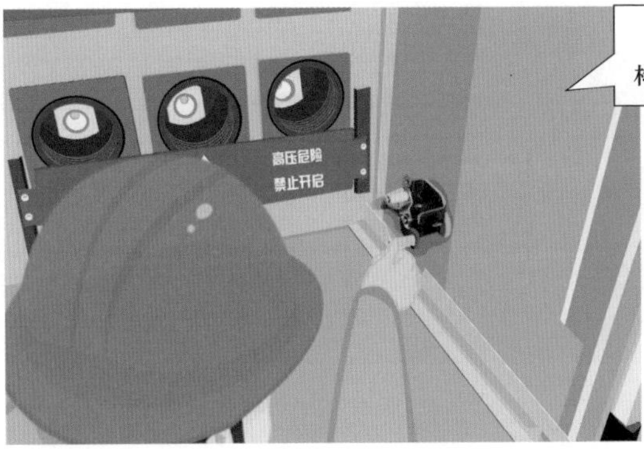

检查隔离挡板联动机构各附件齐全无缺损

（7）航空插座及航空插头更换。

拆除航空插座及航空插头二次接线并更换。拆除前做好记录，全部接线完成后检查二次回路正确无误

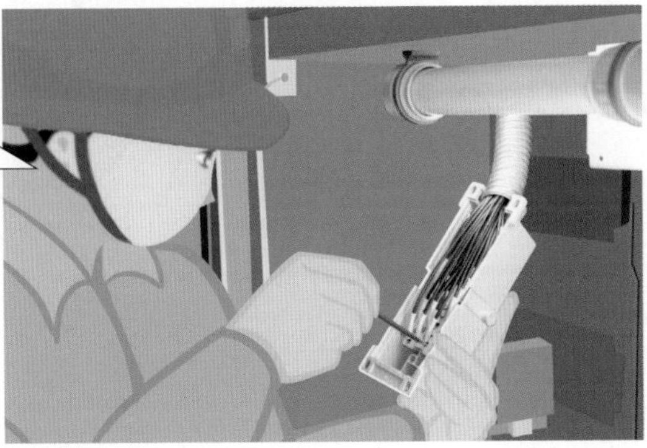

（8）新开关安装。

将新手车断路器置于试验位置，连接航空插头

（9）动静触头配合度检查。

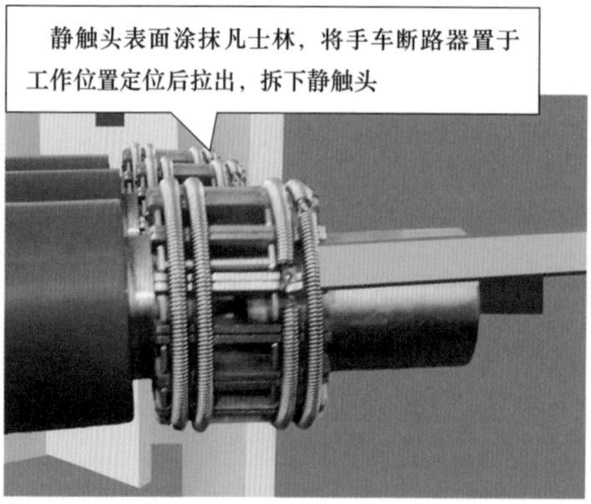
静触头表面涂抹凡士林，将手车断路器置于工作位置定位后拉出，拆下静触头

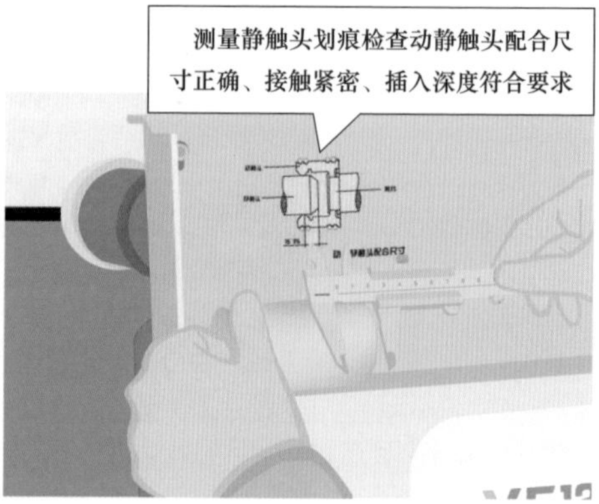
测量静触头划痕检查动静触头配合尺寸正确、接触紧密、插入深度符合要求

2. 断路器部件更换——分合闸线圈、电动机、辅助开关更换

（1）设备检查。

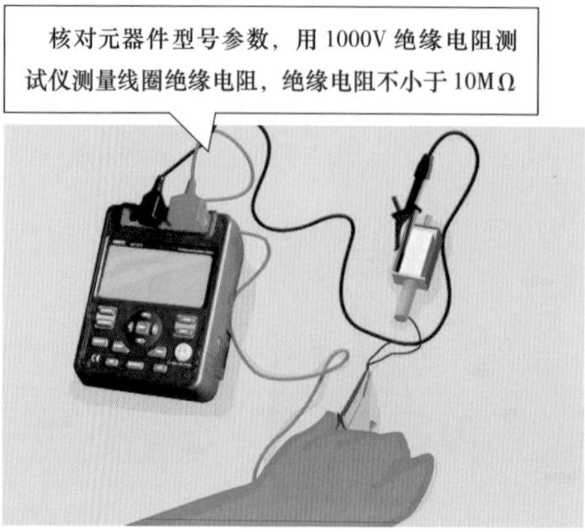
核对元器件型号参数，用 1000V 绝缘电阻测试仪测量线圈绝缘电阻，绝缘电阻不小于 10MΩ

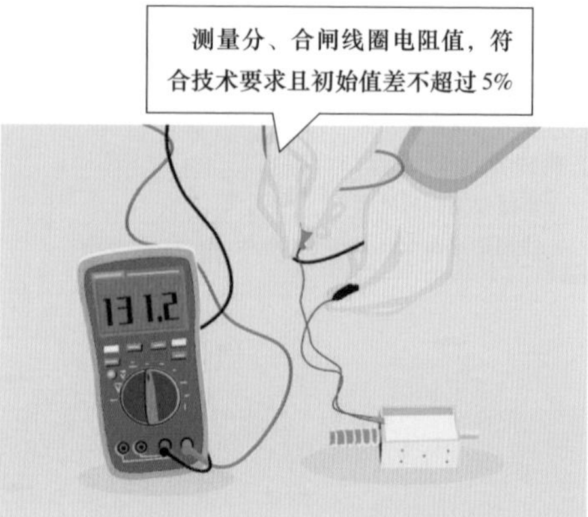
测量分、合闸线圈电阻值，符合技术要求且初始值差不超过 5%
131.2

核对元器件型号参数，用 1000V 绝缘电阻表测量电动机绝缘值，绝缘电阻值不应小于 2MΩ

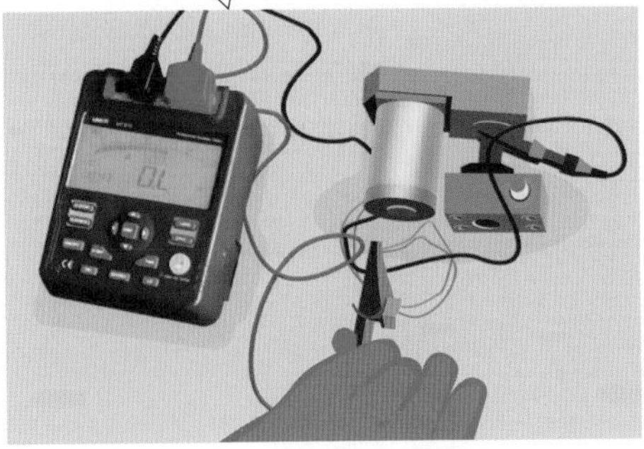

检查直流电动机换向器状态良好，直流电阻值符合厂家技术要求

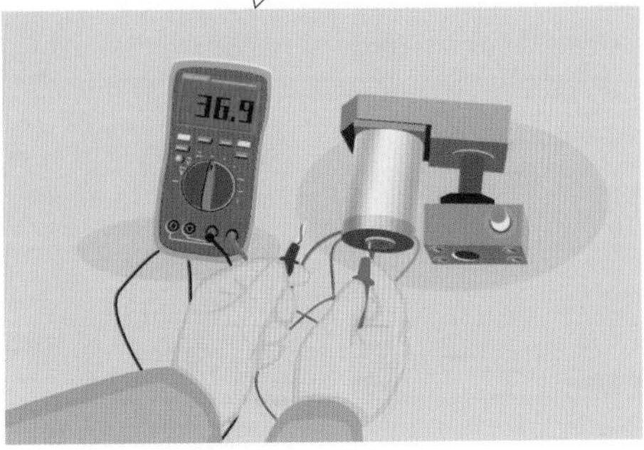

核对新辅助开关型号、接点数及安装尺寸符合现场实际

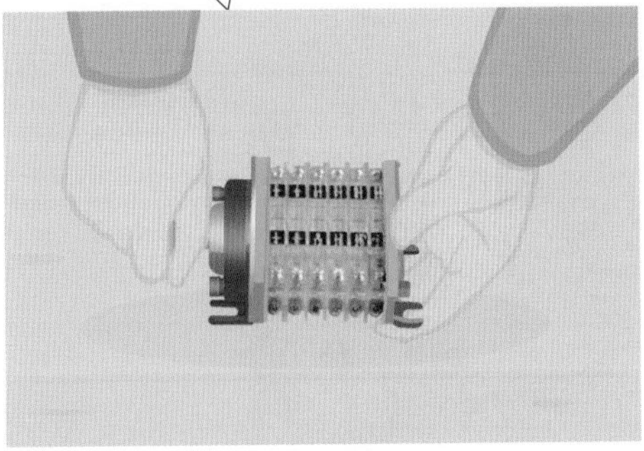

检查其切换及导通状态良好

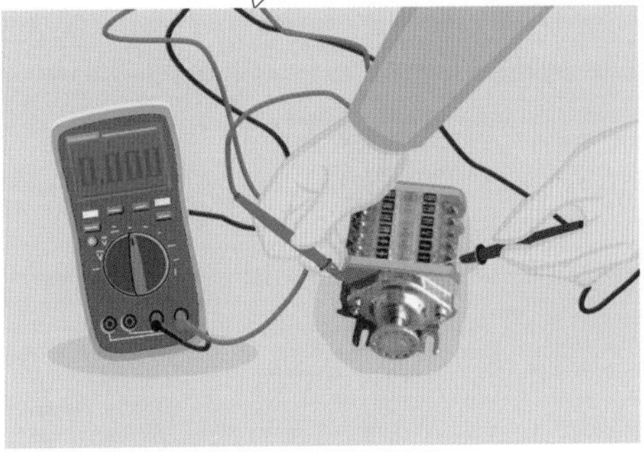

（2）二次线记录。

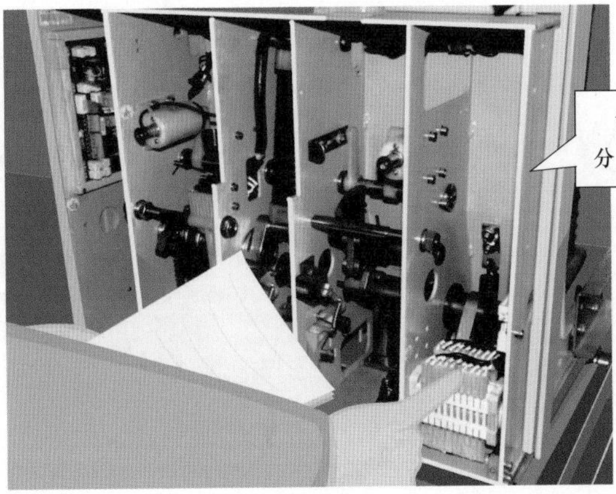

记录辅助开关、电动机、分 / 合闸线圈二次接线

（3）分、合闸线圈更换。

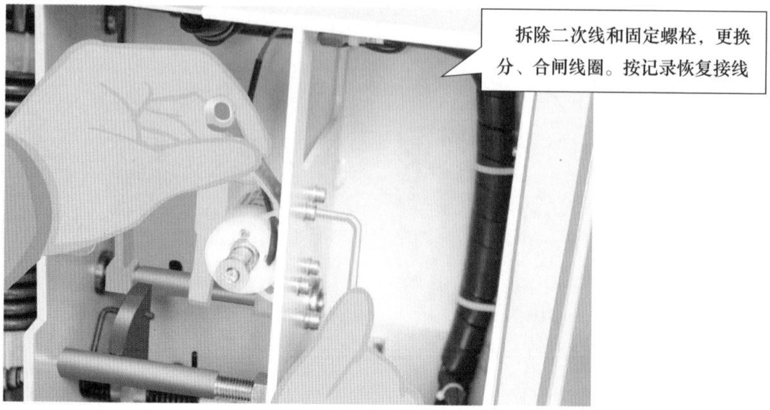
拆除二次线和固定螺栓，更换分、合闸线圈。按记录恢复接线

（4）储能电动机更换。

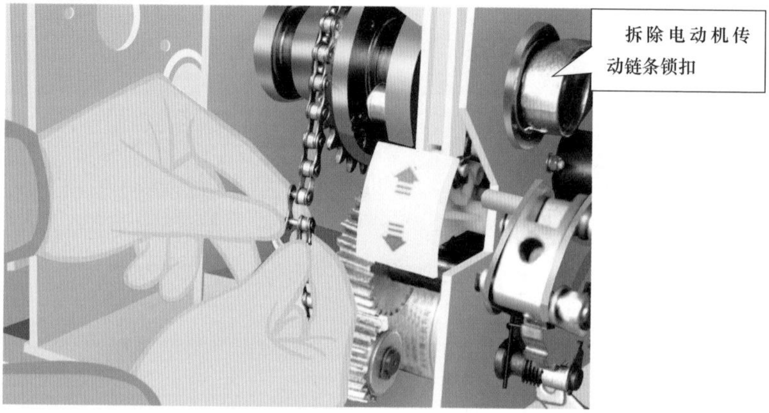
拆除电动机传动链条锁扣

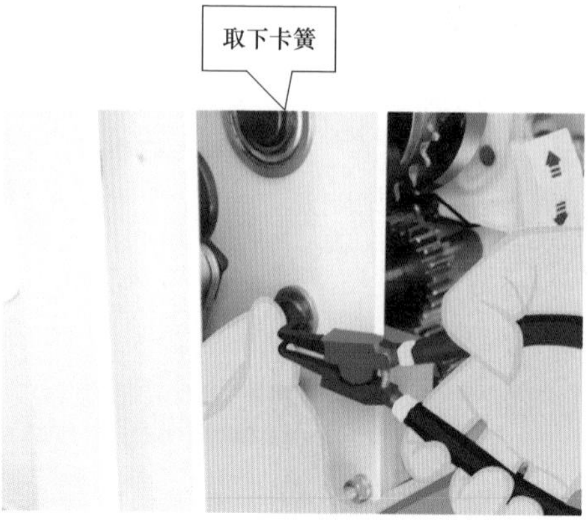
取下卡簧

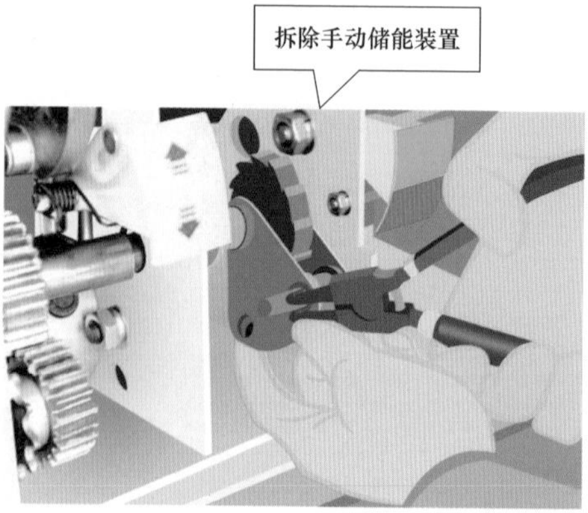
拆除手动储能装置

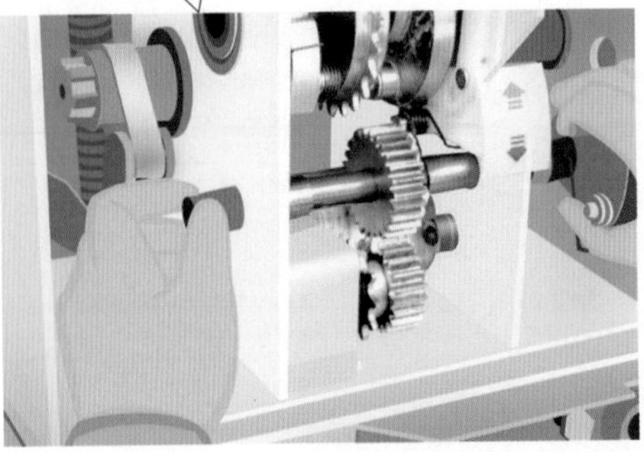
取出储能传动杆

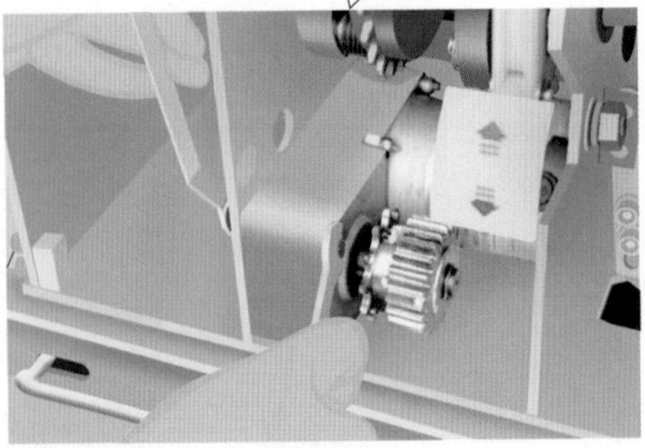
拆除电动机接线及固定螺栓后，取出电动机

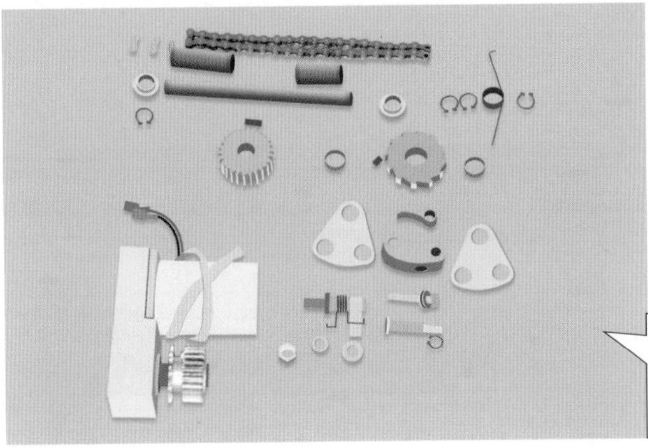
拆除储能传动杆及电动机后，更换新电动机并复装

（5）辅助开关更换。

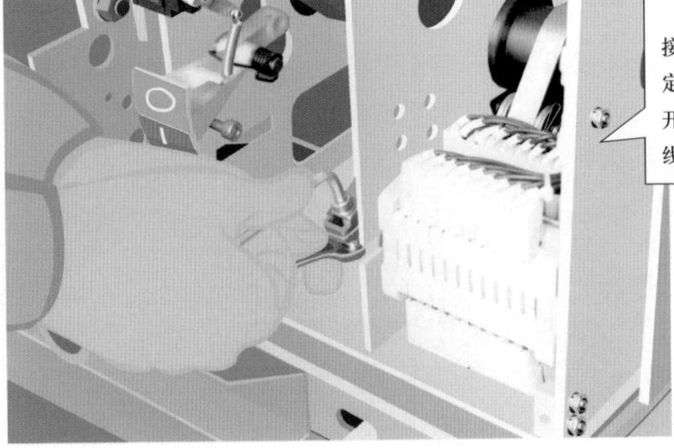
拆除辅助开关二次接线、传动连杆及固定螺栓后更换新辅助开关，按记录恢复接线，接线牢固可靠

（6）二次接线恢复。

更换完成后，检查分、合闸线圈、储能电动机、辅助开关接线正确

3. 互感器更换

（1）开箱检查。

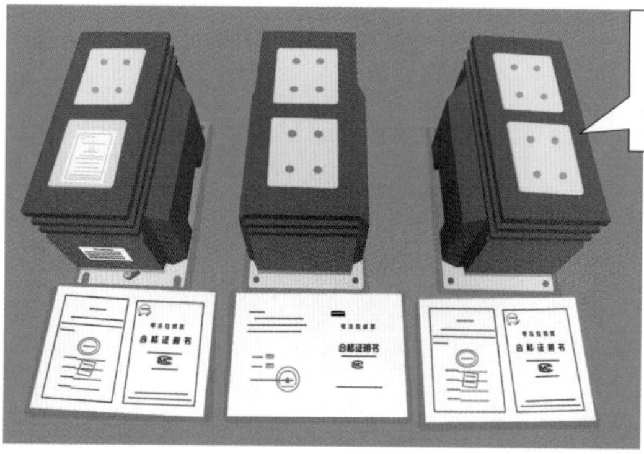

检查各零部件及随厂资料齐全，设备外观完好无损坏

核对互感器安装尺寸无误。对比新旧互感器一、二次接线情况，并做详细记录，确认新互感器满足现场要求

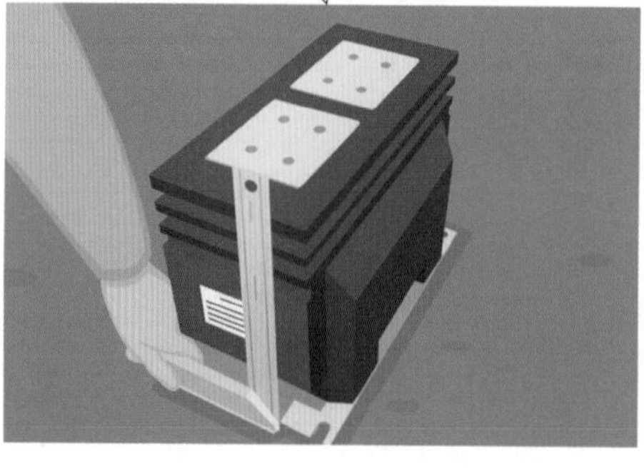

检查接线板表面完好无损，固定牢固，接触良好，涂薄层中性凡士林

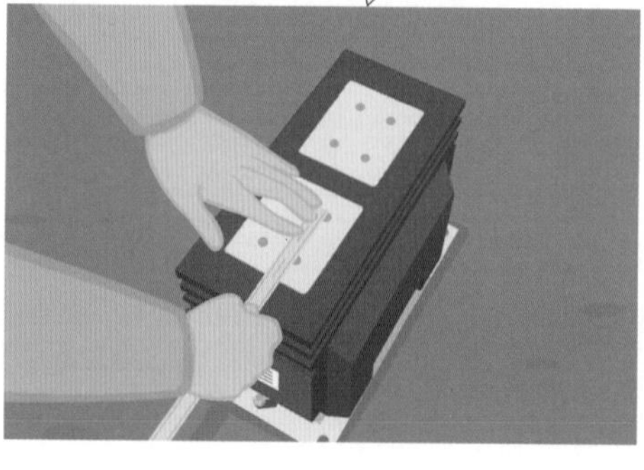

（2）互感器一、二次接线拆除。

拆除互感器二次接线，拆前做好记录

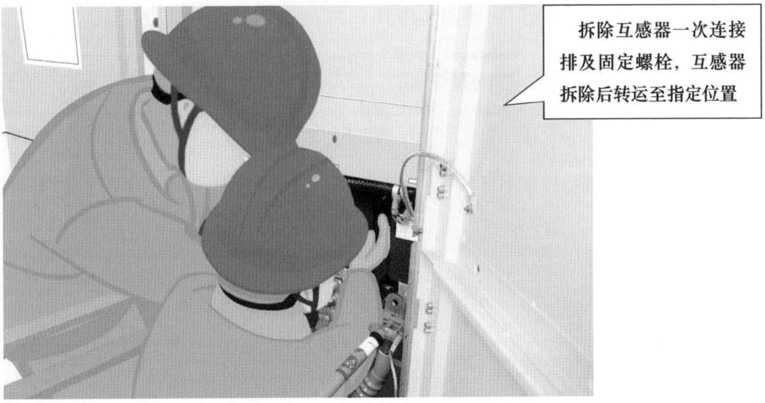
拆除互感器一次连接排及固定螺栓，互感器拆除后转运至指定位置

（3）新互感器安装。

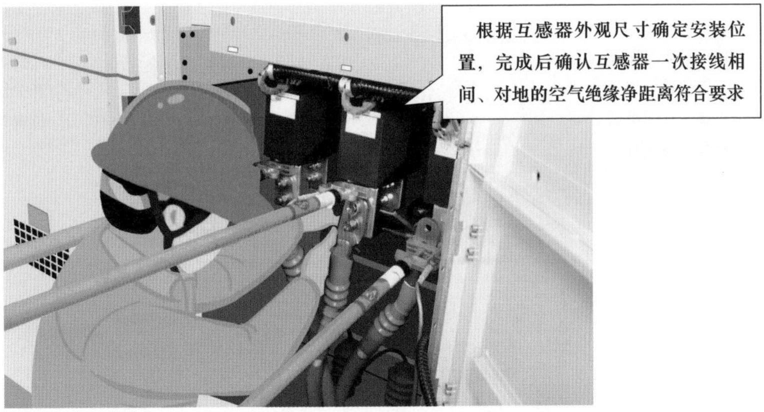
根据互感器外观尺寸确定安装位置，完成后确认互感器一次接线相间、对地的空气绝缘净距离符合要求

（4）二次接线恢复。

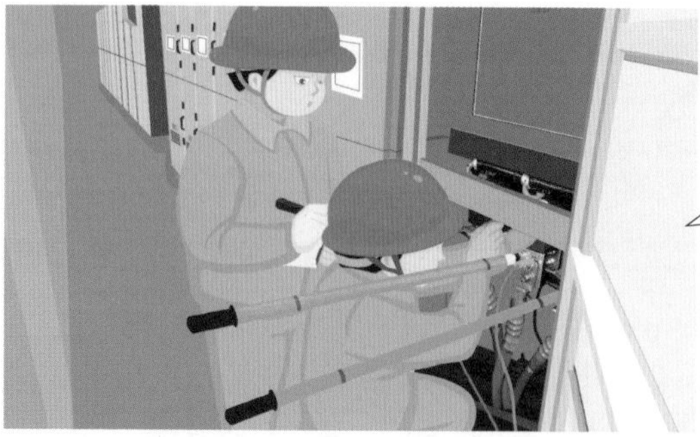
按照原记录恢复
互感器二次接线

（5）互感器极性核对。

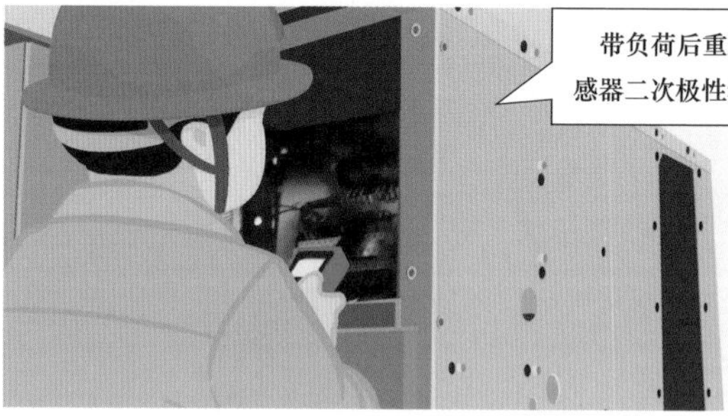
带负荷后重新办理开工手续，核对互
感器二次极性符合保护和计量要求

四、修后检查与试验

1. 开关柜各项工作位置检查及试验

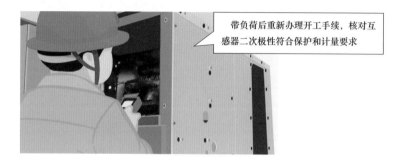

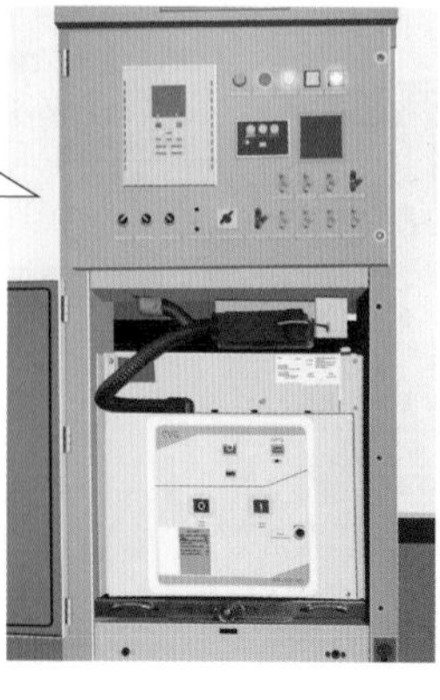
检查手车断路器
在工作位置各项指
示正确，与保护装
置配合工作正常

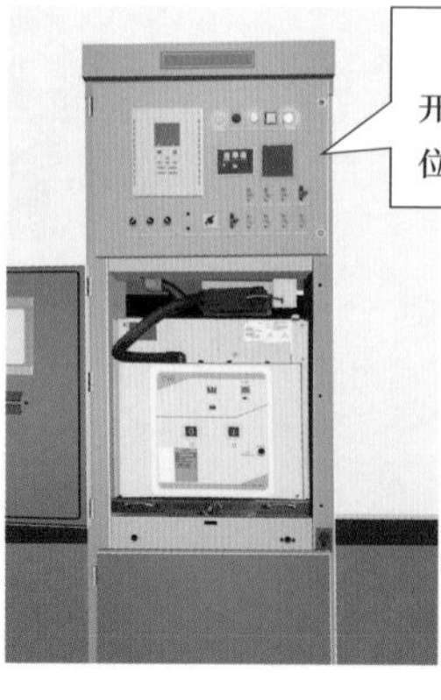
检查辅助开关、接地
开关切换正确，现场实际
位置与远方显示一致

2. 断路器测试

全部工作完成后进行回路电阻试验、机械特性试验及耐压试验

3. 竣工验收

验收整改合格后，检修人员清理现场，将设备恢复至开工前状态召开班后会，办理工作票终结手续

第三节　固定式开关柜检修

一、检修前准备

1. 资料、机具、工器具、材料备件准备

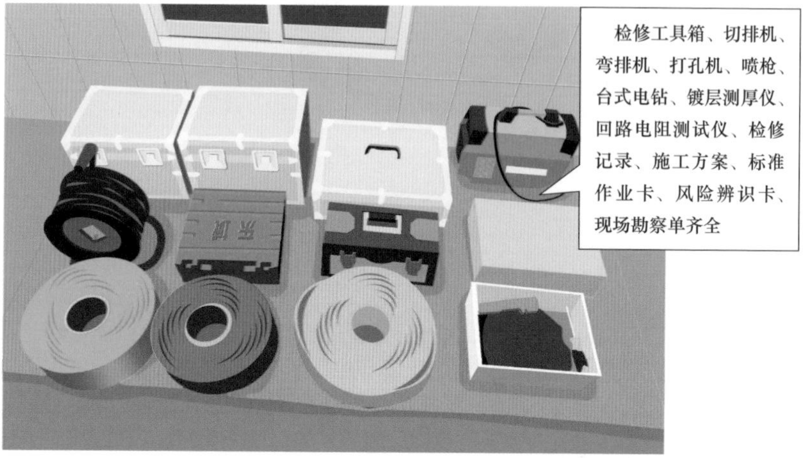
检修工具箱、切排机、弯排机、打孔机、喷枪、台式电钻、镀层测厚仪、回路电阻测试仪、检修记录、施工方案、标准作业卡、风险辨识卡、现场勘察单齐全

2. 班前会

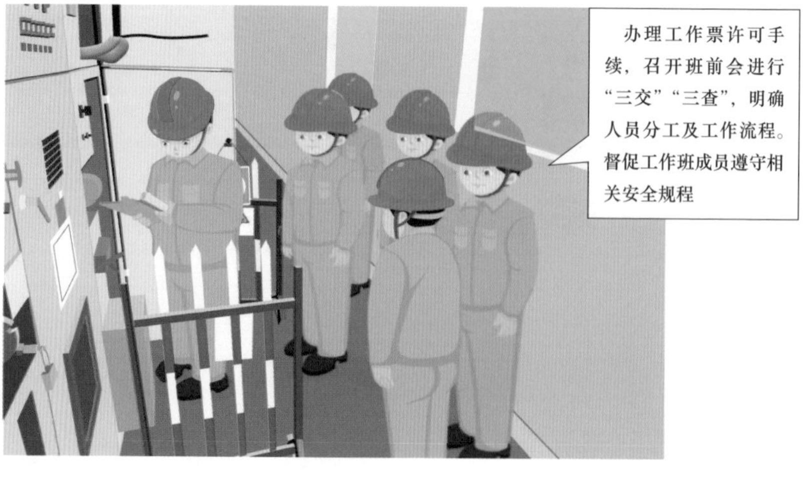
办理工作票许可手续，召开班前会进行“三交”“三查”，明确人员分工及工作流程。督促工作班成员遵守相关安全规程

二、现场检查

1. 安全措施确认

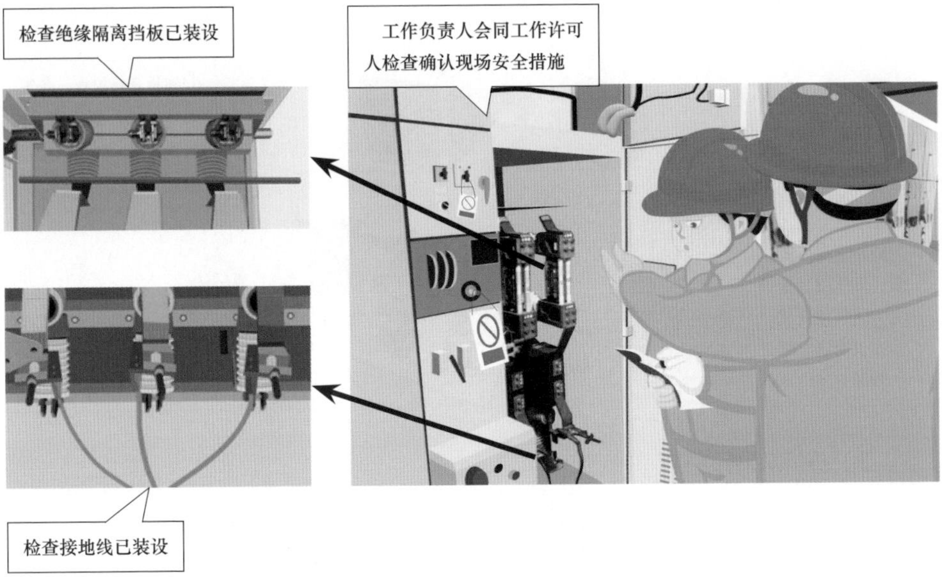
检查绝缘隔离挡板已装设
工作负责人会同工作许可人检查确认现场安全措施
检查接地线已装设

2. 电源全部断开

检查控制电源、电动机储能电源确已断开

三、检修实施阶段

1. 断路器更换

（1）开箱检查。

到货开箱检查，各零部件及随厂资料齐全，设备外观完好无损坏
断路器高压试验，具体项目参见《电气油气试验知识图解》第一章第七节
核对断路器型式、容量及安装尺寸符合现场实际

（2）拆除旧断路器。

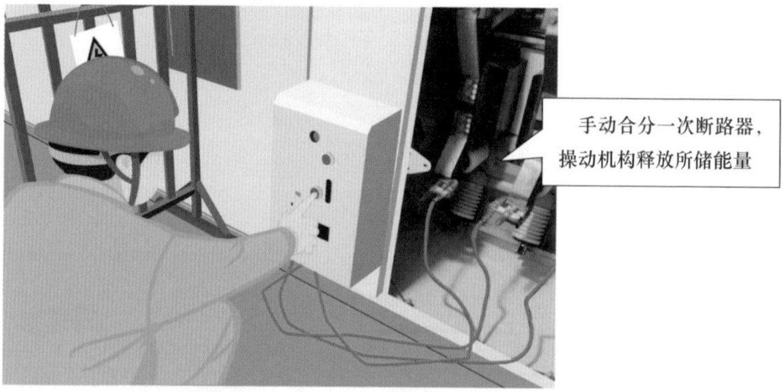
手动合分一次断路器，操动机构释放所储能量

拆除断路器两侧分支母线

二次线做好记录后拆除操动机构，裸露二次线进行绝缘包扎

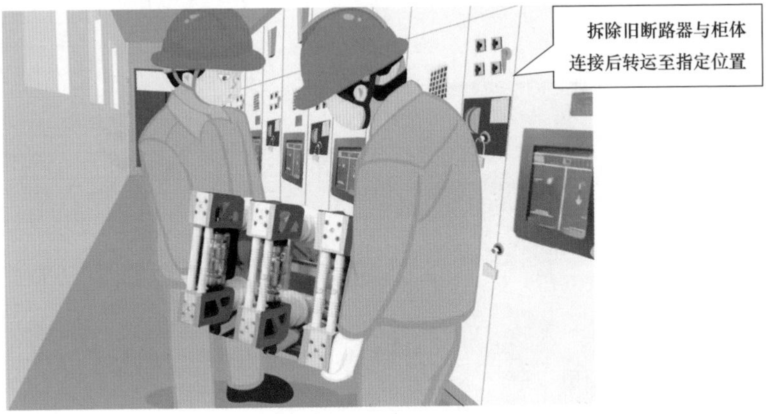
拆除旧断路器与柜体连接后转运至指定位置

（3）新断路器安装。

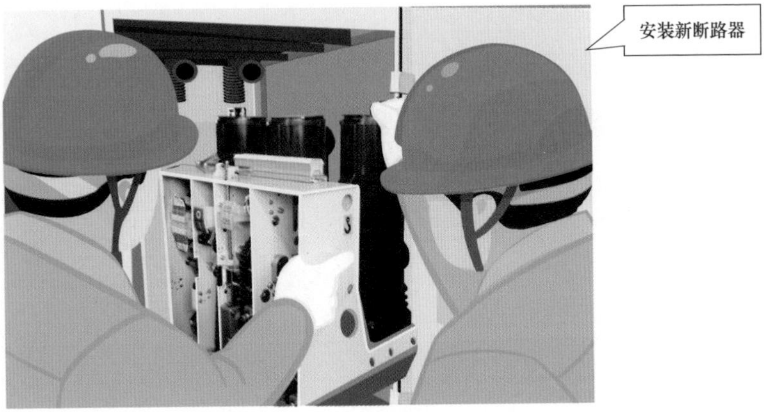
安装新断路器

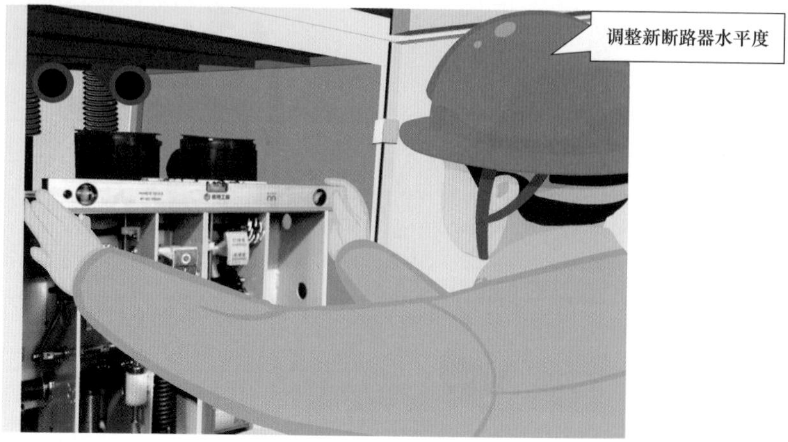
调整新断路器水平度

按拆除前记录恢复二次接线

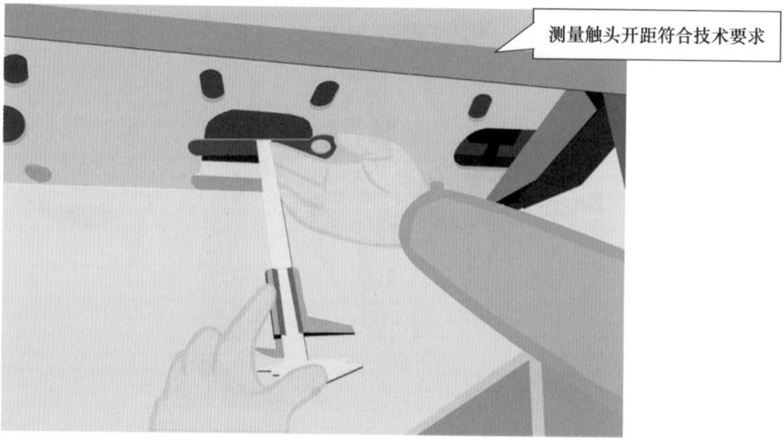
测量触头开距符合技术要求

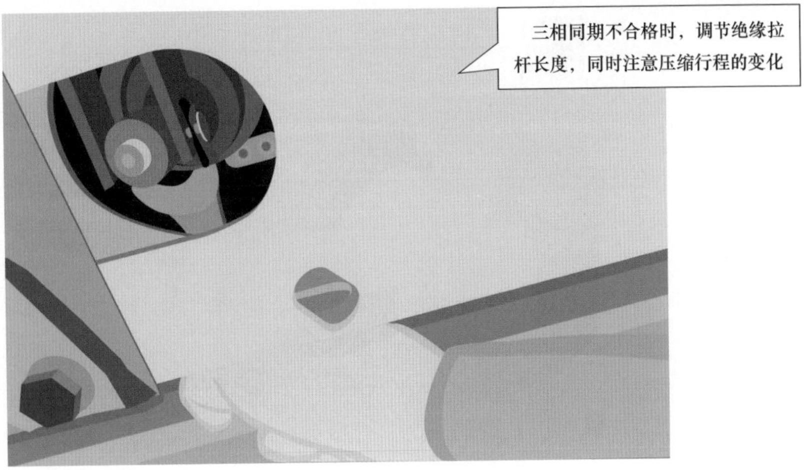
三相同期不合格时，调节绝缘拉杆长度，同时注意压缩行程的变化

（4）制作连接铜排。

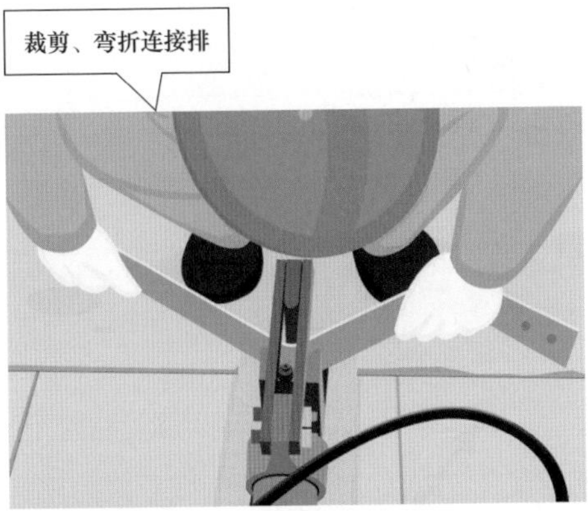
裁剪、弯折连接排

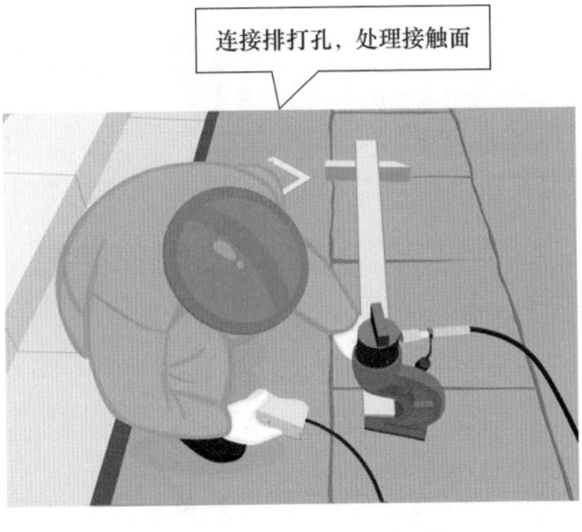
连接排打孔，处理接触面

将绝缘热缩套套在连接铜排上

加热收缩至合适尺寸

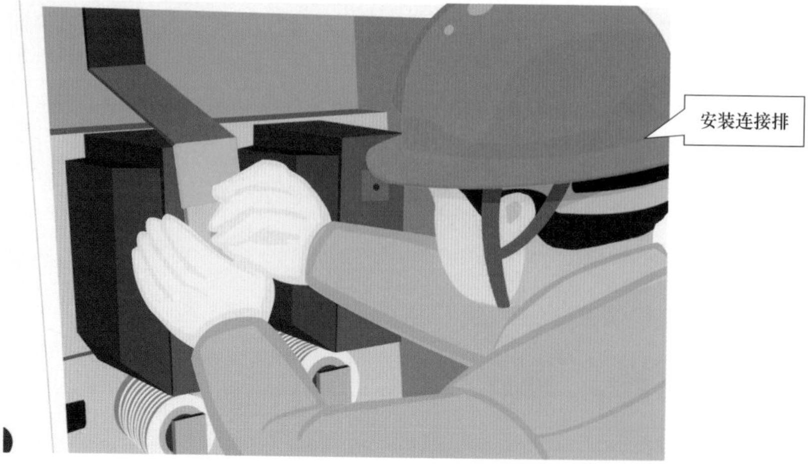
安装连接排

（5）断路器传动检查。

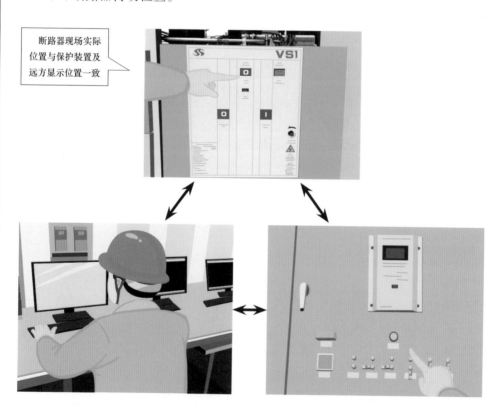

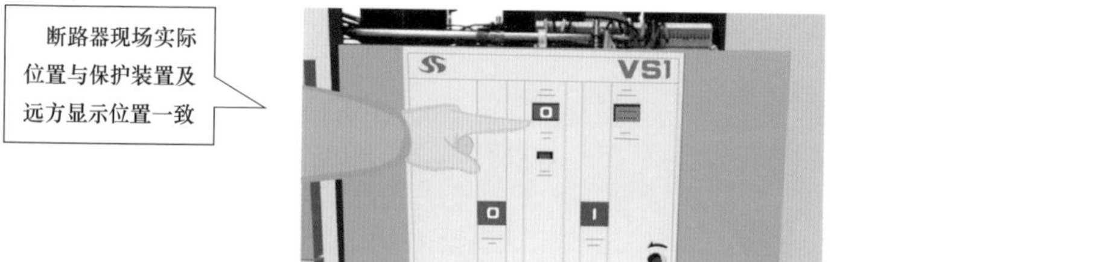
断路器现场实际位置与保护装置及远方显示位置一致
VS1

2. 隔离开关更换

（1）设备开箱检查。

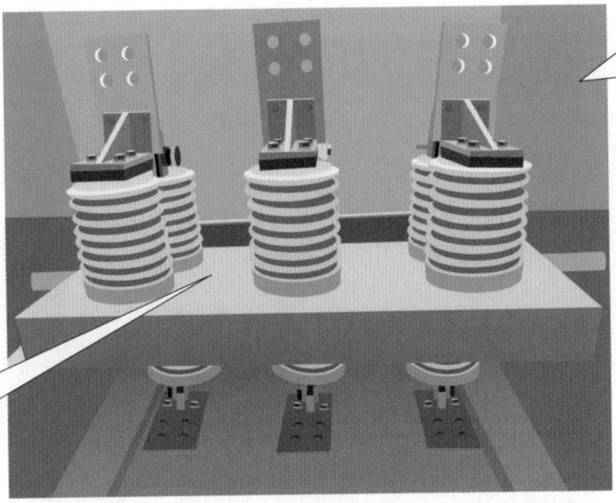
到货开箱检查，随厂资料、附件齐全，设备外观完好无损
隔离开关高压试验，具体项目参见《电气油气试验知识图解》第一章第四节

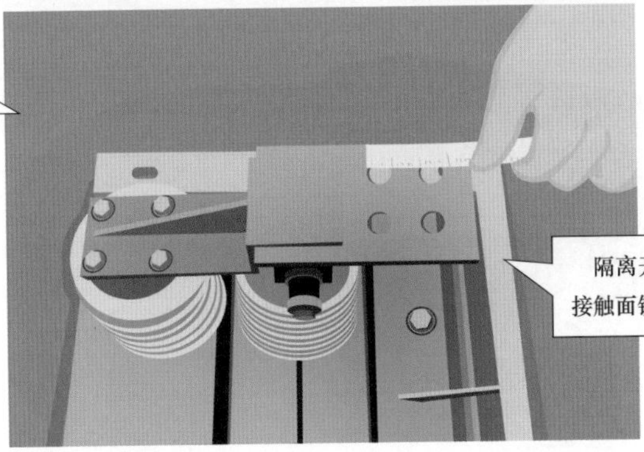
对比新旧设备安装尺寸，确认新设备满足现场要求
隔离开关导体接触面镀层完好

（2）断路器弹簧能量释放。

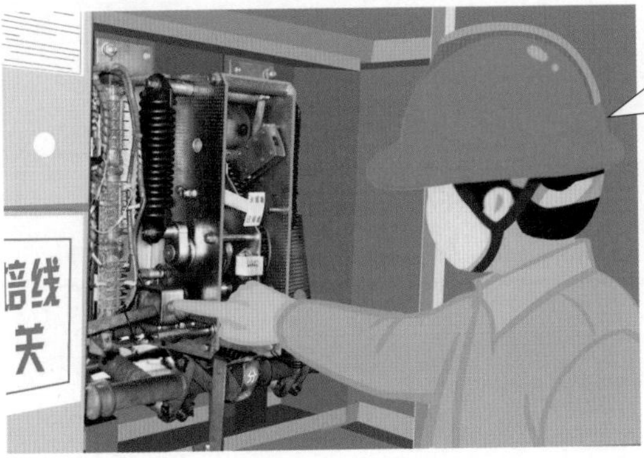
手动合分断路器，确认操动机构所储能量已释放

（3）旧隔离开关拆除。

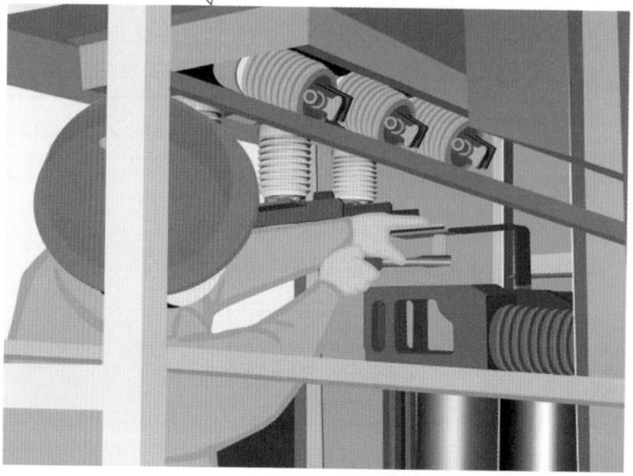
拆除隔离开关两侧分支母线

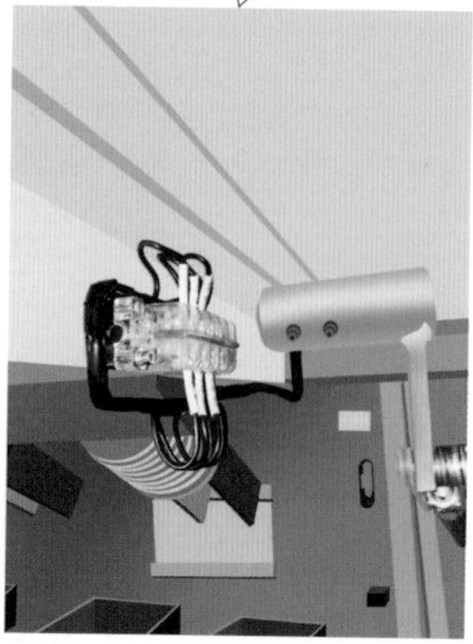
拆除辅助开关二次连线

传动连杆拆除，将隔离开关置于合闸位置。拆除其固定螺栓后转运至指定位置

（4）新隔离开关安装。

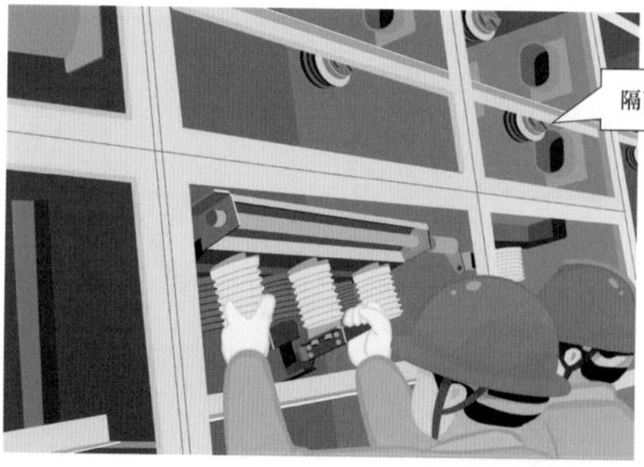
隔离开关置于支架上

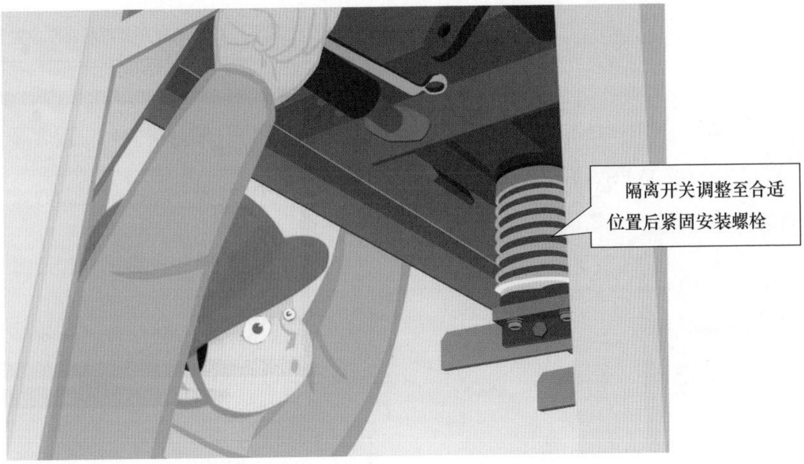
隔离开关调整至合适位置后紧固安装螺栓

隔离开关连接操动机构后调整传动连杆长度，分合闸操作正常后连接固定销

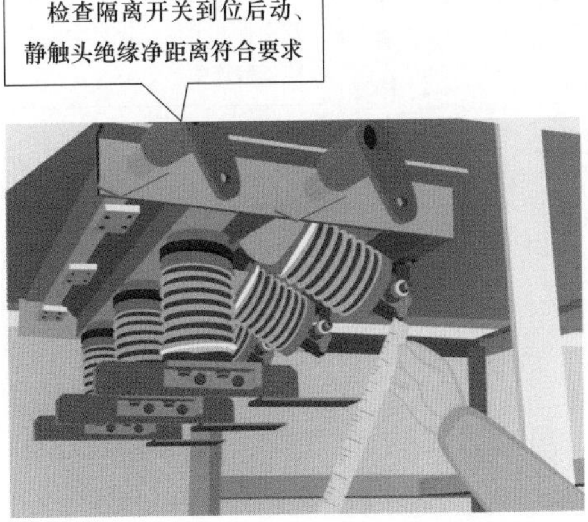
检查隔离开关到位后动、静触头绝缘净距离符合要求

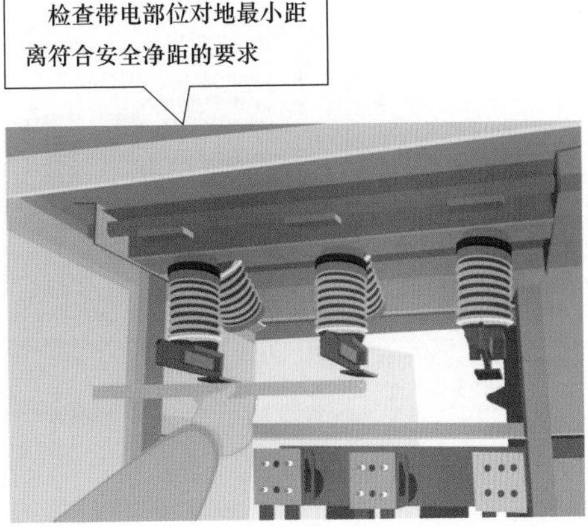
检查带电部位对地最小距离符合安全净距的要求

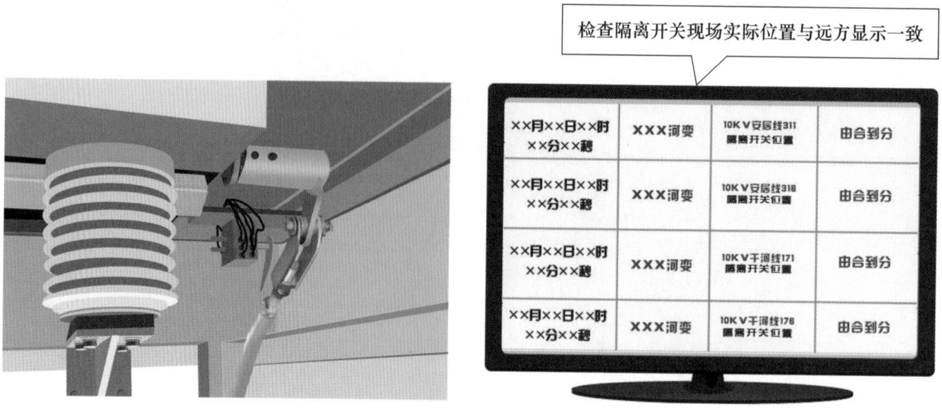
检查隔离开关现场实际位置与远方显示一致
××月××日××时 ××分××秒
XXX河变
10KV安居线311 隔离开关位置
由合到分
××月××日××时 ××分××秒
XXX河变
10KV安居线316 隔离开关位置
由合到分
××月××日××时 ××分××秒
XXX河变
10KV干河线171 隔离开关位置
由合到分
××月××日××时 ××分××秒
XXX河变
10KV干河线176 隔离开关位置
由合到分

（5）防误装置调整。

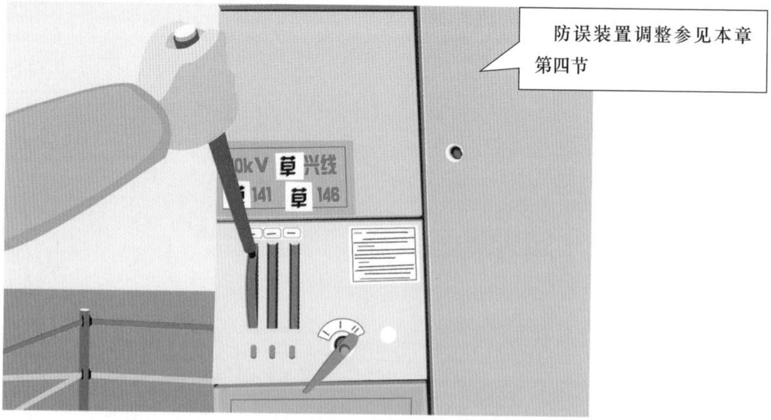
防误装置调整参见本章第四节
141
146

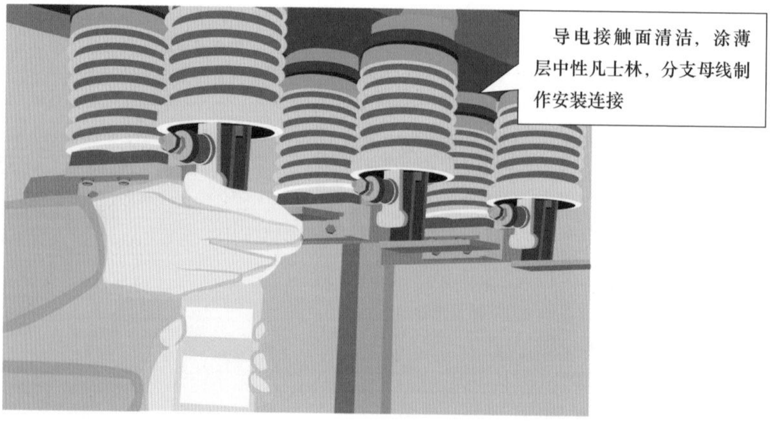
导电接触面清洁，涂薄层中性凡士林，分支母线制作安装连接

连接螺栓力矩
符合技术要求

3. 修后检查与试验

（1）回路电阻试验。

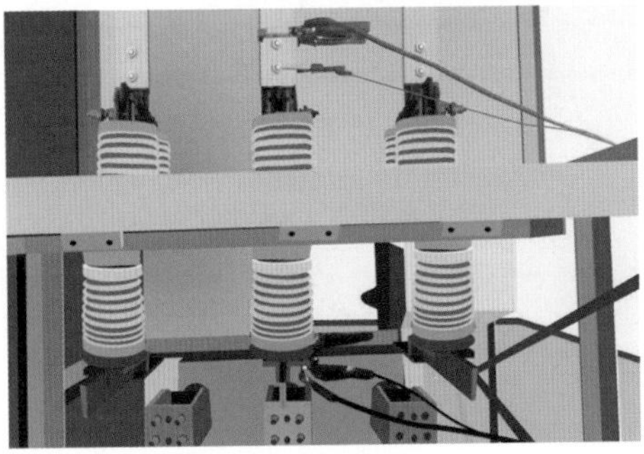

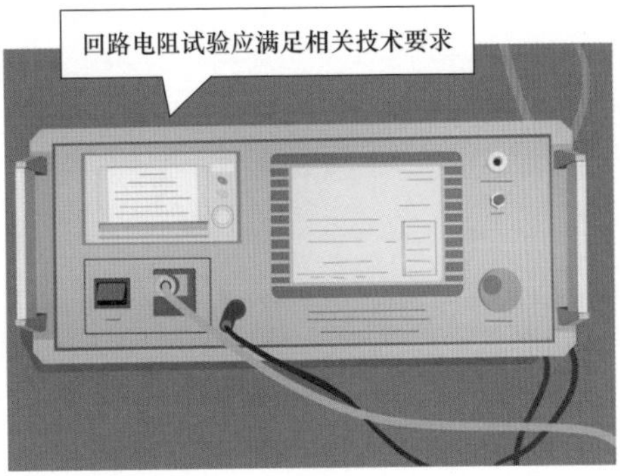
回路电阻试验应满足相关技术要求

（2）机械特性试验。

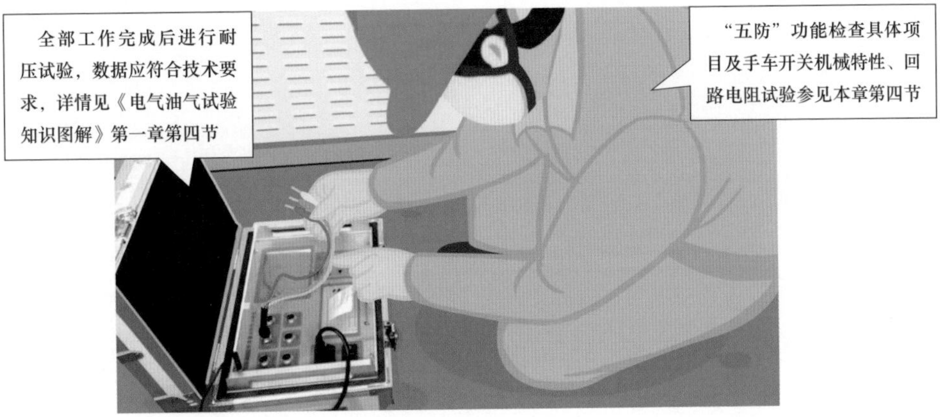
全部工作完成后进行耐压试验，数据应符合技术要求，详情见《电气油气试验知识图解》第一章第四节
“五防”功能检查具体项目及手车开关机械特性、回路电阻试验参见本章第四节

四、竣工验收、现场清理

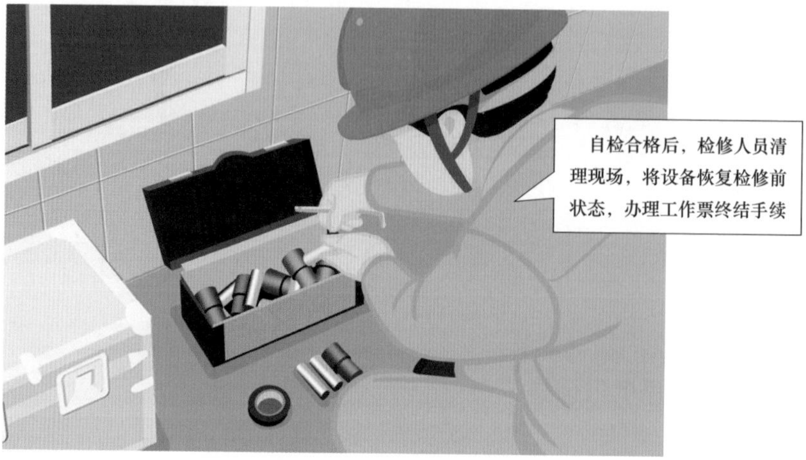
自检合格后，检修人员清理现场，将设备恢复检修前状态，办理工作票终结手续

第四节 修后试验与检查

一、检修前准备

1. 资料、机具、工器具准备

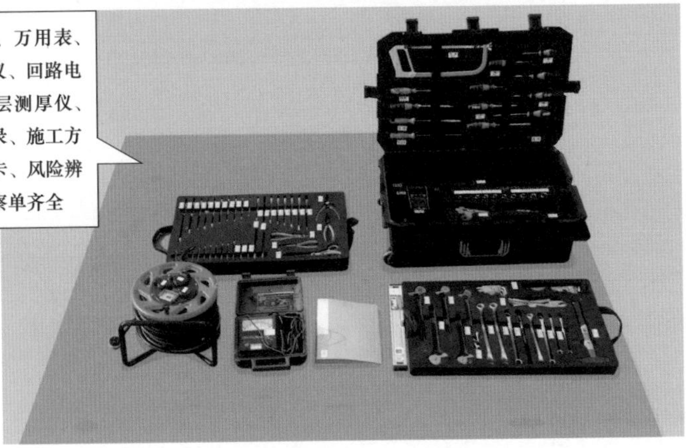
检修工具箱、万用表、机械特性测试仪、回路电阻测试仪、镀层测厚仪、图纸、检修记录、施工方案、标准作业卡、风险辨识卡、现场勘察单齐全

2. 材料备件准备

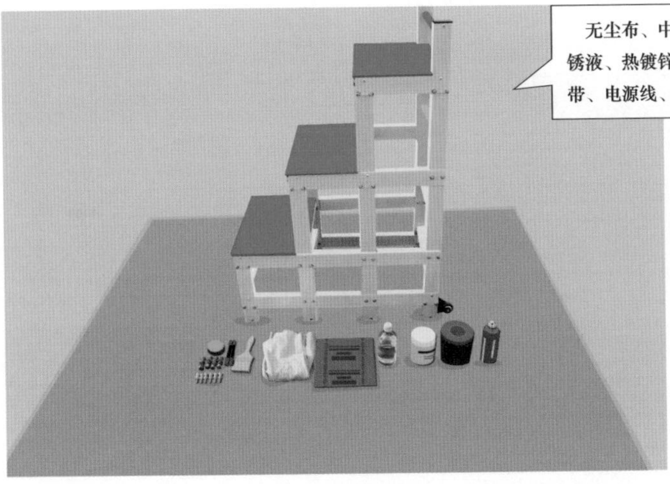
无尘布、中性凡士林、松锈液、热镀锌螺栓、绝缘胶带、电源线、毛刷、踏步梯

3. 班前会

办理工作票许可手续，召开班前会进行“三交”“三查”，明确人员分工及工作流程。督促工作班成员遵守相关安全规程

二、现场检查

1. 安全措施确认

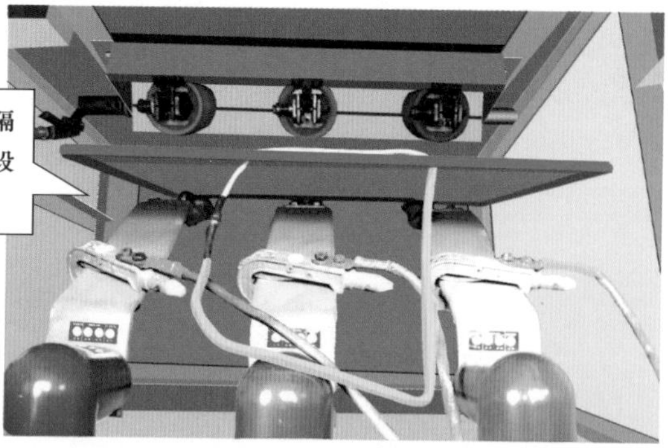

用绝缘挡板将母线侧隔离开关与断路器隔离并设明显的警告标志

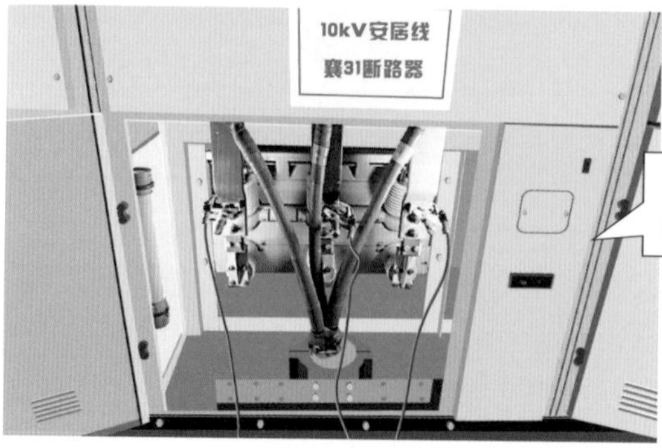

检查出线电缆侧接地线已可靠装设

2. 电源全部断开

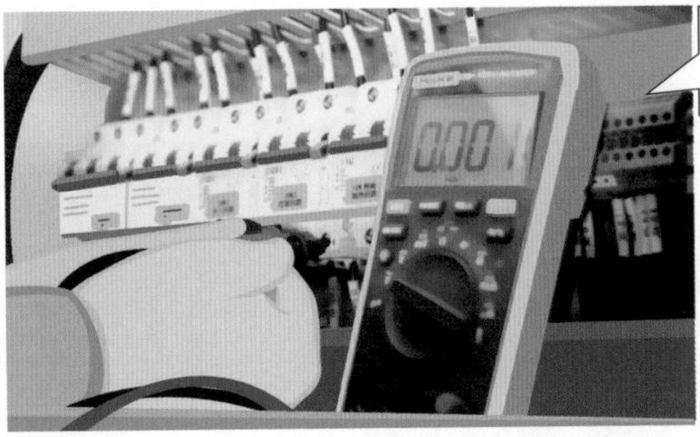
检查控制电源、电动机电源确已断开

三、修后试验与检查

1. 机械特性测试

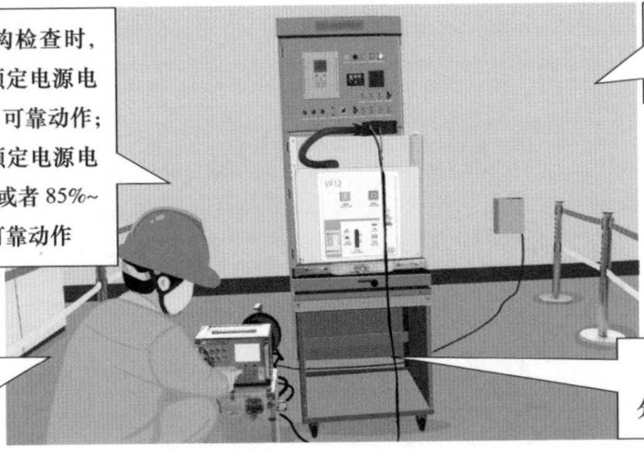
开关柜断路器弹簧机构检查时，合闸脱扣器在合闸装置额定电源电压的85%~110%范围内，可靠动作；分闸脱扣器在分闸装置额定电源电压的65%~110%（直流）或者85%~110%（交流）范围内，可靠动作
分、合闸控制线按厂家图纸进行接线
当电源电压低于30%时，脱扣器不动作
合闸同期不超过5ms，分闸同期不超过3ms

2. 回路电阻测试

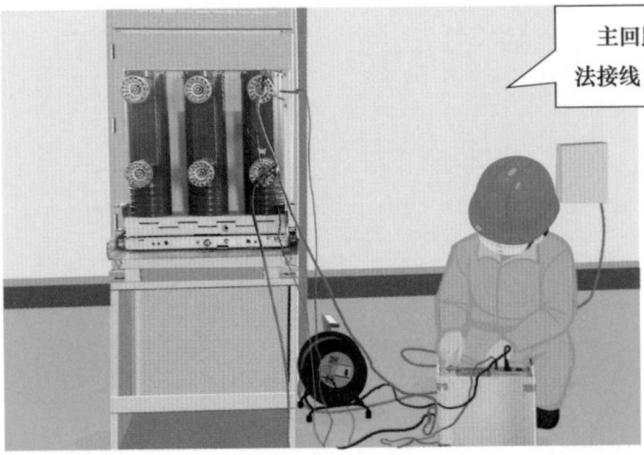
主回路电阻测量（直流压降法接线），测试电流选用100A

3. 分、合闸线圈绝缘电阻及线圈直流电阻

测量分、合闸线圈电阻值，符合技术要求且初始值差不超过5%

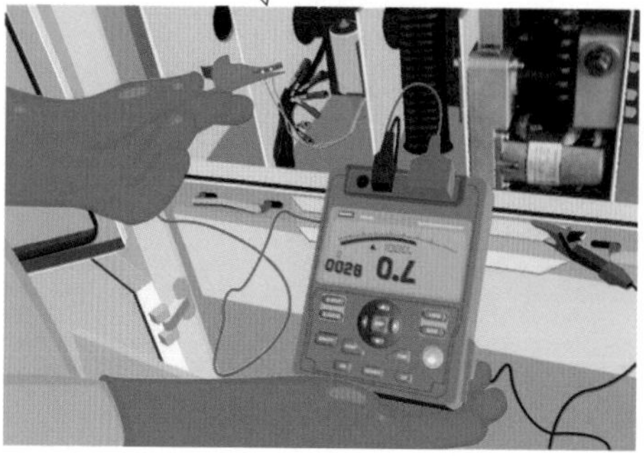

用1000V绝缘电阻测试仪测量线圈绝缘电阻，绝缘电阻不小于10MΩ

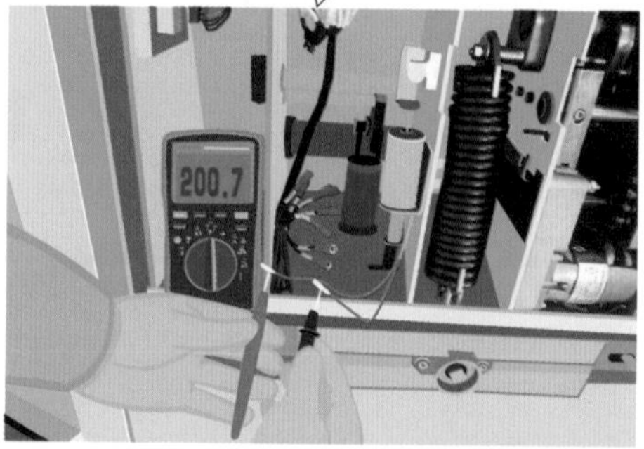

4. 开关柜检查

（1）柜体检查。

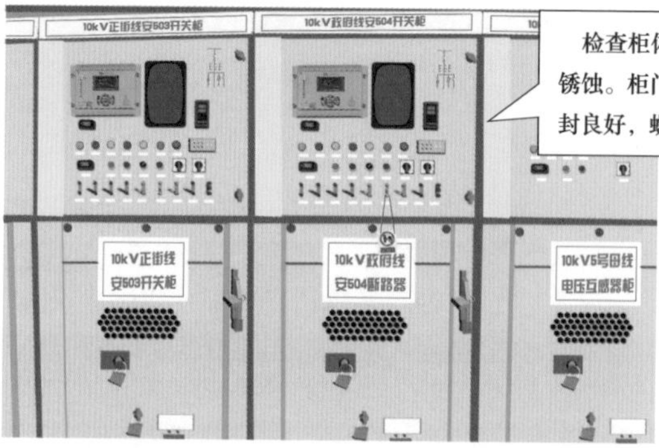

检查柜体表面清洁，漆面完好无锈蚀。柜门把手关启良好，柜体密封良好，螺栓、销钉无松动，脱落

检查开关柜泄压通道符合要求

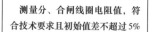

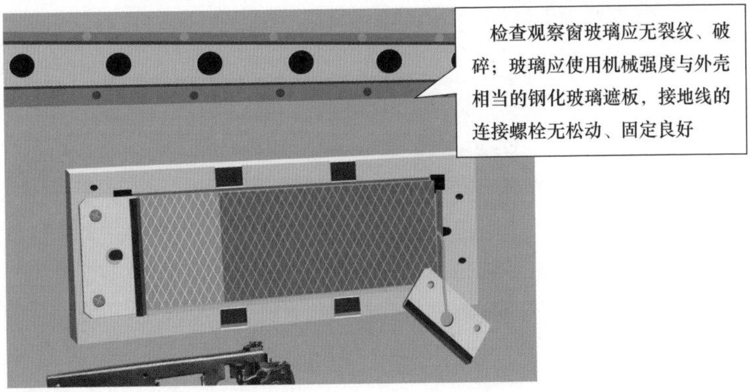
检查观察窗玻璃应无裂纹、破碎；玻璃应使用机械强度与外壳相当的钢化玻璃遮板，接地线的连接螺栓无松动、固定良好

（2）高压带电显示装置检查。

检查传感器接线紧固，编号完整清晰；外观清洁、功能完好

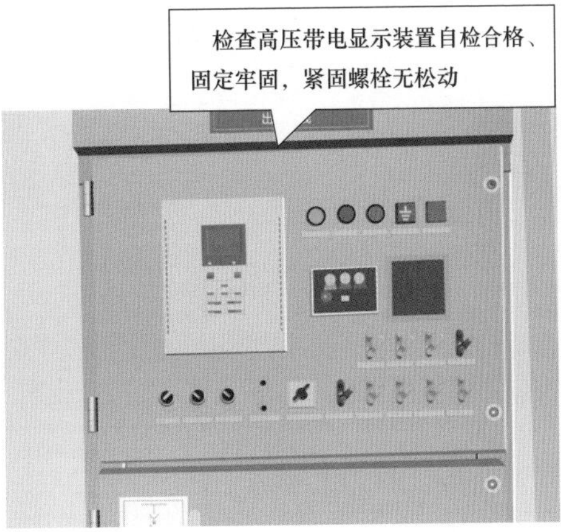
检查高压带电显示装置自检合格、固定牢固，紧固螺栓无松动

（3）电气主回路检查。

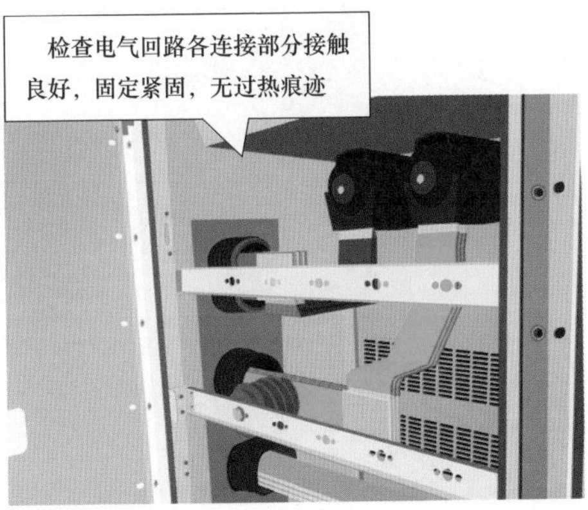
检查电气回路各连接部分接触良好，固定紧固，无过热痕迹

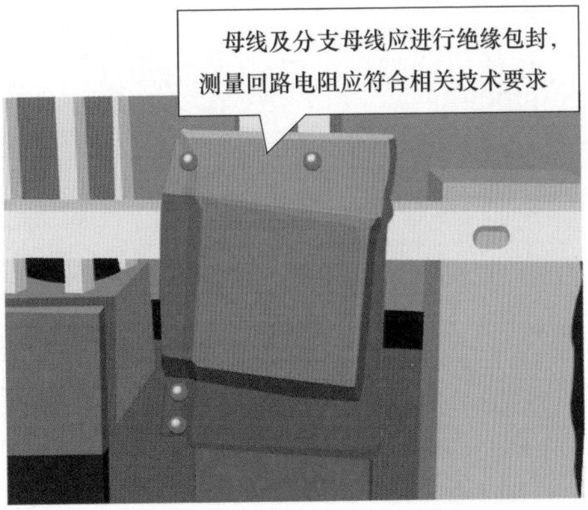
母线及分支母线应进行绝缘包封，测量回路电阻应符合相关技术要求

（4）辅助及控制回路检查。

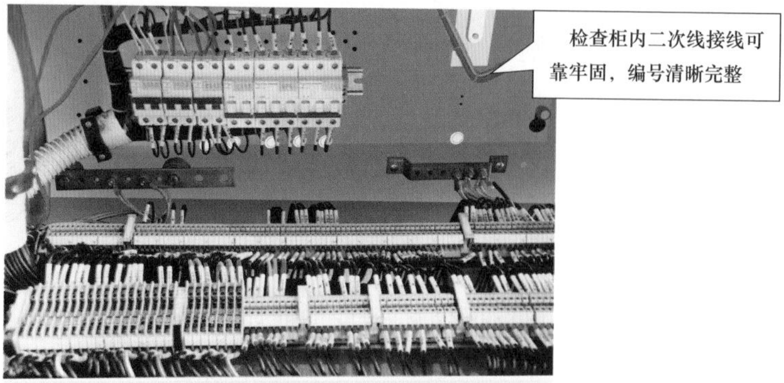
检查柜内二次线接线可靠牢固，编号清晰完整

（5）分、合闸控制回路绝缘电阻测试。

1000V 绝缘电阻表测试二次线的绝缘电阻，一般应大于 10MΩ

（6）辅助元器件检查。

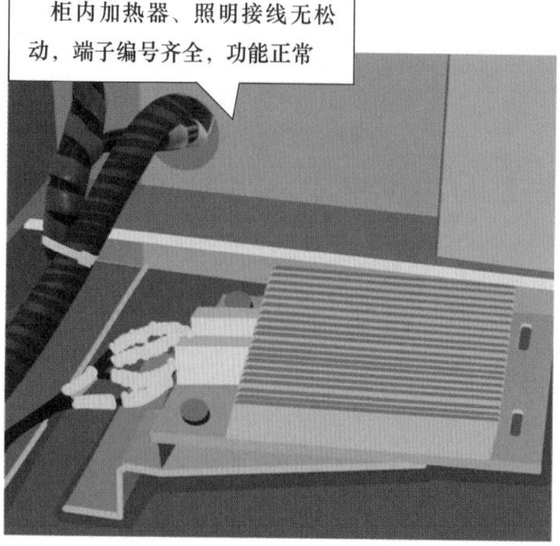
柜内加热器、照明接线无松动，端子编号齐全，功能正常

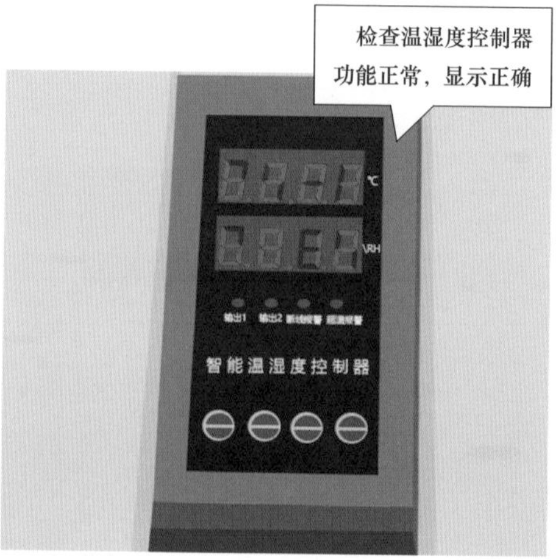
检查温湿度控制器功能正常，显示正确
智能温湿度控制器

（7）二次回路完整性检查。

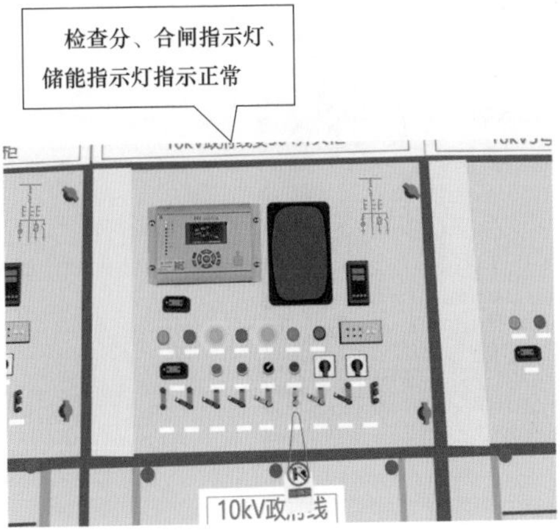
检查分、合闸指示灯、储能指示灯指示正常

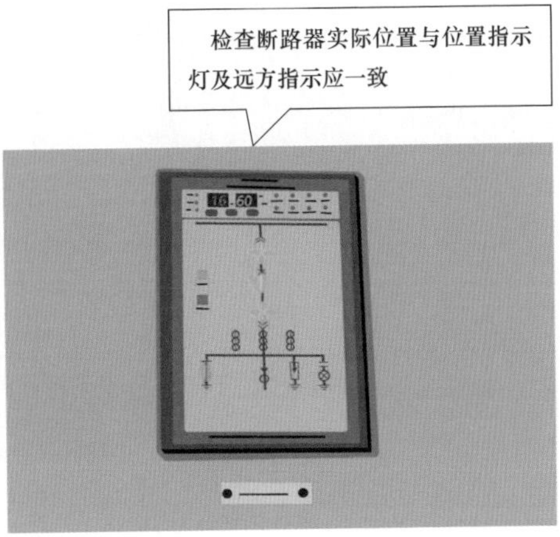
检查断路器实际位置与位置指示灯及远方指示应一致

（8）电流互感器检查。

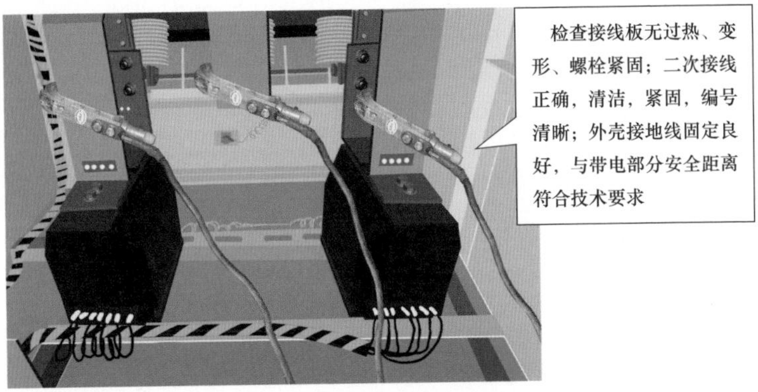
检查接线板无过热、变形、螺栓紧固；二次接线正确，清洁，紧固，编号清晰；外壳接地线固定良好，与带电部分安全距离符合技术要求

（9）电压互感器检查。

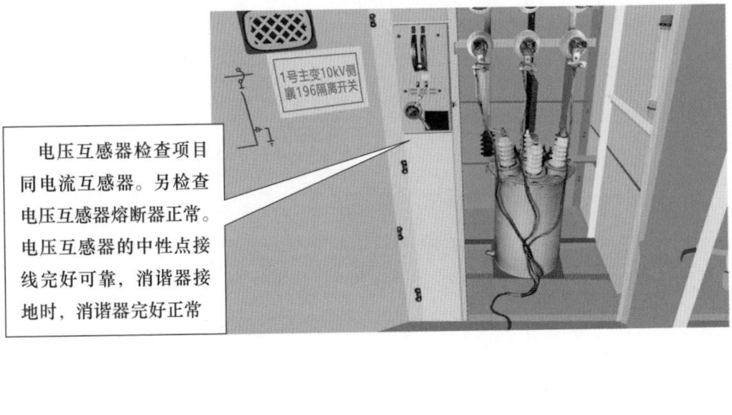
1号主变10kV侧
电压互感器检查项目同电流互感器。另检查电压互感器熔断器正常。电压互感器的中性点接线完好可靠，消谐器接地时，消谐器完好正常

（10）避雷器检查。

检查避雷器接线方式符合规范要求，连接紧固。接地线固定良好，与带电部分保持足够安全距离

5. 电缆及其连接检查

（1）电缆外观及孔洞检查。

检查电缆室孔洞应严密封堵。电缆终端头连接可靠，绝缘无破损、放电痕迹，带电部位与柜体间的空气绝缘净距离符合要求

（2）电缆屏蔽线检查。

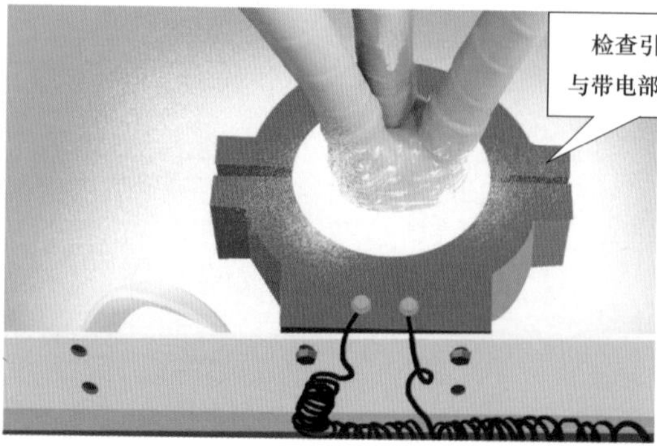
检查引出屏蔽接地线固定良好，与带电部分保持足够安全距离

6. 弹簧操动机构检查

（1）弹簧检查。

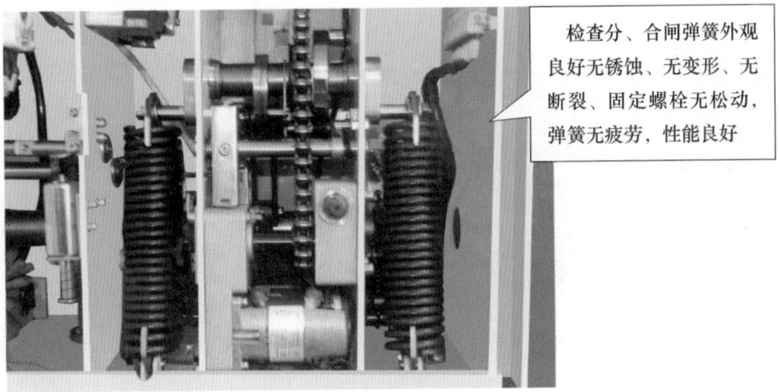
检查分、合闸弹簧外观良好无锈蚀、无变形、无断裂、固定螺栓无松动，弹簧无疲劳，性能良好

（2）缓冲器检查。

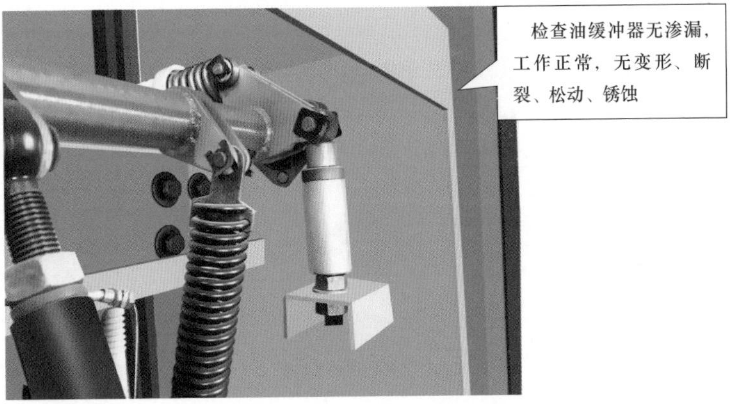
检查油缓冲器无渗漏，工作正常，无变形、断裂、松动、锈蚀

（3）分、合闸线圈检查。

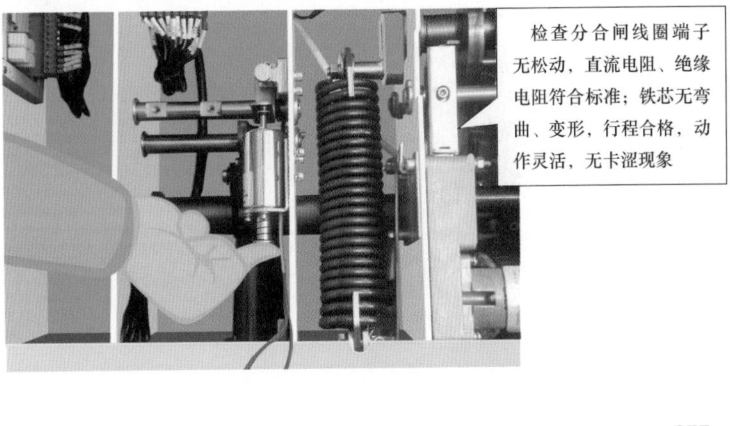
检查分合闸线圈端子无松动，直流电阻、绝缘电阻符合标准；铁芯无弯曲、变形，行程合格，动作灵活，无卡涩现象

（4）分、合闸锁扣检查。

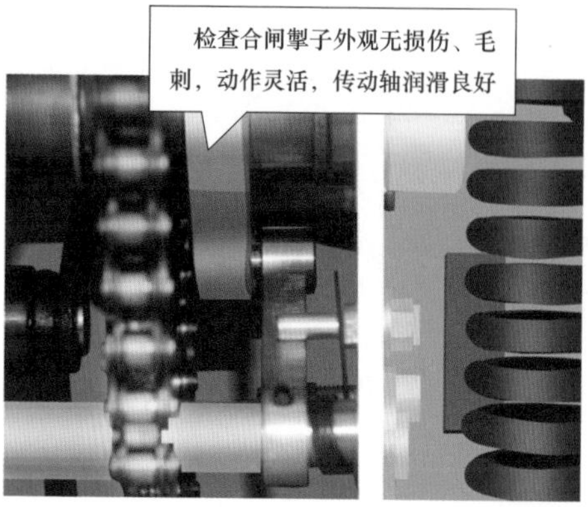
检查合闸掣子外观无损伤、毛刺，动作灵活，传动轴润滑良好

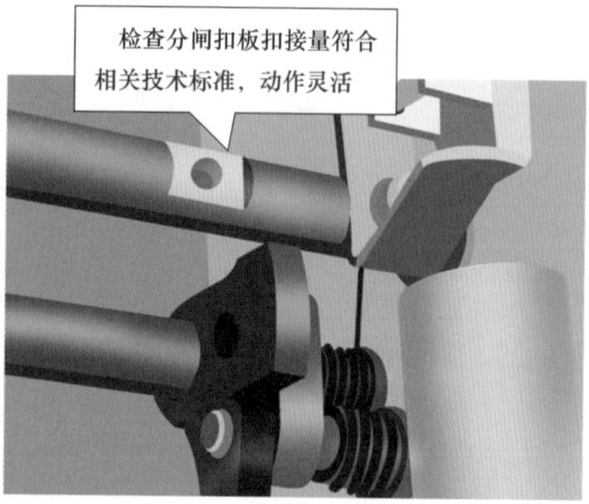
检查分闸扣板扣接量符合相关技术标准，动作灵活

（5）辅助开关与行程开关检查。

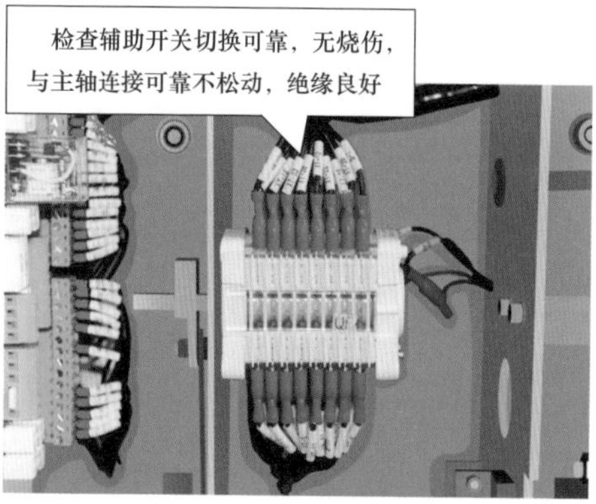
检查辅助开关切换可靠，无烧伤，与主轴连接可靠不松动，绝缘良好

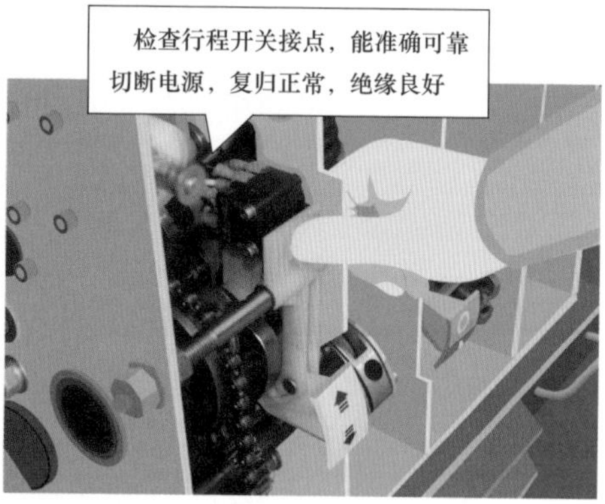
检查行程开关接点，能准确可靠切断电源，复归正常，绝缘良好

（6）储能装置检查。

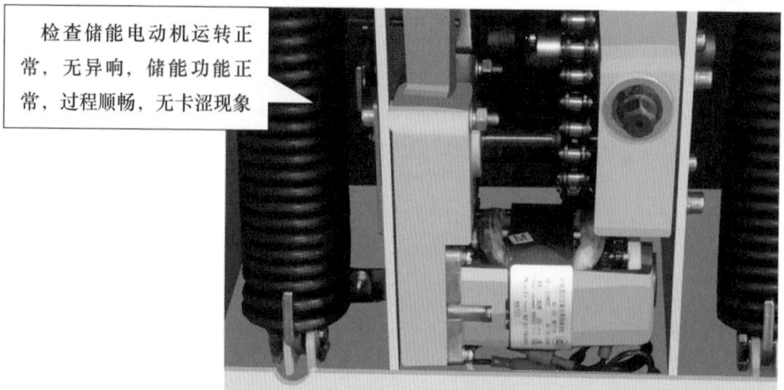
检查储能电动机运转正常，无异响，储能功能正常，过程顺畅，无卡涩现象

（7）二次元件检查。

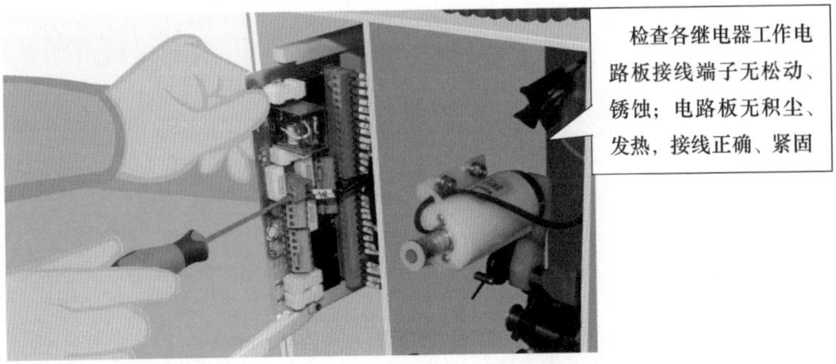
检查各继电器工作电路板接线端子无松动、锈蚀；电路板无积尘、发热，接线正确、紧固

7. KYN 柜检查项目

（1）触头检查。

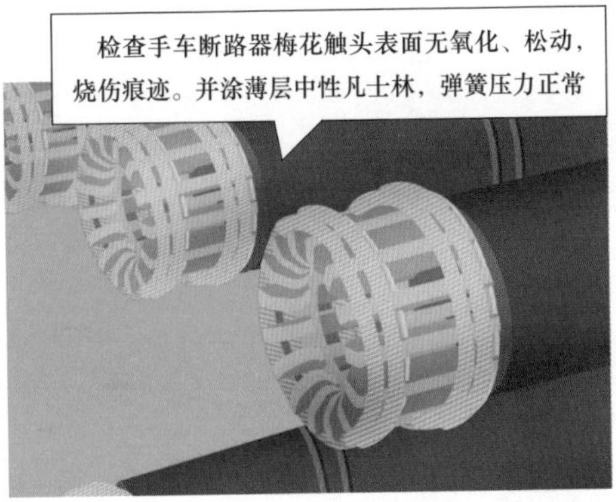
检查手车断路器梅花触头表面无氧化、松动，烧伤痕迹。并涂薄层中性凡士林，弹簧压力正常

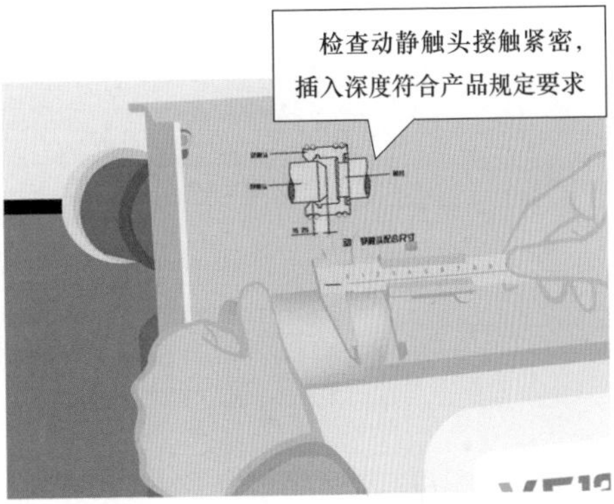
检查动静触头接触紧密，插入深度符合产品规定要求

（2）手车开关检查。

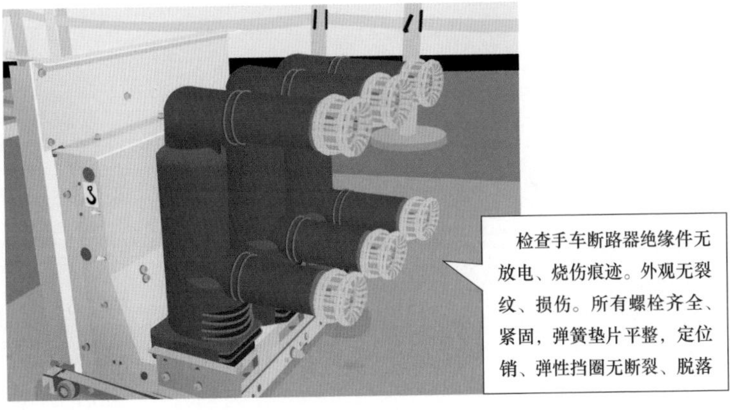
检查手车断路器绝缘件无放电、烧伤痕迹。外观无裂纹、损伤。所有螺栓齐全、紧固，弹簧垫片平整，定位销、弹性挡圈无断裂、脱落

（3）底盘车检查。

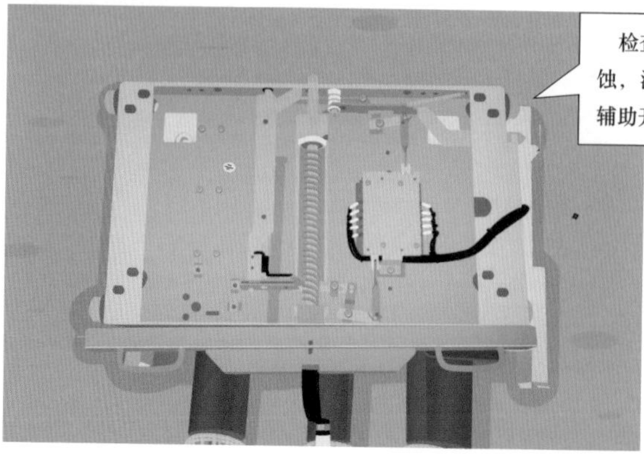
检查涡轮、蜗杆无卡涩锈蚀，润滑良好，动作正常。辅助开关切换灵活准确

（4）隔离挡板检查。

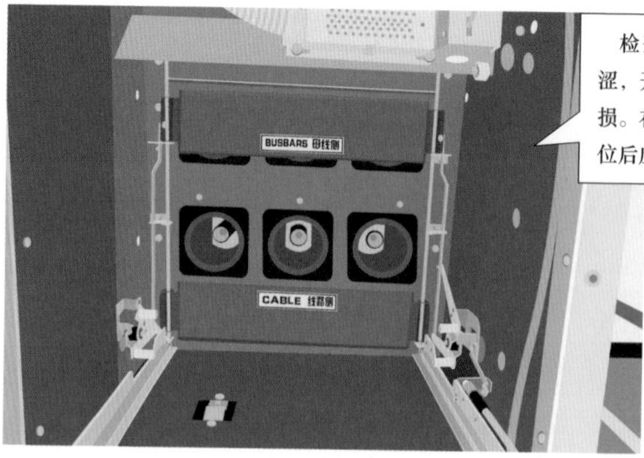
BUSBARS 母线侧
CABLE 线路侧
检查隔离挡板活门无卡涩，开启灵活，零部件无缺损。在打开时保持平衡，复位后应遮住触头盒

（5）轨道检查。

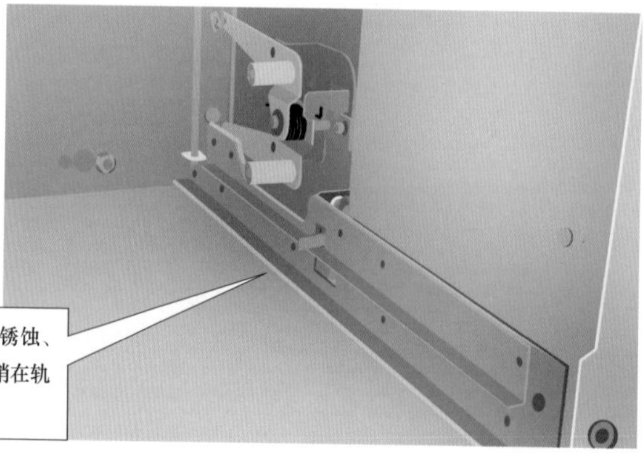
检查轨道无变形、锈蚀、移位。接地开关闭锁销在轨道内运动自如

（6）接地开关检查。

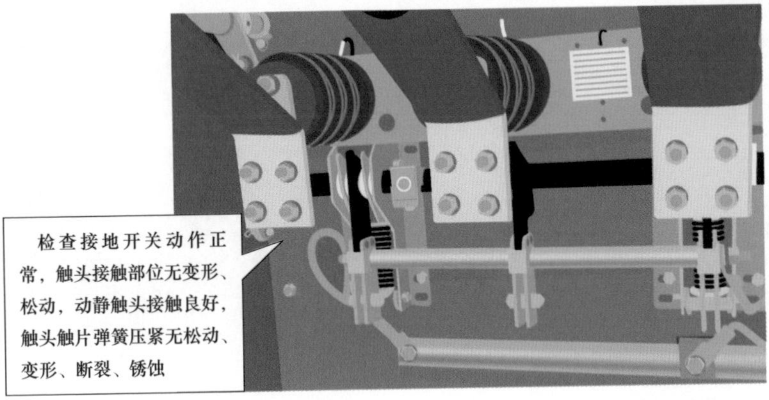
检查接地开关动作正常，触头接触部位无变形、松动，动静触头接触良好，触头触片弹簧压紧无松动、变形、断裂、锈蚀

（7）防误功能检查。

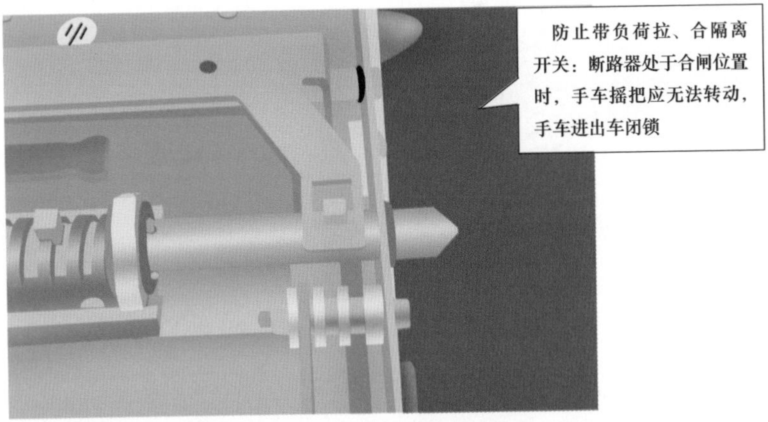
防止带负荷拉、合隔离开关：断路器处于合闸位置时，手车摇把应无法转动，手车进出车闭锁

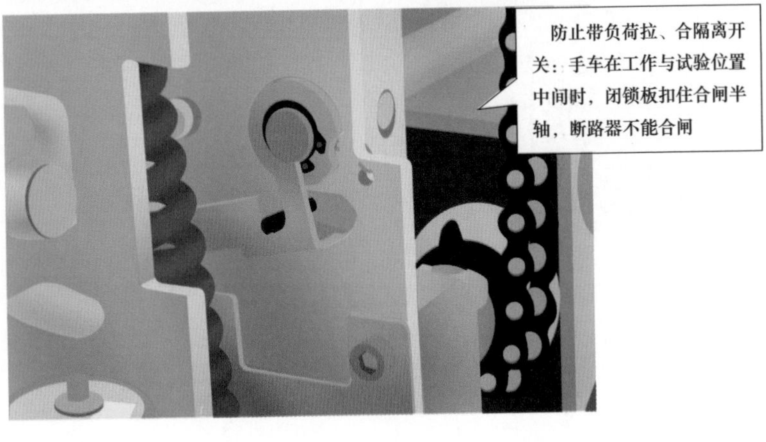
防止带负荷拉、合隔离开关：手车在工作与试验位置中间时，闭锁板扣住合闸半轴，断路器不能合闸

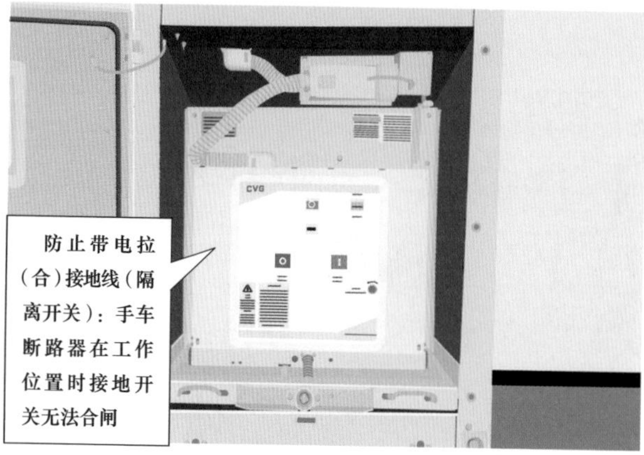
防止带电拉（合）接地线（隔离开关）：手车断路器在工作位置时接地开关无法合闸

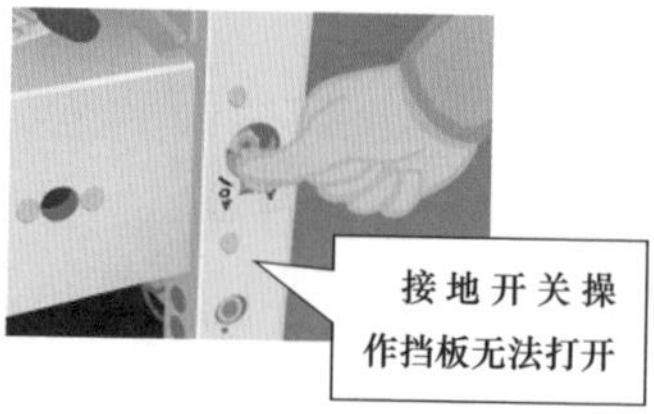
接地开关操作挡板无法打开

闭锁电磁铁限制接地开关操作孔向下开启

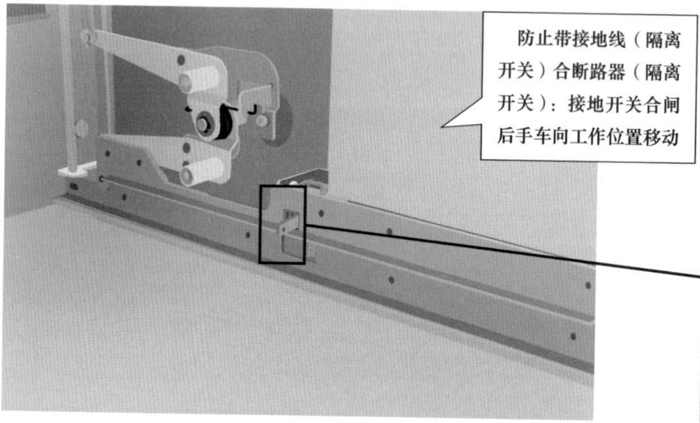
防止带接地线（隔离开关）合断路器（隔离开关）：接地开关合闸后手车向工作位置移动

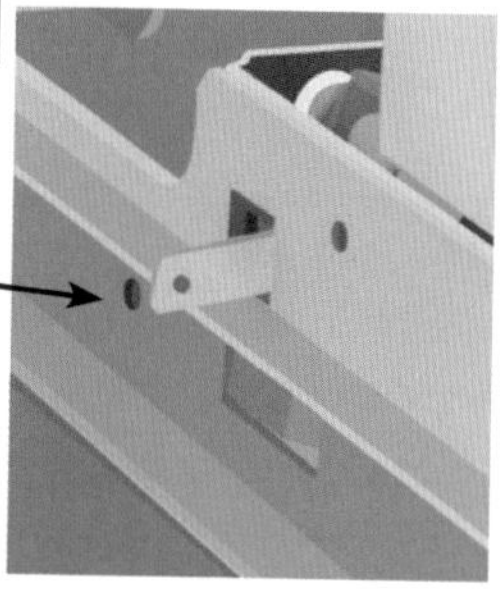

防止误入带电间隔：当接地开关处于分闸状态，闭锁后柜门
紧急解锁
注意！
设备运行时解锁弯板应处于落下位置
如遇紧急情况，将螺钉松开，提起弯板可以打开后门
（此时柜内可能带电）
解锁
闭锁

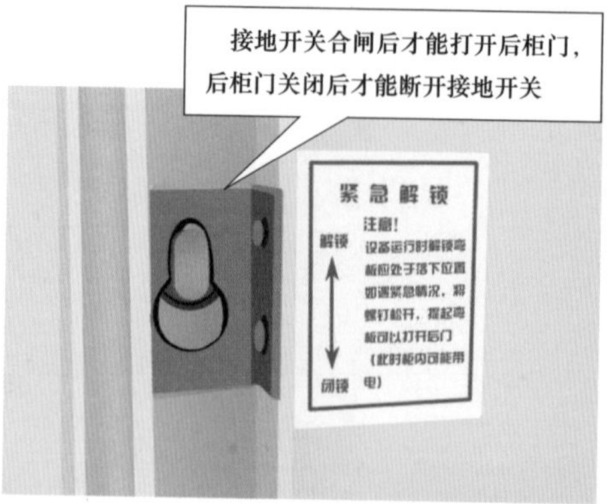
接地开关合闸后才能打开后柜门，后柜门关闭后才能断开接地开关
紧急解锁
注意！
设备运行时解锁弯板应处于落下位置
如遇紧急情况，将螺钉松开，提起弯板可以打开后门
（此时柜内可能带电）
解锁
闭锁

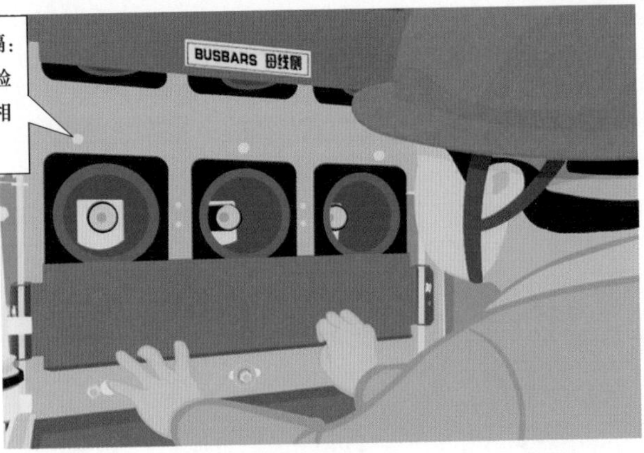

防止误入带电间隔：隔离挡板可靠封闭检查，隔离活门应有相序指示及警示标志

防止误入带电间隔：带电显示器联锁检查。带电显示器无电后闭锁电磁铁打开，方能打开前下柜门

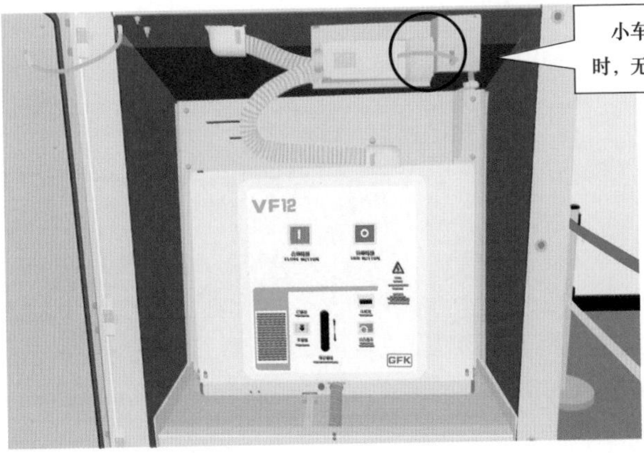

小车断路器在工作位置时，无法拔下航空插头

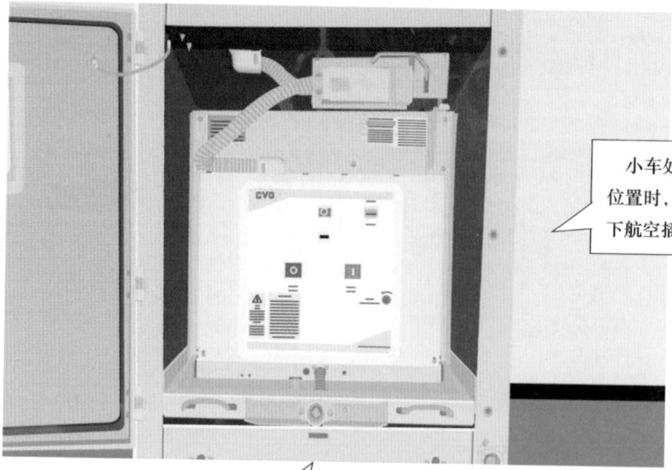
小车处于检修或试验位置时，才能插上和拔下航空插头
主变压器进线柜、母联开关柜的手车断路器在工作位置时，主变压器隔离柜、母联隔离柜的小车不能摇出试验位置，电气闭锁可靠
主变压器隔离柜、母联隔离柜的小车在试验位置时，主变压器进线柜、母联开关柜的小车断路器不能摇进工作位置，电气闭锁可靠

8. XGN 柜检查项目

（1）断路器外观检查。

检查本体绝缘材料及支持绝缘子表面清洁，无污垢，无裂纹、外观无损伤、无放电痕迹

（2）真空灭弧室检查。

检查真空灭弧室表面清洁，无污垢，外观无损伤、无放电、无击穿痕迹。触头开距、行程测量符合技术要求

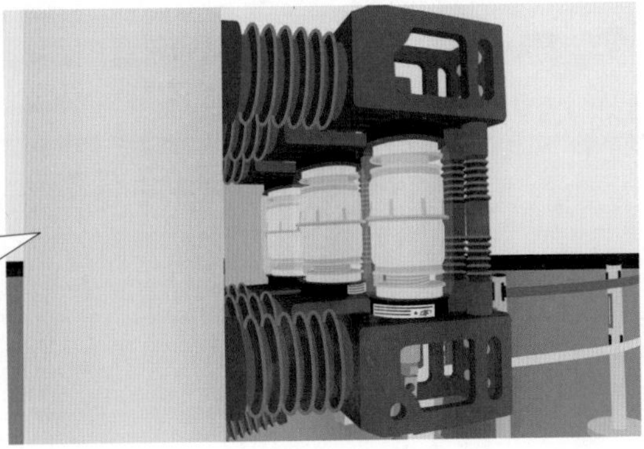

（3）传动连杆检查。

检查传动连杆无变形、无弯曲、无锈蚀。各连接螺栓、紧固件无松动，定位销、挡卡无断裂、无脱落

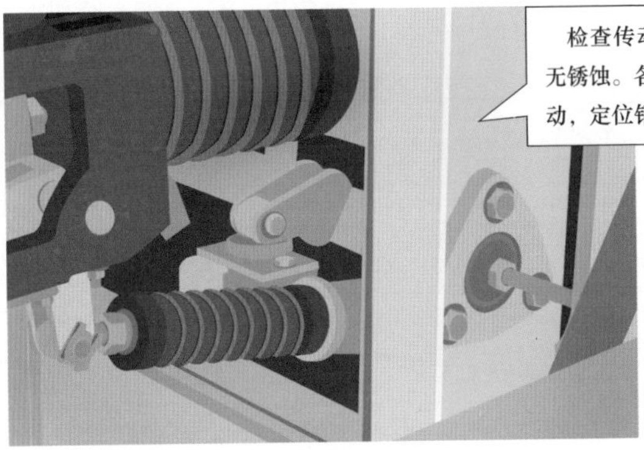

（4）隔离开关检查。

检查动、静触头中心线在同一平面上，合闸深度符合技术要求

检查分闸绝缘净距离不应小于 125mm

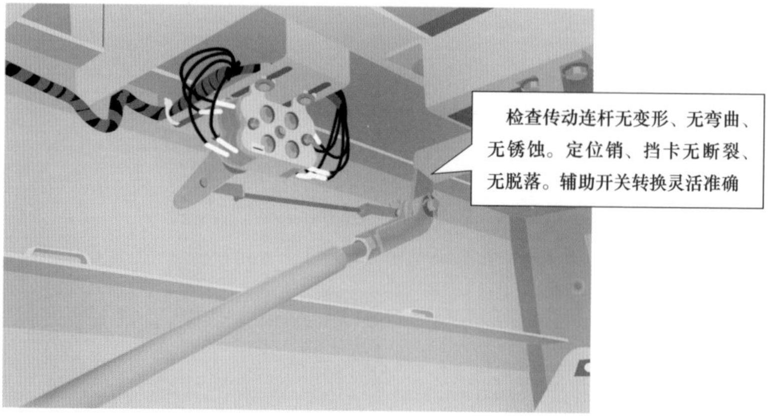
检查传动连杆无变形、无弯曲、无锈蚀。定位销、挡卡无断裂、无脱落。辅助开关转换灵活准确

（5）防误功能检查。

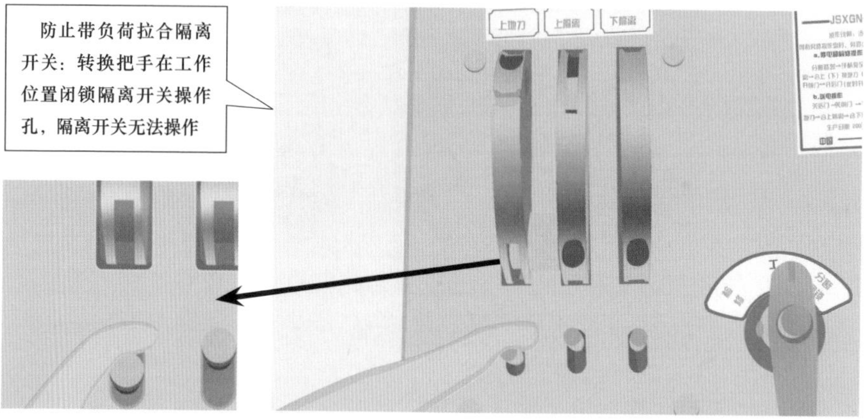
防止带负荷拉合隔离开关：转换把手在工作位置闭锁隔离开关操作孔，隔离开关无法操作

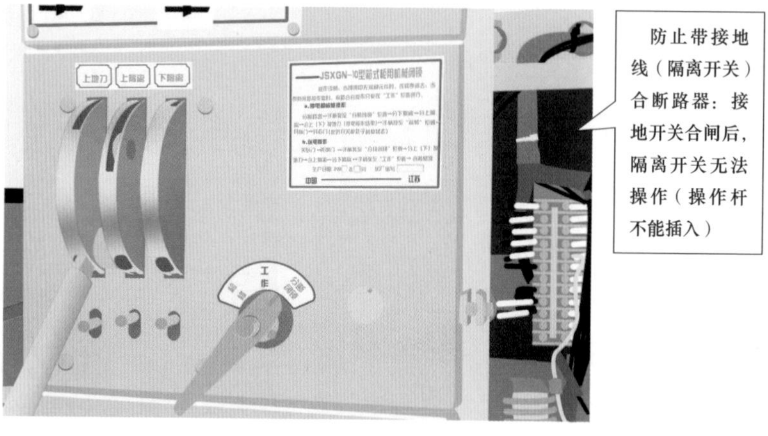
防止带接地线（隔离开关）合断路器：接地开关合闸后，隔离开关无法操作（操作杆不能插入）

防止误入带电间隔：接地开关分闸时，前柜门无法打开

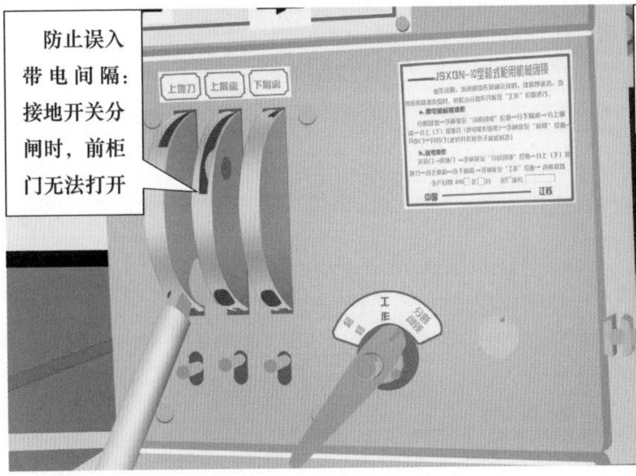

接地开关分闸时转换把手无法切换至检修位置

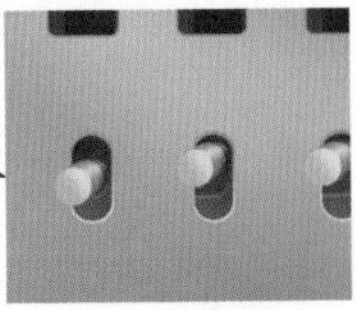

接地开关分闸时闭锁前柜门

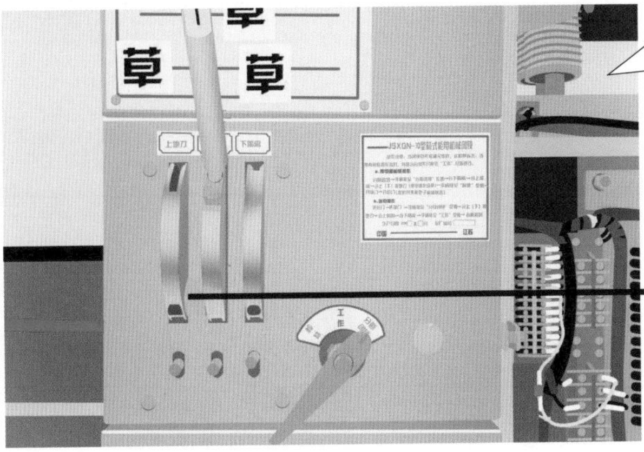

防止带电挂（合）接地线（隔离开关）：隔离开关合闸时，接地开关无法操作

防止误分合断路器：断路器在合闸位置时，转换把手无法切至分段闭锁位置

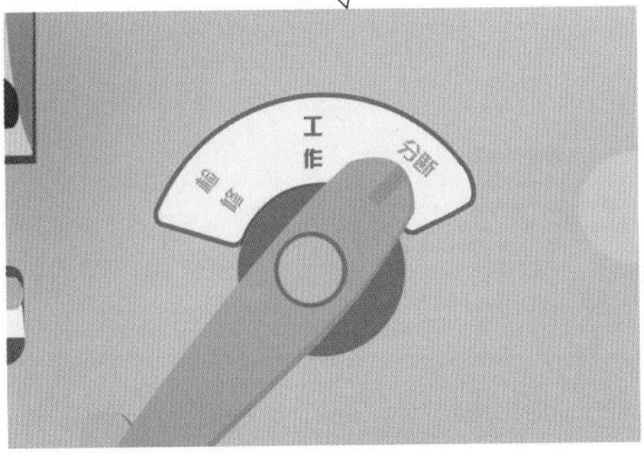

转换把手在分段闭锁位置时，断路器无法合闸

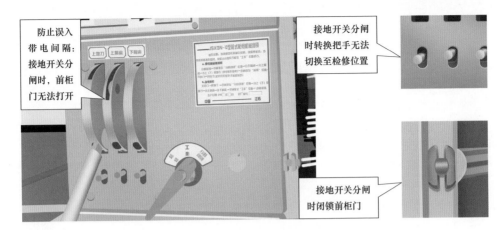

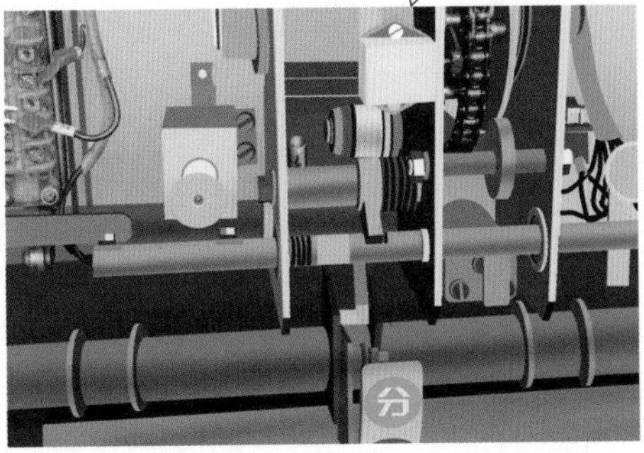

防止误入带电间隔：前柜门联锁检查，转换把手在分断闭锁位置，前柜门被闭锁杆关闭

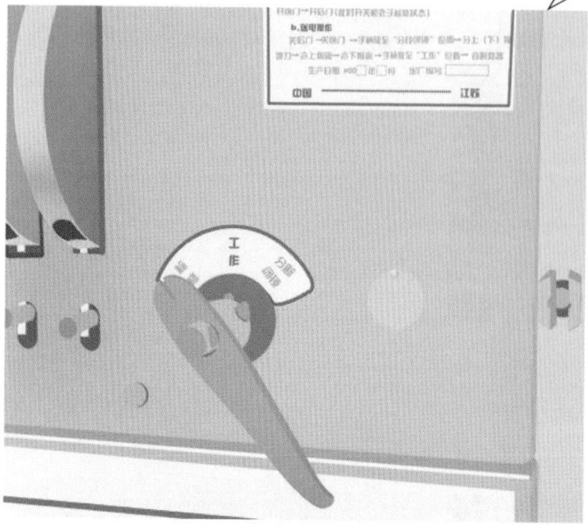

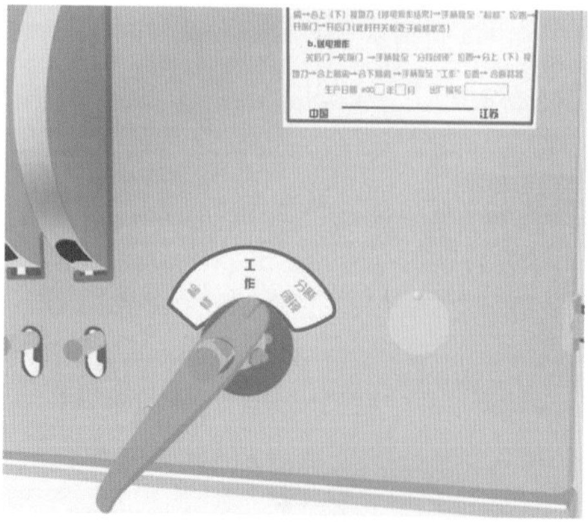

防止误入带电间隔：带电显示器联锁检查，带电显示器显示无电且接地开关合闸到位后，方能打开前后柜门

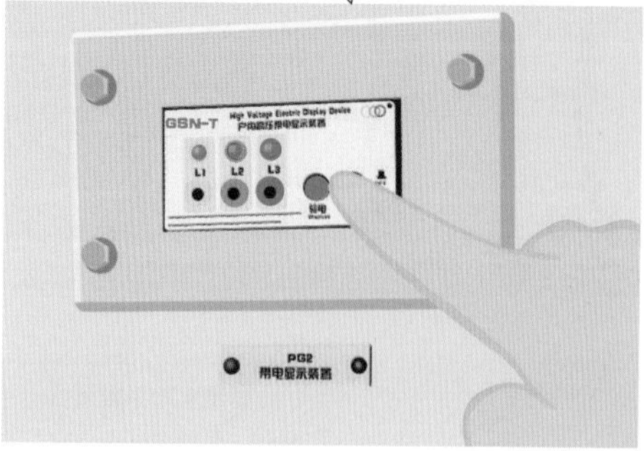

前后柜门关闭后，方能断开接地开关

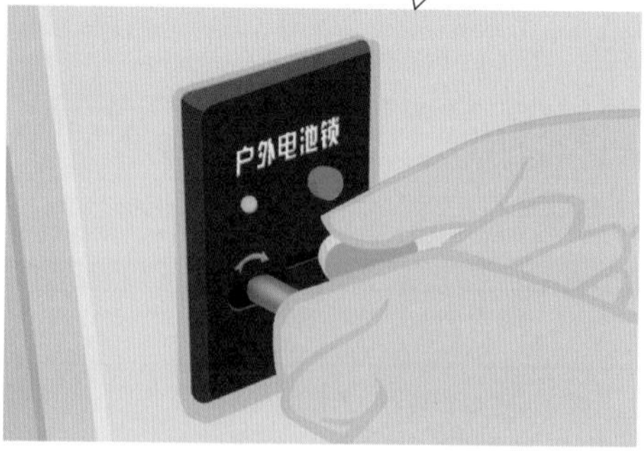

（6）竣工验收、清理现场。

验收合格后，检修人员清理现场，将设备恢复至开工前状态召开班后会，办理工作票终结手续

第六章

开关类设备二次回路缺陷处理

在我们平日工作中，断路器及隔离开关二次回路缺陷发生率往往要比一次缺陷要高得多。作为一名一线工作者，具备能正确识别故障信息、迅速找到故障点，特别是在设备不停电情况下处理二次缺陷的能力显得尤为重要。

二次回路缺陷处理没有固定的流程，作业人员需根据不同的故障信号，结合现场实际情况，分析出几种故障发生的可能性，再进行有针对性的检查验证。本书第一章已讲解断路器及隔离开关二次回路图，本章节主要讲解二次元件故障原因、整体的缺陷处理思路和方法。对于提高二次回路缺陷处理能力还需要现场多动手，平日多看图，养成写缺陷分析报告的习惯，多多思考总结。这里需着重强调一下，二次回路缺陷处理工作风险性比较高，作业时一定要做“明白人”，做好安全预控措施，避免发生人为设备非停事件。

第一节　断路器二次回路缺陷处理

一、断路器二次回路元件故障分析

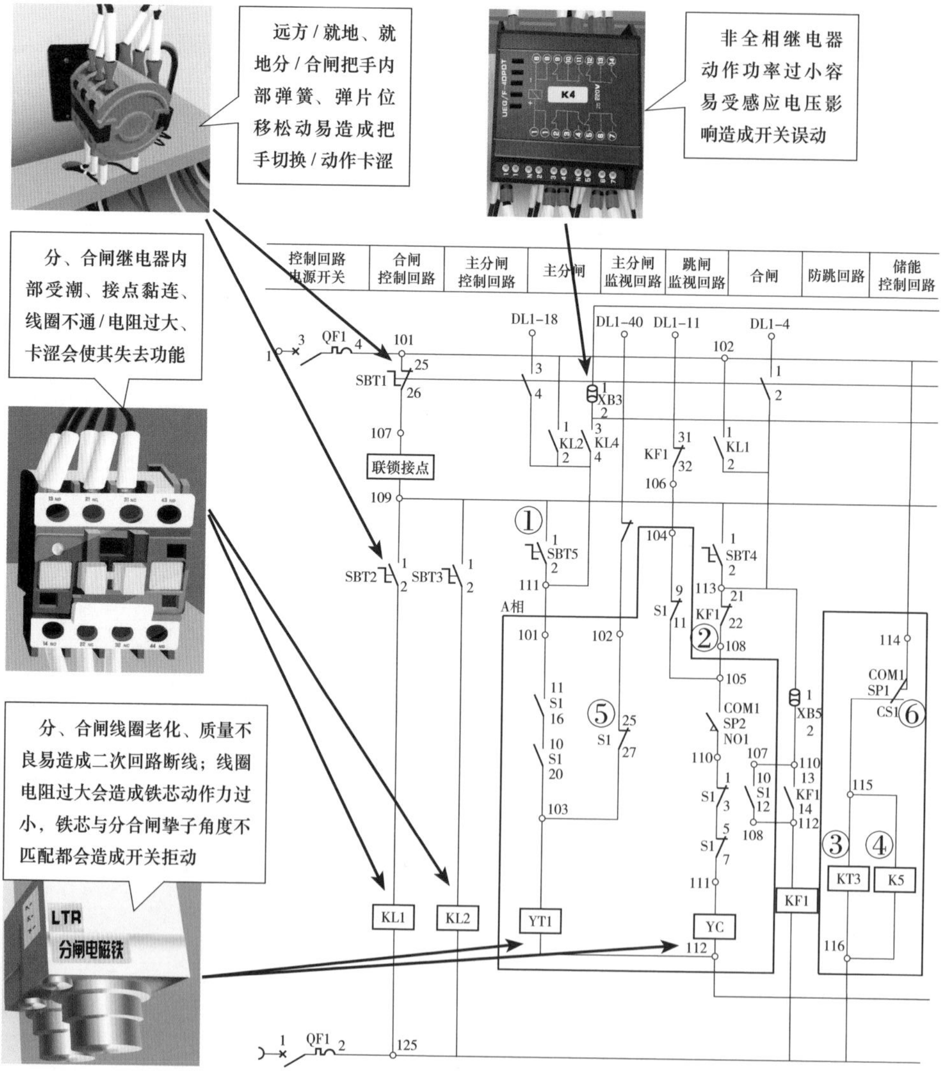
远方/就地、就地分/合闸把手内部弹簧、弹片位移松动易造成把手切换/动作卡涩
K4
非全相继电器动作功率过小容易受感应电压影响造成开关误动
分、合闸继电器内部受潮、接点黏连、线圈不通/电阻过大、卡涩会使其失去功能
分、合闸线圈老化、质量不良易造成二次回路断线；线圈电阻过大会造成铁芯动作力过小，铁芯与分合闸挚子角度不匹配都会造成开关拒动
LTR
分闸电磁铁
控制回路电源开关
合闸控制回路
主分闸控制回路
主分闸
主分闸监视回路
跳闸监视回路
合闸
防跳回路
储能控制回路
联锁接点
A相

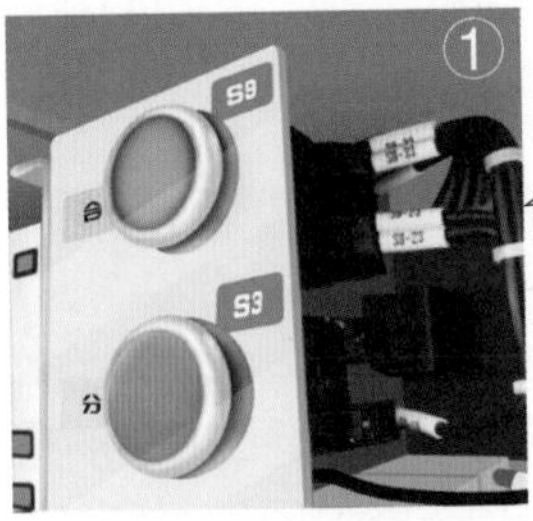

分、合闸按钮接线松动脱落、复位弹簧老化变形会导致开关无法就地操作

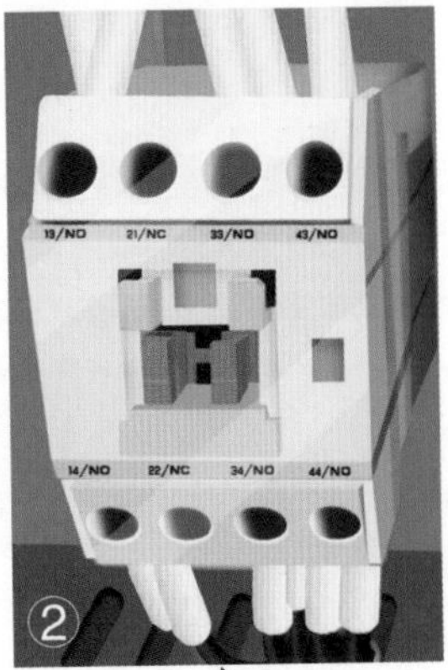

防跳继电器故障断路会造成开关拒动、防跳逻辑失灵

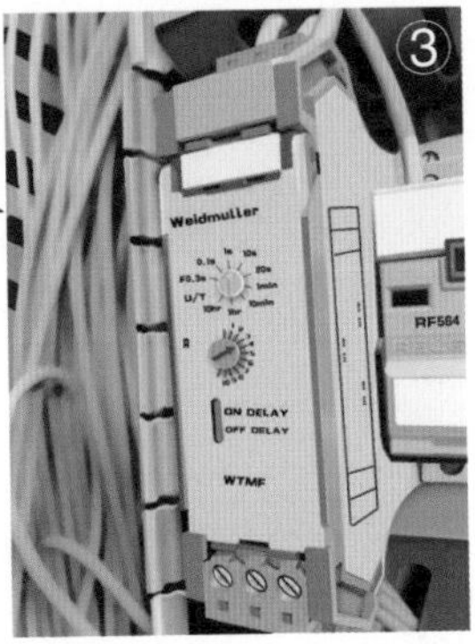

打压时间继电器整定值不正确会导致储能时间异常；内部故障、受潮可能会导致误发打压超时信号并闭锁储能回路

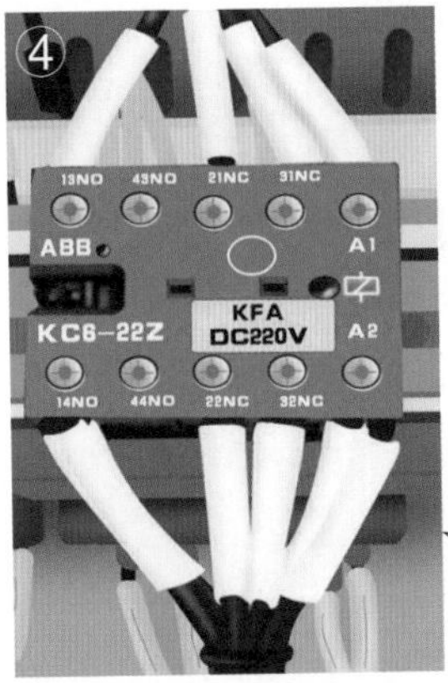

储能继电器内部故障、接线松动会导致断路器无法正常储能

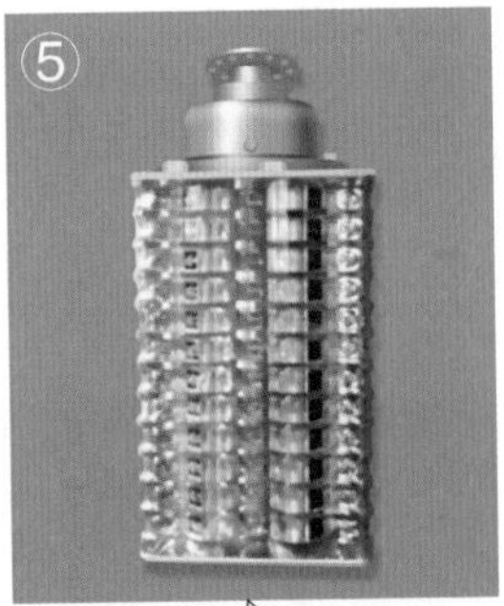

转换开关接点受潮锈蚀、烧蚀、固定螺栓松动等情况容易造成转换开关切换不到位或断路

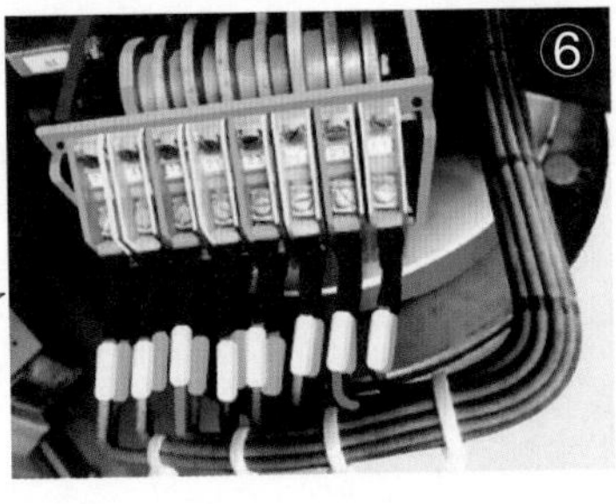

弹簧/液压储能微动开关接点黏连、受潮锈蚀、接线脱落松动会造成断路器无法正常储能

二、断路器二次回路缺陷处理

1. 断路器控制回路断线信号（无低油压闭锁、低气压闭锁等异常信号）

开始检查，缺陷发生时断路器处于运行状态，不能断开控制电源，对照图纸测量保护装置出口侧电位

注：正常运行情况下保护装置出口侧电位应为“-”，远方发出分、合闸命令时“+”电源即可使分、合闸线圈励磁，完成断路器分合动作

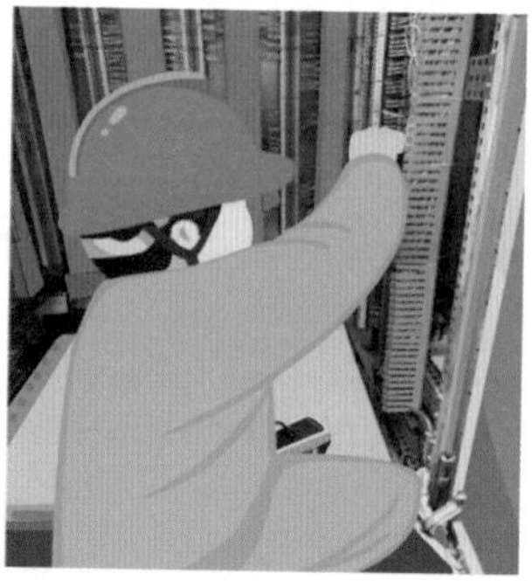

断路器正常合闸状态下测量分闸回路，如电位为“+”且电压不正确（此时“+”电位电流较小不会引发断路器误动）或者无电位，说明分闸回路控制回路故障，验证了信号正确性，可进行下一步检查

检查断路器转换开关 S1 接点通断。先检查端子箱内转换开关引出线电位，再对照电缆编号或图纸找到机构箱内转换开关对应接点，检查接线是否有松动脱落或受潮情况

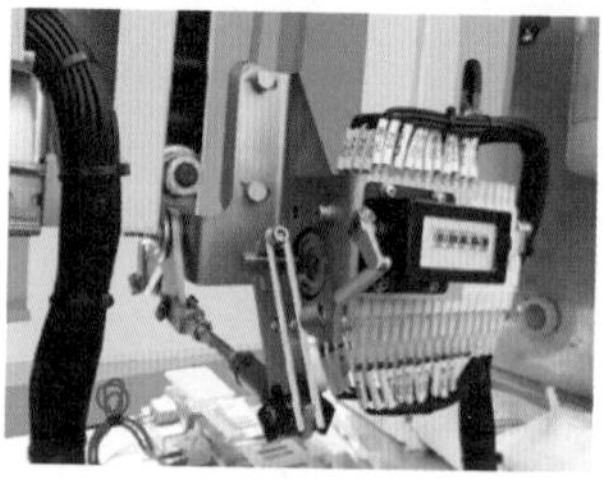

检查断路器分、合闸线圈引出线电位、观察线圈有无烧损

分、合闸线圈故障率较高，主要原因有：

（1）断路器动作频繁，多半发生于整组试验时频繁动作和恶劣天气时线路发生非永久性故障频繁重合闸，容易烧损线圈。

（2）脉冲电流过大。

（3）断路器在储能期间收到分、合闸命令时，易导致转换开关切换时间过长，使线圈通流时间过长烧损。

（4）线圈老化、受潮、断线。

（5）铁芯锈蚀粘黏或铁芯和挚子配合角度不良，造成线圈过载烧毁

检查防跳继电器常开、常闭接点电位，判断好坏

检查远方就地把手电位，接点通断，判断好坏

检查各个元器件之间通断、端子排接线情况，是否有虚接、脱落等直到找到故障点

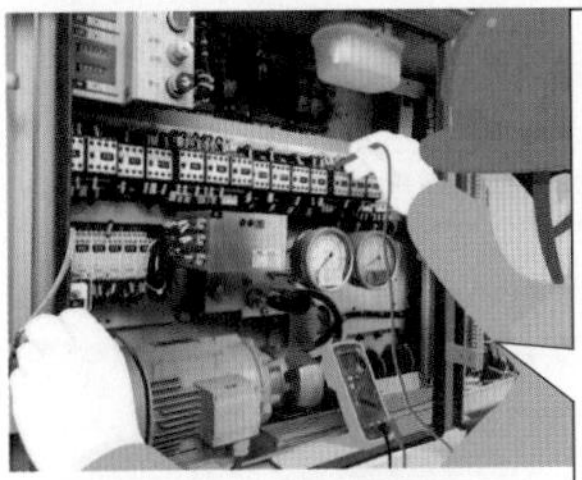

所谓的防跳，并不是“防止跳闸”，而是“防止跳跃”，断路器有本体防跳和保护防跳两种，两者不能兼容用，优先使用本体防跳

2. 断路器就地操作拒分、拒合（无低油压闭锁、低气压闭锁等异常信号）

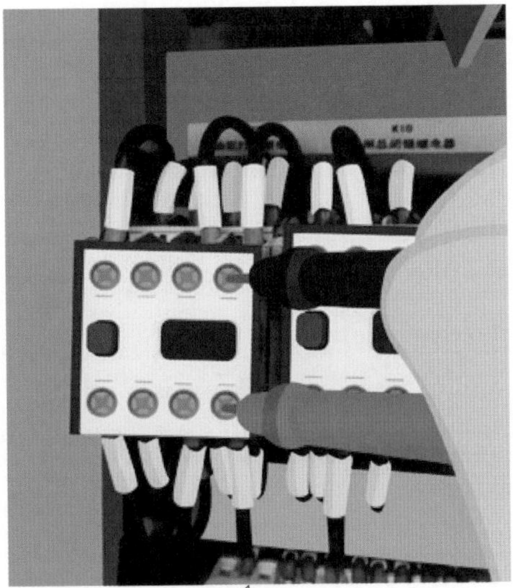

断路器在就地操作方式下，断开控制电源，检查分、合闸继电器动合、动断触点通断，判断继电器好坏

注：其他检查步骤与断路器控制回路断线一致

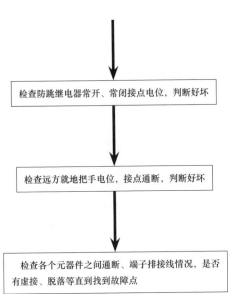

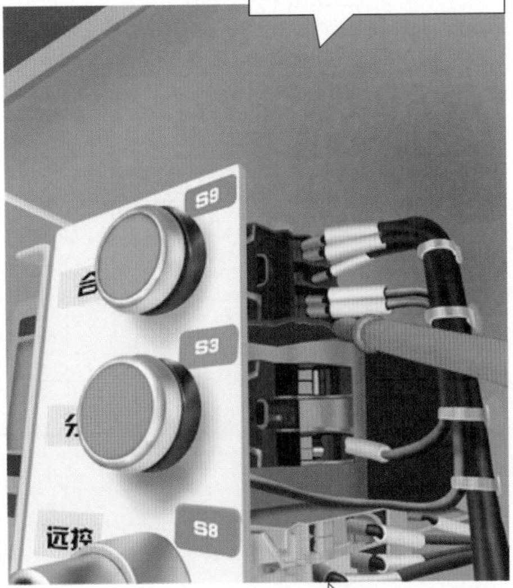

检查就地分、合闸按钮有无接线松动脱落，按钮工况

3. 低气压告警、闭锁信号（气压检查正常）、同时报控制回路断线信号

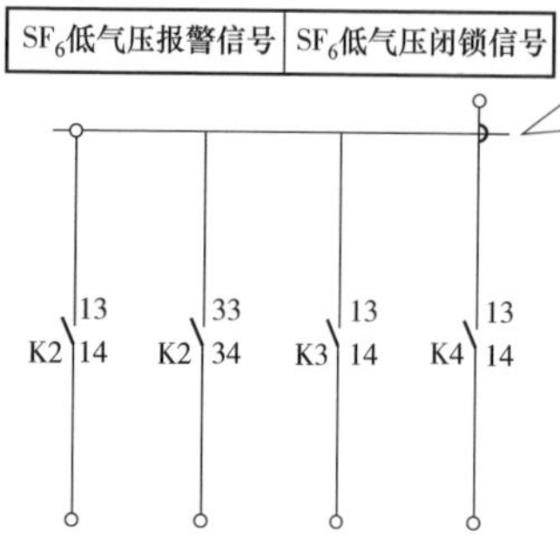

对照图纸检查低气压告警、闭锁继电器动作情况、发信接点电位

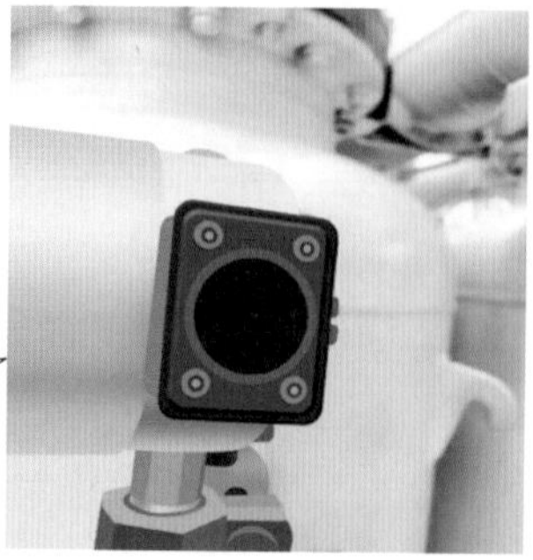

检查断路器 SF$_6$ 密度继电器二次端子运行工况，有无受潮锈蚀造成误发信号

4. 断路器偷跳，监控报断路器非全相动作信号

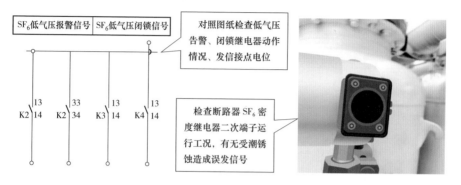

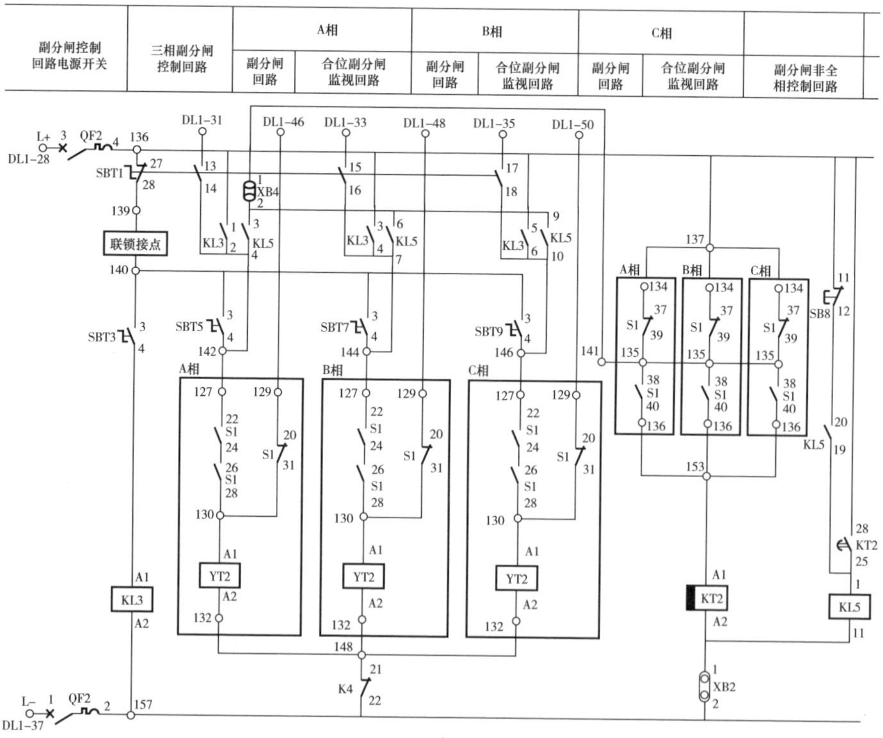

断路器非全相动作原理：图中 XB2、XB4 为非全相动作投入、出口压板，正常运行时常投，XB2 接通；KT2 为非全相动作时间继电器，KL5 为非全相动作继电器。

当断路器某一相跳闸，该相 S1 动作，该相 137、135、153 接通，KT2 励磁，开始延时（一般为 2~2.5s），延时到 KT2 接点 25、28 接通，KL5 励磁、KL5 接点接通三相跳闸回路跳闸

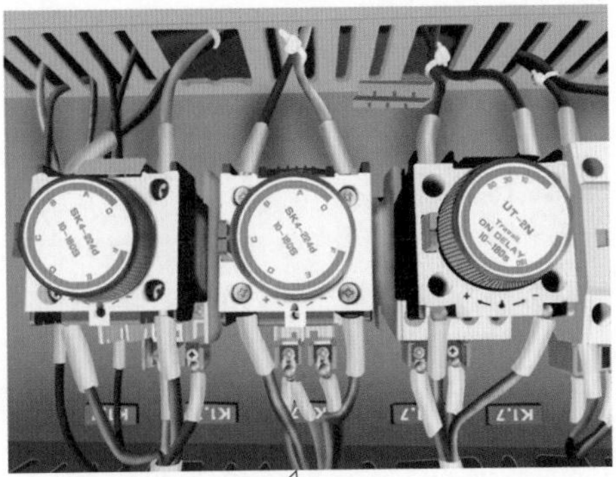

断路器非全相继电器动作功率需大于 5W，动作功率过小在直流（感应）电压干扰情况下容易发生误动

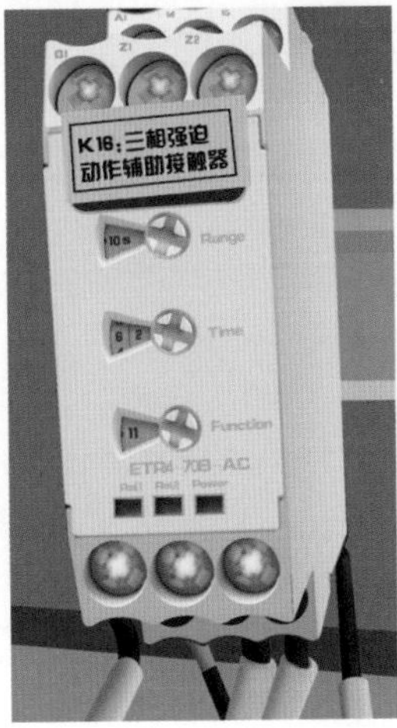

非全相动作时间继电器整定值通常设定在 2~2.5s，一定要大于重合闸动作时间（0.8~1s）整定值，否则将会导致重合闸未动作直接转三跳

5. 油压低闭锁信号（弹簧、液压碟簧断路器额外报弹簧未储能信号），电动机电源故障信号，过流过时信号

首先检查储能电动机电源空气开关电位，有无缺相、掉相情况，假如空气开关故障跳开，可优先检查电动机运行工况

↓

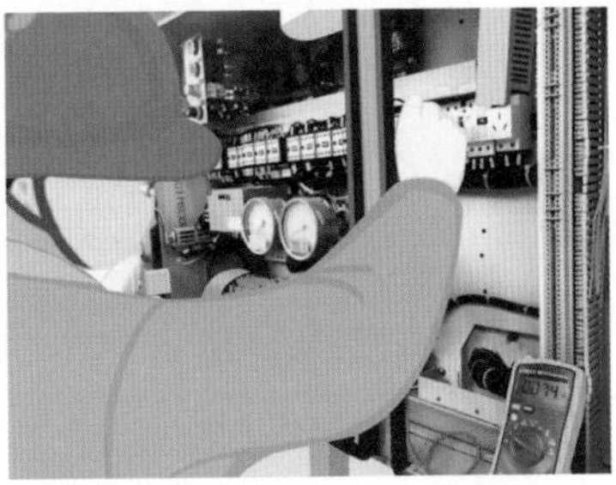

检查断路器机构有无明显外漏油，检查油箱油位、弹簧储能位置、压力表读数是否正确

↓

如单独发过断路器过时信号，检查储能时间继电器整定值（液压机构 180s、弹簧机构 20s 以内）、热偶继电器是否跳开、机构箱内受潮情况、元件接线情况判断是否为误发信号

↓

检查储能微动开关接线有无脱落、松动、锈蚀，必要时可测量行程接点电位或通断，发现故障后紧固接点或更换

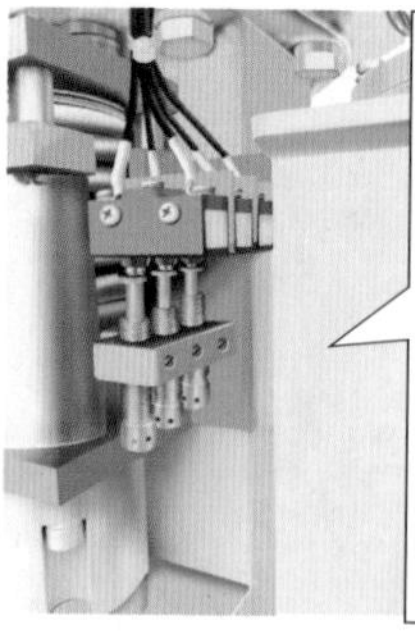

当油压下降时，微动开关顶杆同步下降，接通其辅助接点，辅助接点接通报警回路或打压回路补充油压。KP1~KP6 分别为微动开关辅助接点，按油压下降大小依次实现低油压分闸闭锁、合闸闭锁、重合闸闭锁、电动机启动功能

检查电动机外观有无烧损痕迹、机构箱内有无异味，断开电动机电源空气开关测量电动机相间电阻、对地绝缘，排除电动机故障

如电动机电源空气开关投上即跳，热偶继电器动作，电动机转动出现冒火光情况原因为电动机碳刷、滑环积碳过多或压接不紧

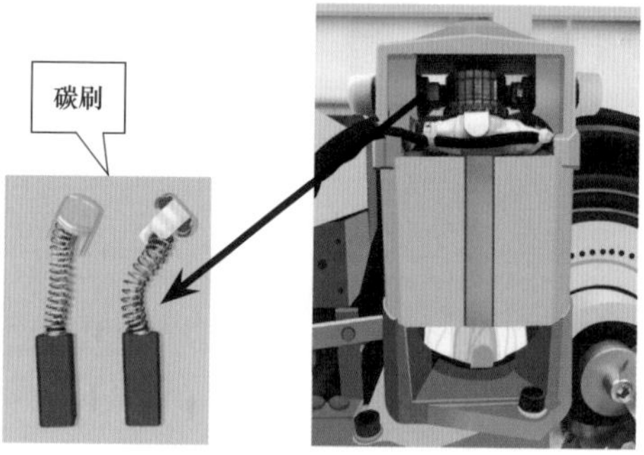
碳刷

合上电动机电源检查整流桥（如果有）进线及出线电位，发现故障需更换

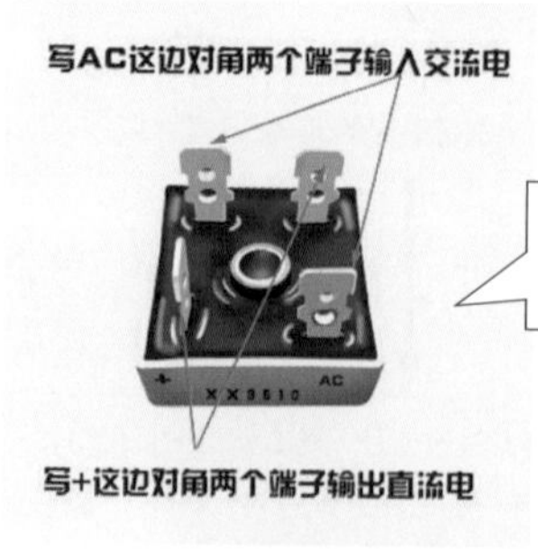
写AC这边对角两个端子输入交流电
写+这边对角两个端子输出直流电

整流桥，起交流变直流的作用

检查储能控制继电器运行工况，接线有无松动，动合、动断触点是否通断正常

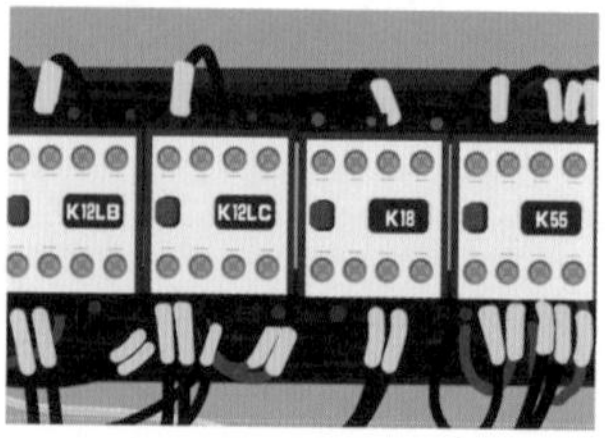
K12LB
K12LC
K18
K55

检查各个元器件之间通断、端子排接线情况，是否有虚接、脱落等直到找到故障点

第二节　隔离开关二次回路缺陷处理

一、隔离开关二次回路元件故障分析

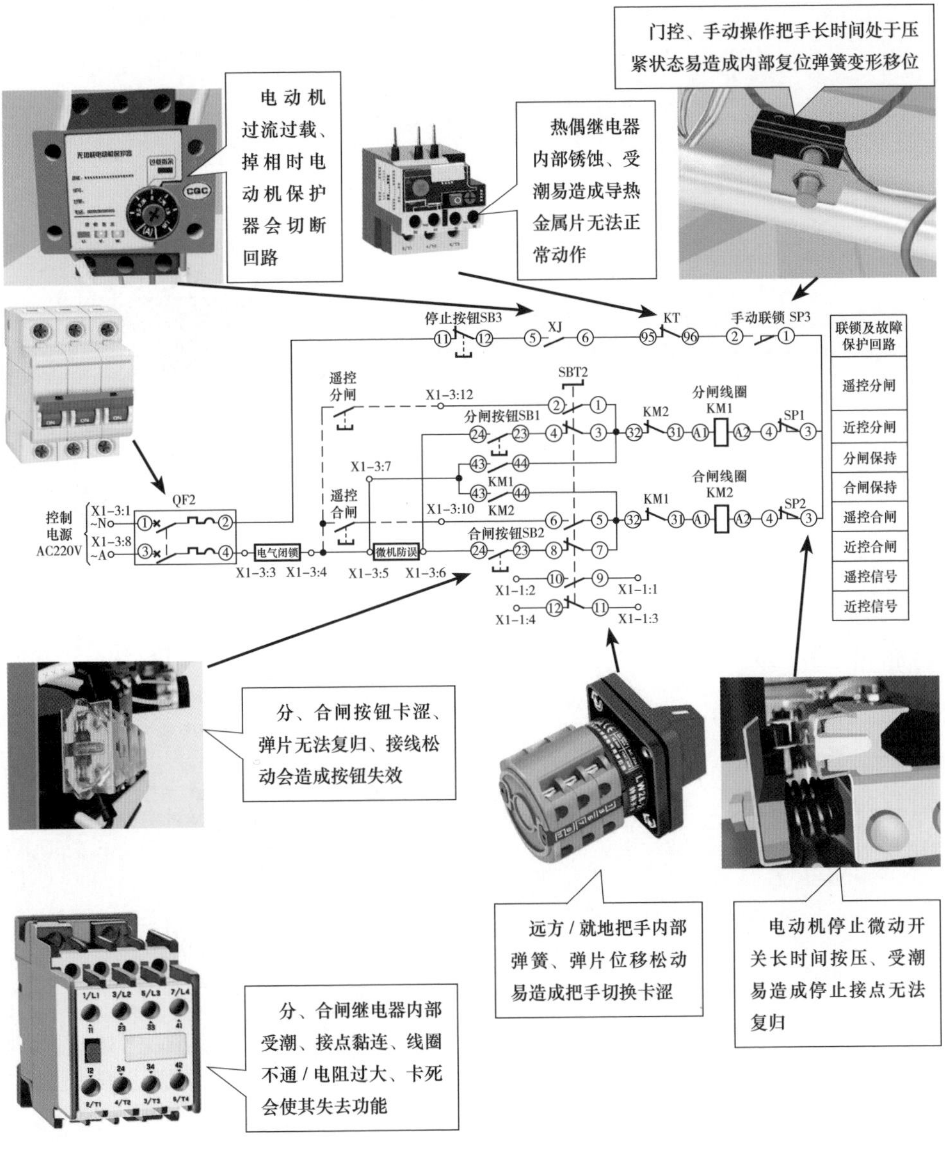

二、隔离开关控制、储能回路缺陷处理

1. 隔离开关二次回路缺陷处理整体思路

故障发生 → 根据故障现象判断电器元件运行情况 → 更换电器元件 / 更换备用端子

根据故障现象判断电器元件运行情况 → 测量整个回路通断，检查接线是否有脱落松动情况

2. 隔离开关控制回路故障缺陷处理

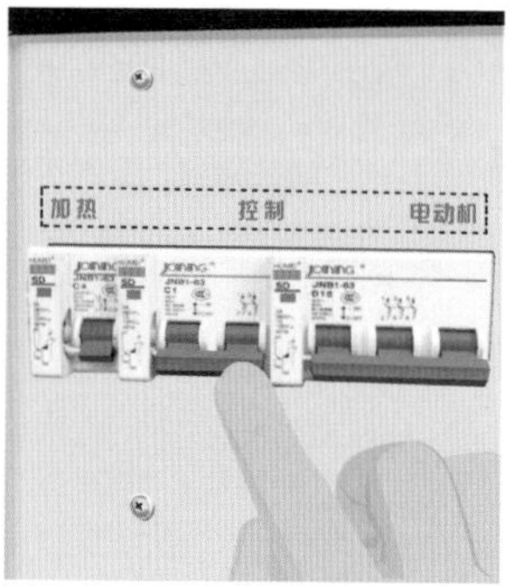

开始检查、断开隔离开关控制及电动机电源，并用万用表测量电源出线侧是否有电

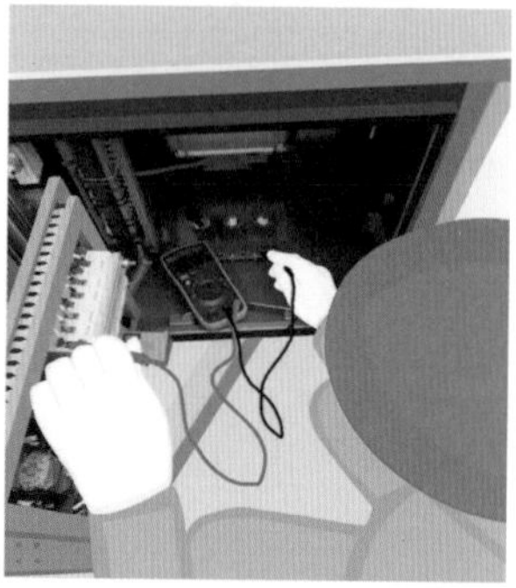

↓

检查门控接点通断

门控故障率非常高，用万用表测量门控回路通断

↓

检查分、合闸继电器动作情况

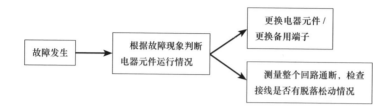

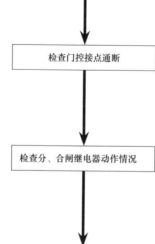

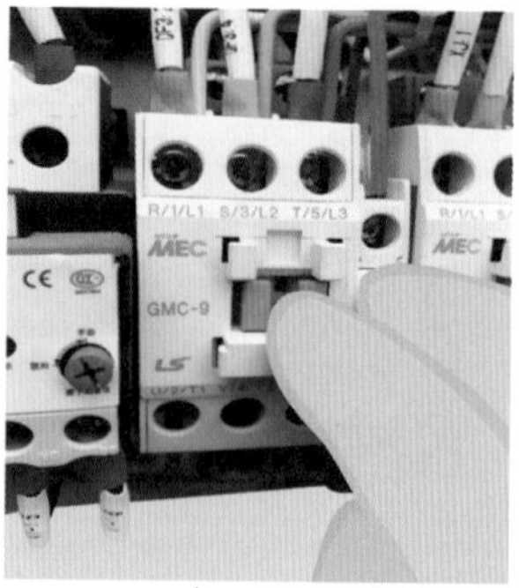

分、合闸继电器故障率较高，首先测量继电器线圈电阻值是否正常；其次按压继电器试验触点，判断其动作是否灵活，然后测量继电器动合、动断触点通断，方可判定继电器好坏

按住分、合闸按钮，测量分、合闸整体控制回路通断

→ 如测量到继电器线圈电阻侧表示隔离开关控制回路正常，需进一步检查动力回路

↓

如无法测量出继电器线圈电阻则需继续检查控制回路

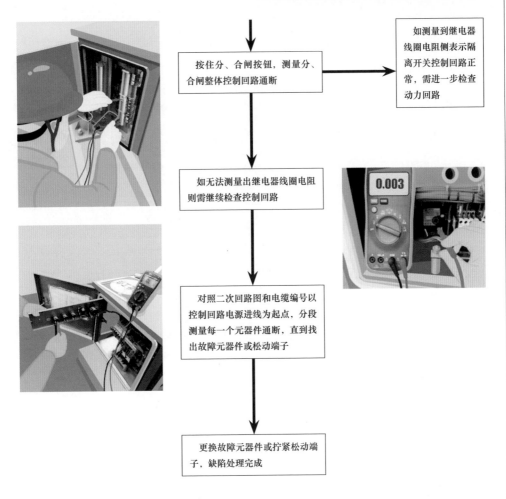

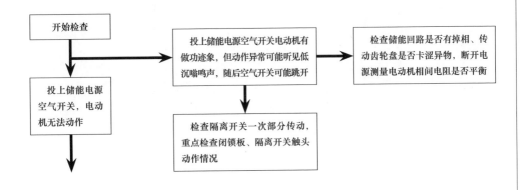

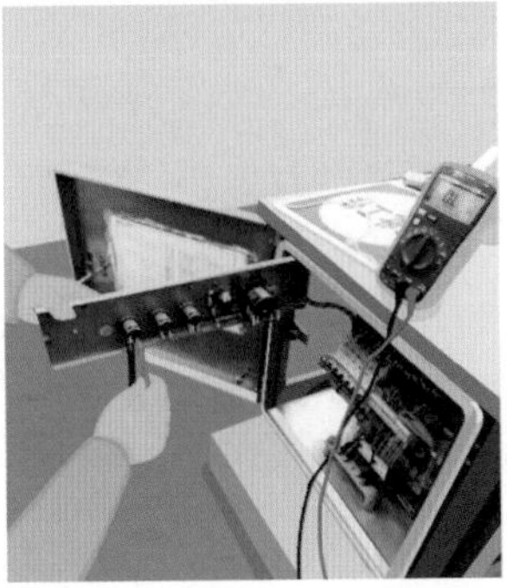

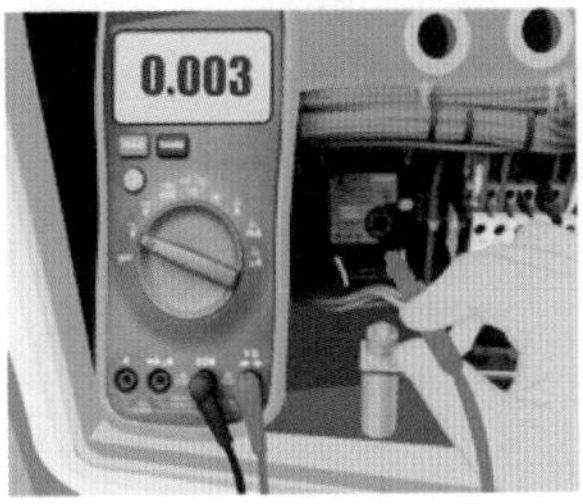

↓

对照二次回路图和电缆编号以控制回路电源进线为起点，分段测量每一个元器件通断，直到找出故障元器件或松动端子

↓

更换故障元器件或拧紧松动端子，缺陷处理完成

3. 隔离开关储能回路故障缺陷处理

开始检查

↓

投上储能电源空气开关，电动机无法动作

↓

开始检查 → 投上储能电源空气开关电动机有做功迹象，但动作异常可能听见低沉嗡鸣声，随后空气开关可能跳开

→ 检查储能回路是否有掉相、传动齿轮盘是否卡涩异物，断开电源测量电动机相间电阻是否平衡

↓

检查隔离开关一次部分传动，重点检查闭锁板、隔离开关触头动作情况

断开电源，检查热偶继电器、电动机保护器通断

如发现故障需更换

由于受潮、锈蚀、电动机动作受阻力略大、元器件质量不良等原因，热偶继电器会未到整定值即断开，如按复位键后依然故障或非正常断开时需更换热偶继电器

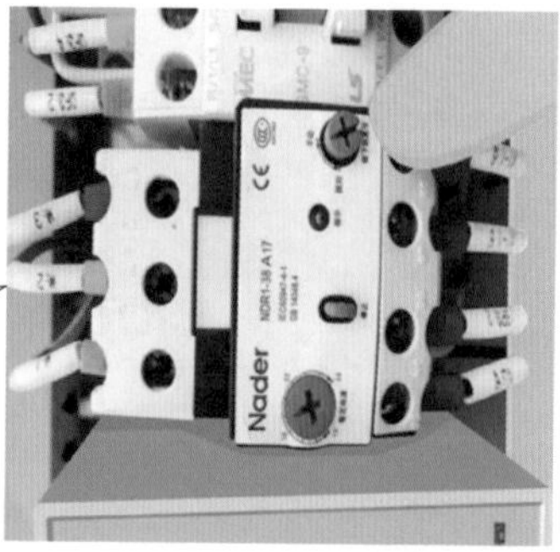

检查分、合闸继电器动作情况

检查电动机直流电阻、对地绝缘

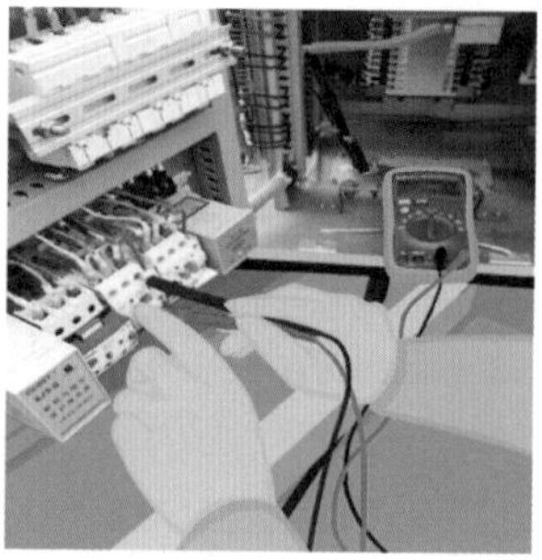

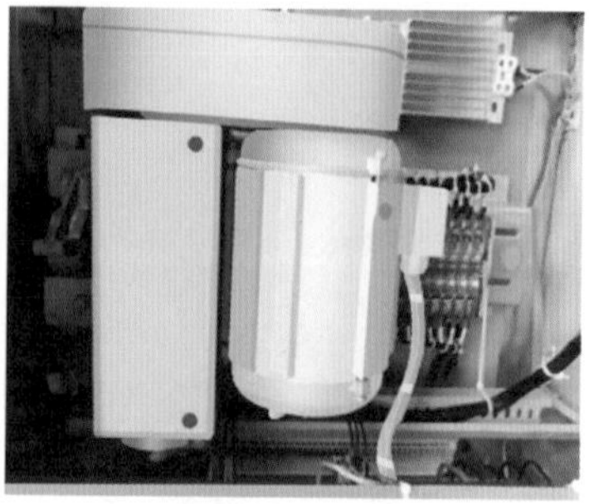

更换故障元器件或拧紧松动端子，缺陷处理完成

4. 其他常见故障缺陷处理

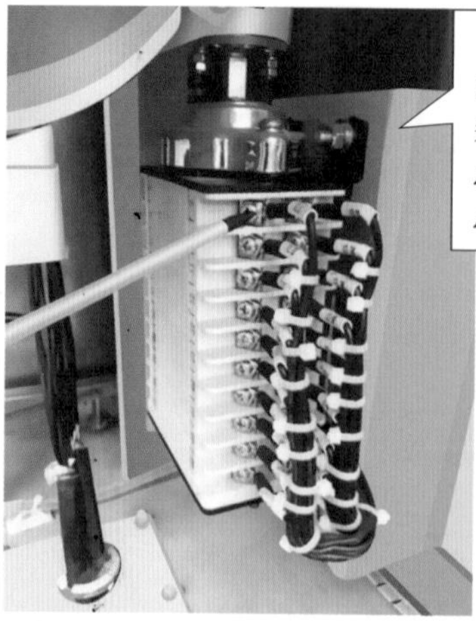

远方无位置信号：原因为接线松动、转换开关未切换或个别内部接点不通，需更换备用接点或更换转换开关

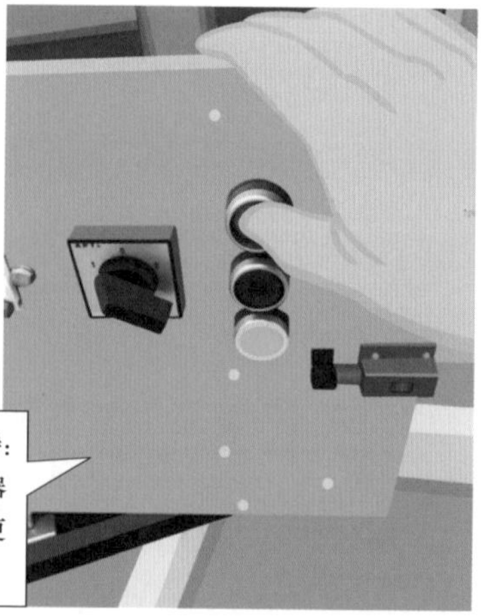

分、合闸无法自保持：原因为分、合闸继电器自保持回路故障，需更换继电器或紧固端子